国家出版基金资助项目

历代《孝经》序跋题识

中华孝文化研究集成（二）

丛书主编：骆承烈
副 主 编：周海生　骆　明
本册主编：周海生　骆　明

光明日报出版社

图书在版编目（CIP）数据

历代《孝经》序跋题识 / 骆承烈主编. -- 北京 ：光明日报出版社，2013.12

（中华孝文化研究集成：2）

ISBN 978-7-5112-3740-8

Ⅰ. ①历… Ⅱ. ①骆… Ⅲ. ①《孝经》－序跋－汇编 Ⅳ. ①B823.1

中国版本图书馆CIP数据核字(2013)第 252241号

历代《孝经》序跋题识

丛书主编：骆承烈 副主编：周海生 骆 明

本册主编：周海生 骆 明

责任编辑：毛文丽　　责任校对：刘成聪

装帧设计：苗 苗　　责任印制：曹 诤

出版发行：光明日报出版社

地 址：北京市东城区珠市口东大街5号，100062

电 话：010-67078242（咨询），67078870（发行），67078235（邮购）

传 真：010-67078227，67078255

网 址：http://book.gmw.cn

E－mail：gmcbs@gmw.cn maowenli@gmw.cn

法律顾问：北京天驰洪范律师事务所徐波律师

印 刷：北京盛源印刷有限公司

装 订：北京盛源印刷有限公司

本书如有破损、缺页、装订错误，请与本社联系调换

开 本：710×1000 1/16

字 数：443千字　　印 张：26.75

版 次：2013年12月第1版　　印 次：2013年12月第1次印刷

书 号：ISBN 978-7-5112-3740-8

定 价：60.00元

《中华孝文化研究集成》丛书编委会

总 序

我国是世界上老年人口最多的国家，占亚洲的一半，占世界的五分之一。2013年，我国老年人口将突破2亿大关。到本世纪中叶，老年人口将达到4亿，每三个人当中就有一个老年人。家家有老人，人人都要老，养老问题成为政府与人民共同关注的重大社会问题。

党的十八大报告指出："全面提高公民道德素质。""加强社会公德、职业道德、家庭美德和个人品德教育，弘扬中华传统美德，弘扬时代新风。"伦理道德与"孝"密切相关。孔子说："夫孝，德之本也，教之所由生也。"孟子说："老吾老以及人之老。"意思是说，孝是一切伦理道德的基础，教育应当从孝开始；一个人只有孝敬自己的父母才能更好地爱国家、爱人民。因此，弘扬中华传统美德，提高公民道德素质，应当从孝开始。我国的养老格局是："居家养老为基础，社区养老为依托，机构养老为支撑。"目前，我国城镇98%以上的老年人在家中养老，农村则几乎百分之百。试想，如果子女不孝，老年人如何能安享晚年？值得注意的是，由于"文化大革命"大批孔孟之道、市场经济下一些人重利轻义和"四二一"家庭对子女的娇惯等原因，我国孝道的传承出了问题。一些人不懂得孝道和感恩，家庭中不敬老、不养老甚至虐待老人的现象屡有发生。孝道，成为解决我国养老问题除发展经济、完善制度之外，必不可少的道德保障。

近年来，按照党的十七大、十八大精神，在多位中央领导同志的亲切关怀和大力支持下，全国敬老爱老助老主题教育活动组委会和中国老龄事业发展基金会，在全国范围内大力弘扬中华传统美德孝道，编辑孝道书籍，创作孝道戏剧歌曲，举办世界华人孝道论坛，评选"中华孝亲敬老楷模"和"孝亲敬老之星"，受到广大人民群众的热情欢迎，产生了巨大的示范效应。很多中小学校把孝文化引入课堂；很多企业把孝道作为企业文化；很多学术研究单位把传统孝道和时代特点的结合作为重要研究课题。弘扬传统美德孝道，在中华大地上渐成风气。

正是在这样的背景下，山东省曲阜师范大学著名儒学专家骆承烈教授，带领一批年轻人，不辞辛苦，经过七年认真细致的工作，从古代经、史、子、集中，收集了近千万字的资料，本着“去粗存精”的原则，编成了这部《中华孝文化研究集成》的大书。这批从古籍中广泛撷取的孝文化资料，按照《历代〈孝经〉序跋题识》《历代孝亲敬老诏令律例辑释》《历代孝论辑释》《历代孝行辑释》《历代养老文献辑释》《历代童蒙、家训、学规中的孝亲敬老资料》的序列进行编排，并以《天经地义论孝道》的今人文章为开篇，共十二册，约三百六十万字，洋洋洒洒、蔚为大观。

此书的编成，是弘扬传统文化的一件盛事，为学习、研究、传承中华孝道，提供了重要的文献资料。在这些资料中，难免有一些过时的、今天不再适用的内容，但那正是当年历史的真实写照。人们通过这些历史资料，可以看到几千年来，中华民族孝亲敬老的优秀传统是怎样传承的，许多具体事例对今人也会有启发和借鉴。总之，通过批判地继承，沙里淘金，从传统文化中找出孝文化的合理内容，我想，对当今的社会主义精神文明与和谐社会的建设，定会起到积极作用。

李宝库

2013年4月10日

前 言

一部《孝经》，不到1900字，其字数只占古时“十三经”的三百分之一，但它却被历代朝廷重视及大力提倡。西汉初年设五经博士时还没有《孝经》，自东汉以来，它和《论语》一起，进入经书行列。日后的“九经”“十一经”“十三经”内，《孝经》一直稳居其中，自然有其特殊的原因。

自有人类以来，便有子女对父母、后一代对前几代的尊敬，那时人类有一种自发的孝行。春秋以来，在孔子指导下，曾子作《孝经》，使孝行提升为孝道。一部《孝经》，字数不多，却把孝的内容、方式、意义、作用等方面都作了全面论述。孔子的另一弟子有子把孝悌说作“仁之本”，《论语》中也有孔子大量关于孝的论述。由孔子创立的儒家学派，把孝提到人伦道德的最高度。

历代对孝道的重视与提倡是有原因的。在我国长达两千多年的封建社会中，一直是自给自足的小农经济，一家一户是社会上的经济单位。家庭是国家最基层的单位。子女对父母的孝，成为人类社会中永恒的主题。除父母与子女之间永恒的亲情外，实际上也还是一种社会关系、人伦关系。将这些关系处理好，社会才能稳定。自西汉以来，封建朝廷把孝定为国策，正是这个道理。

历代朝廷，为了让人们熟读《孝经》，运用《孝经》，在推广此书时，写了不少“序”和“跋”，从各个不同角度对《孝经》予以诠释。一般认为汉孔安国，唐元行冲，宋邢昺等学者的《孝经》序及唐玄宗李隆基的《孝经注》序，对《孝经》的意义、作用，已说清楚。但我们几年来普查古籍，却在汉至清末，发现近350种《孝经》注、疏、序、表、引、跋、赞及题记等，依朝代来看：汉代4种，晋朝、南北朝、隋朝各1种，唐代14种，宋代39种，金代1种，元代26种，明代107种，清代142种，民国5种，日本8种。依作者来说，有皇帝、朝内大臣、朝外大臣、著名儒家学者及不见经传的儒生，甚至还有佛门弟子、外国人等。被历代尊为“正史”的一些官修史书中，除大量记载人物事迹、王朝兴衰等内容外，一些书中的《艺文》《经籍》志中也有多处记载《孝经》及其注、疏、论、说等内容。如《汉书 · 艺文志》中记十一家五十九篇，《隋书·经籍志》中记十八部六十三卷。《明史·艺文志》记三十五部一百二十八卷，《旧唐书·经籍志》《新唐书·艺文志》《宋史·艺文志》《清史稿·艺文志》中也均记了多种《孝经》注、疏、论等。清人顾槐三的《补后汉书艺文志》和姚振宗的《补后汉书艺文志》《补三国志艺文志》也补定了许多东汉、三国时期的《孝经》注疏。虽然所记内容可能有些重复，但加起来却有三百多种，可谓洋洋大观。现对这些情况，略加分析：

一、历代帝王序《孝经》

初步统计，历代帝王为《孝经》作注者有：东晋元帝司马睿、南朝梁元帝萧绎、唐玄宗李隆基、清顺治皇帝、康熙皇帝、雍正皇帝、乾隆皇帝，乃至北洋军阀政府大总统徐世昌等。

自西晋以后，北方战乱，司马睿到建康建立东晋后，马上起用《孝经》，为《孝经传》作“序”，称：“天经地义，圣人不加。原始要终，莫逾孝道。”孝道的作用可以感天动地，“能使甘泉自涌，邻火不焚，地出黄金，天降神女”。抓紧时间利用孝道，巩固其刚建立的东晋政权。南朝梁武帝萧衍第七子萧绎，大倡孝道，以孝自称（梁孝元帝）。唐玄宗对《孝经注》作的《序》，历代极力推崇。文中特别说到：“于是以顺移忠之道昭矣，立身扬名之义彰矣。”特别重视移孝为忠，忠于君主；移孝于义，使社会安定。他在早年任贤相，革弊政，励精图治，开创了“开元盛世”。但后来却信用小人，奢侈无度，“穷天下之欲不足为乐”，铸成安史之乱。幸而有郭子仪、李光弼、颜真卿等力抗安史，以忠护国，但自此大唐帝国却衰落下去。

历代帝王利用孔子思想治国安邦，孝是一项重要内容。在历代皇帝中，少数民族入主中原的朝代尊孔更甚。以清朝为例，立国后的四个皇帝，人人为《孝经》作过《序》。清军刚入关，顺治皇帝（爱新觉罗·福临）就在为《御制孝经注》作《序》中首提“朕唯孝者首百行而为五伦之本，天地所以成化，圣人所以立教，通之乎万世而无斁，放之于四海而皆准，至矣哉……”有鉴于“前代诸儒之书，瑕瑜难掩，与夫近代群言之失淆乱不稽者，于兹正之。庶几发朦启锢，四方亿兆咸知效法，而允迪共底于大顺之休焉”。明确地说以前忠孝的概念不对，清朝建立了，应从孝开始，树立忠于清廷的新忠孝观。清康熙皇帝（爱新觉罗·玄烨）亲自为《孝经衍义》及《孝经正义》作《序》，对前书明确说出：“由天子之爱亲推之，则仁民、育物、抚绥、爱养之义备矣！”对后书则说：“说经之家往往凿空骋异，使圣人之道不明于天下，此能深斥其流弊，而文亦简实可贵。”也在于端正舆论，端正世风，保证朝廷对全国的统治。雍正皇帝（爱新觉罗·胤禛）在写给《御纂孝经集注》之《序》中，要“使内外臣庶，父以教其子，师以教其徒。口讽其文，心知其理，身践其事，为士大夫者能资孝作忠，扬名显亲，为庶人者能谨身节用，竭力致养家庭……”充分利用《孝经》使社会稳定、发展。乾隆皇帝（爱新觉罗·弘历）曾为《汉文孝经》及其父《世祖章皇帝御注孝经》两书写过序。后者写道：“我皇祖圣祖仁皇帝（康熙）上谕十六条，以敦孝悌、重人伦为首，及我皇父，嗣登宸极，迪光继述，衍《圣谕广训》之书于敦孝悌、重人伦，反复开明，唯恐人之弗知，知之弗行，而行之弗切。以此见我皇清圣圣相承，莫不以孝治天下，依人性之本然，以成淳美之俗。”又一次阐明清朝皇帝为了长治久安，再次申明以孝治天下的国策。

1911年辛亥革命后，北洋军阀政府迭相更易，1918年（民国七年）徐世昌被安福国会选为中华民国大总统。这位进士出身的人借助僚友们的力量，编撰书籍二十余种，也涉及《孝经》。在其《孝经正解序》中说：“孝者庸行也，而百行本之，故世之盛也，必以教孝为宗。”“故《孝经》之教民必先以孝悌，立教者必有纲维，未有不行于家而行于国者。”亦把孝悌说作人伦的基础。

由上几例可看出：历代帝王赞扬《孝经》皆是为了长治久安，目的十分明确。

二、历代大臣序《孝经》

历代大臣都是帝王的左膀右臂，均为依照各代帝王治国方策之人或具体执行者。历代朝廷提倡《孝经》，大臣们当然亦步亦趋。两千多年来，在撰写的各种《孝经》序跋中，一大半是各代的朝内大臣、朝外大臣所撰。他们有的自己写，有的替皇帝写。且多为宋代之后，其原因很简单，我国封建社会发展到后期，社会上各种矛盾凸显，特别需要社会稳定，孝悌之道正是稳定社会的主要手段。例如南宋最后一位左丞相陆秀夫在为朱熹《编正孝经刊误》一书中说：“圣世以孝治天下之化，或不能无少助云。”明确说出孝道是治理天下的主要手段。明初历任五朝、在内阁辅政四十余年、为首辅二十一年的杨士奇，对《古文孝经》及《孝经经传直解》极力赞扬，也是围绕社会安定而言。明孝宗时，由华盖殿大学士转为文渊阁大学士的著名学者李东阳为《女孝经图》作了跋文，说书中“如后妃之娴静，姜女之贞烈，樊女之忠让，骊姬之狼戾，宜亦有悚然而兴、惕然而惧者矣”。对作者用图画的形式将古代优劣的妇女形象进行展示极力夸赞，正为贯彻封建社会后期“夫为妻纲”之说服务。清代名臣、被康熙皇帝誉为“居官最好，人品最优”的文渊阁大学士李光地，在论及《孝经》时说：“不爱其亲而爱他人，不敬其亲而敬他人，其蔽至于悖德悖礼，其卒未有能爱人敬人者也。爱亲而恶于人，敬亲而慢于人，其蔽至于及亲辱亲，其卒亦未能爱亲敬亲者也。”是说一个人应孝亲、敬老，首先要孝亲，在此基础上得出的结论：“故孝也者，仁义之宗，道德之要……曾子述圣言而目之经。”一些大臣们都极力推崇《孝经》，认为孝悌是治国之本。只有更好地贯彻孝道思想，社会才得以安定，实现各自治国的宏愿。

三、历代大儒序《孝经》

孔孟之后，历代有许多儒家。他们在各个时期，各自发挥了孔子的学说，孝道当然是重要内容。历代读书人都被称作儒生，而被称作儒家传人（或儒家）的，却只是一部分。依曲阜孔庙两庑配享的来说，除直接受业的孔门弟子外，东、西庑内的“先贤”“先儒”自汉以后共82人。据不完全统计，为《孝经》写序、跋的已知的就有十余人。如：汉代的孔安国、郑玄，宋代的司马光、朱熹、魏了翁、真德秀，元代的吴澄，明代的黄道周、顾炎武，清代的陆陇其、汤斌等。因为他们都是学者，他们为《孝经》写出序、跋等都有一定的学术价值。

最早为《孝经》作序的是孔子第十二代孙，西汉景帝、武帝时学者孔安国。孔安国曾受《诗》于申公，受《尚书》于伏生，学识渊博，擅长经学。武帝时任博士，官至谏大夫、临淮太守。汉武帝时，鲁恭王坏孔子宅，于壁中得《古文尚书》《礼记》《论语》及《孝经》，这些古籍（竹简）皆以人们习称的蝌蚪文（即大篆）书写，时人不识，孔安国以今文（隶书）解读。他奉诏为《尚书》作传，开创汉《古文尚书》学派。不久又著《古文孝经传》，最早为《孝经》作《序》。《序》之开头便说：“《孝经》者何？孝者，人之高行；经，常也。自天地人民以来，而孝道著矣。上有明王，则大化滂流，充塞六合；若其无也，则斯道灭息。当吾先君孔子之世，周失其柄，诸侯力争，道德既隐，礼谊又废。至乃臣弑其君，乱逆无纪，莫之能王。是以夫子每于间居而叹述古之孝道然也……逮乎六国，学校衰微，及秦始皇焚书坑儒，《孝经》由是绝而不传。至汉兴，建元之初，河间王得而献之，凡十八章……”然后谈到

《古文孝经》的发现及其价值。简短的一篇《序》，将《孝经》一书早期的历史历述清楚，其学术价值功不可没。

东汉经学大师北海高密人郑玄（康成），以毕生精力整理古代文化遗产，使几百年的今古文经学之争进入了一个“小统一时代”。在其毕生几十卷的古籍注考中有一卷《孝经注》，书中记：“《孝经》者，三才之经纬，五行之纲纪。孝为百行之首，经者不易之称。”短短几句话，对《孝经》作了明晰的估价，把《孝经》推崇到很高的位置。文中又说他“被难于南城山，栖迟岩石之下。念昔先人余暇，述夫子之志而注《孝经》”。郑玄曾因党锢之祸，被禁锢十四年。在此期间，他为《孝经注》作《叙》，可见对此书的重视，也为后世重视《孝经》及孝道者做出榜样。

北宋时期著名史学家、散文家司马光终生著述甚多，除《资治通鉴》外，还有几十种，他为《古文孝经指解》写了《表》《劄子》《序》，也为《古文孝经说》写了《序》。他对《孝经》的估价是：“圣人之德莫加于孝，犹江河之有源，草木之有本。源远则流大，本固则叶繁。”但“前世中《孝经》多者五十余家，少者不灭十家。今秘阁所藏止有郑氏、明皇及古文三家而已”。应该怎样对待各家之说呢？他认为：“夫圣人之经，高深幽远，固非一人所能独了。是以前世前存百家之说，使明者择焉。”这种广泛涉猎、择善而从的治学态度，诚然是很高明的。

被后世儒家推崇最高的一位儒生朱熹，其学术思想，在元、明、清各代，被尊为官方哲学。此人被请进孔庙大成殿，与四配、十一哲一起配享孔子。他一生著述很多，对《孝经》也曾两次发表高见。一是《孝经刊误》“跋尾”，一是为此书写了“跋记”。他编定“四书”时，认为《论语》《孟子》及从《礼记》中抽出的《大学》《中庸》可信，却认为《孝经》不大可信。《跋记》中说他自己“欲作一书论之而未暇也”。尽管他未出，但对《孝经》中的个别内容有所怀疑，却对人很有启发。后世有人考证《孝经》最后成于西汉。证实了朱熹对《孝经》的怀疑。这种对学术研究认真的态度，还是令人佩服的。

元、明、清各代儒家通过对《孝经》的序、跋，对此书进行了多种评述，不多赘述。各家之说多从学术上论证，对后世研究《孝经》者大有裨益。例如顾炎武在唐《石刻孝经》跋中不是一味恭维，而是明确地指出刻石上“丁酉岁八月廿六日”九字是后人所添，“是岁乙酉非丁酉”。又“末官衔不书

'臣'，亦可疑"。这种实事求是的态度，正是学者的作风。

四、历代儒生序《孝经》

在历代近350种对《孝经》的序、跋中，有许多是一般的儒生所撰。他们对《孝经》的评价，多出自对《孝经》的运用。现从几则家塾著作的角度来看。明代中期有个朱鸿，仁和人，此人名不见经传，一生不求仕进，却以孝闻名于世。按其所著《孝经总类》中的"序言"记其"白首皓经犹布衣以孝"，一生心血倾注于《孝经》研究。计有《孝经古文直解》《经书孝语》《家塾孝经》等。他的著作中保存了明代中后期以前有关《孝经》的大量资料，当时许多知名学者、官员为他的著作作序、跋，深为嘉赏。其后明末吕维祺、清代朱彝尊两位儒学大师所著的《孝经大全》《经义考》中曾大量采用了他所保存的资料。如陈善在《家塾孝经·刻孝经序》中记："昔者孔子以宇宙之精神泄诸六经，而《孝经》一书独举而属诸曾子舆氏。夫岂独为五等立则哉！孝之道，置之而塞天地。言孝，则天下之道举之矣！故惟子舆氏亲领其传，卒之得与圣道者，子舆氏也。"这段话对曾子作《孝经》给予高度的评价。

赵应元在《家塾孝经·重刻孝经序》中说起另外一番辩论："孝子尝与不佞论《孝经》始末，娓娓千言不休。不佞曰：'忠孝一理，孝子何不取所谓《忠经》者赞一词焉？'孝子笑曰：'《忠经》，亦汉儒附会之书，其言浅陋，何可与孔曾同日论。《忠经》何在？即《春秋》是已。'"此处又将《孝经》抬到汉人著的《忠经》之上。

褚相在《孝经总序·家塾考经序》中对此书的作者朱君（朱鸿）倡孝、行孝也极力夸奖了一番。

钱正志在《家塾孝经·后序》中夸赞此书："噫！是书也，一理灿然，群蒙发若，还淳风于末俗，炳大义于将来，诚立言之弘致，不朽之盛轨也。"

郭孝在《家塾孝经·刻孝经跋》中更具体地对作者的孝行及研究《孝经》的成果予以高度评价。文中记："吾杭朱子渐氏（指朱鸿，字子渐），事母尝以孝闻。其于是经，殚心尤切，上下有四百年间，凡诸儒训诂罔不搜而集之，分章析句，剖定疑讹，间亦附以己意，必求至当，俾不背于孔曾传习之旨，用心亦良苦矣！一时钜公名士翕然表彰，诵法无已。"

朱鸿是宋、元、明、清以来民间学《孝经》，研《孝经》，授《孝经》，亲身履行《孝经》的一例，由此可看出《孝经》在民间已广泛普及，成为中华伦理的一个重要组成部分。

五、道家序《孝经》

孝道历来属于人类思想中“永恒的范畴”。在先秦诸子中，许多家观点不一致，甚至矛盾、对立，但在“孝”的概念上却惊人地一致。例如《老子》中主张“弃圣绝智”“弃仁绝义”，但却也主张“民复孝慈”。后世的道家，是中国土生土长的宗教，它们信奉老、庄理论，更信奉一些神灵。他们中的有些神灵，与儒家联系起来，在“孝”字上更采取一致行动。如文昌帝君，又称梓潼帝君，是道教的神灵，主人间禄籍事。早在南宋时，就有人著《文昌孝经》，又称《文帝孝经》。据明代大学士邱濬所著《文帝孝经原序》载：“宋西山真先生言：是经神剥离通明，易晓如家常说话一般，无不动智而觉悟。”可知此书在南宋时已广泛流传，已载入《道藏》。此书假托文昌帝君作，更加强其权威性。清初学者方苞为之所作的《序》中在赞扬孔子、曾子之后，又对其氏（著《文昌孝经》的“真先生”》）予以表彰，并言及此事“征诸鬼神”，“取人所自尽之孝而论其感应”。将儒家提倡的孝道与“鬼神”“感应”连到一起。

清人周广业在《重刻文昌孝经序》中，论述孝的重要性之后，又赞扬此书，说“帝君志存抑引，特著是书，阐劬劳之本，摹愉婉之忱，事括欢哀，词通雅俗……”表示自己已获“善本”。读了此文，连《诗经》中大讲孝道的《蓼莪》也不用学了。从道教的角度对此书推崇到了极点。

作为多神教的道教，历代崇拜三国时的关羽，明、清以来把关羽尊为“关圣帝君”。清康熙时，江西人李凤彩与周福山合编《孝经合刻》，全名《孔子文昌孝经刻》。在李对此书的《序》中说：“读孔子《孝经》者，知自天子至庶人一是皆以孝为本；读《文昌孝经》者，知自天上以至人间一是皆以孝为重。同于庸行，循循以下学，遮太和洋溢于家庭，即太和洋溢于宇宙尔。”他们又仿《孝经》编了一本《关圣帝君觉世真经》，周福山的《序》中在赞扬此书之后，说“咸知夫天经地义不越庸行之常。深言之，即贤人君子有难自信；浅言之，则一念一诚、一事之纲，亦无不可以动天地而泣鬼神。有如是者，苟由一念推诸念念，一事推诸事事，庶无负三圣人谆谆化导之意也”。此处又把孔子、文昌、关圣三者连到一起，可见信道者通过《孝经》与儒家思想何等亲近。其目的自然是为了便于推广自己的学说。

六、佛家序《孝经》

自东汉时期佛教传入中国以后，经魏晋南北朝至唐代，在国内不断发展。唐、宋以来，儒、佛、道三家都在我国政治舞台上充分表演。信佛教的僧人出家后，一切皈依佛祖，不言父母，但在儒学作为主干和基础的中国国情下，有些观点不能不向儒家看齐。在儒家提倡的孝道上，正是两者的一个重要结合点。尽管遁入空门的僧人不讲自己的父母，但却认为弘扬佛法正是为了天下人的父母。我国最早的戏曲《目莲救母》就是弘扬孝道的一例。对罪孽深重的母亲，目莲一人救不了，佛祖指示举行法会，让更多人诵经救出自己的母亲。

儒家有《孝经》，释家也编了一本《孝论》。

北宋时有位僧人契嵩，俗姓李，字仲灵，自号潜子，广西籐津人。七岁出家，十四岁受具足戒，十九岁游方天下。仁宗庆历年间居杭州灵隐寺，皇祐年间入京师（东京开封），两次作万言书呈仁宗，仁宗赐号“明教大师”。契嵩博通儒释，曾作《原教》《孝论》十余篇，为当时的佛学大师。其《孝论》仿《孝经》而作，其主旨亦在倡孝，在其不长的《叙》中明确地说出了一位佛门大师对孝的态度。《孝论》之《叙》曰：

夫孝，诸教皆尊之，而佛教殊尊也。虽然其说不甚著明于天下，盖亦吾徒不能张之，而吾尝慨然甚愧。念七龄之时，吾先子方启手足，即令之出家。稍长，诸兄以孺子可教，将夺其志，独吾母曰：“此父命，不可易也。”建摄衣将访道于四方，族人留之，亦吾母曰：“汝已从佛，务其道，宜也。岂以爱滞汝？汝其行矣！”呜呼！生我父母也，吾母又成我之道也！昊天罔极，何以报其大德？自去故乡，凡二十七载，未始不欲南还，坟垅修法，为父母之冥赞，犹不果。然辛卯其年自以弘法婴难，而明年乡邑亦婴于大盗，吾父母之坟庐得不为其剽暴。望之涟然泣下。又明年，会事益有所感，遂著《孝论》一十二章，示其心也。其发明吾圣人大孝之奥密、意会，夫儒者之说，殆亦尽矣！吾徒之后学，亦可以视之也。

在这一篇《叙》中，契嵩对其母坚持令他学佛，十分感激。后来又为父母之坟应否保全而忧愁，一片孝心跃然纸上。充分体现出释家亦尊圣人（孔子），亦依圣人之训大讲孝道的情感。

明朝末年，江南的“四公子”（侯方域、陈贞慧、冒辟疆、方以智），均为复社成员，在文学界有盛名。其中方以智明末登进士第后，屡次升迁，直到当上皇子定王和永王的讲官。明亡后，出家为僧，法名弘智。他一面著述，一面反清，康熙十年被捕罹难。此人学识渊博，一生著述400多万言。明代天启年间一些人反对宦官专权，被当权的宦官诬为“东林党”，其中六位著名人物被称作“东林六君子”，他们被禁锢、冤杀。其中有位日后被谥为“忠节公”的魏大中，也在其内。其二子魏学廉为申父冤，血书数本《孝经》。弘智为《血书孝经》题辞：“读魏子一血书《孝经》，未有不泣下者也。余尝夜过忠节公之里门，展拜坊碣，子一恸，余亦不能仰视，忠节公可谓有子矣。当刺血上疏时，诸白父冤者皆以扬名请谥，子一何如人哉！居恒哭泣无已，时又血书《孝经》数本，自以泣尽而继之以血也……嗟乎！世之为人后者，无虑皆侈车骑、图田宅，或藉发人之名，于泽恩有司家于是矣！是何不一读《孝经》乎哉！”

弘智已入佛门，对魏氏一子血书《孝经》的行为，极力表扬，可见佛门重孝不止一时，亦不止一人也。

七、外国人序《孝经》

孔子与儒家思想遍及全国，其影响也波及亚洲一些国家。对《孝经》注者，不止国内，国外也有。本书选录了日本尾张冈田挺之的“《孝经郑注》序”、林瀑（六瀑山人）的“题《古文孝经孔传》序”、葛山寿的“《古文孝经孔传参疏》序”、萩原万世的“《孝经参疏》跋”、尾张藤益根的“刻《孝经郑注》序”、山本信有的“《校定孝经》孝经校例”及“《古文孝经私记》序”，以及人们所熟知的太宰纯的“重刻《石文孝经》序”等七八篇。这些作品除对《孝经》的各种版本进行了评估外，都对《孝经》给予了很高评价，尤其是在日本宽政本《孝经郑注》中提到“逮于天平宝字敕令，天下家藏一本，精勤讲习，经所谓明王之以孝理天下也。逮于天长十年皇太子始读《孝经》。从是厥后，东宫若幼主始读书必用《孝经》”，更是指出早在与我国唐代相当的日本奈良时期，日本的孝谦女天皇和淳仁天皇，就仿效大唐颁布“养老敕文”、家藏《孝经》、东宫幼主始读书必用《孝经》，这体现了日本国自古以来就有研习《孝经》的习俗，从皇室到平民对《孝经》的基本精神予以遵从和落实。例如清代中期，日本人尾张冈田挺之为鲍廷博、吴骞刻《孝经郑注》写的《序》中记：“今刻是本，予之志在传诸瀛海之西，与天下人共之。家置数通，人挟一本，读之诵之，则圣人之道由是而弘，悠久无穷。”明确说出鲍廷博、吴骞刻郑注《孝经》对海外的积极影响。

清代后期平江人李元音为《十三经西学通义》之《孝经》所写的《引》中开首便记："日本维新之初，学校修身一门，有主崇孔教者，有主宗佛教者，有主宗耶教者，议论纷纷，莫衷一是。自明治皇以教孝宣示'人人尊王'为主，藉解争执，于是道德标准乃定。夫日本固事事效法欧美者也，而于学校修身一门则法孔子，而以教忠教孝为主。然则今日中国学校之宗旨岂能外忠孝二字哉？"明确说明日本也学孝，并由孝移忠，生动具体地说到中国的孝对日本的影响。

日本享保十六年辛亥，日本人太宰纯为《重刻石文"孝经"》作了《序》，开头便说"先王之道莫大于孝，仲尼之教莫先于孝。自六经而下，无非孔氏遗书，其有出《孝经》之右者乎？何以言之？天下无有无父母之人故也。"当他将历代《孝经》的演变情况详细叙述后，接着又说"夫古书之亡于中夏，而存于我日本颇多。"然后举出一些例子，证明孔安国传《孝经》可信。最后又感慨地说"呜呼！孝者百行之本，万善之先。自天子至庶人，所不可一日废也。夫孝不可以一日废，则《孝经》亦不可以一日废也"。最后说："今因陆氏《音》例，并音经、传，庶乎令读者不误其音矣。书成而欲刻之家塾，则浅田思孝出其橐装以助费，遂趣命工从事。予未能为吾家孝子，且为孔氏功臣。"

一部《孝经》，不到1900字，古往今来，国内国外各方人士对其作序、跋者达数百家。充分说明历代社会各个层面对孝的重视。孝为仁之本，孝为和之基，《孝经》一书对今天仍有其社会价值。当人们对历代《孝经》序、跋进一步了解时，不能不为我国伦理道德的这一重要内容所信服，自然也为周海生、骆明二同志遍查古籍，为我们积累、归纳出这样一批资料而欣慰。

骆承烈
壬辰冬于孔子故里

凡例

1．本《集成》共十二册，除第一册为今人论文外，其他十一册均依古代孝亲、敬老等内容分类选录，所录文章均剔除愚孝内容。每册所列古籍一般依出现时间的先后排列。每一类中选录的文献亦按照类别和时间顺序排列。第二册《历代〈孝经〉序跋题识》同一书下的序跋归于一书，并依书中前后顺序排列。

2．为使内容简明，所录文章多有删节，前、后文及其间未选录的内容以“……”表示。

3．为方便阅读，编者将正文略加分节。

4．除第一、二册外，其余各册所引古文，每段原文后均附白话译文，译时基本为直译，不好译出的内容适当意译。

5．选录文章所涉书目及原书作者，在书中第一次出现时，对其进行必要的介绍。

6．原文中所遇难解字句、专有名词，多在其后加简明注释。

7．原文缺字或存疑者以“□”表示。

8．原书中的异体字、避讳字、讹字均改为规范汉字，不出校，仅有极个别必要的异体字予以保留。

9．全书均用简化汉字。

目 录

第九卷　清之卷（三）　…　269

第十卷　清之卷（四）民国 … 309

第一卷　汉晋隋唐卷

古文孝经

汉孔安国传。《孝经》有今文，有古文。《今文孝经》有《郑注》，《古文孝经》有《孔传》。《汉书·艺文志》著有"《孝经古孔氏》一卷，二十二章。"《隋书·经籍志》："《古文孝经》一卷，孔安国传。"《旧唐书·经籍志》："《古文孝经》一卷，孔子说，曾参受，孔安国传。"《新唐书·艺文志》："《古文孝经》孔安国传一卷。刘邵《注》一卷。"《宋史·艺文志》："《古文孝经》一卷，凡二十二章。"《隋志》又载："《古文孝经》，与《古文尚书》同出，而长孙有《闺门》一章，其余经文，大较相似，篇简缺解。又有衍出三章，并前合为二十二章，孔安国为之传。梁代，安国及郑氏二家，并立国学，而安国之本,亡于梁乱。至隋，秘书监王劭于京师访得《孔传》，送至河间刘炫。炫因序其得丧，述其议疏，讲于人间，渐闻朝廷，后遂著令，与郑氏并立。儒者喧喧，皆云炫自作之，非孔旧本，而秘府又先无其书。"自唐明皇《御注孝经》颁行，隋以来流传的《古文孝经孔传》废而不行，宋元明未见著录。但此书并未亡绝，隋唐时期传至日本后，在日本仍有流传。清乾隆年间，汪翼沧于日本长崎澳得到日人太宰纯刊刻《古文孝经孔传》，歙县鲍廷博刻入《知不足斋丛书》，后收入《四库全书》。

古文孝经序[1]

西汉·孔安国[2]

《孝经》者何也？孝者，人之高行；经，常也。自有天地人民以来，而孝

1．本文录自《知不足斋丛书》，《四库全书》题为《古文孝经孔氏传》，清严可均辑《全汉文》题为《古文训传序》。

2．孔安国（约公元前156—前101）：字子国，孔子十一代孙（《经典释文·序录》记为孔子第十二世孙）。曾受《诗》于申公，受《尚书》于伏生，学识渊博，擅长经学。汉武帝时任博士，官至谏大夫、临淮太守。武帝末，鲁恭王坏孔子旧宅，于壁中得古文《尚书》《礼记》《论语》及《孝经》，皆科斗文字，孔安国以今文读识。奉诏为《尚书》作传，定为五十八篇，传《古文尚书》于都尉朝、司马迁、倪宽，开创了西汉的《古文尚书》学派。又对《古文孝经》进行整理、识读、隶古定，形成《孝经》孔氏古文说。是西汉时期著名的儒家学者、经学家，被后世尊为先儒。

道著矣。上有明王，则大化滂流，充塞六合；若其无也，则斯道灭息。当吾先君孔子之世，周失其柄，诸侯力争，道德既隐，礼谊又废，至乃臣弑其君、子弑其父，乱逆无纪，莫之能正。是以夫子每于闲居而叹述古之孝道也。

夫子敷先王之教于鲁之洙泗，门徒三千，而达者七十有二也。贯首弟子颜回、闵子骞、冉伯牛、仲弓，性也至孝之自然，皆不待谕而寤者也。其余则悱悱愤愤，若存若亡。唯曾参躬行匹夫之孝，而未达天子、诸侯以下扬名显亲之事，因侍坐而咨问焉，故夫子告其谊。于是曾子喟然知孝之大也，遂集而录之，名曰《孝经》，与《五经》并行于世。

逮乎六国，学校衰废。及秦始皇焚书坑儒，《孝经》由是绝而不传也。至汉兴，建元之初，河间王得而献之，凡十八章，文字多误，博士颇以教授。后鲁共王使人坏夫子讲堂，于壁中石函得《古文孝经》二十二章，载在竹牒，其长尺有二寸，字科斗形。鲁三老孔子惠抱诣京师，献之天子。天子使金马门待诏学士与博士群儒从隶字写之，还子惠一通，以一通赐所幸侍中霍光。光甚好之，言为口实。时王公贵人咸神秘焉，比于禁方，天下竞欲求学，莫能得者。每使者至鲁，辄以人事请索。或好事者募以钱帛，用相问遗。鲁吏有至帝都者，无不赍持以为行路之资。故《古文孝经》初出于孔氏。而今文十八章，诸儒各任意巧说，分为数家之谊。浅学者以当六经，其大，车载不胜，反云孔氏无《古文孝经》，欲矇时人。度其为说，诬亦甚矣！吾悯其如此，发愤精思，为之训传，悉载本文，万有余言，朱以发经，墨以起传，庶后学者睹正谊之有在也。今中秘书皆以鲁三老所献古文为正，河间王所上虽多误，然以先出之故，诸国往往有之。汉先帝发诏称其辞者，皆言“传曰”，其实《今文孝经》也。

昔吾逮从伏生论《古文尚书》谊，时学士会，云出叔孙氏之门，自道知《孝经》有师法。其说“移风易俗，莫善于乐”，谓为天子用乐，省万邦之风，以知其盛衰。衰则移之以贞盛之教，淫则移之以贞固之风，皆以乐声知之。知则移之，故云“移风易俗，莫善于乐”也。又师旷云，“吾骤歌南风，多死声，楚必无功”，即其类也。且曰：“庶民之愚，安能识音，而可以乐移之乎？”当时众人佥以为善。吾嫌其说迂，然无以难之。后推寻其意，殊不得尔也。子游为武城宰，作弦歌以化民，武城之下邑，而犹化之以乐，故《传》曰：“夫乐，以关山川之风，以曜德于广远。风德以广之，风物以听之，修诗以咏之，修礼以节之。”又曰：“用之邦国焉，用之乡人焉”，此非唯天子用乐明矣！夫云集而龙兴，虎啸而风起，物之相感，有自然者，不可谓毋也。胡笳吟动，马蹀而悲；黄老之弹，婴儿起舞。庶民之愚，愈于胡马与婴儿也，何为不可以乐化之？

《经》又云："敬其父则子说，敬其君则臣说"，而说者以为各自敬其为君父之道，臣子乃说也。余谓不然，君虽不君，臣不可以不臣；父虽不父，子不可以不子。若君父不敬，其为君父之道，则臣子便可以忿之邪？此说不通矣。吾为《传》，皆弗之从焉也。

汉书·艺文志·孝经类

《汉书》，东汉班固撰，我国第一部纪传体断代史，分纪、传、志、表四部分。《汉书·艺文志》据刘歆《七略》增补、删削而成，首开史志目录之端，是我国目录学史上的经典之作。《艺文志》分为《六艺略》《诸子略》《诗赋略》《兵书略》《数术略》和《方技略》，另有《辑略》一篇，合称《七略》。六略之下又分几种，即大类之下再分小类，其中《六艺略》分易、书、诗、礼、乐、春秋、论语、孝经、小学九种。

孝经类小序[1]

东汉·班固[2]

《孝经》者，孔子为曾子陈孝道也。夫孝，天之经，地之义，民之行也。举大者言，故曰《孝经》。汉兴，长孙氏、博士江翁、少府后仓、谏大夫翼奉、安昌侯张禹传之，各自名家。经文皆同，唯孔氏壁中古文为异。"父母生之，续莫大焉"，"故亲生之膝下"，诸家说不安处，古文字读皆异。

1．本文录自《汉书·艺文志》。

2．班固（32—92）：字孟坚，东汉初扶风安陵人，东汉史学家、文学家。著有《汉书》一百二十卷、《白虎通德论》六卷。

孝经郑注

汉郑玄撰。《汉书 · 艺文志》云："《孝经》者，孔子为曾子陈孝道也。夫孝，天之经，地之义，民之行也。举大者言，故曰《孝经》。汉兴，长孙氏、博士江翁、少府后仓、谏大夫翼奉、安昌侯张禹传之，各自名家。"《隋书 · 经籍志》载："孔子既叙六经，题目不同，指意差别，恐斯道离散，故作《孝经》以总会之，明其枝流虽分，本萌于孝者也。遭秦焚书，为河间人颜芝所藏。 汉初，芝子贞出之，凡十八章，而长孙氏、博士江翁、少府后仓、谏议大夫翼奉、安昌侯张禹，皆名其学。"此为《今文孝经》，相传郑玄为之作注。又有《古文孝经》，与《古文尚书》同出孔壁，孔安国为之传。梁代，安国及郑氏二家，并立国学。唐明皇《御注孝经》以今文为定，沿及五代之乱，郑、孔俱亡。至宋雍熙间，日本僧奝然献《郑注》于朝，诏藏秘阁。元、明，无传。清朝嘉庆年间，日人冈田挺之于其国所传《群书治要》中得不完本，辑为一卷。鲍廷博将其与臧镛堂、洪颐煊辑本并刻于《知不足斋丛书》。此外，《孝经郑注》还有陈鳣、孔广林、严可均辑本。

敦煌本孝经序[1]

东汉 · 郑玄[2]

《孝经》者，鲁国先师姓孔，名丘，字仲尼。其父叔梁纥，后娶颜氏之女，久而无子，故祈于尼丘山，而生孔子。其首反，用像尼丘山，故名丘，字仲尼。有圣德，应聘诸国，莫能见用。当春秋之末，文武道坠，逆乱滋甚，篡弑由生。皇灵哀末代之黔黎，悯苍生之莫救。故命孔子，使述六艺，以待

1．本文据敦煌遗书整理。

2．郑玄（127—200）：字康成，北海高密（今山东高密西南）人。东汉儒家学者，著名经学家。郑玄先学今文经学，后习古文经学，年轻时曾赴京都洛阳太学受业，师事第五元先、张恭祖以及著名古文经学家马融，后归耕东莱。由于党锢之祸的牵连，被禁锢十四年。汉灵帝中平四年被征辟为博士，汉献帝建安五年卒，年七十四。郑玄一生，勤奋著述，有《周易注》《尚书注》《毛诗笺》《周礼注》《仪礼注》《礼记注》《孝经注》《论语注》《驳许慎五经异义》等，凡百余万言。他括囊大典，网罗众家，遍注群经，使经学进入了一个"小统一时代"。郑玄也因此成为汉代最大的"通儒"，两汉经学的集大成者。

命主。有飞鸟遗文书于鲁门，云“秦法灭，孔经存”。孔子既睹此书，悬车止聘。鲁哀公十一年，自卫归鲁，修《春秋》，述《易》道，乃刊《诗》《书》，定礼、乐，教于洙泗之间，弟子四方至者三千余人，受业身通达者七十二人。唯有弟子曾参，有至孝之性，故因闲居之中，为说孝之大理。弟子录之，名曰《孝经》。

夫孝者，盖三才之经纬，五行之纲纪。若无孝，则三才不成，五行僭序。是以在天则曰至德，在地则曰悯德，施之于人则曰孝德。故下文言：“夫孝者，天之经，地之义，人之行。”三德同体而异名，盖孝之殊途。经者，不易之称，故曰《孝经》。

孝经序[1]

东汉 · 郑玄

《孝经》者，三才之经纬，五行之纲纪。孝为百行之首，经者至易之称（《玉海》四十一）。春秋有吕国而无甫侯（《礼记 · 缁衣正义》）。仆避难于南城山，栖迟岩石之下。念昔先人余暇，述夫子之志，而注《孝经》焉（《大唐新语》九、《太平预览》四十二）。

孝经传

东晋晋元帝撰。朱彝尊《经义考》卷二二三载：“晋元帝《孝经传》，佚。”晋元帝（276—323）：即司马睿，字景文，河内温县（今河南温县）人，晋宣帝司马懿曾孙，东晋王朝的开国皇帝，318—323年在位。《晋书 · 本纪》称其“性至孝，雅好文辞”。

1．本文录自清陈鳣辑《孝经郑注》，见《续修四库全书》第151册《经部 · 孝经类》。

孝经传序[1]

东晋 · 晋元帝

天经地义，圣人不加，原始要终，莫逾孝道。能使甘泉自涌，邻火不焚，地出黄金，天降神女。感通之至，良有可称。

孝德传

南朝梁孝元帝撰。《唐志》载“梁元帝《孝德传》三十卷”。梁元帝（508—554），即萧绎，字世诚，自号金楼子，552—554年在位。萧绎少聪颖，性好读书，集藏典籍8万余卷。西魏伐梁，城陷之时，萧绎将古今图书、古画、法帖14万卷焚之一炬，史称图书一厄。《梁书 · 本纪》称其“博综群书，下笔成章，才辩敏速，冠绝一时”，生平著述凡二十种，四百余卷，有《孝德传》《忠臣传》《注汉书》《周易讲疏》《老子讲疏》《金楼子》，多已佚，仅存《古今同姓名录》等数种。明人辑有《梁元帝集》。

孝德传序[2]

南朝 · 梁元帝

夫天经地义，圣人不加，原始要终，莫逾孝道。能使甘泉自涌，邻火不焚，地出黄金，天降神女。感通之至，良有可称。

1．本文录自清朱彝尊撰《经义考》卷二二三《孝经二》。

2．本文录自萧绎《金楼子》卷二《著书篇》，见《四库全书 · 子部 · 杂家类》。该序内容与晋元帝《孝经传》同，今并存之。

孝经述议

隋刘炫撰。《隋书·经籍志》载："《古文孝经述义》五卷，刘炫撰。"《经义考》卷二二三载："刘氏炫《古文孝经义疏》。《隋志》：五卷。佚。"刘炫（约546—约613），字光伯，河间景城（今河北献县东北）人，隋代经学家。少时学《诗》于刘轨思，学《左传》于郭懋，学《礼》于熊安生。周武帝平齐，刘炫自称《周礼》《礼记》《毛诗》《尚书》《公羊》《左传》《论语》孔、郑、王、何、服、杜等注，凡十三家，皆能讲授，史子文集，皆涌于心。于是拜殿内将军。后因伪造《连山易》《鲁史记》等书，除名。隋末卒，门人谥曰"宣德先生"。刘炫学通南北经学，精博今文、古文经典，所制诸经义疏，为当世士人奉为师宗。主要著作有《论语述议》《春秋攻昧》《五经正名》《孝经述议》《春秋述议》《尚书述议》《毛诗述议》《注诗序》《算术》等，均佚亡，清马国翰《玉函山房辑佚书》有辑录。

孝经述议序[1]

隋·刘炫

盖玄黄肇判，人物甫始。父子之道既形，慈爱之情自笃。虽立德扬名，不逮中叶，而生爱死戚，已萌前古。洎乎驾龙乘云，法令渐章，迁夏宅殷，损益方极。莫不资父事君，因严教敬。称治家之志，以扬于王庭；推子谅之心，以教于天下。发于朝廷，施于州里，修于军旅，达于涂巷，曷尝非慈仁之教，孝弟之风哉！

徒以太史马、颜，俱泛积石之流，罗纨绮组，无复素丝之质。皇道帝化，因事立功，千品万官，随时作则。揖让周旋之仪，去礼已远；洒扫应对之节，离本更遥。泳其末而不践其源，股其道而未臻其极。百行孝为本也，孝迹弗彰；六经孝之流也，孝理更翳。五品不逊，尤亏大典，万象不睹，实启圣心。加以周道既衰，彝伦攸斁；王泽不下于民，群生莫知所仰。覆宗害父，窃国犯

1．日本京都大学馆藏《孝经述议》手抄本，此书现仅存第一、第四卷。日本学者林秀一博士依照日本的各种古日抄本著《关于〈孝经述议〉的复原研究》，补定了其中的二、三、五卷。

君，乱逆无纪，名教将绝。夫子乃假称教授，制作《孝经》，论治世之大方，述先王之要训。其意盖将匡颓运而追逸轨也，抑亦所以仁兴王而示高迹也。

孔子卒而大义乖，秦政起而群言丧。汉室龙兴，方垂购采，简有脱遗，字多靡灭。五经沉于闾里，俗说显于学宫；闻疑传疑，得末行末。肇自许洛，讫于魏齐，各骋胸臆，竞操刀斧。琐言杂议，殆至百家；专门命氏，犹将十室。王肃、韦昭，悉为佼佼；刘邵、虞翻，抑又其次。俗称郑氏，秽累尤多。譬放四族，议碎更甚。此诸家者，虽道有升降，势或盛衰，俱得藏诸秘府，行于世俗。安国之传，蔑尔无闻，以迄于今，莫遵其学。陆绩引其言，而不纂其业；荀昶得其本，而不觉其精。

炫与冀州秀才刘焯，俯挹波澜，追慕风采，渴仰丕积，多历岁年。大隋之十有□载，著作郎王邵始得其书，远遣垂示。似火自上，如石投水，散帙披文，惊心动魄。遂与焯考正讹谬，敷训门徒。凿垣墉以开户牖，排榛薮以通轨躅。大河之北，颇已流行。于彼殊方，仍未宣布。终宴不疲，实惟我待，望屠而嚼，非无他士耶！聊复采经摭传，断长补短，纳诸规矩，使就绳墨。经则自陈管见，述追孔旨；传则先本孔心，却申鄙意。前代注说，近世解议，残缣折简，盈箱累筐。义有可取，则择善而从；语足惑人，则略纠其谬。孔传之讹舛者，更无孔本，莫与比较，作《孝经稽疑》。郑氏之芜秽者，实非郑注，发其虚诞，作《孝经去惑》。其引书止取要证，或略彼文，其国讳谨别格各存本字，庶遗彼后生，传诸私族，其讯予不顾，亦未如之何已矣！

问者曰：“孔注《尚书》，文辞至简，及其传此，繁夥已极。理有溢于经外，言或出于意表。比诸《尚书》，殊非其类。且历代湮沉，于今始世，世之学者，咸用致疑。吾子暴露诸家，独遵孔氏必为真，请闻其要。”

答曰：“《尚书》，帝典臣谟，相对之谈耳，训诰誓命，教戒之书耳。其文直，其义显，其用近，其功约。徒以文质殊方，谟雅诰悉，古今异辞，俗易语反，振其绪而深旨已见，诰其字而大义自通。理既达文，言足垂后，岂徒措辞尚简，盖亦求烦不获。《孝经》言高趣远，文丽旨深，举治乱之大纲，辨天人之弘致。大则法天因地、祀帝享祖，道洽万国之心，泽周四海之内。乃使天地昭察，鬼神效灵，灾害不生，祸乱不作。明王以治定，圣德之所不加。小则就利因时，谨身节用，施政闺门之内，流恩徒役之下。乃使室家理治，长幼顺序，居上不骄，为下不乱，臣子尽其忠敬，仆妾竭其欢心。其所施者，牢笼宇宙之器也；其所述者，阐扬性命之谈也。辞则阃阈易路，而闺阁尤深；义则阶门可登，而户牖方密。为传者将上演冲趣，下寤庸神，晒曒光于戴盆，飞泥蟠于天路。不得不博文以谈之，缓旨以喻之。孔氏参订时验，割析毫厘，文武交畅，德刑备举。乃至管、晏雄霸之略，荀、孟儒雅之风，孙、吴权谲之方，申、韩督责之术。苟其萌动经意，源发圣心，莫不修其根本，导其流末。探赜索隐，钻幽洞微，穷道化之玄宗，尽注述之高致。犹尚藏于私室，蠹于枯简，历且千载，莫之或传。假使表之高的，鸣之以建鼓，闻之者掩耳而走，见之者闭眼而逝。若使提纲举目，简言达旨，理寡义贫，辞多语纷，则将覆瓿之不暇，何弘道之可希！孔子之赞《易》也，文言多而彖象少；丘明之为《传》也，襄、昭烦而庄、闵略。圣贤有作，辞无定准。《书》《孝》之异，复何所嫌？其辞宏赡，理致渊弘，言出系表，义流旨外者，总逸定于中逵，控奔流于巨壑。或当驰骋逾郛，涛波溢坎耳。亦无骈拇、技指、附赘、悬疣之累在其间也。吾以幼少，佩服此经，凡是先儒，备经讨阅，未有殊尤绝垣，状华出群，可以鼓玄泽于上庠，腾芳风于来裔者也。悉皆辞鄙理僻，说迂义诞；格言沦于腐儒，妙旨翳于庸讷。或乃方于小学，废其师受，论道不以充经，选士不以应课。弃诸草野，风之传记，顾彼未议，实怀深愤。而天未丧斯，秘宝重出，大典昭晰，精义著明。斯乃冥灵应感之符，圣道缉熙之运。仰饮惠泽，退惟私幸。既逢此世，复觌斯文，羡彼康衢，忘兹驽蹇。思得撤云雾以廓昭临，凿龙门以泻填阏。故拾其滞遗，补其弊漏，傅其羽翼，除其疥癣。续日月之末光，裨河海之余润。冀乎贻训后昆，增晖前绪。何事强诡俗儒，妄假先达！且君子所贵乎道者，贵其理义可尚，非贵姓名而已！以此《孔传》，校彼诸家，味其深浅，详其得失。三光九泉，未足喻其高下；嵩岳培嵝，无以方其大小。侧视厚薄，不觉其倍。更问真伪，欲何所明？嗟乎！伯牙绝弦于钟期，卞和泣血于荆璞，良有以也。”

隋书·经籍志·孝经类

《隋书》：唐魏徵、令狐德棻撰，共八十五卷。《隋书·经籍志》按经、史、子、集分为四部四十类，除总序、大序外，四十类各有小序一篇。自《隋书·经籍志》始，我国图书目录就确立了经史子集四部分类法。其历史地位，可与《汉书·艺文志》比肩并重。

孝经类小序[1]

唐 · 魏徵[2]

夫孝者，天之经，地之义，人之行。自天子达于庶人，虽尊卑有差，及乎行孝，其义一也。先王因之以治国家，化天下，故能不严而顺，不肃而成。斯实生灵之至德，王者之要道。孔子既叙六经，题目不同，指意差别，恐斯道离散，故作《孝经》，以总会之，明其枝流虽分，本萌于孝者也。

遭秦焚书，为河间人颜芝所藏。汉初，芝子贞出之，凡十八章，而长孙氏、博士江翁、少府后仓、谏议大夫翼奉、安昌侯张禹，皆名其学。又有《古文孝经》，与《古文尚书》同出，而长孙有《闺门》一章，其余经文，大较相似，篇简缺解，又有衍出三章，并前合为二十二章，孔安国为之传。至刘向典校经籍，以颜本比古文，除其繁惑，以十八章为定。郑众、马融并为之注。又有郑氏注，相传或云郑玄，其立义与玄所注余书不同，故疑之。

梁代，安国及郑氏二家，并立国学，而安国之本，亡于梁乱。陈及周、齐，唯传郑氏。

至隋，秘书监王劭于京师访得《孔传》，送至河间刘炫。炫因序其得丧，述其议疏，讲于人间，渐闻朝廷，后遂著令，与郑氏并立。儒者喧喧，皆云炫自作之，非孔旧本，而秘府又先无其书。又云魏氏迁洛，未达华语，孝文帝命侯伏侯可悉陵，以夷言译《孝经》之旨，教于国人，谓之《国语孝经》。今取以附此篇之末。

孝经图

唐阎立本绘、褚遂良书。《石渠宝笈》卷十一载："唐阎立本《孝经

1．本文录自《隋书 · 经籍志》。

2．魏徵（580—643）：字玄成，隋末巨鹿（今河北省邢台市巨鹿县）人，一说河北晋州市北馆陶人，唐初政治家。曾任谏议大夫、左光禄大夫，爵封郑国公，以直谏敢言著称，是中国史上最负盛名的谏臣，卒谥"文贞"。著有《隋书》的《序论》和梁、陈、齐各书的《总论》及《次礼记》二十卷，与虞世南等合编《群书治要》五十卷。其言论大多收存于《魏郑公谏录》和《贞观政要》二书中。

图》、褚遂良书，一卷。”阎立本（约601—673）：雍州万年（今陕西西安）人。唐代著名画家。历官刑部侍郎、工部尚书、中书令。其画作笔法圆劲、气韵生动，代表作《历代帝王图卷》。褚遂良（596—658）：字登善，钱塘（今浙江杭州）人，一说明翟（今河南禹州）人。唐代著名书法家。与欧阳询、虞世南、薛稷并称“初唐四大家”，代表作为《孟法师碑》《雁塔圣教序》等。

孝经图后跋（一）

明 · 孙承泽[1]

唐阎立本《孝经图》，褚遂良书一卷。

右《孝经》一卷，沧桑后得之。故内签“颜鲁公书、周昉画”，然外有朱漆小函，刻字以金填之，则曰“褚遂良书，阎立本画”，再四详视，当以朱函为正。盖题签出“中书”，手以其字类《麻姑坛》，让而谬以为鲁公，不知“麻姑坛”据《金石录》亦载其为伪，书非颜也！褚河南书有《灵宝度人经》，亦阎画，与此无毫发异，尤其明证耳！《度人经》宋元祐间韩城范思正已刻石，余于《博古堂帖》中曾见其拓本，今此卷日就澌灭，亦当勒之贞珉，与《度人经》并行天壤间。

惜余老矣！以俟异日好事者耳！退谷逸叟孙承泽记。

时年六十有六，雨后藤花盛开，命朴儿携一石于藤下，对之书此。

孝经图后跋（二）

明 · 孙承泽

忆乙酉岁余得此卷时，虞山钱牧斋在京见之曰：“此颜鲁公书，神宗在讲筵常出以示，江陵相因命重装，曾见江陵《进颜真卿〈孝经〉表》。”牧翁

1．孙承泽（1593—1676）：字耳北，又作耳伯，号北海、退谷，山东益都人。明清之际政治家、收藏家。崇祯四年进士，仕至刑科给事中。入清后，官至吏部右侍郎。喜收藏，精于鉴别书、画。有《春明梦余录》《天府广记》《研山斋集》等书四十余种。

之言必有所本，后开入《列朝诗选》小传中。或当日江陵亦以字类《麻姑坛记》，而未见褚河南小楷书也。格物之难如此！

乙巳之冬偶阅此卷，重记之。余年已七十有三矣！退翁泽卷高六寸一分，广一丈六尺四寸，三分引首。

孝经释文

唐陆德明撰。陆德明（约550—630），名元朗，以字行，苏州吴（今江苏苏州）人，隋唐间儒家学者、经学家。受业于南朝梁名儒周弘正，“善言玄理”。陈宣帝时，与当时名儒讲经承光殿，赢得“合朝赏叹”，授始兴国左常侍，迁国子助教。陈朝亡，归隐乡里。隋炀帝召为秘书学士，授国子助教。贞观初，拜国子博士，封吴县男。其名著《经典释文》三十卷，对包括《孝经》在内的十二部儒家经典及《老子》《庄子》进行注音和释义，尤便于文化经典的传习。在《经典释文·序录》中，他还按照经典著述的早晚次序，论述了经典的演变史，对汉晋经学的研究成果给予了系统的总结，保存了大量珍贵的经学史史料。

以下二文，均录自《经典释文》卷一《序录》。

孝经

唐 · 陆德明

虽与《春秋》俱是夫子述作，然《春秋》周公垂训，史书旧章，《孝经》专是夫子之意，故宜在春秋之后。《七志》以《孝经》居《易》之首，今所不同。

注解传述人·孝经

唐·陆德明

《孝经》者，孔子为弟子曾参说孝道，因明天子庶人五等之孝、事亲之法。亦遭焚烬，河间人颜芝为秦禁藏之。汉氏尊学，芝子贞出之，是为今文。长孙氏、博士江翁、少府后苍、谏大夫翼奉、安昌侯张禹传之，各自名家，凡十八章。又有古文出于孔氏壁中，别有《闺门》一章，自余分析十八章，总为二十二章，孔安国作传。刘向校书，定为十八。后汉马融亦作《古文孝经传》，而世不传。世所行郑注，相承以为郑玄。案《郑志》及《中经簿》无，唯中朝穆帝《集讲孝经》，云以郑玄为主。检《孝经注》与康成注《五经》不同，未详是非。《古文孝经》世既不行，今随俗用《郑注》十八章本。

孝经老子注易传议

唐司马贞撰。司马贞，字子正，唐河内（今山西沁阳）人。仕官于中、睿、玄宗三朝，历国子博士、弘文馆学士，官终润州别驾。司马贞著《史记索隐》三十卷，与南朝宋裴骃的《史记集解》、唐张守节的《史记正义》合称“史记三家注”，为唐代著名史学家。唐代，随着政治上的统一，经学纷争也亟待定于一尊。先是有《五经正义》之纂，至玄宗时，以“《孝经》者德教所先”，“诸家所传互有得失，独据一说能无短长”，下令儒官“详定所长，令明经者习读”，左庶子刘知几主古文，而国子祭酒司马贞则主今文，结果是《郑氏注》“依旧行用”，《孔传》则因“传习者稀，宜存继绝之典，颇加奖饰”。于此可见，朝廷偏右今文的意向。至开元十年（722），遂有玄宗《御注》颁行天下。《孝经老子注易传议》即司马贞与诸儒质辩时所作。

孝经老子注易传议[1]

唐 · 司马贞

国子祭酒司马贞议曰：《今文孝经》是汉河间王所得颜芝本，至刘向以此本参校古文，省除烦惑，定为此一十八章。其注相承云是郑玄所著，而《郑志》及《目录》等不载，故往贤共疑焉。惟荀昶、范煜以为郑注，故昶集解《孝经》具载此注，而其序云，以郑为主。是先达博选，以此注为优。且其注纵非郑氏所作，而义旨敷畅，将为得所，其数处小有非稳，实亦未爽经传。其古文二十二章，元出孔壁，先是安国作传，缘遭巫蛊，世未之行。荀昶集注之时，尚有《孔传》，中朝遂亡其本。近儒欲崇古学，妄作此传，假称孔氏，辄穿凿改更，又伪作《闺门》一章。刘炫诡随，妄称其善。且闺门之义，近俗之语，非宣尼正说。案其文云："闺门之内，具礼矣乎！严兄妻子臣，繇百姓徒役也。"是比妻子于徒役，文句凡鄙，不合经典。又分《庶人章》，从"故自天子"以下，别为一章，仍加"子曰"二字。然"故"者连上之词，即是首章，不合言"故"。古文既亡，后人妄开此等数章，以应二十二章之数，非但经文不真，抑亦传习浅伪。又注"因天之时，因地之利"，其略曰："脱衣就功，暴其肌体，朝暮从事，露发跣足，少而习之，其心安焉。"此语虽傍出诸子，而引之为注，何言之鄙俚乎！与郑氏所云："分别五土，视其高下，高田宜黍稷，下田宜稻麦"，优劣悬殊，曾何等级！今议者欲取近儒诡说，残经缺传，而废郑注，理实未可。望请准式，《孝经》郑注与《孔传》依旧俱行。

孝经注

唐玄宗注，《新唐书·艺文志》称《孝经制旨》。唐玄宗（685—762），即李隆基，又称唐明皇。延和元年（712）即位，改元开元。唐玄宗开元年间，重用贤臣，励精图治，社会安定，政治清明，经济繁荣，唐朝进入史称"开元盛世"的鼎盛时期。唐玄宗在位后期，信用小人，奢侈无度，铸成"安

1．本文节录自宋王溥撰《唐会要》卷七十七，中华书局1955年版。

史之乱”，唐朝由盛转衰。他在位期间抑制佛教，推崇儒学，大力提倡孝行、孝道，亲自为《孝经》作注，史称《御注孝经》。唐玄宗《孝经注》以十八章今文本，以《郑氏注》为主，今文之立，自玄宗《孝经注》始。

孝经序[1]

唐 · 唐玄宗

朕闻上古其风朴略，虽因心之孝已萌，而资敬之礼犹简，及乎仁义既有，亲誉益著。圣人知孝之可以教人也，故因严以教敬，因亲以教爱，于是以顺移忠之道昭矣，立身扬名之义彰矣。子曰：“吾志在《春秋》，行在《孝经》。”是知孝者，德之本欤！

《经》曰：“昔者明王之以孝理天下也，不敢遗小国之臣，而况于公、侯、伯、子、男乎？”朕尝三复斯言，景行先哲。虽无德教加于百姓，庶几广爱形于四海。嗟乎！夫子没而微言绝，异端起而大义乖。况泯绝于秦，得之者皆煨烬之末；滥觞于汉，传之者皆糟粕之余。故鲁史《春秋》学开五传，《国风》《雅》《颂》分为四诗。去圣逾远，源流益别。近观《孝经》旧注，舛驳尤甚。至于迹相祖述，殆且百家，业擅专门，犹将十室。希升堂者，必自开户牖；攀逸驾者，必骋殊轨辙。是以道隐小成，言隐浮伪。且传以通经为义，义以必当为主。至当归一，精义无二，安得不翦其繁芜，而撮其枢要也？

韦昭、王肃，先儒之领袖；虞翻、刘邵，抑又次焉。刘炫明安国之本，陆澄讥康成之注，在理或当，何必求人？今故特举六家之异同，会五经之旨趣，约文敷畅，义则昭然。分注错经，理亦条贯。写之琬琰，庶有补于将来。且夫子谈经，志取垂训，虽五孝之用则别，而百行之源不殊。是以一章之中凡有数名，一句之内意有兼明。具载则文繁，略之又义阙，今存于疏，用广发挥。

1．本文录自《十三经注疏 · 孝经注疏》，中华书局1980年影印本。

御注孝经序[1]

唐 · 元行冲[2]

左散骑常侍兼丽正殿修国史上柱国武强县开国公臣元行冲奉敕撰

大唐受命百有四年，皇帝君临之十载也。赫矣皇业，康哉帝道。万方宅心，四隩来塈。握黄炎尧禹之契，钦日月星辰之序。提衡而运阴阳，法繇而张礼乐。车服必轨，声明偕度，所以振国容焉；仪宿赋班，详韬授律，所以清邦禁焉。配圆穹而比崇，印环海而方大。无文咸秩，能事斯毕。惟德是经，惟刑之恤。笙镛穆颂，鳞羽晖祯。申耕籍以劝农，饰胶庠而训胄。优劳庶绩，缉熙睿图。听政之余，从容文史。缇紬绎竹，岳仞铜龙之殿；舒向严枚，云骧金马之闼。或散志篇述，或留情坟诰。以为孝者德之本，教之所由生。夫子谈经，文该旨赜；诸家所说，理蔼词繁。爰命近臣，畴咨儒学。搜章摘句，究本寻源。炼康成、安国之言，铨王肃、韦昭之训。近贤新注，咸入讨论，分别异同，比量疏密。总编呈进，取正天心。每伺休闲，必亲披校。涤除氛荟，搴摭菁华。寸长无遗，片善必举。或削以存要，或足以圆文。其有义疑两存，理翳千古，常情所昧，玄鉴斯通，则独运神襟，躬垂笔削，发明幽远，剖析毫厘，目牛无全，示掌非著，累叶坚滞，一朝冰释。乃敕宰臣曰："朕以《孝经》，德教之本也。自昔诠解，其徒实繁，竟不能覆其宗、明其奥，观斯芜漫，诚亦病诸。顷与侍臣参详厥理，为之训注，冀阐微言，宜集学士儒官，佥议可否。"于是，左散骑常侍崇文馆学士刘子玄、国子司业李元瓘、著作郎弘文馆学士胡皓、国子博士弘文馆学士司马贞、左拾遗太子侍读潘元祚、前赞善大夫鄂王侍读魏处凤、太学博士郯王侍读郄享、太学博士陕王侍读徐英哲、前千牛长史鄄王侍读郭谦光、国子助教鄫王侍读范行恭及诸学官等，并鸿都硕德，当代名儒，咸集庙堂，恭寻圣义。捧对吟咀，探紬反覆，至于再至三，动色相欢，昌言称美，曰："大义湮郁垂七百年，皇上识洞玄枢，情融系表，革前儒必固之失，道先王圣要之源。守章疏之常谈，

1．本文录自《十三经注疏 · 孝经注疏》。

2．元行冲（653—729），名澹，以字行，唐朝洛阳（今河南洛阳）人，北魏皇族后裔。博学多通，擅长经学，史书称其"时为大儒，常载书数车自随"。举进士，累迁通事舍人。唐睿宗时，拜太常少卿，继褚元量在丽正殿校四部书，表请通撰古今书目，名为《群书四录》。唐玄宗时，为左散骑常侍，拜太子宾客、弘文馆学士，累封常山郡公。唐玄宗初注《孝经》时，即命元行冲为注本作疏，立于学宫《崇文总目》著录《孝经疏》三卷，云"元行冲撰。明皇既作注，故行冲奉诏作疏"。开元十七年卒，年七十七。赠礼部尚书，谥曰"献"。著有《魏典》《群书四录》等。

谓穹涯涘；睹蓬瀛之奥理，方谕高深。伏请颁传，希新耳目。”侍中安阳县男源乾曜、中书令河东县男张嘉贞等奏曰：“天文昭焕，洞合幽微。望即施行，伫光来叶。其序及疏，并委行冲修撰。”制曰：“可。”伏以经言简约，妙理精深，贵贱同珍，贤愚共习，故得上施黉塾，远被苍垠。至若象尼丘山，坏孔子宅，美曾参至孝之性，陈宣父述作之由，汉魏相沿，曾无异说，比经斟讨，略不为疑。凡诸发挥，序所作意，意既先见，今则不书。微臣朽老，猥职坟籀，思涂艰窒，才力昏无，震光曲临，推谢理绝。睎大明而挹耀，顾宵烛而知惭。勉课庸音，式遵明制。敢题经首，永赞鸿徽云尔。

进御注孝经表[1]

唐 · 李齐古[2]

臣闻《孝经》者，天经地义之极，至德要道之源，在六籍之上，为百行之本。自文宣既没，后贤所注，虽事有发挥，而理甚乖舛。伏惟开元天宝圣文神武皇帝陛下敦睦孝理，躬亲笔削。以无方之圣，讨正旧经，以不测之神，改作新注，朗然如日月之照，邈矣合天地之德。使家藏其本，人习斯文，普天之下，罔不欣载。仍以太学王化所先，《孝经》圣理之本，分命璧沼，特建石台。义展睿词，书题御翰，以垂百代之则，故得万国之欢。今刊勒既终，功绩斯著。天文炳焕，开七曜之光辉；圣札飞腾，夺五云之气色。烟花相照，龙凤沓起，实可配南山之寿，增北极之尊。百寮是瞻，四方取则，岂比周官之礼空悬象魏，孔子之书但藏屋壁？臣之何幸，躬睹盛事！遇陛下兴其五孝，忝守国庠；率胄子歌其六德，敢扬文教，不胜忭跃之至。谨打石台《孝经》本，分为上下两卷，谨于光顺门奉献两本以闻。

天宝四载九月一日特进。

明皇敕曰：孝者德之本，教之所有生也。故亲自训注，垂范将来。今石台毕功，亦卿之善职。览所进本，深嘉用心。

1．本文录自朱彝尊《经义考》，见《四库全书 · 史部 · 目录类 · 经义考》。明吕维祺《孝经大全》卷十九《表章通考》作“进孝经表”，《续修四库全书》第151册。

2．李齐古（712—756）：唐玄宗时人，曾任银青光禄大夫国子祭酒。工书法，擅行书。

重刊孝经注序[1]

宋 · 傅注[2]

成都府学主乡贡傅注奉右撰

夫《孝经》者，孔子之所述作也。述作之旨者，昔圣人蕴大圣德，生不偶时，适值周室衰微、王纲失坠、君臣僭乱、礼乐崩颓，居上位者赏罚不行，居下位者褒贬无作，孔子遂乃定礼乐、删诗书，赞易道以明道德仁义之源，修《春秋》以正君臣父子之法。又虑虽知其法未知其行，遂说《孝经》一十八章，以明君臣父子之行。所寄知其法者修其行，知其行者谨其法，故《孝经纬》曰“孔子云欲观我褒贬诸侯之志在《春秋》，崇人伦之行在《孝经》”，是知《孝经》虽居六籍之外，乃与《春秋》为表矣！

先儒或云夫子为曾参所说，此未尽其指归也，盖曾子在七十弟子中孝行最著，孔子乃假立曾子为请益问答之人以广明孝道，既说之后乃属与曾子。洎遭暴秦焚书并为煨烬，汉膺天命复阐微言，《孝经》河间颜芝所藏，因始传之于世。自西汉及魏历晋、宋、齐、梁，注解之者迨及百家，至有唐之初，虽备存秘府而简编多有残缺，传行者唯孔安国、郑康成两家之注，并有梁博士皇侃义疏播于国序，然辞多纰谬，理昧精研。至唐玄宗朝乃诏群儒、学官俾其集议，是以刘子炫辨“郑注”有十谬七惑，司马坚斥“孔注”多鄙俚不经，其余诸家注解皆荣华其言，妄生穿凿，明皇遂于先儒注中采摭菁英、芟去烦乱，撮其义理允当者用为注解，至天宝二年注成颁行天下，仍自八分御札勒于石碑，即今京兆《石台孝经》是也。

1．本文录自《四库全书·经部·孝经类·孝经注疏》。题为“孝经注疏序”。中华书局影印阮元校刻《十三经注疏》本此文之题名“成都府学主乡贡傅注奉右撰”与“翰林侍讲学士朝请大夫守国子祭酒上柱国赐紫金鱼袋臣邢昺等奉敕校定注疏”之间不空行，而明嘉靖闽中御史李元阳刻本则空一行，可见此文当另为一篇。明崇祯汲古阁刻本将两篇分开，篇题各冠以“孝经注疏序”，《四库全书》本、阮福《孝经义疏补》沿袭之。按：文中司马贞作“司马坚”，为避宋仁宗讳，此篇似为宋初蜀地重刻玄宗《孝经注》时所作，南宋时合刻注疏，将此文与邢昺《孝经正义》单疏本合并，故存其序于卷首。金良年整理《孝经注疏》（上海古籍出版社2009年版）据此将篇题改为“重刊孝经注序”，今从之。清朱彝尊《经义考》卷二二四将此序著录为“孙奭序”，并加按语“孙奭序或作‘成都府学主乡贡傅注奉右撰’”，未详何据。

2．傅注：生卒年不详。明吕维祺《孝经大全》卷二十一《表章通考·述文·序》载此文，篇题“孝经注疏序”下记“宋成都傅注”，大概生活于五代末、北宋初。见《续修四库全书》第151册《孝经大全》。

韦陟书御注孝经

唐韦陟书。韦陟（697—761）：字殷卿，京兆（今陕西西安）人。唐玄宗开元中袭封“郇国公”，累迁吏部尚书。卒，赠荆州大都督。唐代宗时赠“尚书左仆射”，谥“忠孝”。善文辞，精楷书。所书文字，自署曰“五朵云”，故其字号称“郇公五云体”。

御注孝经跋[1]

明 · 王世贞[2]

开元帝《御书孝经》，后有太子亨、右相林甫、左相适之等题名，韦郇公陟称彭城县男，盖自吏部侍郎出为河南采访，始袭公爵。此本封尔章斌封平乐郡公，可补本传之阙。书法丰妍、匀适，与《泰山铭》同行，押亦雄俊可喜！

女孝经

唐侯莫陈邈妻郑氏撰。郑氏，正史无传。《内则衍义》称：“郑氏，朝散郎陈邈妻也。博学宏才，作《女孝经》十八章，献于朝。朝廷纳其书，颁行于世。”《四库全书总目》卷九五：“《女孝经》一卷，唐郑氏撰。郑氏，朝散郎侯莫陈邈之妻。侯莫陈，三字复姓也。”侯莫陈邈妻郑氏因丈夫的侄女被册为永王妃，故作此文以教其“为妇之道”。

1．本文录自明孙钅广撰《书画跋跋》卷二《孝经》。孙钅广（1543—1613），字文融，号月峰、又号湖上散人，浙江余姚人。万历二年会试第一，殿试二甲第四名登进士第，仕至南兵部尚书，加封太子少保，参赞机务，人称其“手持书卷，坐大司马堂”，卒谥“文简”。著作宏丰，有四十余种七百余卷。著有《书画跋跋》三卷、《续书画跋跋》三卷。

2．王世贞（1527—1593），字元美，江苏太仓人，明代文学家、史学家，是当时继李攀龙之后的文坛领袖。嘉靖二十六年进士，仕至南京兵部尚书。有《书画跋》《艺苑卮言》《弇山堂别集》一百卷、《嘉靖以来首辅传》八卷、《觚不觚录》一卷、《弇州四部稿》一百七十四卷、《续稿》二百零七卷等传世。

进女孝经表[1]

唐 · 侯莫陈邈妻郑氏

妾闻天地之性，贵刚柔焉；夫妇之道，重礼义焉。仁义礼智信者，是谓五常。五常之教，其来远矣。总而为主，实在孝乎！夫孝者，感鬼神，动天地，精神至贯，无所不达。盖以夫妇之道，人伦之始，考其得失，非细务也。

《易》著乾坤，则阴阳之制有别；《礼》标羔雁，则伉俪之事实陈。妾每览先圣垂言，观前贤行事，未尝不抚躬三复，叹息久之。欲缅想余芳，遗踪可躅。妾侄女特蒙天恩，策为永王妃。以少长闺闱，未娴诗礼；至于经诰，触事面墙；夙夜忧惶，战惧交集。今戒以为妇之道，申以执经之礼，并述经史正义，无复载乎浮词，总一十八章，各为篇目，名曰《女孝经》。上至皇后，下及庶人，不行孝而成名者，未之闻也。妾不敢自专，因以曹大家为主，虽不足藏诸岩石，亦可以少补闺庭。辄不揆量，敢兹闻达。轻触屏扆，伏待罪戾。妾郑氏诚惶诚恐，死罪死罪！谨言。

女孝经序[2]

明 · 佚名

自《石台孝经》行而《女孝经》出，其言采典坟经传，杂拾彤管，《内则》之遗，其所叙列自“开宗明义”以至“王后”“夫人”“邦君”“庶人”“舅姑”“三才”“孝治”“贤明”“纪德行”“五刑之属”广之为要道，“守信”“扬名”“谏诤”“胎教”“母仪”不一而足，以举恶之鉴戒终焉，天下、国家、戚畹、闺壶之故犁然当矣！其隐括以就是编，则唐朝散郎陈邈妻郑氏属曹大家意为之，黄生开父见而悦焉，以其分章取义，居然洙泗。面谭伏氏女之传《尚书》、宋宣文之注《周官》皆是类也，乃授之剞劂，氏分章而图之以梓。梓成不佞幸而卒业，序之盖有私感焉！则以古今之升降者悬殊，而悉唐室之所以不竞也。何也？“至德要道”，先王所以顺天下而和万民，仲尼之授受曾子者备矣！“闺门”具礼之

1．本文录自《全唐文》卷九四五。

2．本文录自《古今图书集成 · 明伦汇编 · 闺媛典》第四卷《闺媛总部 · 艺文一》。

篇于女德举大概焉，夫非是编之纲领乎哉！

男正位外、女正位内，天地之大义也，隆古盛时“关雎”“麟趾”之化由宫闱而达悬寓，故家人宜而刑于者，远若妫汭、涂山、娀嫛、姙姒之盛，于今为烈，世典备载焉。盖孝顺德也，备道大而取，数弘天子、王公所资，先孩提幼耄所固有，而妇人女子未有能废之者也。今经所叙列者具是矣！唐自长孙后理阴教弥自捡束，采古妇女事著《女则》，徐惠妃拟楚词善谏诤，宋尚宫拟《女论语》，皆卓有孝敬著贤淑声。迨武氏窥伺之后，家法大溃，及开元间诏论《孝经》同异，孔郑二家之学若聚讼，然已卒废孔行郑，而“闺门”之章删而永锢，恶在其“利女贞”也，称先王“孝治锡类”意哉！秦、韩、虢封国以来已多惭德，马嵬之役以一女子故奄至播迁，邦分崩离析而不能守，后戚女谒之祸几与唐相始终，闺门之训何可废不讲耶？由斯以谈女德，在隆古则升，升则尊经，在叔世则降，降则畔教。闺门之臧否，而天下之治忽系之矣！此《女孝经》之所由作也。虽其文辞多袭旧章，轶事未极驯雅，然出于娥眉柔婉笄韦者流，视古才人学士之作何多让焉！乃其悯朝政、悼时事而慨然致芹曝之献，其意念良深远矣！当是时也，朝廷嘉纳之行，其书于世若津津乎孝治，而卒无救于天宝之乱。且也郑氏以其侄女为永王妃，思用是为掖庭弦韦，而房陵徙置内莫能助之。是编也不几于赘乎哉！然要非经之罪也，读其书论其世，即妫汭、涂山、娀嫛、姙姒之隆，夫孰有逾越者乎！女德而竟此，可以室家，可以国天下矣！

万历庚寅正月望吉。

书女孝经后[1]

明 · 佚名

大哉，孝之为德也！分浑元而立体，经义贯于两仪。资品汇以顺名，道德苞乎万象。盖有生则有伦，伦莫钜于二人；有伦则有孝，孝实贯乎百行。孝之所为大也！然若可望于君子，未可望于匹妇，讵知妇质阴而配阳，处房帷而相夫子，匪僮僮何以助奠，匪怡怡何以承欢，睽乖则家人离，溺僻则群小愠。

1．本文录自《古今图书集成 · 明伦汇编 · 闺媛典》第四卷《闺媛总部 · 艺文一》。

女子之孝所为大也，顾一本同气，男之孝萌自孩提，异姓、殊族，女之孝犹俟推类夫家，云内性非天然，蘋藻有齐寒，焕温色匪石匪席，宜室宜家淑媛，寡能愚妇鲜喻女子之孝所为难也。但世有克孝者，或母仪于率土，或章顺于闤阓，或终誉于夙夜，或善则于不朽，或动天地而迓休征，或感神明而昭景福，无论徽音即言叔季代粒，以乳冒刃全生提瓮，不以贵宠骄盈断鼻，不以存亡改易，以昌祚裔，以延年龄，以察神明，以孚鱼鸟，班班史册不可枚数。不则匮神、斩祚、败类、玷躬，此又女子之孝得失之林也。夫道大不可以小视，事难不可以易举法，其所以得，戒其所以，失曷以哉！

载籍言孝，无虑百端，《孝经》一书实为简要，章仅十八，义彻重元，盖宣尼之遗言，孝子之龟鉴也！有唐郑氏有慨于中谓“闺门章”缺，女孝未详，虽道无二致，而天地则悬，教本同归，而阴阳殊别，于是效其章句，作《女孝经》。

纲举目张，一准先圣立言垂训，专属房帷，若以班氏为女中之尼父，诸女为女中之曾参。首以“开宗明义”谓一，孝彻于三灵揭大端也；次之“后妃”知关雎之乐，窈窕次之；夫人知专直之保宗庙次之；邦君知礼法之守祭祀次之；庶人知蚕织锦之为义利示大概也。曰“事舅姑爱敬推自父母，妇职也”，曰“三才承乾犹之一天，妻道也”，曰“孝治雍睦洽于上下，广仁也”，曰“贤明闻见比于媵妾，廓智也”，曰“纪德行则备五而除三，而天夫之义益彰”，曰“五刑则禁妒寡欲，而逮众之惠益溥”，曰“广要道”，曰“守信”，曰“广扬名”。则异接而咸宜，居贞而守一、行成而誉著、谏诤匡恶也，胎教善鞠也，母仪式縠也，终之举恶昭大戒也。或引经以终义，或援古以证说，虽言歉于雅驯，而意切于惩劝，即大家之口吻，谆谆著明，若孔曾之论难，循循有序表。上皇唐诏颁寰宇，有裨风化世所其珍，惜方策之鲁鱼，期剞劂之灿烂，楷图像披阅宛然，言同面命人似起原。如樊、如班、如姜师氏在侧，若妹、若骊、若夏荼毒在旁，虽宋高之御笔，马远之绘章何以加兹！则见女子之孝，图难如易，举大如细，孝道得而妇顺明章，妇顺明而男教益显，诚补先圣之未逮，端闺范于无穷者也。

如曰不然，请问来哲。

第二卷　两宋卷

孝经正义

宋邢昺撰，《宋史 · 艺文志》载：“邢昺《孝经正义》三卷”。邢昺（932—1010），字叔明，北宋曹州济阴（今山东曹县西北）人，北宋儒家学者，经学家。宋太宗太平兴国初，明经科“九经”及第，历任国子监丞、国子博士、国子祭酒。真宗咸平二年，为北宋首任翰林侍讲学士，后官工部尚书、礼部尚书等职。邢昺曾奉诏校定《九经正义》，著有《孝经正义》《论语正义》《尔雅义疏》，均收入《十三经注疏》。

孝经正义序[1]

宋 · 邢昺

《孝经》者，百行之宗，五教之要。自昔孔子述作，垂范将来，奥旨微言已备解乎《注疏》。尚以辞高旨远，后学难尽讨论。今特翦截元疏，旁引诸书，分义错经，会合归趣，一依讲说，次第解释，号之为讲义也。

翰林侍讲学士朝请大夫守国子祭酒上柱国赐紫金鱼袋臣邢昺等奉敕校定注疏

古文孝经指解

宋司马光撰。《宋史 · 艺文志》载“司马光《古文孝经指解》一卷”。司马光（1019—1086），字君实，号迂夫，晚号迂叟，陕州夏县（今山西夏县）涑水乡人，世称涑水先生，卒赠温国公，谥“文正”，故学者又称其为司马温

1．本文录自《四库全书 · 经部 · 孝经类 · 孝经注疏》。中华书局影印阮元校刻《十三经注疏》本此文末之题名与另起之“成都府学主乡贡傅注奉右撰”之间不空行，而明嘉靖闽中御史李元阳刻本则空一行，可见“成都府学主乡贡傅注奉右撰”当属下半篇。明崇祯汲古阁刻本将两篇分开，篇题各冠以“孝经注疏序”，《四库全书》本、阮福《孝经义疏补》沿袭之。汲古阁本题名在篇末，《四库全书》本、《孝经义疏补》则置题名于篇题之后，今依汲古阁本。此文当为邢昺等新定《孝经正义》时所作，篇题为“孝经注疏序”不妥，故改为“孝经正义序”。

公、司马文正公。北宋时期儒家学者，著名史学家、哲学家、经学家。宋仁宗宝元元年（1038）进士，后历任谏议大夫、翰林学士、御史中丞、尚书右仆射兼门下侍郎等职。极力反对当时的王安石变法，是所谓“旧党”的领袖。司马光自幼好学深思，学问渊博，“于学无所不通”，尤长于史学。司马光一生著述甚丰，除《资治通鉴》外，还有《注古文孝经》《通鉴举要历》《大学中庸义》《集注太玄经》《传家集》《温公易说》等。

进古文孝经指解表[1]

宋 · 司马光

臣光言：臣闻圣人之德莫加于孝，犹江河之有源，草木之有本。源远则流大，本固则叶繁，是以由古及今，臣畜四海未有孝不先隆而能宣昭功化者也。

伏惟皇帝陛下纯孝之性发于自然，动静云为必咨训典，起居出入不忘先烈。以为滁州者，太祖皇帝所以擒馘奸桀，肇开王迹；并州者，太宗皇帝所以芟除僭乱，混一九围；澶州者，真宗皇帝所以攘却贪残，乂宁华夏。皆大勋懿业，威灵所存。遂命有司，分建原庙，图缋圣容，躬题扁榜，严奉之礼备尽恭勤，羽卫供帐率从丰衍，有以见陛下尊显祖宗之意，无不至矣！

《经》曰：“爱敬尽于事亲，而德教加于百姓，刑于四海。”夫以陛下天授之资，爱敬之志，而又念夫百官者，祖宗之百官，不可以私非其人；府库者，祖宗之府库，不可以赏非其功；法令者，祖宗之法令，不可以罚非其罪。慎之、重之，益自儆戒，如是则为无不成，求无不给，荣名之彰炳如日月，基绪之固巍如泰山，黎民乂安四夷怀服，草木禽鱼靡不茂豫，此诚孝德之极致也。

臣愚幸得补文馆之缺，以经史为职，窃睹秘阁所藏古文《孝经》，先秦旧书，传注遗逸，孤学堙微不绝如线，是敢不自揆量，妄以所闻为之《指解》，虽才识褊浅，无能发明，庶几因圣人之言得少关省览，则粪土之臣荣原足矣！其《古文孝经指解》一卷，谨随表奉进以闻。

1．本文录自司马光《传家集》卷十七，见《四库全书 · 集部 · 别集类 · 传家集》。明吕维祺《孝经大全》卷十九《表章通考 · 入告》“进古文孝经指解表”篇题下有“嘉祐元丰作”五字。

进孝经指解劄子[1]

宋 · 司马光

臣窃惟自古五帝三王，未有不由学以成其圣德者。所谓学者，非诵章句、习笔札、作文辞也，在于正心、修身、齐家、治国、明明德于天下也。恭惟皇帝陛下肇承基绪，虽年在幼冲而执丧临朝，率礼弗越，体貌尊严，举止安重，颙颙卬卬，有老成之德，华夷瞻仰，无不爱戴，此乃圣性自然，不闻亦式，实天祐皇家，宗庙社稷生民之盛福也。然"玉不琢，不成器；人不学，不知道"，倘复资学问以成之，则尧、舜、禹、汤、文、武何远之有？伏见近降圣旨，过冬至开讲筵。臣窃以圣人之德无以加于孝，自天子至于庶人，莫不始于事亲，终于立身，扬名于后世，诚为学所宜先也。

臣向不自揆，尝撰《古文孝经指解》，皇祐中献于仁宗皇帝。窃虑岁久遗失不存，今则缮写为一册上进，伏乞圣明少赐省览取进止。

古文孝经指解序[2]

宋 · 司马光

圣人言则为经，动则为法。故孔子与曾参论孝而门人书之，谓之《孝经》。及传授滋久，章句漫差，孔氏之人畏其流荡失真，故取其先世定本，杂虞、夏、商、周之书及《论语》藏诸壁中，苟使人或知之，则旋踵散失，故虽子孙不以告也。

遭秦灭学，天下之书扫地无遗。汉兴，河间人颜芝之子得《孝经》十八章，儒者相与传之，是为今文。及鲁恭王坏孔子宅，而古文始出，凡二十二章。当是之时，今文之学已盛，故古文排摈，不得列于学宫，独孔安国及后汉马融为之传。诸儒党同疾异，信伪疑真，是以历载累百而孤学沉厌，人无知

1．本文录自司马光《传家集》卷四十九，见《四库全书 · 集部 · 别集类 · 传家集》。明吕维祺《孝经大全》卷十九《表章通考 · 入告》"进孝经指解劄子"篇题下载"元丰八年十二月二日上"。《孝经大全》、朱彝尊《经义考》所载，内容与此文稍有不同。

2．本文录自司马光《传家集》卷六十八，见《四库全书 · 集部 · 别集类 · 传家集》。

者。隋开皇中，秘书学士王逸于陈人处得之，河间刘炫为之作《稽疑》一篇，将以兴坠起废，而时人已多讥笑之者。及唐明皇开元中，诏议孔、郑二家，刘知几以为宜行孔废郑，于是诸儒争难蜂起，卒行郑学。及明皇自注，遂用十八章为定。

先儒皆以为孔氏避秦禁而藏书，臣窃疑其不然，何则？秦世科斗之书废绝已久，又始皇三十四年始下焚书之令，距汉兴才七年耳，孔氏子孙岂容悉无知者，必待恭王然后乃出？盖始藏之时，去圣未远，其书最真，与夫他国之人转相传授，历世疏远者，诚不侔矣。且《孝经》与《尚书》俱出壁中，今人皆知《尚书》之真，而疑《孝经》之伪，是何异信脍之可啖而疑炙之不可食也。嗟乎！真伪之明皦若日月，而历世争论不能自伸。其中异同不多，然要为得正，此学者所当重惜也。前世中《孝经》多者五十余家，少者亦不减十家，今秘阁所藏止有郑氏、明皇及古文三家而已，其古文有经无传。按孔安国以古文时无通者，故以隶体写《尚书》而传之，然则《论语》《孝经》不得独用古文，此盖后世好事者用孔氏传本，更以古文写之，其文则非，其语则是也。

夫圣人之经，高深幽远，固非一人所能独了。是以前世并存百家之说，使明者择焉，所以广思虑、重经术也。臣愚虽不足以度越前人之胸臆，窥望先圣之藩篱，至于时有所见，亦各言尔志之义，是敢辄以隶写古文，为之指解。其今文旧注有未尽者，引而伸之；其不合者，易而去之，亦未知此之为是而彼之为非。然经犹的也，一人射之，不若众人射之，其为取中多也。臣不敢避狂僭之罪，而庶几于先王之道，万一有所补焉。

古文孝经说

宋范祖禹撰，《宋史 · 艺文志》载“范祖禹《古文孝经说》一卷”。范祖禹（1041—1098），字淳甫，一字梦得，成都华阳（今四川成都）人。少孤，闭门读书，所结交的都是当时闻人，宋仁宗嘉祐举进士甲科，从司马光编修《资治通鉴》。书成，司马光荐为秘书省正字。后历任著作郎、礼部侍郎、龙图阁学士。著有《唐鉴》十二卷，深明唐三百年治乱，学者尊之，称为“唐鉴公”。另有《帝学》八卷，《中庸论》《范太史集》等。

古文孝经说序[1]

宋 · 范祖禹

修《实录》检讨官承议郎秘书省著作郎兼侍讲臣范祖禹上进

《古文孝经》二十二章，与《尚书》《论语》同出于孔氏壁中，历世诸儒疑眩莫能明，故不列于学官。《今文》十八章，自唐明皇为之注，遂行于世。二书虽大同而小异，然得其真者，古文也。臣今窃以古为据，而申之以训说，虽不足以明先王之道，庶几有万一之补焉。臣谨上。

进古文孝经说劄子[2]

宋 · 范祖禹

臣伏睹国史，章献明肃太后尝命侍读宋绶，择前代文字可以资孝养补政治者，以备仁宗观览。臣职劝读，虽不足以跂望前人之仿佛，然区区忠益敢不尽？愚窃以圣人之行，莫先于孝，书莫先于《孝经》。《孝经》有古文，有今文。今文即唐明皇所注十八章，古文凡二十二章，由汉以来唯孔安国、马融为之传。其余诸儒多疑之，故学者罕习。仁宗朝，司马光在馆阁，为《古文指解》一卷，表上之。臣窃考二书，虽不同者无几，然古文实得其正，故尝妄以所见又为之《说》。非敢好异尚同，庶因圣言少关省览。伏惟陛下方以孝治天下，此乃群经之首，万行之宗，倘留圣心，则天下幸甚。其《古文孝经说》，谨缮写为一册，上进。

1．本文录自《四库全书 · 经部 · 孝经类 · 古文孝经指解》。

2．本文录自清朱彝尊《经义考》卷二二五。宋晁公武《群斋读书志 · 孝经类 · 古文孝经说》曰："元祐中侍经幄时所上。"

古文孝经说[1]

明 · 杨士奇[2]

右《古文孝经说》，宋元祐中秘书省著作郎兼侍讲范祖禹淳夫经筵所进书也。今刻板在成都，吾家一册，得之吉水黎教谕德让。

进尚书孝经解

宋文彦博撰。文彦博（1006—1097），字宽夫，山西汾州介休人，北宋时期政治家。宋仁宗天圣五年（1027）进士及第，历仕仁、英、神、哲四朝，先后任翼城知县、绛州通判、监察御史、殿中侍御史、平章军国重事等职，史称："公忠直亮，临事果断，皆有大臣之风，至和以来，共定大计，功成退居，朝野倚重"，时人尊为贤相。南宋高宗时，追复太师，谥"忠烈"。著有《大飨明堂纪要》《药准》《潞公集》四十卷等。

进尚书孝经解[3]

宋 · 文彦博

臣伏以皇帝陛下间御迩英阁，令讲官讲《尚书》，又阁之南壁张《孝经》图，出入观览，有以见陛下祖述尧舜、宪章文武，以至德要道孝治天下。

1．本文录自明杨士奇《东里集·续集》卷十六《跋》，见《四库全书·集部·别集类·东里集·续集》。

2．杨士奇（1366—1444）：名寓，字士奇，以字行，号东里，江西泰和人。明朝大臣、学者。幼家贫，建文初，以布衣荐入翰林院，官至礼部侍郎，兼华盖殿大学士，历五朝，为内阁首辅二十一年，与杨荣、杨溥同辅政，并称"三杨"。杨士奇以"学行"见长，先后担任太宗、仁宗、宣宗《实录》总裁。精研目录学，与马愉、曹鼎等人编成的《文渊阁书目》，著录图书7297部。著有《三朝圣谕录》《历代名臣奏议》《周易直指》《东里集》等。

3．本文录自文彦博《潞公文集》卷三十一，见《四库全书·集部·别集类·潞公文集》。明杨士奇等撰《历代名臣奏议》卷七《圣学》记为"宋哲宗元祐二年平章军国重事文彦博进"，见《四库全书·史部·诏令奏议类·历代名臣奏议》。

臣今辄于《尚书》诸篇中节录十篇及《孝经》诸章中节录六章进上，以备禁中清闲之暇研究义味，或时令讲官节录疏义进入。上资圣德，稽古求治之意，臣伏读《尚书序》云："孔子生于周末，睹史籍之烦文，惧览之者不一，遂乃讨论坟典。断自唐、虞以下，迄于周。举其宏纲，撮其机要，典、谟、训、诰之文，凡百篇。所以恢宏至道，示人主以轨范也。帝王之制，坦然明白。以其上古之书，谓之《尚书》。"然则后代圣帝明王莫不祖述，实为大训。恭以皇帝陛下聪明文思，稽考古道，日御迩英延访经义。方命讲官讲解《尚书》，孜孜不倦。所以圣德日新，比隆尧舜。臣以叨侍经筵，辄于《尚书》三十二篇，采其切于资益圣治，益于重复温故者凡十篇录进。别有后序，所以发明本篇之大旨，所翼便于乙夜之观。

三字孝经

宋句中正撰，《宋史·艺文志》载"句中正《三体石经》一卷"，《经义考》曰："句氏中正《石刻三体孝经》，《宋志》一卷，佚。"句中正（929—1002），字坦然，益州华阳（今四川双流）人。精于字学，太平兴国二年，献八体书。太宗素闻其名，召入，授著作佐郎、直史馆。曾校定《玉篇》《广韵》《说文》等，历官左赞善大夫、著作郎、太常博士、屯田郎中。中正喜藏书，以文翰为乐事，《宋史·句中正传》载句中正"尝以大、小篆、八分三体书《孝经》摹石，咸平三年表上之。真宗召见便殿，赐坐，问所书几许时，中正曰：'臣写此书，十五年方成。'上嘉叹良久，赐金紫，命藏于秘阁"。兴国五年卒，年七十四。

宋句中正三字孝经序[1]

宋 · 朱长文[2]

臣闻：在昔汉氏，营求坠典。绍隆儒雅，矫正人伦。坦王道于甚夷，补帝载之将坏。献书辟路，纛简复编。百年之间，六艺渐备。爰征博士，传业诸生。肇以烬余，始于口占。逮移简礼，文兼隶古。而一经旨义，章句数家，虽讲解不停，矛盾胶固，各从师授，勿辨是非。自武帝而及熹平，仅更数世，驳杂滋甚，异端蜂起，台馆纳赂，为改漆书，俾类私家，所传局愚，古道无据。议郎蔡邕、张驯、韩说、党溪，典光禄大夫杨赐、谏议大夫马日　、太史令单飏等奏希正定，乃以古篆隶参配相检，邕自书丹，就金石刻，列诸庠序，励于学徒，巨细息疑，人争观写，接车连骑，充溢康衢。慨后世故陵迟，事随磨灭，至于唐室，万不一存。（《西京杂记》云："贞观中，秘书监魏徵详验汉蔡邕《三字石经》数瑕，尝有永泰中相国马孙上字太祖，藏得拓本数氏，有'开元'字印，即唐玄宗图书之印，跋尾有苏许公、姚梁公名。至建中二年，内史宋游环、建昌令茹兰芳等跋尾，有拓本存焉。"今所书文字并准之。）

或曰："曷谓一字而骈三乎？"盖以书通假借，形同而义异，互字音读，理则殊贯，是用交相参订，示以适从（中仲古吉之类），非务笔精而尚奇怪也。臣耽玩篆隶，习以性成，惜兹高古，忽失轻捐。虽提耳于未闻，特罪言于僻处。后进曹子，必昔本根。旁求遗逸，稍析沦胥。乃得旧传《古文孝经》。（陆氏《释文》云："旧有《古文孝经》，《开元宝录》刘子炫云：'古《孝经》出孔壁，其语详正，无俟商榷。'"又李士训《记异》曰："大历初，霸上耕得石函绢素《古文孝经》，初传李白，受李阳冰，尽通其法，皆二十二章，今本亦如之，与今文小异，旨义无别。"）以诸家所传古文，比类会同（《尚书》《蔡邕石经》，瞿令闻、卫包、裴光远、林罕等集），依开元中刘子炫、司马贞考详《今文》十八章小有异同，亦以不取。约秦、许、斯、蔡篆文及汉魏刻石隶字。（蜀"文翁讲堂"柱上钟会书《范巨卿碑》、蔡邕《石经》三字拓本篆书，今

1．本文录自宋朱长文撰《墨池编》卷一，见《四库全书 · 子部 · 艺术类 · 墨池编》。

2．朱长文（1041—1100）：字伯原，号乐圃、潜溪隐夫，苏州吴人。北宋书学理论家。年未冠，登进士第，以足疾不肯出仕，筑室"乐圃坊"，著书阅古，江浙等地的人以其为贤，以不到乐圃为羞，名动京师。宋哲宗元祐四年召为太学博士，迁秘书省正字。有《乐圃集》一百卷，已佚。今存《乐圃余稿》《易郡图经续记》《墨池编》《琴史》等。

谓之八分者是也。知今之八分即古之隶书明矣！）相配而成，莫不考古之文，行秦之字，注汉之制，执唐之议，谅摭实之典故，补羮序之缺遗，挥洒丹毫，淳风穆汐，永于镌勒，庶将来有以见我圣宋文变及道跻三代，迈两汉也。

尚书屯田郎中直昭文馆臣句中正谨上。

孝论

宋释契嵩撰。释契嵩（1007—1072），俗姓李，字仲灵，自号潜子，藤州坛津（今广西藤县）人。七岁出家，十九游方天下。庆历间，居杭州灵隐寺。宋仁宗皇祐年间入京师，两次作万言书上呈仁宗，赐号“明教大师”。契嵩博通内典，倡导儒释融汇，是北宋时期的佛学大师。《四库全书总目提要》称其“好力与儒者争是非，其文博而辨。宋代释子，其集中兼有诗文者，惟契嵩与惠洪最著”。王士祯《居易录》称其“诗多秀句，其文则好与辟佛者辨，哓哓然动至数十篇”。曾作《孝论》《原教》十余篇，存世有《镡津集》《嘉祐集》《治平集》等。

孝论叙[1]

宋 · 释契嵩

叙曰：夫孝，诸教皆尊之，而佛教殊尊也。虽然其说不甚著明于天下，盖亦吾徒不能张之，而吾尝慨然甚愧。念七龄之时，吾先子方启手足，即命之出家。稍长，诸兄以孺子可教，将夺其志。独吾母曰：“此父命，不可易也。”逮摄衣将访道于四方，族人留之，亦吾母曰：“汝已从佛，务其道，宜也。岂以爱滞汝？汝其行矣！”呜呼！生我父母也，育我父母也，吾母又成我之道也！昊天罔极，何以报其大德？自去故乡，凡二十七载，未始不欲南还，坟陇修法，为父母之冥赞，犹不果。然辛卯其年自以弘法婴难，而明年乡邑亦婴于大盗，吾父母之坟庐得不为其剽暴，望之涟然泣下。又明年，会事益有所感，

1．本文录自《镡津集》卷三《辅教编下》，见《四库全书 · 集部 · 别集类 · 镡津集》。

遂著《孝论》一十二章，示其心也。其发明吾圣人大孝之奥密、意会，夫儒者之说，殆亦尽矣！吾徒之后学，亦可以视之也。

孝经图

宋李公麟绘。朱彝尊《经义考》载："李氏公麟《孝经图》一卷，未见。"以下二文均录自《经义考》卷二二五。李公麟（1049—1106），字伯时，号"龙眠居士"，庐江郡舒州（今安徽桐城）人，北宋著名画家。神宗熙宁三年进士，曾仕为泗州录事参军、中书门下后省删定官、御史检法、朝奉郎。博学好古，长于诗，精鉴别古器物，尤以画著名，当时推为宋画中第一人，传世作品有《五马图》等。

孝经图自述

宋 · 李公麟

凤阁舍人杨公雅言："《孝经》关键六艺，根本百行，在世训所重。谓龙眠山人李公麟曰：'能图其事以示人，为有补。'"元丰八年六月，因摭其一二，随章而图之。

孝经图跋[1]

宋 · 范冲[2]

孝者，自然之理，天地之所以大，万物之所以生，人之所以灵，三纲五常

1．此文后，朱彝尊按语云："《中兴圣政录》：绍兴五年，建国公初出资善堂。冲书李公麟《孝经图》以进"。

2．范冲：字元长，登绍圣进士第。高宗即位，召为虞部员外郎，任宗正少卿兼直史馆，重修神宗、哲宗两朝《实录》。后为资善堂翊善，迁翰林侍读学士，寻以龙图阁直学士奉祠。卒，年七十五。范冲好义乐善，曾为司马光编《记闻》十卷。

之所以立。学然后知之，心不苟虑，必依乎道；足不苟动，必依乎礼；行之以不息，守之以至诚，造次必于是，颠沛必于是。及乎习与性成，是谓纯孝。不然，无以立身矣！岂不见夫诸侯车服之美，仪物之盛，尊荣如此，国公以幼学之年享宠禄之厚，盍思所以保富贵之道乎？故冲以诸侯之事为献曰："战战兢兢，如临深渊，如履薄冰。"周之诸侯，其入而居于王所，则皆为之卿士。故冲又欲以卿大夫之事为献曰："夙夜匪懈，以事一人。"国公其勉之。

石刻孝经

宋李师德撰。李师德，生卒年不详，吴江人，约生活于宋神宗至徽宗时。

石刻孝经序[1]

宋 · 李师德

万胜使乡里，无秋毫之损，虽功烈不大著，于时与妻子剽掠拱手受刃者，盖有间矣！事之本末见吴王祠之石刻焉。师德获嗣，其后天不降造，及长而孤，茕然一身，思愿竭力以事朝夕，其可得乎？

圣人之经，孝为大行。为人子者不得躬而行之，食稻衣锦，于女安乎？每一念之，不觉涕之无从。且父母之爱于子孙，非止鞠之、育之、衣之、食之而已，凡一言一行，常恐恐然，虑其有所失而沦于非道也。逮夫启手足之际，尚谆复戒之、饬之不能已者，诚以爱之之心无有穷尽也。以不可穷尽之爱，而限以死生之变，该人情之所不足也。师德虽不敏，上焉既不得竭力于其亲，下焉敢忘于爱之乎！良田广居不足以有之也，兼金美玉不足以宝之也。可宝而有之者，惟圣人之言乎！圣人之言，布在方策，烂若日月，至于立身、治家、

1．本文录自朱彝尊《经义考》卷二九一。徐师曾《吴江志》曰："吴江县学，宋大中祥符始作，元祐中乃竟。邑人李师德刻《孝经》于石，树其中，自为序。"

事君、事亲，其章句较然而易晓者，无如《孝经》之为最。窃愿摸之坚石，一植之于先垅，一置之于县庠，以示其后。复愧于声迹暧昧，不足以耸动人之耳目，取重来世。是用购求，甚贵而有名于时者，人题一章，益之以叙，得一十九人。复且名之，庶有托焉。

司马迁曰："闾巷之人，欲砥名励行者，非附青云之士，恶能施于后世哉！"师德窃慕之。是不徒使后之孙子知吾爱之之至，亦庶几不肖之迹附见于来今。又以乡里之光，传诸永永，而无穷已也。

朝请郎勾当东京排岸司轻车都尉赐绯鱼袋李师德叙。

元祐元年三月初九日，朝奉大夫充集贤校理刘定书。

迩英阁无逸孝经图

宋慕容彦逢撰。慕容彦逢（1067—1117），字叔遇，江苏宜兴人。宋哲宗元祐三年（1088）登进士第，先仕池州铜陵主簿，后知鄂州崇阳。哲宗绍圣二年中博学宏词科，迁为淮南节度推官，越州教授，迁太学博士。宋徽宗崇宁年间曾仕除秘书省校书郎、监察御史、中书舍人。大观元年权翰林学士，后除尚书兵部侍郎，改吏部，进兼侍读，出知汝州。四年，加集贤殿修撰。政和元年召兼侍讲并议礼局，预修《政和五礼新仪》。六年，除给事中。七年，以刑部侍郎致仕，卒，年五十一，谥"文定"。《宋史·艺文志》载有文集三十卷及内外制、奏议等，已佚。清四库馆臣从《永乐大典》中辑成《摛文堂集》十五卷，收入《四库全书》。

迩英阁无逸孝经图后序[1]

宋 · 慕容彦逢

臣窃观国家承五季之后，太祖、太宗经纶草昧，南收江湘、西定蜀汉、北翦汾晋，荡涤妖祲、天步廓清，迄于太平，厥惟艰哉！真宗继之，中外嘉靖、

1．本文录自《摛文堂集》卷十五，见《四库全书·集部·别集类·摛文堂集》。

缉熙百度、文物粲然。仁宗承三圣之后，念创业之难，与夫持盈守成之不易也，业业兢兢，常惧一事一物之失，宜不足以骏惠前烈，其默而为思，言而为见议，于施设、法度、政教所以照临海岛甚盛，所以加惠元元甚厚，犹以终始为一者帝王所深慎也。于是考先圣人之言尤切，于治者以自励，乃命近臣书《无逸图》于阁之左，又书《孝经》之“天子”“孝治”“圣治”“广要道”四章图于阁之右，朝夕顾瞻，若周孔在焉！

昔周公作“无逸”，陈古先后之盛，与夫稼穑之艰难，盘乐游田之害政，以戒成王，而其务以勤为先。《孝经》之四章称“先王至德要道，所以和同天人之际者”，而其原以孝为本，是二者人主正心、修身以御家邦，无以尚此夫！仰天而天不倦，俯地而地不怠，则成位乎两间者孰过于勤！在天有经，在地有义，则成能乎两间者孰大于孝！且有天下者非谓以天下奉一人也，天下之大以一人治焉，以至众望至寡则其责备，以至静视至动则其虑深，得失在于九重而利害及于四海，善恶垂于万世，故人主必金玉其言、规矩其行，德合天地、明并日月，然后足以垂无疆之休。然则周孔之训其可须臾忘邪？虽然此岂有他哉！顾在心术之间而已！诚能处堂陛之广，而思天下之民；有不安其居膳膏粱之旨，而思天下之民；有不饱于粟服绮纨之美，而思天下之民；有不足于帛临钟鼓台榭之乐，而思民之所以忧；享宴安优游之逸，而思民之所以劳；日旦坐朝鹓鹭在列，而思贤士或有未进；章奏在前听决可否，而思事情或有未通；念前人之所以托于后、万邦之所以原乎上者夙夜不替曰：“若是而后为古先王之勤，又若是而后为天子之孝也。”惟“勤”与“孝”一举两得，而天下不治、风俗不美、颂声不作、天瑞不至者未之有也。仁宗允蹈之是以盛德，成功格于上下，诒燕后世，比隆唐虞，其效岂不彰明较著哉！

夫尚论其人于寥寥千有余年之前，求其言置诸左右若朝夕纳诲，然原治之意深矣，远矣！呜呼盛哉！

臣拜首稽首谨序。

御书真草孝经

南宋宋高宗书。据《金石续编》十八载：“广州府学《真草孝经》五层，首层、次层左右并缺，末层下右缺，吴记嵌于末层缺处。经文每行十字，《纪孝行》章内有九字者三行，非通章皆九字也。心传《系年要录》：'绍兴十四年七月，诏诸州以御书《孝经》刊石，赐见任官及系籍学生。'则是刻当系于绍兴十四年七月之后。杭州府学宋高宗《御书石经》为绍兴十三年刻（秦桧记作九月甲丁，《系年》录作十一月丁卯）。"宋高宗（1107—1187），即赵构，字德基，宋徽宗之子。靖康之变，徽、钦二宗为金所掳，赵构于南京应天府(今河南商丘)即位，南迁至临安(今浙江杭州)定都，建立南宋政权，改元建炎。在位初期，迫于形势，起用主战派李纲、岳飞、韩世忠等大将抗金。后重用投降派秦桧，以割地、纳贡、称臣等屈辱条件向金人乞降求和，并杀害岳飞、罢免主战派大臣。绍兴三十二年(1162)禅位于孝宗，自称太上皇。宋高宗精于书法，颇得晋人神韵。著有《翰墨志》，传世墨迹有《草书洛神赋》等。

御书真草孝经题识[1]

南宋 · 宋高宗

御书《真草孝经》一卷，右高宗皇帝御书，赐尚书右仆射兼枢密使秦桧，时绍兴九年六月辛酉，桧请刻之石。上曰："《十八章》，世人以为童蒙之书，不知圣人精微之学，不出乎此。朕宫中无事，因学草圣，遂以赐卿，岂足传后？"桧请再三，乃从之。十四年七月，从左宣教郎守殿中侍御史汪勃所请，诏令诸州刊石，赐见任官并系学籍诸生云。

1．本文录自宋赵希弁撰《读书附志 · 法帖类》，篇题为编者所加。赵希弁：生卒年不详。字君锡，袁州（今江西宜春）人，南宋宗室。史学家、藏书家、文献学家。为江西漕贡进士，曾任秘书省校勘书籍，宋理宗淳祐九年（1241）晁公武《郡斋读书志》重刊时，代为校正。仿晁氏体例，撰为《读书附志》一卷，共收书469种，可视为晁氏书目的续编。其人博学好古，勤于治学，撰有《读史补注》《资治通鉴纲目考异》《续资治通鉴补注》《建炎以来中兴系年要录补注》等。

跋宋高宗御书孝经赐秦桧墨刻[1]

明 · 郑真[2]

思陵万几之暇，即以读书作字为工，其勤如此。今观所赐秦桧《孝经墨刻》，真草相间，其当金人归梓宫、复太后之后欤！

夫孝为事亲之本，思陵以亲之故，日事祈请，虽至于屈膝而不辞，当时可谓孝矣！然不能恢取中原，扫除陵庙，始终以桧主和，而至于若此。帝王大孝，岂谓是耶？

宋高宗书、马和之绘图孝经

《石渠宝笈》卷十一载："宋高宗书《孝经》、马和之绘图一册。素绢本，右方著色画，左方楷书章。第九、第十画缺，第十二书画俱缺，章第一、第三、第五、第六、第七、第十八画幅俱有'尚义阴景万记'一印，后副页宋逄丑跋……下有'尚义阴景万记'一印。"马和之：生卒年不详，两宋之际钱塘（今浙江杭州）人。南宋高宗时任画院待诏，有画作《鹿鸣会之图》《诗经 · 小雅 · 节南山之图》等传世。周密称："御前画院仅十人，和之居其首焉。"

以下五篇跋文均录自《石渠宝笈》卷十一。

1．本文录自明郑真《荥阳外史集》卷三十五《题跋杂识》，见《四库全书 · 集部 · 别集类 · 荥阳外史集》。

2．郑真：生卒不详。字千之，号荥阳外史，浙江慈溪人。洪武四年乡试第一，首选广信府教谕。《成化四明郡志》称其"研穷六籍，尤簪于《春秋》"。《浙江通志》载："授临淮教谕，晋王之国道经临淮，召讲《春秋》。开陈大义炳如日星，王喜称为郑先生，升广信教授。尝编《四明文献》，著《集传》《集说》《集论》及杂著诗文六十卷。"

宋高宗书、马和之绘图孝经跋

宋 · 宋逢丑[1]

高宗德寿皇帝宸翰《孝经》诏："诸画苑设像立仪，以诏后人。俾为人臣者知事君上之忠，为人子者知事父母之孝，则天理人伦咸在是矣！"今幸拜睹敢不盥薇露、焚玉，敬识于后。

端平乙未孟春吉旦，耶溪宋逢丑书。

宋高宗书、马和之绘图孝经跋

宋 · 滕天骥[2]

嘉陵以孝行治天下，四方风飨，罔不克尽厥躬，以忠其君，以爱其亲，以敬其兄。万几之余又能敕诸良史，绘《孝经图》御笔亲洒。是经分章析类、书画两绝，光耀华夏为世珍宝。天骥夙因订幸得遇观瞻，洗涤身心以记岁月。

时景定庚申四月望，南阳滕天骥谨书。

宋高宗书、马和之绘图孝经跋

宋 · 金应桂[3]

高庙天姿英发，神祖叶扶，开太平中兴之基，复百二山河之主，圣由天纵，肆笔成书。《孝经》一十八章，章首绘像，连篇累牍，罔或有间，御府款识，逐一附题，恩锡近臣，为世珍宝。五孝有则，百行俱彰，天理人心孰不韪欤！

时咸淳丙寅夏结制日，苏壁金应桂拜观于鉴湖修竹斋。

1．宋逢丑：生卒年不详，曾仕为蕲州知州，南宋人许应龙的《东漳集》中有"前知蕲州宋逢丑降一官制"一文。跋文中"端平"为南宋理宗年号，知其应为宋孝宗、理宗时人。

2．滕天骥：生卒年不详。跋中"景定"为宋理宗年号，据《浙江平阳志》载："大德十年（1307），滕天骥因两岸石道倾圮，捐修北岸。"可知其为宋元之际人。

3．金应桂：生卒不详。字一之，号苏壁，又号积庆山人，钱塘（今杭州）人。据《万历钱塘县志》载："字一之，能词章。宋季为县令，入元陷居风篁岭。书学欧阳询，画学李龙眠，筑'壁山房'"。

宋高宗书、马和之绘图孝经跋

元 · 崔晋[1]

山阴王府修竹乃祖尝沭德，寿宫宠赐御札《连相孝经》，各于篇末俱有玉章“天元启运圣教益兴”，其云仍惧恐冒昧遂为芟去，而于爱羊存礼之义何如哉！信乎荪壁居士之言不诬也。兹因所获，姑摭其略以记本末云。

岁次己亥中秋日，武林崔晋拜手书。

宋高宗书、马和之绘图孝经跋

元 · 赵孟頫[2]

孝者百行之首，经为日用之常，故夫子设教必以孝为先也，而弟子授受以为日用常行之道，诚事亲始，充而广之，至于事君、立身、修德不外是矣！圣人之心岂外是乎！

中兴皇上非独以孝敬过于中国，而以奎画行于天下，遒劲婉丽，秾纤钜细一崇格法，虽钟王复书、虞褚再世未易过此。继而诏下从史，推其能者作会，各于章首对相标题，使其本末相连文藻备具。孟頫丱角习书，至于圣翰沉潜、展玩留心多矣！可能浸渍毫厘尚且以贻众望，今之鉴者其可忽诸！三复加叹，袭宝藏藏之。

大德三年秋七月望，吴兴赵孟頫敬题于进学斋下。有“尚义阴景万记”一印，书计十七幅，画计十五幅，幅高九寸，广一尺有奇。

1．崔晋：生平不详，约生活于宋元之际，浙江武林（今杭州）人。跋中的“己亥”指元世祖至元十二年。

2．赵孟頫（1254—1322）：字子昂，号松雪、松雪道人，元代著名画家、书法家。赵孟頫博学多才，能诗善文，精绘艺，通律吕，尤以书法著称于世。著有《尚书注》《松雪斋文集》。

孝经解

宋唐仲友撰。《经义考》载："唐氏仲友《孝经解》一卷，佚。"唐仲友（1136—1188），字与政，浙江金华人。南宋高宗绍兴二十一年登进士第，仕为衢州西安主簿。三十一年再中博学弘词科，通判建康府。宋孝宗时曾上书论时政，召除秘书省著作郎，出知信州。孝宗淳熙七年移知台州，八年浙东大旱灾，朱熹以巡按身份主持赈荒救灾。朱熹认为唐仲友在灾荒之年为完成朝廷租税而催督税租，有碍荒政，遂六上奏章严词弹劾。唐氏不服，上章自辩。朱、唐交章飞奏，古人已难定是非。但唐仲友终因此事，被劾奉祠。十五年卒，年五十三。唐仲友在宋代儒学史上具有一定地位，清全祖望将唐仲友的经制之学、吕祖谦兄弟的性命之学、陈亮的事功之学相提并论，称："乾、淳之际，婺学最盛。"黄宗羲则说：仲友之书"虽不尽传，就其所传者窥之，当在艮斋、止斋之下，较之水心，则稍醇，其浅深盖如此。"著有《六经解》《说斋文集》等，大多已佚，今存《悦斋文钞》十卷、补一卷等。

孝经解自序[1]

宋 · 唐仲友

孔子为曾参言孝道，门人录之为书，谓之《孝经》。更秦灭学，汉河间献王得之颜芝家，凡十八章。古文孔氏一篇，二十二章，本出屋壁。刘向校书，定著十八章。至于唐，诸儒说者且百家，孝明皇帝诏诸儒集议。刘知几诋郑注，请行孔传；司马贞非之，力伸郑说。帝乃采集六家，自为之注，颁之天下，以十八章为定，元行冲为之疏。本朝邢昺增损之，曰《正义》，训诂、证引详矣！先正司马公、范公皆为《古文指解》，所发明益以通畅。

夫孝，百行之本，学者所当先。圣人之言，简严易直而天人备，固非一家所能究其说。故拾诸儒遗意，相与讲贯，务通理而不饰文学者。以筌蹄观之，庶几不悖先圣人之意云尔。

1．本文录自朱彝尊《经义考》卷二二五。

孝经刊误

宋朱熹撰，《宋史·艺文志》载“朱熹《刊误》一卷”，《四库提要》云该书“成于淳熙十三年（1186），朱子年五十七”。朱熹（1130—1200），字元晦（一字仲晦），号晦庵、晦翁、考亭，别称紫阳，徽州婺源（今属江西）人。南宋“闽学”创始人，宋代理学的集大成者，中国古代著名的思想家、哲学家、经学家，儒家主要代表人物之一。朱熹于宋高宗绍兴十八年（1148）中进士，历泉州同安县主簿、知南康军、提举浙东茶盐公事、知漳州、知潭州、焕章阁待制兼侍讲等职。平生不喜为官，一生主要时间在福建讲学，晚年卷入朝廷政争，被夺职罢祠，其学被定为“伪学”。“党禁”解弛，朱熹地位开始上升，最终成为配享孔庙的“孔门十哲”之一，被后世尊为“朱子”，在儒家学者中的地位仅次于孔孟，其缜密精致的思想学说在中国思想文化领域具有举足轻重的影响。朱熹一生著述极丰，《宋史·艺文志》著录者有四十余种，未录者尚有二十余种，全祖望《宋元学案》称其“致广大，尽精微，综罗百代”。其著作中最重要、最有影响的，除《四书集注》外，还有《朱文公文集》《朱子语类》等。

孝经刊误跋尾[1]

宋·朱熹

熹旧见衡山胡侍郎《论语说》，疑《孝经》引《诗》非经本文，初甚骇焉，徐而察之，始悟胡公之言为信，而《孝经》之可疑者不但此也。因以书质之沙随程可久丈，程答书曰：“顷见玉山汪端明，亦以为此书多出后人傅会。”于是乃知前辈读书精审，其论固已及。又窃窃自幸有所因述，而得免于凿空妄言之罪也。因欲掇取他书之言，可发此经之旨者，别为外传（如冬温夏凊昏定晨省之类，即附“始于事亲”之传），顾未敢耳。

淳熙丙午八月十二日记。

1．本文录自朱熹《孝经刊误》，篇题为编者所加。见《四库全书·经部·孝经类·孝经刊误》。朱彝尊《经义考》卷二二六载为“朱子后序”。

孝经刊误跋记[1]

宋 · 朱熹

《孔丛子》亦伪书，而多用《左氏》语者。但《孝经》相传已久，盖出于汉初《左氏》未盛行之时，不知何世何人为之也。《孔丛子》叙事至东汉，然其词气甚卑，近亦非东汉人作。所载孔臧兄弟往还书疏，正类《西京杂记》中伪造汉人文章（《西京杂记》之缪，《匡衡传》注中颜氏已辨之，可考），皆甚可笑。所言不肯为三公等事，以前书考之，亦无其实，而《通鉴》皆误信之。其他此类不一，欲作一书论之而未暇也，姑记于此云。

朱子孝经刊误后序[2]

宋 · 陆秀夫[3]

《孝经》一书古文不可得而考见矣，所可考者，汉世《艺文志》颜氏、刘氏、司马氏编次之文而已，要之皆古文之旧也。秀夫幼而读之，莫觉其非，长而疑焉，涉猎载籍，罔非是是，莫敢有所兴。既入仕，滥次西藏勾当，得朱元晦《刊误》一编，而玩味之。夫然后心目之开朗，欣然若有所得。于是在馆诸同志，因元晦之议，从而删削次第之。然而敢以粟丝已意，妄有所参，涉于其间，以得罪先正，庶几是经灿然可复，而元晦刊正之功不泯。圣世以孝治天下之化，或不能无少助云。

1．本文录自朱熹《孝经刊误》，篇题为编者所加。见《四库全书 · 经部 · 孝经类 · 孝经刊误》。
2．本文录自朱彝尊《经义考》卷二二六。
3．陆秀夫（1236—1279）：字君实，楚州盐城（今江苏盐城）人。宋理宗宝祐四年进士，初为李庭芝参议官，宋恭宗德祐元年除司农寺丞、宗正少卿。临安失守后至福州，与张世杰等立益王为帝，进端明殿学士、签书枢密院事。元兵入福建，宋君臣南走广东。卫王立，迁居崖山，拜左丞相。祥兴二年，崖山破，秀夫朝服负祥兴帝，投海而死。秀夫以忠烈称，与文天祥、张世杰并称为“宋末三杰”。其文集有明王梦雄、清陶性坚所编《宋左丞相陆公全书》《续编》等。

孝经刊误书后[1]

清 · 姚鼐[2]

《孝经》非孔子所为书也，而义出于孔氏，盖曾子之徒所述者耳！朱子疑焉，为之《刊误》。夫古经传远，诚不能无误也，然朱子所刊，亦已甚耳！

夫其书有不可通者，非本书之失，后人离合其章者之过，而文有讹失不能明也。《汉 · 艺文志》云“《孝经古孔氏》一篇，二十二章”。其《曾子敢问章》为三章。夫孝之常在于事亲立身，而其极至于严父配天，故《曾子敢问章》义与首章之说相备。朱子《中庸章句》以孔子言“子、臣、弟、友之常”为费之小，以“舜、文、武、周公”之孝为费之大，夫《孝经》亦犹是已。举《中庸》之言孝以释“严父配天之义”，则知圣人论孝必极于是。以人子自尽之实，则匹夫啜菽而不为不足；以其行于天下之量，则为帝王制礼乐，皆备于孝之中，故曰义相备也。子言“天地之性人为贵”，至圣人之德，又何以加于孝乎？其辞尽矣！

其下“故亲生之膝下”至“不敬其亲，而敬他人者，谓之悖礼”，自为一章，以申“资于事父母以事君而敬同”义也。自“以顺则逆，民无则焉”至“其仪不忒”，又为一章，言君子苟不能自慎其威仪，而但以虚辞训民，民必逆之而滋为凶德，纵能得志于民，而已实无礼以临之，君子亦所弗贵，是以君子慎威仪。此章以申“非先王法服不敢服，非法言不敢道”义也。《古孔氏》分三章，是也。而章首各有脱文，又训误为顺，儒者见其发句言“故”言“以”，遂联属之，而以“子曰”字置“父子之道，天性”及“不爱其亲”之上，则失其所矣！

《孝经》后章之文多以广前章之义，但非必以经传分其次，亦不必拘拘比附也。若其辞有同于《左传》者，盖此固曾氏之书，而《左传》传自曾申，刘

1．本文录自清姚鼐《惜抱轩文集》卷五《题跋》，见《续修四库全书》第1453册《集部 · 别集类 · 惜抱轩文集》。

2．姚鼐（1731—1815）：字姬传、梦谷，室名“惜抱轩”，世称惜抱先生，安徽桐城人。清代学者、经学家、著名散文家。幼嗜学，伯父姚范授以经文，师从刘大櫆学习古文，与方苞、刘大櫆并称“桐城三祖”。乾隆二十八年进士，授翰林院庶吉士，曾任礼部主事、山东、湖南乡试副考官，后任刑部郎中，《四库全书》馆纂修官。书成，因疾辞归，主讲于扬州梅花、安庆敬敷、江南紫阳、南京钟山书院等凡四十余年。姚鼐以理学为宗，但主张汉宋兼采，提倡义理、考据、辞章并重。主要著作有《九经说》《三传补注》《老子章义》《惜抱轩文集》《古文辞类纂》等。

向《别录》记之矣。意或为《传》时，取辞于是，未可知也。不幸《孝经》之文讹脱不具，朱子觉此文义之不完，反不如《左氏》之可通，遂疑为袭《左氏》也。其病亦由混合为章者，过也！若其首，前儒所分为七章者，朱子合为一章，则说诚善无以易矣！夫儒者有德行、有言语、文学，苟非亚圣之才，不能备也。德行之儒，或疏于辞，若《坊记》《表记》《缁衣》之类，每一言毕辄引《诗》《书》文证之，间有不甚比附而强取者矣！亦洙泗间儒者之习然也。子思、孟子，然后不为是习；至荀子，则亦有之矣；《孝经》引《诗》《书》，亦颇有。然知其取义有疏密则可耳，而节去之，恐未可也。

孝经说

宋项安世撰。《宋史·艺文志》载"项安世《孝经说》一卷"，《经义考》云："项氏安世《孝经说》，《宋志》一卷，佚。"项安世（1129—1280），字平父（一作平甫），号平庵，先世浙江丽水人，后迁至江陵。宋孝宗淳熙二年进士，与朱熹讲理义之学，被朱熹荐为谏官。光宗时除秘书省正字、校书郎兼实录院检讨官。"庆元党禁"起，因请留朱熹，被劾为伪党。黜后起复，于宋宁宗开禧年间抗金，仕至直龙图阁，起复为湖南转运判官，不久去世。有《易玩辞》《项氏家说》《平庵悔稿》。

孝经说引[1]

宋 · 项安世

古文以《至德章》后，次以《感应章》，次《扬名章》，次《闺门章》，次《谏争章》，次《事君章》，次《丧亲章》。按"感应"接《至德章》，后《闺门》接《扬名章》，后《事君》接《谏争章》，后文义皆贯，则古文近是。今从之。

1．本文录自项安世撰《项氏家说·附录》卷一《孝经说》，见《四库全书·子部·儒家类·项氏家说》。

章次之义，五孝备矣！然后《三才》《孝治》《圣治》，分别在上者之孝；《事亲》《五行》，分别在下者之孝。《要道》《至德》《感应》，复推演在上者之孝；《扬名》《闺门》《谏争》《事君》，复推演在下者之孝，而以《丧亲》终焉。

古文孝经指解详说

宋季氏撰。清朱彝尊《经义考》卷二二六载："季氏，名未详，《古文孝经指解详说》一卷，佚。"据序文，此书成于宋光宗绍熙五年前，宋宁宗登基时献。"季氏"在这一时期曾知信州，其他不详。

古文孝经指解详说序[1]

宋 · 楼钥

《古文孝经》实吾夫子之旧，秦火之后出于屋壁，而颜芝所藏十八章已先行于世，翼奉、张禹等五人各自名家，古文惟孔安国、马融为之传而又不显。隋开皇中刘炫为作《稽疑》一篇，已多讥笑。唐陆德明亦云："古文世既不行，随俗用郑康成注十八章本"。独刘知几议行孔而废郑，诸儒争辨蜂起，明皇亦以今本注而习之，书以八分，刻之经台，犹在长安，童而习之，皆此也。司马文正公得古文于秘阁之藏，为之《指解》，尝以进仁宗、哲宗，而范太史祖禹继为之《说》，意自汉以来，何好者之寡也。

故信州使君季公天资纯孝，笃学好古，尊敬此书，又为《详说》，不惟发

1．本文录自楼钥《攻媿集》卷五十一。见《四库全书 · 集部 · 别集类 · 攻媿集》，另有《丛书集成初编》本。楼钥（1137—1213），字大防，自号攻媿主人。浙江鄞县人。宋孝宗隆兴元年进士，历官温州教授、乐清知县、起居郎兼中书舍人。敢于直谏，无所避忌。宁宗时，因不肯依附韩侂胄，遂辞官归里，家居授徒。韩被诛后，起复为翰林学士，升吏部尚书兼翰林侍讲。嘉定初年，升参知政事，授资政殿大学士、提举万寿观。卒，赠少师，谥"宣献"。楼钥学宗朱熹，性喜藏书。博通经史，讲求实学，文辞精博，著有《攻媿集》一百二十卷，现存一百一十二卷。

明夫子之旨，又以文正公之《解》随文演畅，用意甚勤，辞亦详备。如“爱敬可行于匹夫，而恶慢不可行于天子”，如“论忠顺之不可失”，如“不敢遗之机甚微而其效甚大”。又曰“要道”云者，言所敬者寡，所说者众也。曰“至德”云者，言所敬者广而所行者本也。皆有所证发，非漫然者。绍熙五年七月，皇上践阼，有诏求言，公以八月进此书。未几，中书舍人陈公傅良又为之缴进于今经筵。初度刻于广信而不及，公之子洪，念此书之未行，将刊于家，永为后序。继曰：“故自天子至于庶人，孝无终始，而患不及者未之有也”，明皇《注》云：“始自天子，终于庶人，尊卑虽殊，孝道同致，而患不能及者未之有也。言无此理，故曰未者。”此说非也。古文本异，故自天子以下至于庶人，文正公则曰：“始则事亲也，终则立身行道也，患谓祸败，言虽有其始而无其终，犹不得免其祸败，而羞及其亲，未足以为孝也。”季使君又以明王之事证之，是矣。某窃以为犹未为详且明，敢申言之。夫圣人一经可谓详矣，而其立教之要，专在此数语。孩提之童无不知爱其亲也，是人知于孝未有无其始者。夫子所以为曾子谆谆言之，正欲人之有终也。夫子首则总言孝道，次分天子、诸侯、卿大夫、士、庶人之孝，大小之分固自不同，而又于此谓孝道有始而无终，未有不及于祸患，此则无有贵贱之别，后虽具述孝治、圣治之效，以至终篇，然其教人之最切，无过于此。上下一体，俱当尽心焉。明皇惟不知此，所以不克其终，可不戒哉！篇末曰：“孝子之事亲，终矣”，正为祭之终，犹未为孝之终也。若所谓孝之终也，若此孝无终始之终，盖谓立身行道死而后已者也。故虽曾子既启手足，以其能全而归之，自以为知免矣！然而易箦一节，犹在其后。盖大夫之箦，犹非其正也！

呜呼！圣人之言可谓深切，而能有终者，亦岂易易乎！某余生无几，深知兢惧得正而毙，所愿加勉。故以告有志之士，且以补二公之说云。

蔡武伯家藏尹和靖所书孝经

宋尹焞书。尹焞（1061—1132），字彦明（一字德充），河南洛阳人。宋代大儒程颐的高足。靖康初，召至京师，不欲留，赐号和靖处士。金人陷洛阳，尹焞自商州奔蜀。绍兴四年（1134）授左宣教郎，充崇政殿说书。八年

（1138）担任礼部侍郎兼侍讲。以反对和议，乞致仕。尹焞工书，著有《论语解》《门人问答》《和靖文集》等，今有《和靖先生文集》存世。

跋蔡武伯家藏尹和靖所书孝经[1]

宋 · 陈造[2]

士何以探道，曰尊经。何以抗志，曰慕古。不经则他，不古则污。和靖尹公一代名士，其尊经探道今者所宗。《孝经》十八章，盖其手书，想平生六经之学箸之心，笔之纸，不一日废，不一二传，惜不尽见之。是书流落，而武伯能有之，时玩诵不忘。武伯经术士，孟子曰"是以论其世"，是尚友也。武伯慕古之心，世所谓则而象之者，非耶？

高金紫所书孝经

宋高氏书。高氏，生平事迹不详。金紫：指"金印紫绶"，亦作"金章紫绶"，意为黄金印章和系印的紫色绶带。魏晋以后，光禄大夫得假金章紫绶，因亦称金紫光禄大夫。唐宋后指金鱼袋及紫衣，借以指代贵官。

1．本文录自宋陈造撰《江湖长翁集》卷三十五，见《四库全书 · 集部 · 别集类 · 江湖长翁集》。

2．陈造（1133—1203）：字唐卿，南宋高邮（今江苏高邮）人。孝宗淳熙二年（1175）进士，历任平江府教授、知明州定海县，官至淮南西路安抚司参议。自以辗转州县幕僚，无补于世，遂号江湖长翁。宋人申屠駉为其所作《墓志》称："其于诲诱则良师，于抚字则循吏，身笃操修，道兼体用。"著有《江湖长翁文集》四十卷，后佚。明万历年间，李之藻获抄本，刊于高邮，后收入《四库全书》。

跋高金紫所书孝经[1]

宋 · 曹彦约[2]

观金紫高公所书《今文孝经》，其诚其敬，霭然见于笔画间。前辈风流，百年几见，可以传子孙、可以警后学，宝而藏之，岂但魏公之笏而已。

孝经本旨

宋陈宓撰。陈宓（？—1230），字师复，兴化（今福建莆田）人，南宋名相陈俊卿之子。少时师从朱熹，及长师从黄干。以父荫入仕，宋宁宗庆元三年（1197）任泉州南安盐税，后知安溪县令，迁军器监簿，官至直秘阁主管崇禧观。宋理宗绍定三年，卒，谥“文贞”。宓天性刚毅，信道尤笃，著有《论语注义问答》《春秋三传钞》《续通鉴纲目》《唐史赘疣》等，另有《复斋先生龙图陈公文集》二十三卷。

孝经本旨序[3]

宋 · 陈宓

朱文公尝刊《孝经》之误，今传于世。勉斋黄先生继文公之志，辑六经、《论》《孟》之言孝者，编为一书，厘为二十四篇，名之曰《孝经本旨》。盖谓夫子与曾子未答问之前，而本旨已存于六经之中矣！又欲因《本旨》条目，

1．本文录自曹彦约《昌谷集》卷十七，见《四库全书 · 集部 · 别集类 · 昌谷集》。

2．曹彦约（1157—1228）：字简甫，南宋南康军都昌（今属江西）人，南宋名臣。孝宗淳熙八年进士。因抗金有方，知汉阳军，累官宝谟阁待制、知成都府，理宗宝庆元年擢兵部侍郎，迁礼部侍郎，旋授兵部尚书，力辞不就，以华文阁学士致仕。卒，赠少保，谥“文简”。曹彦约曾从朱熹讲学，学问渊博，常侍经筵，将所讲内容辑为《经幄管见》，《四库全书总目》称“其间奏议，大都通达政体，可见施行。所论兵事利害，尤确凿有识，不同于摭拾游谈”。著有《昌谷集》《昌谷类稿》等。

3．本文录自陈宓《复斋先生龙图陈公文集》卷十。见《续修四库全书》第1319册《集部 · 别集类 · 复斋先生龙图陈公文集》。

附之以古今嘉言善行而为之“外传”，其忧天下后世之心切矣！

某窃尝闻先生所以次辑之意，谓人之道莫大于孝。道，犹路也，乃人所当行之路，舍是则无所由也，故首之以孝道。圣人因人之所以当行者，修之以为教，达之于天下而天下治，故次之以孝治。道之根于心者谓之德，故次之以孝德。德之形于事者谓之行，故次之孝行。孝行之实莫大于养也，有养其外者，养体是也，有养其内者，养志是也，故次之以养体、养志。养必有爱敬之心焉，爱而不敬非真爱也，敬而不爱非真敬也，惟爱敬之交致其极，然后能尽孝子之心也，故次之以致爱、致敬。敬则必顺矣，爱则必慕矣，顺则无一事之敢专，慕则无一念之敢忘，是故孝子之心无所不用其极也，故次之以致顺、致慕。尽心者必能尽其力，故次之以服劳。爱亲者必能爱于人，故次之以广爱。未有不自爱而能爱人者，故次之以爱身。必能立身然后可以为人，可以为人然后可以为子，故次之以立身。亲爱者欲措之于无过之地，故次之以谕道。有过而谏之，有恶而讳之，是皆人子爱亲至情之所存也，故次之以谏过。讳恶以至曰赴难、曰复仇、曰养疾、曰执丧、曰奉祀、曰处变，此六者又极处事之常变，尽人道之始终，其关系于纲常者为尤重，故以是终焉。一戾乎此，则陷于不孝，故不得不以是而警之于后也，此其次辑之大略也。

是道也，散在六经、《论》《孟》之书，混而未别，隐而未著。先生表而出之，本末精粗，粲然著见，昭如日星。然一章之中，言近旨远，其蕴无穷；一篇之内，次叙精密，各有深意。善读者诚能因其言以求其心，然后知先生佐佑六经、扶持人极之功为甚大也。先生晚岁与诸生讲学于高峰之下，既著《论语通释》，继述此书，是为绝笔。属纩时尝曰：“人家子弟，谁无《凯风》《蓼莪》之心？只为父兄者教之无其道，无以感发之耳！”又曰：“这便是格物，识得许多样，方尽得个孝。”其拳拳于是书如此。尚有“外传”未及编次，为百世之遗憾。继而成之，将有俟于后之君子。

于是刻置延平书院，用示同志云。

郑居士手写古文孝经

宋郑氏书。生平不详。

郑居士手写古文孝经跋[1]

宋 · 真德秀[2]

自唐玄宗御注《孝经》出世，不复知有古文。先正司马公作为《指解》，太史范公复为之《说》，于是学者始得见此经旧文。然诵而习之者盖鲜，况能服而行之者乎？

居士郑公居其父丧时，手抄此经，遵守惟谨，可谓笃志力行之士。方其落笔时，用纸盖不暇精择，此岂有意于传哉？距今八十有五年，蠹蚀之余，墨色如新，使人捧玩起敬，为善之不可掩类若此。

呜呼！昔人于其先一器一物犹谨而藏之，况此编居士之心志在焉。主簿群孝且贤，宝之以传于后，使郑氏子孙世为笃孝之门，岂不休哉！主簿名尧佐云。

杨慈湖手书孔壁孝经

宋杨简书。杨慈湖，即杨简。杨简（1141—1125），字敬仲，浙江慈溪人，因筑室于慈湖之上，学者习称为慈湖先生。南宋儒家学者、哲学家。杨简为宋代“心学”创始人陆九渊的高足，与袁燮、舒璘、沈焕并称为“陆学”的“甬上四学者”。杨简一生勤于著述，今存《慈湖遗书》《慈湖诗传》《杨氏易传》等。

1．本文录自《西山文集》卷三十五，见《四库全书 · 集部 · 别集类 · 西山文集》。

2．真德秀（1178—1235）：字景元，后改字希元，号西山，学者习称西山先生，福建浦城（今福建安道）人。南宋儒家学者、理学家。南宋光宗庆元五年（1199）进士及第，又中博学宏词科，任起居舍人兼兼太常少卿，历知泉州、知福州，后迁户部尚书，改翰林学士知制诰，拜参知政事。卒，谥“文忠”。真德秀学宗程朱，“慨然以斯文自任，讲习而服行之。党禁既开，而正学遂明于天下后世”，是南宋继承“朱子学”的代表人物之一。与魏了翁齐名，时有“西山鹤山”之称。著作有《大学衍义》《心经》等，《四库全书》著录有《西山文集》。

杨慈湖手书孔壁孝经跋[1]

宋 · 真德秀

司马文正公平生未尝草书，虽造次颠沛间，一点一画必如法度，观其书者即知公之为人。慈湖先生杨公道德学问追媲前修，而于翰墨尤极严谨，嘉定初获侍公于著廷，见其酬答四方，书问无一字作行狎体，盖其斋壮中正，表里惟一，故形于心画亦绝，类文正公而清劲过之，傅君侹所藏孔壁《孝经》又其得意书也。

呜呼！先生不可作矣！学者即此而观之，犹足以窥大贤气象，而知立德之本云。

孝经集义

宋龚栗撰。朱彝尊《经义考》载："龚氏栗《孝经集义》一卷，佚。"龚栗，生卒年不详，约生活于南宋中期。据《朱子语类》、清代万斯同的《儒林宗派》记载，龚栗是朱熹的弟子，与魏了翁、真德秀应为同时代人。

孝经集义序[2]

宋 · 真德秀

《孝经》一书，其行于世久矣！至于朱子乃始分别经传，去后儒之所傅益者而经复完，然未暇发挥其义也。予友龚君栗笃志好学，乃本朱子之意，采众说之长而折衷之，又以生事葬祭之礼，见于他书者汇而辑之，以为此经之羽翼。学者所疑，则设为问难，曲而畅之，于是圣门教人之微指，始了然无余蕴矣！

夫孝者，人心之固有也，古先圣王命冢宰降德于民者，不过以节文度数示

1．本文录自《西山文集》卷三十五。

2．本文录自朱彝尊《经义考》卷二二六。宋代刘爚《云庄集》、明代吕维祺《孝经大全》亦载此文。

之，而未尝言其义也，言其义则始于孔子。盖三代以前，理道明、风俗一、人皆晓知孝之为孝。圣王在上，设礼教以范防之，俾勿失而已。至孔子时则异矣，观其告游夏者，犹恐以服劳、能养为孝，则下乎游夏者可知，故不得不详其义以晓学者。今之时视孔子之时则又异矣，虽名为士君子，有不知孝之为孝者，服劳能养且有愧焉，况其大者乎？况先民之狃于敝俗者乎？

龚君之为此书，欲为士者知孝之为孝，俯焉以尽其力，而无不能孝之士。凡民有所观发，亦知孝之为孝，俯焉以尽其力，而无不能孝之民。其用心岂不至矣乎！予谓长人者宜以此书颁之庠序，布之乡党，使为士者服习焉。而力行以先乎民，则吾邑之俗可变，推而达之，将天下之俗无不可变者，岂小补云哉？顾龚君于此用力甚勤，辞义之间虽若小有未莹，而其大指则炳然矣！故为之序，而切磋讲究之，庶以永其传云。

孝经解

宋史绳祖撰。朱彝尊《经义考》卷二二六载："史氏绳祖《孝经解》一卷，未见。"史绳祖，字庆长，眉山人。生卒年不详，宋理宗淳祐前后在世。尝师从魏了翁。官朝请大夫，直焕章阁，主管成都府玉局观。绳祖能诗，著有《学斋佔毕》。

题史绳祖孝经[1]

宋 · 魏了翁[2]

朱文公尝著《孝经刊误》，公之子在尝举元稿以遗余，余既锓梓，与学士

1．本文录自魏了翁《鹤山集》卷六十五，见《四库全书 · 集部 · 别集类 · 鹤山集》。朱彝尊《经义考》卷二二六题为"魏了翁跋"。

2．魏了翁（1178—1237）：字华父，曾筑室白鹤山下，学者习称鹤山先生，邛州蒲江（今属四川）人，南宋儒家学者、理学家。宋宁宗庆元五年（1199）登进士第，历仕授签书剑南西川节度判官厅公事、校书郎出知嘉定府、知眉州、泸州、潼川府等，与真德秀并召入朝，任礼部尚书兼直学士院，官至签书枢密院事、资政殿大学士，嘉熙元年卒，年六十，谥"文靖"。魏了翁推崇程朱理学，主张细读儒家经典，"不欲于卖花担上看桃李，须树头枝底见活精神"。其人穷经学古，在学术上与真德秀齐名，时有"西山鹤山"之称。著有《九经要义》《经外杂钞》《鹤山全集》等。

共之。史庆长又以告予曰："昔者，绳祖尝集先正名贤《孝经》注解，今愿得《刊误》，为之章指。"余举以畀之，俾得汇次成编，则又以黄直卿《孝经本旨》及其所辑《洙泗论孝》合为一书。

呜呼！此民生日用之常，后王降德之本，而由之不知观是书者，其亦知所发哉！

高特进手书孝经

宋高氏书。特进：官名，始设于西汉末，授予列侯中有特殊地位的人，位在三公之下。东汉至南北朝时，仅为加官，无实职。隋唐以后为散官。

跋高特进手书孝经[1]

宋 · 徐元杰[2]

孩提而知爱，既长而知敬，人之良知良能也。特进高公于其教子弄孙之时，手书《孝经》以遗之，宜矣！公之诸曾孙独以此宝藏之，则夫战战兢兢于曾子五遂之敬，原相与以此共勉，庶不失同盟相切磋之意云。

孝经解

宋刘养晦撰。朱彝尊《经义考》卷二二六载："刘氏养晦《孝经解》，佚。"刘养晦，生卒年不详。

1．本文录自徐元杰《梅野集》卷十，见《四库全书 · 集部 · 别集类 · 梅野集》。

2．徐元杰（1194—1245）：字仁伯，号梅野，南宋时信州上饶人。宋理宗绍定五年进士第一，累官国子祭酒权中书舍人，拜工部侍郎。淳熙五年以暴疾卒，谥"忠愍"。《宋史》称其"悉心直言，不避权势"。其集不载于《宋史 · 艺文志》，世久失传。清四库馆臣从《永乐大典》中采辑编次，厘为十二卷，收入《四库全书》。

孝经解序[1]

宋 · 黄震[2]

人生而知爱其亲，是良心莫先于孝也。亲亲而后仁民，仁民而后爱物，是百行莫先于孝也。孩提之童即授之以《孝经》之书，是讲学莫先于孝也。孝无一日而可忘，则《孝经》亦岂容一日忘？然今之世，诸子百家训释演说者汗牛充栋，甚至淫词曼曲亦然，独《孝经》自司马公《指解》、朱文公《刊误》之外未有继焉。何哉？非新之求而旧之忘欤！句读之习而义理之弗考欤！借之为启蒙之筌蹄，未尝体之为躬行之根底欤！

呜呼！年至虑易，境变心移，龆龀之所咿哑而习读，祖父之所保抱而教诲，弃若土梗，漫不复省。于孝其亲之书如此，于其亲为何如？尚何望其孝弟兴行，而民用和睦，如吾圣人之云耶？

予友刘君养晦，粹德之士也，博取诸书之尝及于孝者，萃而为《孝经解》，宁多而毋敢略，宁浅而毋敢深。虽为童子设，而关其终身也；虽为家庭设，而关乎天下也。继自今人皆以养晦之心为心，而畅然自反，无一日而忘《孝经》，亦将无一日而忘孝，世道其庶矣乎！

孝经说

宋袁甫撰。《宋史 · 艺文志》载“袁甫《孝经说》三卷”，朱彝尊《经义考》云：“袁氏甫《孝经说》，《宋志》三卷，佚”。袁甫，生卒年不详，字广微，号蒙斋，南宋庆元府鄞县（今浙江宁波）人。师从著名学者杨简，宋宁

1．本文录自朱彝尊《经义考》卷二二六。又见《黄氏日抄》卷九十。

2．黄震（1213—1281）：字东发，号文洁，南宋时浙江余姚（今慈溪）人，南宋末期重要的哲学家。宋理宗宝祐四年（1256）登进士第，授迪功郎、吴县尉。度宗咸淳三年（1267）擢国史馆检阅，参与修纂宁宗、理宗两朝《国史》《实录》等。因上疏建议停办僧道度牒，触怒度宗，贬官三级，出为广德军通判。后迁为为绍兴府通判，历官提举江西常平仓司、江西提点刑狱、提举浙东常平茶盐、侍郎官等，为官有清名，以直言果敢著称于世。宋亡后，隐居定海灵绪乡泽山等地，讲学著述。卒，门人私谥“文洁先生”。黄震学宗程朱，兼综叶适的“功利之学”，主张经世致用，反对空谈义理，开创东发学派。著有《春秋集解》《礼记集解》《黄氏日钞》《古今纪要》等。

宗嘉定七年状元，授签书建康军节度判官，迁秘书省正字，历任秘书郎、知衢州、国史院编修官、提举江南东路常平兼提点刑狱等职，官至兵部尚书兼吏部尚书。袁甫在朝敢于直言，在地方为官多有善政，宋王应麟曾说："近世夺魁而有益于世道者，袁甫一人而已！"卒，赠通奉大夫，谥"正肃"。袁甫学问广博，勤于笔耕，著述颇丰。著有《蒙斋集》《孝经说》《孟子解》《江东荒政录》等。

孝经说后序[1]

宋 · 戴表元[2]

右袁正肃公广微《孝经说》三卷，前一卷已刊在宣州学宫，有知州王侍郎附注行于世，余二卷引《论语》《孟子》而发者，予未之见也。

正肃于余为乡先生，先伯大父云台府君托同甲戌进士第为通家尊行，余言绪论，讲问为多。盖正肃公之父正献公叔和，学于象山陆文安公，正肃公虽不逮事象山，而家庭承袭深有源委。岂惟正肃公？自洛学东行，诸大儒各以所闻，分门授徒。晦庵朱文公在闽、东莱吕成公在浙、南轩张宣公在湘、象山文安公在江西。其徒又皆各有所授，往往散布远近，殊途同归，而象山之传独盛于四明正献、正肃父子，若文元杨公敬仲、文靖舒公元质、端献沈公晦叔，其尤著者也。正肃公既贵，尝持江东宪节，数为士大夫讲象山之说，行部之贵溪乃为象山改创祠塾，故江东之人自正肃公而尊象山之道益严。贵溪姜翔仲之先世，故当时讲下士大夫一人之数，翔仲今又为侍祠诸生，能取家藏是书，并刊之塾中，可谓鹤鸣而子和之矣！

予实不敏，区区家世，亦有与翔仲通者，遂不得让而系名其编末云。

大德十年丙午岁后正月既望识。

1．本文录自朱彝尊《经义考》卷二二六。

2．戴表元（1244—1310）：字帅初，又字曾伯，号剡源，浙江奉化人。宋末元初著名文学家，时有"东南文章大家"之称。宋咸淳七年进士，授建康府教授，后迁临安府教授。元大德八年，被荐为信州教授，秩满改婺州，以疾辞归。戴表元博学多才，为文深清雅洁，著有《剡源集》三十卷，后人辑有《剡源佚文》《剡源佚诗》等传世。

线县尹孝经古画图

宋元之际线华撰。线华：生平不详，曾为县尹。

题线县尹孝经古画图[1]

宋 · 何梦桂[2]

《孝经》，盖圣人以孝道而告诸曾子者也。昔人之所注释，先儒之所刊正，亦甚详矣！未闻图之以为画者，其于圣经疑若俨然。上都线君子华，出此卷相示，炮香展览，其隶书章句奇古，水墨像曲尽其情，若亲拜尼山剑履，日观曾子所以磬折答问之状，使人容肃气庄，不敢以亵，而知圣人之教人也严，则其亲炙也可知矣！夫孝，所以修身、事亲、事君、莅官、治民、事天地、通神明之大经大义也，学者于此焉求之，放而准诸四海至足矣！

大德庚子春三月既望。

1．本文录自何梦桂《潜斋集》卷十。见《四库全书 · 集部 · 别集类 · 潜斋集》。

2．何梦桂（1229—1303）：字岩叟，号潜斋，宋元之际淳安文昌人。宋度宗咸淳元年（1265）省试第一，廷试第三名举进士，与侄何景文同登进士，因何梦桂、黄蜕、方逢辰同读于石峡书院，宋度宗特书“一门登两第，百里足三元”相赠。初授台州军判官，历官太常博士、监察御史、大理寺卿等。元初，御史程文海推荐授为江西儒学提举，不赴。闲居家中，著书自娱，学者称“潜斋先生”。梦桂精于易学，有《易衍》《中庸致用》及《潜斋文集》传世。

第三卷　金元卷

墨本孝经

金李氏书。李氏生平不详。

跋王进之墨本孝经[1]

金 · 王若虚[2]

孝悌，百行之冠冕；《孝经》，六艺之喉衿。圣人大训，不待赞扬而后知也。学者自童稚读书，必始于此。而考其行，身能践履者鲜矣！

李君追慕其亲，以不得竭力为恨，而沦于非道为忧。故常玩意于斯文，而名卿珍翰以昭于不朽。观其自述，亹亹不绝，爱敬之诚，蔼然而见，非深于践履，能如是乎？吾友王进之得其墨本而实蓄之，仍图函丈之像，以冠其首。而益以翰林公志语，且将并刻焉。即其所好，亦可以知其为人也。

孝经大义

元董鼎撰。清朱彝尊《经义考》卷二二六载“董氏鼎《孝经大义》一卷，存”。董鼎，生卒年不详。字季亨，别号深山，宋末元初人。朱熹弟子黄幹的私淑弟子，曾从学于董铢。著有《书传辑录纂注》《孝经大义》等，均收入《四库全书》。

1．本文录自王若虚《滹南集》卷四十五《杂文》，见《四库全书 · 集部 · 别集类 · 滹南集》。

2．王若虚（1174—1243）：字从之，号慵夫，金代藁城人，文学家。少时师其舅周昂和古文家刘中，博学强记，善持论，金章宗承安二年（1197）擢经义进士，授鄜州录事，历仕管城、门山县令，皆有善政。入为国史院编修官，迁应奉翰林文字、同知制诰。曾奉使西夏国，还授同知泗州军州事，留为著作佐郎，参修《宣宗实录》，官至翰林直学士。金亡不仕，北归乡里，自称“滹南遗老”，著《五经辨惑》十余种，有《滹南遗老集》等传世。

孝经大义序[1]

元 · 熊禾[2]

孔门之学，惟曾氏得其宗。曾氏之书有二：曰《大学》，曰《孝经》，经传章句颇亦相似。学以《大学》为本，行以《孝经》为先，自天子至庶人，一也。

《尧典》一篇，《大学》《孝经》之准也。自“克明峻德”以至亲睦九族，极而百姓之昭明，万邦之于变，《大学》之序也。孝之为道，盖已具于亲睦九族之中矣。何也？一本故也。自是舜以克孝而徽五典，禹以致孝而叙彝伦，伊尹述成汤之德，一则曰“立爱惟亲”，二则曰“奉先思孝”。人纪之修，孰大乎是？文、武、周公帅是而行，备见于《记》《礼》所载。上而宗庙之享，下而子孙之保，其为孝蔑有加焉。功化之盛，至使四海之内人人亲其亲、长其长，一鳞毛、一芽甲之微，无不得所。呜呼！二帝三王之教，可谓大矣！《孝经》一书即其遗法也！

世入春秋，皇纲纽解，孔子伤之，三复昔者明王孝治之言，思之深、望之切矣。诚使天子公卿躬行于上，凡礼乐刑政之具，一是以孝为本，则斯道也，固天性之自然，人心之固有，一转移间，王道顾不易易乎？惜也，徒托之空言而仅见于门人记录之书也。书存而道可举，虽不能行之一时，犹可诏之来世。

今此经之可考者不过《汉 · 艺文志》而已，而其篇次则颜注古文二十二章，孔壁所藏本也；今文一十八章，河间王所得颜芝本，而刘向之所参较者也。要之出于诸儒傅会，皆非曾氏门人所记旧文矣。唐玄宗开元敕议，意非不美，而司马贞浅学陋识，并以《闺门》一章去之，卒启玄宗无礼无度之祸。而其所制序文，至以礼为外饰之所资，仁义为后来之渐有，不知所谓因心之孝者，果何所因而又何自而萌乎？学之不讲，德之不修，一至于此。我徽国文公特起南夏，平生精力用工《易》《四书》为多，至此书则仅成《刊误》一编，注释大义犹有所未及。噫！人子不可斯须忘孝，则此经为天子至庶人一日不可

1．本文录自董鼎《孝经大义》，见《四库全书 · 经部 · 孝经类 · 孝经大义》。明朱鸿编《孝经总类 · 卯集》收录此文，见《续修四库全书》第151册《孝经总类》。

2．熊禾（1247—1312）：字去非，又字位辛，号勿轩。福建建阳人。朱熹三传弟子，宋末元初著名理学家、教育家。幼年颖慧，有志于濂、洛、关、闽之学，宋咸淳十年（1274）进士，授为宁武州司户参军。宋亡不仕，隐居武夷山，著书讲学。熊禾以毕生精力研究儒家经典，继承、弘扬和发展了朱子理学，后人誉称：“朱熹有功于圣门，熊禾有功于朱熹。”著有《易经讲义》《大学尚书口义》《三礼考略》《春秋论考》《勿轩集》等。

无之书。章句已明而文义犹阙，顾非一大欠事乎！

盖尝有志汇集诸家传注以明一经而未果，一日余友胡庭芳携其高弟董真卿，访予云谷山中，手携《孝经大义》一书，取而阅之，则其家君深山先生董君季亨父所辑也。其书为初学设，故其词皆明白而切实，熟玩之则义味精深，又有非浅见谀闻所能窥者。族兄明仲敬为刊之书塾，以广其传。此岂惟学者修身齐家之要，而有国、有天下者亦岂能外是而他有化民成俗之道哉！

噫！滕五十里国耳，其君一用之至于四方草偃风动，一时行事，犹班班有三代之风，学问之功用固如此。晋武、魏文亦天资之美者，惜诸臣无识，不能有以启导而充大之。悠悠天壤，此经之废盖千五百余年，人心秉彝，极天罔坠，岂无有能讲而行之者？诚有以二帝三王之心为心，则必以二帝三王之教为教矣！仁，人心也。学所以求仁，而孝则行仁之本也。语曰“如有王者，必世而后仁”，愚何幸，身亲见之！

岁在乙巳阳复之月，前进士武夷熊禾序，时大德之九年也。

孝经大义引[1]

元 · 董鼎

善事父母为孝，人之行莫大于孝。尧舜大圣人也，其道不过孝悌而已。禹、汤、文、武、周公传之孔子，一以此道。此书乃曾子闻于孔子，而曾子门人又以所闻于曾子者，合而记之，以为一经。上自天子下至庶人，皆当受用。近之闺门、妻子、兄弟、长幼，远之天地、鬼神、四海、百姓皆自此推之。经，常也，名之曰《孝经》者，以其可为天下万世常法也。

1. 本文录自董鼎《孝经大义》。

孝经大义跋[1]

明 · 徐贯[2]

右《孝经》一书，乃孔子、曾子授受之要旨也。经秦火后，颇多错简，至宋大儒朱文公先生，始取古文为之考订，刊其谬误，次其简编，而后经、传各有统纪。董季亨氏又从而注释之，而其旨益明。读者诚能因其言而求诸心，因心之同然而推之家国天下，则天下之道尽在是矣！惜乎是书板行者少，而穷乡下邑之士不得尽睹也。予近按泉，偶于进士蔡介甫家得是书旧本，遂命工锓梓以传，将使四方得以家传人诵，各兴其亲爱之心，而笃夫仁孝之道，庶或少补于风教之万一云尔。

时成化二十二年，岁在丙午秋九月甲子，赐进士通奉大夫福建等处承宣布政使司右布政使淳安徐贯谨识。

跋孝经大义[3]

元 · 董真卿[4]

《孝经》者，孔氏之遗书。遭秦绝学，颜芝所藏本，本十八章，出于汉初；孔鲋所藏本，二十二章，出于武帝时。其篇目大校相似，但不知何世何人所定，要之必非孔氏全书之旧。盖一时师弟子问答，不应如是之离析。而曾氏门人纪录遗书，亦不应如是之错乱，或其竹简所书编表重大，出于禁藏之后，岂无二者之失！

1．本文录自明朱鸿编《孝经总类 · 卯集》，见《续修四库全书》第151册《经部 · 孝经类 · 孝经总类》。朱彝尊《经义考》卷二二六亦收录此文，唯缺篇末题识。

2．徐贯：生卒不详，字原一，明代淳安人（一说为松江人），明代水利学家。明天顺元年（1457）进士，授兵部主事，因军功升郎中，后擢福建右参议，分守延平、邵武四府，迁福建右布政使，山东左布政使，升任都察院右副都御史，巡抚辽东，因政绩卓著升任工部左侍郎。治理苏、松大水有功，晋工部尚书，累加太子少保，以疾乞归，敕加太子太傅。卒，赠太保，谥“康懿”。有《余力稿》十二卷传世。

3．本文录自《江西德兴县志》卷九《艺文志 · 经部》。

4．董真卿：生卒不详，字季真，董鼎之子。早承家学，又师从易学大家胡一桂，著有《周易会通》十四卷，收入《四库全书》。

考之传志，自汉初长孙氏而下校雠撰注者，无虑百家，皆不克正，及文公朱子合经分传，作《刊误》一书，而后大义遗言灿然可举，天经地义于此乎复正，民彝世教于此乎复明，上自天子、下至庶人其学不过如此而已。本之修身、齐家，达之治国、平天下，道之要德之至，孰外于是哉？

真卿自蚤岁蒙家君日授是经，每于一节、一章之下必疏其大义，浸以成篇。今兹敬绣诸梓，不揆浅陋，著其本末于是篇之首，庶后之学者于此有所考云。

孝经序[1]

明 · 徐伯龄[2]

近世教子幼读社学，惟《孝经》一书为有益。至如《蒙求》《千文》，固非初学之可骤语。其《神童酒诗》，又非所以训子弟之事。殊不知子弟当以先入之言为主，今既令从事末习，又安能使其求乎本而进于道哉？况今之庸师俗儒，率皆愚瞽之辈，往往乃以唐明皇《孝经》授之，舛谬既不能知，何以训诸来学？此晦庵为之《刊误》，而深山董氏之《大义》所由作也。

元武夷熊勿轩先生为之序曰：

孔门之学，惟曾氏得其宗。曾氏之书有二：曰《大学》、曰《孝经》，传章句颇亦相似。学以《大学》为本，行以《孝经》为先，自天子至庶人一也。《尧典》一篇，《大学》《孝经》之祖也。自“克明峻德”以至亲睦九族，极而百姓之昭明，万邦之于变，《大学》之序也。孝之为道，盖以具于亲睦九族之中矣。何也？一本故也。自是舜以克孝而徽五典，禹以致孝而叙彝伦，伊尹述成汤之德一则曰“立爱惟亲”，二则曰“奉先思孝”，人纪之修孰大乎是！文、武、周公帅是而行，备见于《记》《礼》所载。上而宗庙之享，下而子孙之保，其为孝蔑以加焉。功化之盛，至使四海之内人人亲其亲、长其长，一鳞毛、一茅甲之微，无不得所。呜呼！二帝三王之教可谓大矣，《孝经》一书即其遗法也！

1．本文录自徐伯龄《蟫精隽》卷十六，见《四库全书 · 集部 · 别集类 · 蟫精隽》。

2．徐伯龄：生卒不详，约生活于明英宗、代宗、宪宗时期。字延之，博学能文，善书工琴。为人狂放，不肯入仕，著有《蟫精隽》《醉桃佳趣》《旧雨堂稿》等。

世入春秋，皇纲解纽，孔子伤之，三复昔者明王孝治之言，思之深望之切矣。诚使天子公卿躬行其上，凡礼乐刑政之具，一是以孝为本，则斯道也，因天性之自然，人心之固有，一转移间，王道顾不易易乎？惜也，徒托之空言而仅见于门人记录之书也。书存而道可举，虽不能行之一时，犹可贻之来世。

今此经之可考者不过《汉·艺文志》而已，而其篇改别颜注，古文二十二章，孔壁所藏本也；今文一十八章，河间王所得颜芝本，而刘向之所参校者也。要之出于诸儒傅会，皆非曾氏门人所记旧文矣。唐玄宗开元敕议，意非不美，而司马贞浅学陋识，并以《闺门》一章去之，卒启玄宗无礼无度之祸。而其所制序文，至以孝为外饰之资，仁义为后来之兆，彼固不知所谓因心之孝者，果何所因而又何自而萌乎？学之不讲，德之不修，一至于此。朱文公特起南夏，平生精力用之《易》《四书》为多，至此书则仅成《刊误》一编，注释大义犹有未及。噫！人子不可斯须忘孝，则此经为天子至庶人一日不可无之书。章句已明而大义犹阙，顾非一大欠事乎！

盖尝有志汇集诸家传注以明一经而未果，一日予友胡庭芳挈其高第董真卿访予云谷山中，手携《孝经大义》一书，取而阅之，则其家君染山先生董季亨父所辑也。其书为初学设，故其词皆明白而切实，熟玩之则义趣精深，又有非眇见謏闻所能窥者。族兄明仲敬为刊之书塾，以广其传。此惟学者修身齐家之要，而有国、有天下者亦岂能外是而他有化民成俗之道哉！

噫！滕五十里国耳，其君一用之至于四方草偃风动，一时行事，班班有三代之风，学问之功用固如此。晋武、魏文亦天资之美者，惜诸臣无识，不能有以启导而充大之。悠悠天壤，此经之废盖千五百余年，人心秉彝，极天罔坠，岂无有能讲而行之者？诚有以二帝三王之心为心，则必以二帝三王之教为教矣！仁，人心也。学所以求仁，而孝则行仁之本也，语曰“如有王者，必世而后仁”，愚何幸，身亲见之！时大德八年岁在乙巳阳复之月，前进士武夷熊禾序。

女孝经图

宋李公麟撰。

题李龙眠画班昭女孝经图后[1]

元 · 王恽[2]

道义出乎天然，文章贵乎自得。昭以大家，师范六宫，作《女诫》《孝经通》二十五篇。范史备载诫辞，而初不及经训，岂拟圣太迫，殆法言之嫌乎！至于公麟画笔当时，圣贤言行，情深义奥，后世有未易窥测者。天机所到，千古之事如随目前，所谓出新意于法度之中，寄妙趣于言意之表。若《三百篇》，比兴宛从，弦而歌之，一唱三叹，有遗音者矣！激薄扬清，助世教多矣！

此画，予也三见。兹虽张仁所临，殊有分数。昔东坡称晋人法书今何所及？得唐人硬黄足矣！其什袭秘藏，遇知者，一观可也。

跋李龙眠女孝经图[3]

明 · 吴宽[4]

昔人论文章不关世教，虽工无益，予以为图画亦然。此卷写《女孝经》四章，而其事迹则每章图之。初不知作于何人，独其上有乔氏半印可辨，启南得之，定以为李龙眠笔。及观元周公谨《志雅堂杂钞》云："己丑六月二十一日，同伯机访乔仲山运判，观画而列其目，有伯时《女孝经》，且曰：'伯时自书不全，则知为龙眠无疑。'"启南真知画者哉！图中为女妇辈，所以共职进戒者，皆闺门之法、家国之利，而其容气端壮、详雅，览之使人竦然起敬，

1．本文录自王恽《秋涧集》卷七十三，见《四库全书 · 集部 · 别集类 · 秋涧集》。

2．王恽（1227—1304）：字仲谋，号秋涧，卫州汲县（今属河南省）人，元朝著名学者、诗人、政治家。历仕中书省详定官、翰林修撰同知制诰，兼国史院编修官，监察御史、翰林学士、嘉议大夫、通政大夫知制诰，同修国史。卒赠翰林学士承旨资善大夫，追封太原郡公，谥"文定"。王恽师从元好问，好学善文，为文不蹈袭前人，其书法遒婉，与东鲁王博文、渤海王旭齐名。著有《相鉴》《汲郡志》《秋涧集》等。

3．本文录自明吴宽撰《家藏集》卷四十八，见《四库全书 · 集部 · 别集类 · 家藏集》。

4．吴宽（1435—1504）：字原博，号匏庵、玉亭主，世称匏庵先生，直隶长州（今江苏苏州）人。明代诗人、散文家、书法家。明成化八年（1472）状元，授修撰。侍讲东宫。孝宗即位，迁左庶子，预修《宪宗实录》，进少詹事兼侍读学士，官至礼部尚书。为人清正自守，静重醇实。卒赠太子太保，谥"文定"。吴宽少壮好学，于书无所不读，善诗文书画，尤工行书。著有《匏庵集》《家藏集》等。

足以消其淫媟戏嫚之心，非特女子之有家者，当为监戒也。所谓关世教者，此类是已！

孝经首章图

作者不详。

题孝经首章图[1]

元 · 张伯淳[2]

《孝经图》始于龙眠居士，此“仲尼居曾子侍之像”，当时效龙眠之意而为之者，弟子坐师侧，或谓起于复坐一语。然《石经》固已明言“仲尼闲居曾子侍坐”，特非踞榻之坐耳。按礼，尽后尽前皆为坐。与跪不相远，若必有榻而后谓之坐，古制未必尔也。圣贤问答气象隐然见眉睫间，绘画日月安能仿佛，其高明但知景仰而已。

孝经章句

元吴澄撰，又称《孝经定本》。清朱彝尊《经义考》载：“吴氏澄《孝经章句》一卷，存”，《续文献通考》卷一五六《经籍考 · 孝经》著录“吴澄《孝经定本》一卷”，是一书而二名。吴澄（1249—1333），字幼清，晚年

1．本文录自张伯淳《养蒙斋集》卷五，见《四库全书 · 集部 · 别集类 · 养蒙斋集》。

2．张伯淳（1242—1302）：字师道，号养蒙，崇德（今浙江桐乡）人。宋咸淳七年（1271）进士，曾监临安府都税院，升观察推官、授太学录。入元后，至元二十三年（1286）荐为杭州路儒学教授，历浙东道按察司知事、福建廉访司知事。元大德四年（1300），拜为翰林侍讲学士，卒谥“文穆”。著有《养蒙斋集》等。

字伯清，抚州崇仁（今属江西）人。因所居草屋题名“草庐”，学者习称其为“草庐先生”。宋元之际儒家学者，经学家、理学家。吴澄出身儒学世家，为朱熹再传弟子。入元，任国子司业、国史院编修、集贤院直学士、经筵讲官等职，但为时不长。一生主要时间以讲学著述为务，其学本朱熹，兼综心学，不偏执于一家，极力调和朱、陆，称“二师之为教一也”。吴澄精研诸经，著有《五经纂言》《草庐精语》《三礼考注》《道德经注》等，在元代理学中具有崇高地位，与当时的经学大家许衡齐名，并称“南吴北许”。另有《草庐吴文正公文集》。

孝经叙录[1]

元 · 吴澄

《孝经》，汉《艺文志》：《孝经》，古孔氏一篇二十二章。《孝经》一篇十八章，长孙氏、江翁、后苍、翼奉、张禹传之，各自名家经文皆同，惟孔氏壁中古文为异。隋《经籍志》：《孝经》，河间人颜芝所藏，汉初芝子贞出之。又有《古文孝经》与《古文尚书》同出，孔安国为传，刘向以颜本比古文，除其繁惑，而安国之本亡于梁。至隋秘书监王邵访得孔传，河间刘炫因序其得丧，讲于人间，渐闻朝廷，儒者皆云炫自作之，非孔旧本。

邢昺《正义》曰：“《古文孝经》旷代亡逸，隋开皇十四年秘书学生王逸于京市陈人处得本，送与著作郎王邵，以示河间刘炫，仍令校定，炫遂以《庶人章》分为二曾子，《敢问章》分为三，又多《闺门》一章，凡二十二章，因著《古文孝经稽疑》一篇。”唐开元七年，国子博士司马贞议曰：“《今文孝经》是河间王所得颜芝本，至刘向以此校古文，定一十八章。其《古文》二十二章出孔壁，未之行遂亡其本。近儒辄穿凿更改，伪作《闺门》一章，文句凡鄙，又分《庶人章》从故自天子以下别为一章，以应二十二之数。”朱子曰：“旧见衡山胡侍郎《论语说》，疑《孝经》引诗非经本文，初甚骇焉，徐而察之，始悟胡公之言为信，而《孝经》之可疑者不但此也，因以书质之沙

1．本文录自吴澄撰、吴当编《吴文正集》卷一，见《四库全书·集部·别集类·吴文正集》。朱彝尊《经义考》卷二二七《吴氏澄孝经章句》下题为“澄自序”，内容自“澄曰夫子遗言”至篇末。

随程可久丈[1]，程答书曰：顷见玉山汪端明亦以为此书多出后人傅会。于是乃知前辈读书精审，其论固已及此。又窃自幸，有所因述而得免于凿空妄言之罪也。”又曰：“《孝经》独篇首六七章为本经，其后乃傅文，皆齐鲁间儒纂取左氏诸书之语为之，传者又颇失其次第。”

澄曰：夫子遗言，惟《大学》《论语》《中庸》《孟子》所述，醇而不杂。此外传、记诸书所载，真伪混淆，殆难尽信，《孝经》亦其一也。窃详《孝经》之为书，肇自孔曾一时问答之语。今文出于汉初，谓悉曾氏门人记录之旧，已不可知。武帝时鲁共王坏孔子宅，于壁中得《古文孝经》，以为秦时孔鲋所藏，昭帝时鲁国三老始以上献，刘向、卫宏盖尝手校。魏晋已后其书亡失，世所通行惟《今文孝经》十八章而已。隋时有称得《古文孝经》者，其间与今文增减异同，率不过一二字，而文势曾不若今文之从顺。以许慎《说文》所引，及桓谭《新论》所言考证，又皆不合，决非汉世孔壁之古文也。宋大儒司马公酷尊信之，朱子《刊误》亦据古文，未能识其何意？今观邢氏《疏》说，则《古文》之为伪甚矣！又观朱子所论，则虽《今文》亦不无可疑者焉。

疑其所可疑，信其所可信，去其所当去，存其所当存，朱子意也。故今特因朱子《刊误》，以今文、古文校其同异，定为此本，以俟后之君子云。

孝经章句后序[2]

元 · 张恒[3]

吴先生隐居临川山中，大臣荐之，授文翰之职，未行，促命下驿，遣上京师，会有求为代者，先生即南还。今年夏，次广陵郡学，访道诹经者日至，恒往受业焉。

恒尝问：“《孝经》何以有今文、古文之别？”先生曰：“《古文孝经》二十二章，与《今文孝经》为二，魏晋而后不存。隋人以《今文孝经》增减数

1．可久，程迥之字也。程迥，生卒年不详，宋孝宗隆兴元年进士。学者称沙随先生。有《古易考》等多部著述传世。

2．本文录自朱彝尊《经义考》卷二二七。明朱轼《孝经注》收录此文，篇末有“大德癸卯十月甲寅朔门人河南张恒记”。见《四库未收书丛刊》第146册《经部 · 孝经类 · 孝经注》。

3．张恒：生平不详，吴澄弟子。

字，分析两章，又伪作一章，名之曰《古文孝经》。其得之也绝无来历，左验《隋·经籍志》及唐开元时集议，显斥其妄，邢昺《正义》具载，详备可考。司马温公有《古文孝经指解》，盖温公资质厚重，于《孝经》今文尚且笃信，则谓古文尤可尊也，而不疑后出之伪。朱子见识高明，《孝经》出于汉初者尚且致疑，则其出于隋世者何足深辨也？而《刊误》姑据温公所注之本，非以古文优于今文而承用之也。”

恒又问：“《孝经》果可疑乎？”先生曰：“朱子云：‘《孝经》出于汉初左氏未盛行之时，不知何世何人为之也。’窃谓《孝经》虽未必是孔门成书，然孔鲋藏书时已有之，则其传久矣！礼家有七十子后弟子所记，二戴《礼记》诸篇多取于彼，其间纯驳相杂，《公》《穀》《左氏》等书称道孔子之言者亦然。《孝经》殆此类也，亦七十子之后之所为耳。中有格言，朱子每于各章注出，而小学书所纂《孝经》之文，其择之也精矣！朱子曷尝尽疑《孝经》之为非哉！学者岂可因后儒之傅会，而废先圣之格言也！”

他日，先生之子文谓小年读《孝经》时，先生整齐诸说，归于至当，附入已见，补其不足，畀文缺之。恒于是借观旧稿，就欲笔受，请于先生。先生曰：“此往年以训稚子，不欲传之，故未尝示人也。”恒再三请，乃许。既得录本，而求者沓来，应之不给。同门诸友请为锓木以公其传，而所闻师说，并记于其后。

吴文正公考定孝经[1]

明·杨士奇

吴文正公考定《孝经》刻于新淦。刘氏卷首有吾郡刘云章先生叙。此书盖因朱子《刊误》而以古文、今文校定之，训释明切，贤于旧注远甚。

1．本文录自明杨士奇《东里集·续集》卷十六《跋》。

孝经吴文正公校定[1]

明 · 杨士奇

此编及私录一册，皆文正公之孙徐州判官子尚所寄。惠者公之后，以先世通家，故皆与余往还。所刻先世文字，皆数见遗。而子尚寄此未久，遽闻其没，甚可惜也！

孝经直解

元钱天祐撰。朱彝尊《经义考》载："钱氏天祐《孝经直解》，佚。"又称《孝经经传直解》。钱天祐：生平不详。

孝经直解序[2]

元 · 程文海[3]

孝者，百行之源，五常之本，自天子至于庶人罔不由之以成德。述之有《经》，衍之有《传》，释而通之有《义疏》，至近代司马文正公洎晦庵朱先生各明备其辞焉。

圣天子以孝治天下，笃意是书，表章尊显，图锓以行，自家而国，自国而天下，将使家曾、闵而人参、骞，德至盛也。太子淑性天与，懿学日新，问安、视膳之暇，尤孳孳于此。乃一日传教，示以钱氏《直解》，俾某为之序，

1．本文录自明杨士奇《东里集 · 续集》卷十七《跋》。

2．本文录自程钜夫撰、程世京编录《雪楼集》卷九《玉堂类稿》，见《四库全书 · 集部 · 别集类 · 雪楼集》。

3．程文海（1249—1318）：字钜夫，号远斋，江西建昌南城人，元代文学家、藏书家。历仕翰林文学朝列大夫、翰林修撰、秘书少监中议大夫、集贤直学士嘉议大夫、资善大夫、光禄大夫等职，主修成宗、武宗《实录》。卒，封楚国公，谥"文宪"。程文海弘才博学，文章大雅，有《雪楼集》三十卷传世。

谓欲传之板本，以广斯文。某承命伏读，义训详明，质而不野，坦然切近，易知易行，信可尚也。太子不徒历之于目，抑必著之于心，不惟善于其身，又将推以教人。《诗》云“孝子不匮，永锡尔类”，太子可谓能锡类者矣！《记》曰：“孝者，善继人之志，善述人之事。”太子可谓善继述者矣！某文墨虽荒，敢弗敬承而为之序？抑言近而旨远者，善言也。后之读《直解》，毋以浅近而忽之。

孝经经传直解[1]

明 · 杨士奇

元延祐中，钱天祐著《孝经经传直解》，盖以朱子《刊误》为主，其黜《闺门章》及合《五刑章》与上章为一，则从草庐吴氏考定本。此书当时已板行，有翰林承旨程文海叙。洪武庚午冬，余自武昌归守风盘塘，借录于邻舟，上虞张肃急遽其直解不及录，惟录其经传如右云。

孝经衍义

元程显道撰。朱彝尊《经义考》卷二二七载：“程氏显道《孝经衍义》，佚”。程显道：生卒不详。号松谷，婺源人。据《宋元学案》记载，程显道是宋末元初黄智孙的弟子，其人曾经割股救亲，水浆不入口三日，哭哀于墓，书“衔恤”二字于扇面，蔬食终三年。著有《孝经衍义》。

1．本文录自明杨士奇《东里集 · 续集》卷十六《跋》。

程松谷孝经衍义跋[1]

元 · 陈栎[2]

文公《集注》谓：孟子每道性善，必称尧舜以实之。性善，以理言。称尧舜者，质其事以实之也。公著小学书立教、明伦、敬身列于前，而实立教、实明伦、实敬身备载于后，必质之圣贤往行以实前言，其意与孟子同。

今吾友婺源松谷程君《孝经衍义》载经文五孝，而采尧舜禹汤文武之孝，以次及于历代明君、贤卿大夫、士庶人之孝，著其行事以实之。庶几人知仁孝非徒空言，圣贤的有实事，而不懈于取法也，此意古矣！与孟子、朱子之意其归一揆者也。文公既成《孝经刊误》，又欲掇取他书可发此经之旨者，别为外传而未之及。勉斋黄公尝继公志编之，松谷想未之见，而所采有暗合者。尹和靖谓伊川躬行皆是《易》，其作《易传》只是因而写成耳。

松谷，予同门友也。丙寅丁卯间，松谷学于草窗黄先生之门，时服其先君子之服，予目睹其书"衔恤"二字于扇，蔬食终三年，平生心敬心服之。今读其从孙之跋，谓松谷尝刲股救亲，执丧水浆不入口三日，哭哀于墓，有虎食吠犬事。予为松谷心友，今甫闻之。松谷不言而躬行，尤可敬也。

松谷此编发明士之孝，拳拳有望于吾党之士，谓讲之明则知之真，知之真则行之力，固然矣！愚犹谓知之既至，行犹当力。降而庶人之孝，人虽庶也，行则士也。《诗》云："厘尔女士"，谓女而有士行者。庶人能孝，非庶人而有士行乎？庶人未尝学问，天性之美，自能行之。士尝学问，必能考圣贤之成法，而或有愧于庶人之孝行，且不可以名人，矧可以名士乎？愚尚欲松谷采真文忠公《孝友堂记》，不知孝者不论，知孝而不知友，非孝妻子具而孝衰于亲，异姓妇人入门而贼同气之爱，以戚其亲。世之犯此者，尤可痛也。由此类推，凡亏行辱亲，等以次著之，庶有益乎？

松谷长余五年，今行年七十有七矣！夫妇偕老，贤子孙满前，且见曾孙若

1．本文录自陈栎撰《定宇集》卷三，见《四库全书 · 集部 · 别集类 · 定宇集》。

2．陈栎（1252—1334）：字寿翁，又字徽之，安徽休宁人。一生崇尚朱熹之学。宋亡后，隐居著书，元仁宗延祐元年因其学著于世，有司强荐科举，试于乡闱中选，不赴礼部试，返家授徒。陈栎性孝友，刚正巡礼，善诱学者，因所居堂曰定宇，学者称为"定宇先生"。陈栎所著文、诗及诗余合为《定宇集》十六卷，另有《别集》一卷。

干人矣！一家一宗，蒸蒸仁孝，抑又生理优裕于前，人间全福几备膺之。天之报仁孝君子，端不诬也！松谷此编以实躬行，发实议论，盍刊布之，使家得置一通，讲明躬行之，其于兴仁兴孝之风，岂无小补云。

赵孟頫手书孝经

元赵孟頫书。

手书孝经序[1]

元 · 赵孟頫

孝为民生之本，故吾夫子有此《经》，特以质性不齐、习染有异，虽知此《经》为圣人之作，而不知用心者或多德俊。有意于淑后人，乃特过余松雪斋求泥金书之，使之知所重省厥心而励厥行也。但愧余书虽美未可以称圣经耳！

至治元年十一月十六日，吴兴赵孟頫再拜。

古今文孝经集注

元厉直之编。厉直之，生平不详。

1．本文录自《石渠宝笈》卷十一。

古今文孝经集注序[1]

元 · 陆文圭[2]

《孝经》《大学》二书，先儒无有分经传者，离经析传自朱子始。二书皆孔曾传授心法，二传成于曾氏门人之手。经文首尾相应，文势连属，辞约理备，言近指远，非圣人莫能及。传文分章画句，次第相承，井井不乱，其为覆解经文，无可疑者。

窃尝伏读二书，自心而身而家而国而天下，自天子而诸侯而卿大夫而士庶人，自格物致知至于絜矩，自爱亲敬长至于追远，大义数十，若网之有纲，若裘之有领。顾自汉儒以来，笺释不明，久矣！东阳厉君直之，参《孝经》古今文，萃诸家自为一编，西州史先生为之序。先生之言曰："自古国治而天下不治者，文王是也；家治而国不治者，曾闵是也；身治而家不治者，舜是也。"予读而疑之，已而得其说曰："文王之国，纣之天下也；曾、闵之家，定、哀之国也；舜之身，瞽瞍之家也。吾家、吾国、吾天下斯治矣！二书本末，古今不易，易之则乱，申之则治。以余之说，读厉君之书，思过半矣！"虽然《大学》经文二百五字，一字不可损益，传十章错简虽多，存者皆格言也；《孝经》经文四百六十二字，已不免离析增加之失，传十四章多裂取他书之成文，而格言所存无几矣！《大学》传引《诗》十二，朱子取其反覆吟咏，意味深长；《孝经》传引《诗》十，朱子刊去其文，二书去取甚明，厉君置此谈彼，何也？君曰："世以《孝经》为童蒙小学之书，不知其兼大人之学。今吾本朱子之说，阐而新之，使为人子者知立身扬名之义，全而归之父母之身，庶孝道之一助云尔。"余曰："《孝经》为童蒙之书，未害也。张禹传《论语》，杜钦明五经童蒙之弗如，君方诣阙献书。"闻余语，默然良久，曰："吾不负所学。"

1．本文录自陆文圭《墙东类稿》卷五《序》，见《四库全书 · 集部 · 别集类 · 墙东类稿》。

2．陆文圭（约1256—1340）：字子方，江苏江阴人，元代文学家。南宋度宗咸淳初年中举。宋亡后，隐居江阴城东，人称"墙东先生"。入元，朝廷多次招聘，皆不往。年八十而卒。陆文圭博通经史百家，兼及天文、地理、律历、医药、算术之学，《元史》称其"为文融会经传，纵横变化，莫测其涯际，东南学者，皆宗师之"，著有《墙东类稿》二十卷。

孝经直解

元贯云石撰。原题为《新刊全相成斋孝经直解》，用元代的口语解释《孝经》。朱彝尊《经义考》卷二二七载："小云石海涯《孝经直解》一卷，佚。"贯云石（1286—1324），字浮岑，号成斋、酸斋，元代散曲作家。维吾尔族，原名小云石海涯，因父名贯格根，遂以贯为氏。以父荫袭为两淮万户府达鲁花赤，让爵于弟，北上从姚燧学。元仁宗时拜翰林侍读学士、中奉大夫，知制诰同修国史。不久称疾辞官，隐居杭州，自号"芦花道人"。卒，追封京兆郡公，谥"文靖"。他精通汉文，"为古文峭厉有法"，善作散曲，为"昆腔"先驱。

新刊全相成斋孝经直解序[1]

元 · 贯云石

子曰："人之行莫大于孝"，□□："移风易俗，莫善于乐；安上治民，莫善于礼。"一□□□□五刑，莫大之罪。是故《孝经》一书，实圣门大训，学者往往行之于口，失之于心，而况愚民蒙昧，安可以文字晓之？古之孝者，父母爱之，喜而不忘；父母恶之，劳而不怨，犹常礼之孝也。立身行道，扬名于后世者，其犹远哉！尝观鲁斋先生取世俗之语直说《大学》，至于耘夫荛子皆可以明之，世人视之以宝，士夫无有非之者。于以见鲁斋化艰成俗之意，于风化岂云小补！

愚末学，辄不自量，僭效直说《孝经》，使匹夫匹妇皆可晓达，明于孝悌之道。庶几愚民稍知理义，不陷于不孝之罪，初非敢为学子设也。

或曰："汝得无欲比肩鲁斋公乎？"予曰："奚敢！"又曰："侮圣人之言乎？"予曰："岂敢！"

时至大改元，孟春既望，宣武将军两淮万户府达鲁花赤小云石海涯北庭成斋自叙。

1．本文录自元贯云石撰《新刊全相成斋孝经直解》，1938年北京苹熏阁书店影印本。

孝经直解

元胡恕撰。胡恕，生平不详。

孝经直解序[1]

元 · 王沂[2]

学欲切而思欲近，《孝经直解》之所由作也。瓶中之水知天下之冰，堂下之阴知日月之行，故善学者由近以及远。

是经，为指解者百家，而疑者亦纷然出乎其间，或论其文体类《礼运》《闲居》《儒行》等篇，言其出邹鲁诸儒之手；或疑其引季文子、北宫文子之辞，言其掇拾以成书；或疑其为乐正子春之笔，而“严父配天”之语，虽考亭朱子不能无议焉。范氏又谓：古文二十二章、今文十八章，虽大同小异，得其真者古文也，是果出于曾子否耶？独司马氏谓其旨高深幽远，固非一人所能了，其又信然耶？

余闻：天之生万物也，人为贵；人之于百行也，孝为大。由乎亲萌于膝下，严滋于日长，而爱敬之教兴。然孝固主于爱也，而“要道”“至德”二章，皆主乎敬，何哉？敬则爱心存，否则爱心亡矣！敬者，又行孝之纲领欤？颜渊问仁于夫子矣，仁，主于爱也？而其答之之目，主乎礼，此之谓欤？

新安胡君恕之为是编也，本之以古人，验之以世故，广之以贤士大夫之议论，述其梗概而成书，使读之者较然易晓，学者因其易而深思其所以难，则于百家之说，庶乎无疑矣！

1．本文录自王沂《伊滨集》卷十三《序》，见《四库全书 · 集部 · 别集类 · 伊滨集》。

2．王沂：生卒不详。字师鲁（一作思鲁），祖籍云中，后徙真定（今河北正定），元代史学家、词人。元仁宗延祐二年（1315）登进士第，曾仕为为临淮令、嵩州同知、国史院编修官、国子学博士、翰林待制、待诏宣文阁、礼部尚书。以“总裁官”身份主持《宋史》《金史》《辽史》的编撰。有文名，但其诗文集《伊滨集》早佚，清四库馆臣从《永乐大典》中辑出《伊滨集》二十四卷。

孝经旁训

元沈易撰。朱彝尊《经义考》卷二二七载：“沈氏易《孝经旁训》一卷，未见。”沈易：生卒不详，元顺帝至正间人。字易之（又作翼之），松江人，自号疏食野人。元时曾为淮安分省幕吏，擢理问所知事，授徒于淇上。元末大乱，河南失守后，由青齐浮海舶以归。

孝经旁训序[1]

明 · 陈继儒[2]

吾乡沈翼之先生，自号“蔬食野人”，当元至正间。喜节侠、负奇才，公卿不能用。退而与庐陵权公游，得濂洛真传，隐居授书，出入必依于名教。所著述甚众，《孝经旁训》其一也。此书久秘家塾，垂二百余年后，有孙茂才士栋梓之，而录《蔬食先生传》附焉。

昔者，孔子《孝经》与《春秋》相表里，后世分为古今文。今文十八章出于颜芝，而郑玄为之注；古文二十二章出于鲁恭王之坏壁，而孔安国为之注。其后唐玄宗笺今文流行，而古文几至中绝。司马涑水氏专重古文，撰为《指解》，朱紫阳、吴临川重加订训，而辞义深奥，读者辍焉，此蔬食野人《旁训》之所由作也。

余尝观六朝高人名士崇信《孝经》，或以殉葬，或以荐灵，病者诵之辄愈，斗者诵之辄解，火者诵之辄止，盖《孝经》之不可思议如是。若使家诵户读，童而习之，白首而不已焉。上非此无以举，下非此无以学，孝感所至，能令醴泉出、异草生、犬豕同乳、乌鹊同巢，盗贼弛兵过而不敢犯孝子乡，则《孝经》一卷，未必非吾儒极灵极变之书，何至浮屠、老子旁行祸福之说于天

1．本文录自朱彝尊《经义考》卷二二七。

2．陈继儒（1558—1639）：字仲醇，号眉公、麋公，明代华亭（今上海松江）人，明代文学家、书画家。诸生，隐居小昆山、东佘山，杜门著述，绝意科举。朝廷曾屡次征诏，皆以疾辞。陈继儒学识广博，经史、诸子、释道之书，无不研习，工诗文、善书画，与沈周、文徵明、董其昌并称明代四大家。曾刻《宝颜堂秘籍》，保存了明以前的小说杂记等史料。文集有《陈眉公全集》《白石樵真稿》《小窗幽记》，书画有《梅花册》《云山卷》等传世。

下？经正则庶民兴，其惟《孝经》乎！若《旁训》者，下颁学官，制科不可一日不习；上进朝廷，经筵不可一日不讲，此圣王以孝治天下之大权舆也。惜此书不广传，仅以之教家学。士度、大理粲侍御时来，相继成名士。而士栋又以教士，声藉甚，《孝经》何负于人哉？

《诗》有云："君子有谷，诒孙子。"蔬食先生可谓得所诒矣！

孝经□

元王勉撰。朱彝尊《经义考》卷二二七载："王氏勉《孝经》，佚。"王勉，生卒不详，字缅之，曹南人，仕至太医丞。

孝经□序[1]

明 · 危素[2]

《古文孝经》出秦火之余，而颜芝子贞所献，《今文孝经》十八章已行于世。孔安国、马融为古文传，长孙氏、江公、后苍、翼奉、张禹乃说今文。刘向校书，不以古文为是，故不列于学宫。刘炫作《稽疑》，不以今文为是。陆德明谓"古文世既不行，随俗用郑玄所注今文"。司马贞力主玄注，惟刘知几主安国传。于是党同伐异，争论蜂起。唐玄宗遂注今文，刻石长安，仍诏元行冲撰疏。自是以来，祖述者几百人。宋司马文正公言壁藏之时，去圣未远，作《古文孝经指解》。范太史、季信州、袁正肃公、近世导江张氏，皆宗司马氏而不从颜芝本。惟朱文公及会稽俞氏、临川吴氏两存之。

1．本文录自明危素《说学斋稿》卷三，见《四库全书 · 集部 · 别集类 · 说学斋稿》。

2．危素（1303—1372）：字太朴，金溪（今江西金溪）人，一作临川（今江西抚州）人，元末明初史学家、文学家。少通五经，博学多才，元代大儒吴澄弟子。元惠帝至正元年，以荐授经筵检讨，参与修撰宋、辽、金三史。历仕国子助教、翰林编修、太常博士，累官至翰林学士承旨。洪武二年（1369）授侍讲学士知制诰，与宋濂同修《元史》。其人博学善文辞，擅楷、行、草三体，尤精楷书。四年，谪居和州。五年，幽恨而死。有《吴草庐年谱》《危学士集》《说学斋稿》等传世。

王缅之勉，注书甚夥，晚乃用力于《孝经》。章分句析，条纪灿然，博考诸家之说，择其要者，梓而录之，而大要以朱氏为宗。嗟乎！以此书观之，千载之下，而欲臆度悬断于众说纷纷之中，非笃信精察者不能然也。夫孝之为行大矣，推而行之其道溥矣，王君其善锡尔类者乎！

王君，曹南人，仕至太医丞，老而劬学，尤可嘉已。

孝经管见

元钓沧子撰。朱彝尊《经义考》卷二二七载："亡名氏《孝经管见》一卷，未见。"钓沧子：元代隐士，失名姓，事迹不详。据《千顷堂书目》载："万历间吴人朱鸿得其书于村塾。"明朱鸿编《孝经总类》、明吕维祺撰《孝经大全》也记载其著《孝经管见》一书。朱鸿谓："乃至正三年隐士钓沧子撰也。"

孝经管见序[1]

元 · 钓沧子

说者曰："二帝三王之治本于道，二帝三王之道本于身。"愚以为二帝三王之建极于身者，立心极也。立心极者，端极于孝也。孝者，良心之切近精实者也。以其所切近精实者推之，则为恻隐、为辞让、为羞恶、为是非。又推之为齐家、为治国、为平天下，何莫不是出也已！舍是而求适于治，无由也。故齐栗底豫矣而风动四海，视膳三朝矣而汝坟遵化，善述善继矣而四海永清。若分羹忍而终成杂伯，劫父谋而竟至杂夷，其功效成验可知梗概哉！是孝立而心极建，心极建而身极端，身极端而治化美。大矣哉，孝之道乎！全之可以淑身心，扩之可以淑民物，根之于惟渊惟默之中，赋之于形生神发之际，不离于须臾之顷，恒完于方寸之间，自生民以来无改也。奈之何一废嬴火，再废曲学，竹编蝌蚪，错杂谬误，穿凿考订，臆说沸腾。是以荆公执政，卑视此经，大廷

1．本文录自朱彝尊《经义考》卷二二七。

不以策士，史馆不以进讲，家之长老不以垂训子孙，学之师傅不以课诲弟子。此经非特不为治平之具，且蒙习亦弁髦之矣！

嗟夫！圣人精神命脉之发将为渊沉覆土乎！岂人天性之良古今之赋受者殊耶？殆不然。不灼其景矇者弗睹也，不裂其声聋者弗听也，不翼其肱跛者弗行也。性虽赋于固有，良虽具于本然，不有开示训导、警觉提撕，安能复性返良而还其天哉？上无身先之教，下无向化之机，治不轶古，无异也。孔子言治，未尝不本诸德。德，仁之发也；仁，孝之端也。然虑天下后世君民者有昧乎此，故特因敦孝之人以发孝旨。若专为孝也，实指其化民成俗，天下之要也。不然，何独于孝之一端，而谆谆详告有如此乎？

愚故曰：二帝三王之治本于道，二帝三王之道本于身，二帝三王之身极本于心，二帝三王之心极本于孝。孝乃齐、治、均、平之准也，惜乎其经之湮泯于异端、曲学之私也。愚不慧，读经之次稍有觉悟，敢举其一二而明发之，如测渊于蠡、窥天于管焉耳！后之君子倘翘起而复振之，幸毋哂其疵焉，幸何如哉！

孝经管见后序[1]

元 · 钓沧子

夫粟菽非可以甘唇，乃其所常食也；布帛非可以华躬，乃其所常服也。然常食之中有至味，常服之中有至美，但人莫不食且服也，而喜膏粱、好文绣，知其味与美者，岂不鲜哉！

《孝经》废弛日久，士尚奇诡之学，视此若土苴。谈而及之，反唇而讥，掩口而笑，不以为迂，则以为腐，冰炭莸熏，两不相合。愚雅嗜读书，不求仕进，退居山僻，搜究典坟。然不喜袭陈说，间阅《孝经》，少参一二，名之曰《管见》，犹云坐井观天也。但其间有自得之趣，辄注辄喜。甫成，即函之笈笥以自珍，非欲私之己而不公之人也。苟不在孝道中用力，与不达孔曾之旨者，持而语之，是强以粟菽易膏粱，布帛夺锦绣。乌乎能哉？故宁秘之而不发

1．本文录自朱彝尊《经义考》卷二二七。明朱鸿编《孝经总类》酉集题为《管见后说》，吕维祺撰《孝经大全》卷二十二《表章通考 · 述文 · 跋》题为《管见跋》，见《续修四库全书》第151册《经部 · 孝经类》。

也。虽然卞氏之璧不终于尘埋，赵氏之珠岂久为渊没，圣人之经安得竟废而不行哉？五百年必有王者兴，其间必有名世者。嗣是而后，有以孝治天下之明王在上，而海内仁人孝子兴起而振作之，则必辑录是经，发明奥蕴，将搜罗而纂集之。

愚言幸存，或亦为刍荛之采，得备笼中之药物，未可知矣！今日之言，宁非他日之用哉！若或言悖于道，不印圣心、不合经意，则亦俟后之仁人孝子教我而已，我又何得自知乎？

孝经管见题识[1]

明 · 朱鸿[2]

万历庚寅季春望后三日，鸿过南屏山村肆中，偶获《孝经管见》一卷，乃至正三年隐士钓沧子撰也。其语意梗概，率以孝治为先，不分章第经传，适于初阳孙本氏及鸿所见皆符。迨阅后语，期五百年必有明王振起，先圣遗经复明于世。鸿考荆公执政罢黜此经，至今适五百年矣！正我明孝治之会，而隐士预卜其期，若执左契，非精于数学，盖仙家者流也。故特梓其前后二序，见大圣微言无终晦之理，明王孝治成和睦之风，古今贞卓之见，亦自有旷世而同然者而！有志羽翼是经者共鉴诸。

仁和朱鸿识。

孝经集说

撰者不详。朱彝尊《经义考》卷二二七载“《孝经集说》一卷，未见”。

1．本文录自明朱鸿编《孝经总类》酉集，见《续修四库全书》第151册《经部·孝经类·孝经总类》。

2．朱鸿：生卒不详。字子渐，仁和人，万历间诸生，“白首穷经，布衣以老”，有《孝经古文直解》《经书孝语》《家塾孝经》《孝经总类》等传世。

孝经集说序[1]

明 · 王袆[2]

《孝经》有古文、今文之异，当秦燔书时，河间颜芝藏其书。汉初，芝子贞出之，河间献王得而上诸朝。长孙氏、江翁、后苍、翼奉、张禹之徒皆名其学，凡十八章，所谓今文也。武帝时，鲁恭王坏孔子宅，得《孝经》与《尚书》于壁中，以为秦时孔鲋所藏。昭帝时，鲁国三老始以上献，孔安国为之传，凡二十二章，所谓古文也。

刘向典校经籍，实据颜本以比古文，除其繁惑，以十八章为定。郑众、马融、郑玄皆为之注，专从今文，故古文不得列于学宫，而安国之本亡于梁。隋开皇中，王劭始访得之，以示河间刘炫，炫遂分《庶人章》为二，《曾子敢问章》为三，又多《闺门》一章，以足二十二章之数，且序其得丧，讲于人间。时议皆疑炫所自作，而古文非复孔氏之旧矣。唐开元间，诏诸儒集议。刘知几请行孔传，司马贞力非之，独主郑说。玄宗自为之注，用十八章为正。先是自“天子”至“庶人”五章，惟皇侃标其目，冠于章首，至是用诸儒议，章始各有名，如“开宗明义”等类。为之疏者，元行冲也。至宋邢昺为《正义》，训诂益复加详。而当世大儒司马温公、范蜀公则皆尊信古文。司马公为《古文指解》，谓“始皇三十四年始燔书，距汉兴仅七年，孔氏子孙岂容悉无知者，必待恭王然后乃出？盖始藏之时，去圣未远，其书最真，与历世疏远转相传授者不侔。且《孝经》与《尚书》同出孔壁，世知《尚书》之真，而疑《孝经》之异，何也？”迨朱徽公为《刊误》，亦复多从古文。以古文七章、今文六章已前，合而为经。删“子曰”者二，引《书》者一，引《诗》者四，凡五十七字。以余章为传，删“先王见教”以下六十九字，“以顺则逆”以下九十字，凡其章之次第、文之异同，皆用古文为据。谓经一章者，孔子统论天子、诸侯、卿大夫、士、庶人之孝，盖一时之言而后人妄分之；其传十四章，则或者杂引传记，以释经

1．本文录自明王袆《王忠文集》卷五《序》，见《四库全书 · 集部 · 别集类 · 王忠文集》。

2．王袆（1322—1373）：字子充，号华川，浙江义乌人，元末明初儒家学者。幼敏慧，师事柳贯、黄溍，以文章著名于世。朱元璋曾称赞他：“吾固知浙东有二儒，卿与宋濂耳。学问之博，卿不如濂；才思之雄，濂不如卿。”召授江西儒学提举司校理，后出任南康府同知，多惠政。洪武初，诏与宋濂为总裁，同修《元史》。书成，升翰林待制，同知制诰兼国史院编修官，教皇太子经学。五年，奉召去云南招谕梁王把都归顺，被元残部杀害。建文初，追赠翰林学士，谥“文节”，后改谥“忠文”。有《大事记续编》《王忠文公集》《重修革象新书》传世。

文者也。而近时临川吴氏复以谓："隋时所得古文与今文，增减异同，率不过一二字，文势曾不若今文之顺，以许慎《说文》所引、桓谭《新论》所言考证皆不合，决非汉世孔壁之古文"。爰因《刊误》，重以古文、今文较其同异焉。

夫今文最先出自刘向，郑玄等以及唐世君臣皆知表章之，其书固已通行。古文出稍后，而安国之传既亡，刘炫之本又以为非真，至宋二三大儒始加尊信，而其书以显。岂其显晦各系于时之好尚哉？今行中书右丞公以古文、今文及《刊误》三书虽皆行世，而学者皆习而不察，乃与儒者议，汇次其先后，且删汉、唐、宋诸家训注，附于古文之下，刻本以行。于是《孝经》之为书，本末具矣！

呜呼！孝者，天之经、地之义而百行之原也。自天子达于庶人，尊卑虽有等差，至于为孝，曷有间哉？五经四子之言备矣，而教学必以《孝经》为先，则以圣言虽众，而《孝经》者实总会之也。是书大行，其必人曾参而家闵损，有关于世教甚重，岂曰小补而已！

吴睿隶书古文孝经

元吴睿书。吴睿（1298—1355），字孟思，号为云涛散人，杭州人，元末明初书画家。工于翰墨，精篆、隶，尤工于小篆，有《广印人传》《覆瓿集》《六研斋二笔》传世。元代著名画家王冕《挽吴孟思》曾赞誉说："云寿处士老儒林，书法精明古学深。百粤三吴称独步，八分一字值千金。"

跋古文孝经[1]

明 · 王祎

《孝经》古无章次，至唐始定次为十八章而名其篇目。近世大儒复因其章次定为经传，虽圣贤之旨赖以著明，而其古文世鲜有传之者矣！吴君孟思篆隶妙今世，其用隶古书《古文孝经》，庶几古意之存者耶！

1．本文录自明王祎《王忠文集》卷十七《题跋》，见《四库全书 · 集部 · 别集类 · 王忠文集》。

第四卷　明之卷（二）

孝经集善

明孙蕡撰。《明史·艺文志》载：“孙蕡《孝经集善》一卷”，朱彝尊《经义考》卷二二八云：“孙氏蕡《孝经集善》一卷，未见。”孙蕡（1334—1389），字仲衍，号西庵，广东南海（今广东顺德）人，元末明初诗人。明洪武三年（1370）中乡举，被举荐为官，曾仕工部织染局使、安徽虹县主簿、翰林院典籍、平原主簿、苏州经历，遂世称“孙典籍”。洪武二十六年（1393），蓝玉案发，因曾为蓝玉题诗论画被杀。其人和赵介、王佐、黄哲、李德创办“南园诗社”，被称为“南园五先生”，或“前五子”。孙蕡博学工诗文，著述甚富。曾编订《孝经集善》，有诗集《西庵集》传世。

孝经集善序[1]

明·宋濂[2]

《孝经》一也，而有古今文之异者，盖遭秦火之后出于汉初颜芝之子贞者为今文，凡十八章，而郑玄为之注；至武帝时，得于鲁恭王所坏孔子屋壁者为古文，凡二十二章，而孔安国为之注。

后世诸儒各骋意见，尊古文者则谓《孔传》既出孔壁，语甚详正，无俟商榷，揆于郑注，云泥致隔，必行孔废郑，于义为允，况郑玄未尝有注，而依仿托之者乎？尊今文者则谓刘向以颜芝本参校古文，省除繁惑而定为今文，无有不善，为之传者，纵曰非玄所作，而义旨实敷畅，若夫古文并安国之注其亡已久，世儒欲崇古学妄撰孔传，又伪为《闺门》一章，文句凡鄙，不合经典，将何所取征哉？二者之论，虽莫之有定，然皆并存于时，各相传授。自唐玄宗注用今文，于是今文盛行而古文几至废绝。宋司马温公始专主古文，撰为《指

1．本文录自明宋濂《文宪集》卷五《序》，见《四库全书·集部·别集类·文宪集》。

2．宋濂（1310—1381）：字景濂，号潜溪，浙江浦江人。明初文学家、史学家，曾被明太祖誉为“开国文臣之首”，与高启、刘基并称“明初诗文三大家”。幼家贫好学，曾受业元末古文大家吴莱、柳贯、黄溍等。明初，仕为江南儒学提举，被朱元璋礼聘为“五经”师，为太子讲经。奉诏修《元史》，累官至翰林学士、知制诰。晚年因长孙牵连胡惟庸党案，全家流放茂州，中途病死，后谥“文宪”。宋濂以文著称，强调明道致用、宗经师古，刘基赞许为“当今文章第一”。著有《孝经新说》《周礼集说》《潜溪集》《宋学士全集》《文宪集》等。

解》上之，且悯流俗信伪疑真，谆谆见于言辞之间。

以予观之，古今文之所异者，特辞语微有不同，稽其文义初无绝相远者，其所甚异唯《闺门》一章耳！诸儒于经之大旨未见有所发挥，而独断断然致其纷纭若此，抑亦末矣！自伊洛之学兴，子朱子实起而继之，于是因衡山胡氏、玉川汪氏之疑，而就古文考定，分为经、传，去其衍文及不合经旨者，千载是非遂定于一。元室之初，吴文正公出于临川，又以今文为正，颇遵《刊误》章句，重加订定而为之训解，其旨益明而无遗憾矣！东广孙君蕡读而悦之，因增以诸家所注，名曰《孝经集善》，而其大义则以朱子及吴公为之宗。蕡通经而能文辞，采择既精而又发以己意，其书当可传诵。故余为疏历代所尚之异同，序于篇端。

蕡，字仲衍，洪武壬寅乡贡进士，今为织染局使云。

孝经集注

撰者不详。明初吕遂刊刻。吕遂：生平不详。

跋新刻孝经集注后[1]

明 · 宋濂

予旧友吕君遂出守合肥，患寇盗未息而民或不知有父子之亲，因刻《孝经集注》于学宫，俾家传而人诵之。

呜呼！吕君之意则善矣！亦幸遭夫有道之朝尊用儒术，故得以专行其志焉尔！何以言之？昔者宋枭为陇右刺史，枭患凉州多寇叛，欲多写《孝经》令家习之，庶几使人知义，盖勋力谏枭不从，遂奏行之，诏书诘责，坐以虚慢。夫教人革心从善者莫逾于圣经，顾乃视为迂远迟顿之器，宜乎汉祚之不振也，宋枭之事与吕君正同，而其幸不幸有如此者，非其人才之相悬，实以所系之时或

1．本文录自明宋濂《文宪集》卷十四《跋》，见《四库全书 · 集部 · 别集类 · 文宪集》。

不侔也。抑尝闻在宋之季，雪岩先生郑公霖因讲《中庸》一篇而使寇退，不敢来攻城者，此又明效大验见，于事为非止空言而已也！有若吕君此举，实知为治之要，而非刀笔吏所可及。

予恐流俗之未能喻也，犹以为迂，故为题诸篇末如此云。

孝经述注

明项霦撰。《四库全书简明目录》著录："《孝经述注》一卷，明项霦撰。"注称："原本久佚，今从《永乐大典》录出，所用乃孔氏古文所注，颇为简要。"《清史稿·艺文志·孝经类》载："明项霦《孝经述注》一卷，乾隆三十八年，王际华等奉敕辑。"项霦，生卒不详。浙江临海人，明太祖洪武间曾任江西按察使司佥事、副使。

孝经述注序[1]

明 · 黄昭[2]

钦惟圣明天子，应天启运，肇造区宇，薄海内外，靡不臣顺，首建宗庙，报本追远。盖将以孝治天下，为子孙帝王万世之业也。呜呼盛哉！于是内设台宪，以振风纪；外置察司，以纠奸匿，法至密矣。江西为大藩府，物盛人众，狱讼繁滋。彰善瘅恶，树之风声，非学有经术，廉慎明察者，不足以与兹选。

己酉冬，乃命安君智来为宪副，项君霦、郭君永锡共佥宪事。受命陛辞，玉音恳恻，其所付任，不亦重乎？安君旧历显仕，有学有猷；郭君由神童擢科第，累任繁剧；项君家世业儒，隐居十有余载，克承父志，著书立言，其经济之资，盖可想见矣。余以盲病告老寓洪，三君之来也，乃不鄙而枉顾焉耳。其

1．本文录自明项霦《孝经述注》，见《四库全书·经部·孝经类·孝经述注》。

2．黄昭（1466—1523）：字明甫，号小江，明江苏张家港人。弘治九年进士，曾仕云南清吏司主事、广东按察司佥事、福建按察使司副使。为人清正廉洁，执法公允，明武宗正德年间因反刘瑾"阉党"受梃杖、入狱，被誉为"磊落敦节义"。

言挹，其气雍，容端重，意蔼如也。他日，宪从事刘君鼎承宪副之意而致辞曰："项君之述作固多，难以悉举。今姑取其集书内《孝经注》一编，将广其传，盖乐其有关于治道也，敢祈一言以冠之。"余不得辞，乃为之言曰：

孝，百行之原，行仁之本也。德修于身，教成家国，而化行乎天下，此自然之理也。故夫子称舜为大孝，而武王、周公为天下之达孝，然则帝王之治，孰有加于孝乎？汉文置《孝经》博士，几致刑措。唐太宗以孝弟设科，而死囚归狱。气象虽殊，理一而已。后世教化不明，彝伦攸斁，民之犯法也，非出于不知，则出于不幸。不揣其本，一切以法绳之，刑政日紊，民乃不堪，是以治日常少而乱日常多也。近草庐吴公以《孝经》分经传，正讹阙，为是书之旨粲然明白。今项君又为之注，正与吴公互相发明，其亦可谓勤已。君以观风行部，所以发其所用之学，迨将信而有征。安君又将锓梓以播之，使江西之民，家有是书，人有是德，悖慢之俗除，礼乐之习兴，所谓振风纪者，将于是乎在。由是推之，天下四海，人人有士君子之行，则尧舜三代之治，必将权舆于此，其于圣天子孝治天下之心顾不韪欤！昭既慕项君学术之正，复嘉宪副公与人为善之美，于是乎书前。

提刑按察使副使临川黄昭序。

孝经述注引[1]

明 · 项霦

此书孔子传道与曾子，本旨初言孝之纲领始终，及天子、诸侯、卿大夫、士、庶人之孝，中复次第申言以紬绎其义，末言臣子及天下之通孝以终焉。曾子门人记录，尊之曰"经"，凡十有八章。旧本颇有错简，今从古文，更加次第订正，略为训诂，以便初学。

1．本文录自明项霦《孝经述注》。

孝经述注跋[1]

明 · 项霦

於戏！是经赖有神明护卫，幸逃秦火之厄运。文章照映简编，经纬天地，同乎日月，真希世至宝。圣王建中立极之心法，修齐治平之事实，粲然具载，而人道备于此矣！后之受读者，玩索精微，以悟道心纯一贯通之神妙，何啻亲炙圣人而传道统也欤！

孝经述解

明曹端撰。《明史·艺文志》载："曹端《孝经述解》一卷"，清朱彝尊《经义考》载："曹氏端《孝经述解》一卷，未见"。《曹月川集·年谱》谓："取唐明皇、许鲁斋二解，述其精当者，分经布注解之，其未莹者，释以己意，名曰《孝经述解》。"曹端（1376—1434）：字正夫，号月川，河南渑池人。明初著名的学者、理学家。其学以躬行实践为务，而以存养性理为大端，《明史》称其为"明初理学之冠"。成祖永乐六年中举。八年，以副榜第一登进士第，授山西霍州学正。曹端博通五经，学宗朱熹，躬行实践，以昌明理学为人生目标。著述有《孝经述解》《太极图说述解》《通书述解》《西铭述解》《四书详说》《性理文集》等。清代张璟又集其遗文八种，合为《曹月川先生遗集》。

孝经述解序[2]

明 · 曹端

性有五常而仁为首，仁兼万善而孝为先。盖仁者，孝所由生；而孝者，仁所由行也。是故君子莫大乎尽性，尽性莫大乎为仁，为仁莫大乎行孝。行孝之

1．本文录自明项霦《孝经述注》。
2．本文录自明曹端《曹月川集·杂著》附《年谱》，见《四库全书·集部·别集类·曹月川集》。

至，则推无不准，感无不通。又曰：孝云者，至德要道之总名也；经云者，持世立教之大典也。然则《孝经》者，其六经之精义奥旨欤！

孝经述解序[1]

清 · 沈佳[2]

性有五常而仁为首，仁统万善而孝为先，盖仁者孝所繇生，而孝者仁所繇行也。是故君子莫大乎尽性，尽性莫大乎为仁，为仁莫大乎仁孝。

女孝经图

明胡氏撰。胡氏：生平不详。

女孝经图跋[3]

明 · 李东阳[4]

驸马都尉樊公大振出《女孝经图》一卷，无名识，后有祭酒胡公若思《记》，以为宋李伯时作。而世所传《颐庵集》载此《记》，首有“吾家旧

1．本文录自清沈佳撰《明儒言行录》卷二《曹端月川先生》，见《四库全书 · 史部 · 传记类 · 明儒言行录》。

2．沈佳：字昭嗣，号复斋。清代浙江仁和人，清康熙二十七年进士。官安化县知县，卒于官。精于理学，宗法朱熹。著有《明儒言行录》《明儒言行续录》《礼乐全书》《复斋遗集》等。

3．本文录自明李东阳《怀麓堂集》卷七十三《文后稿十三 · 赞题铭箴题跋》，见《四库全书 · 集部 · 别集类 · 怀麓堂集》。

4．李东阳（1447—1516）：字宾之，号西涯，湖南茶陵人。明朝大臣，诗人、书法家。天顺八年进士，授编修，累迁侍讲学士，充东宫讲官。弘治八年，以礼部侍郎兼文渊阁大学士，直内阁。李东阳秉国十八载，清节不渝。文章典雅，工篆隶书，明代中后期茶陵诗派的核心人物。著有《怀麓堂集》《怀麓堂诗话》等。

藏”四字，知为胡氏故物也。按汉曹世叔妻班昭，固之女弟，撰《女诫》十八篇，大抵效《孝经》为之，故俗称《女孝经》。后世画者多图其事，而本亦不同。此卷笔意精绝，诚有如胡公所云者，非近时画手所能仿佛也。

夫画之为用，亦浅矣。及其至，或可以感善创恶，出于言语文字之外，而施之妇女童孺尤宜。使其据事指物，因辞以达意，如后妃之闲静，姜女之贞烈，樊女之忠让，骊姬之狼戾，宜亦有悚然而兴、惕然而惧者矣。若班氏之文，虽真赝工拙，未可深辨，而其义不失乎正。君子苟有取于斯图，亦无择于斯言也夫！

予又闻唐郭良辅为《武孝经》，宋《崇文总目》亦载《大农孝经》《酒孝经》。诸书者，今皆不复见矣！安得与此图并传，以为博物洽闻者之助乎？

樊公读书攻诗，有王晋卿之风，非徒溺于藻绘之好者。吾不敢效东坡留意之戒，姑因其请而识之。

考定古今孝经节文

明周木撰。清朱彝尊《经义考》载：“周氏木《考定古今孝经节文》一卷，未见”，注“文，或作次”。周木：字近仁，常熟人。明宪宗成化十一年进士，曾官河南布政使。生平穷究理学，晚年喜《易》，学者称为“勉思先生”。著《考定古今孝经节文》《延平答问续录》等。

考定古今孝经节文[1]

明 · 朱鸿

松江周木以漆书韦编时有灭绝，错简阙文殆或不免，于是考古文、今文，合为新《考定孝经》一书，不分章第，传释似亦可观。但以《闺门》章第内“严父严兄”之下，擅补“犹君长也”四字，非阙文之史矣！

1．本文录自清朱彝尊《经义考》卷二二八。

孝经正误

明潘府撰。清朱彝尊《经义考》载："潘氏府《孝经正误》一卷，未见"，《四库全书存目》著录"《孝经正误》一卷，《附录》一卷，明潘府撰"。潘府（1453—1525）：字孔修，号南山，明代上虞驿亭人。成化二十三年（1487）进士，授长乐县令，迁南京兵部主事，曾上疏"陈军民利病七事"。经尚书马文升举荐，迁南京兵部、武选员外郎、广东提学副使。明世宗嘉靖初，起为太仆少卿，后改太常。致仕归，创办南山书院，聚徒讲学。著有《孝经正误》《素言》等。

孝经正误[1]

明 · 朱鸿

上虞潘府疑《孝经》与《中庸》文体相类。首章孔子极言孝道之大，以告曾子。其下十二章，皆推明首章未尽之旨。断非孔子先自作经，又自作传以释之也。因作《孝经正误》，效《中庸》章第，其序次亦多牵强。

李龙眠孝经相

宋李公麟撰。朱彝尊《经义考》卷二二五载："李氏公麟《孝经图》一卷，未见。"此《孝经相》，疑即李公麟《孝经图》。又据《宣和画谱》，李公麟著有《女孝经相》二卷。

1．本文录自清朱彝尊《经义考》卷二二八。

跋李龙眠孝经相[1]

明 · 文徵明[2]

右龙眠居士李伯时所画《孝经》一十八事，盖摘其中入相者而图之。

按《画谱》所载御府伯时画一百有七，中有《孝经相》，此卷盖宣和所藏。然无当时印识，而有绍兴小玺。岂南渡后又尝入秘府耶？伯时喜画古贤故事，每薄著训戒，则《孝经相》当非特一本，此殆别本也。

伯时之画，论者谓出于顾、陆、张、吴，集众善以为已有，能自立意，不蹈习前人，而阴法其要。其成染精致，俗工或可学，至于率略简易处，终不及也。此昔人定论，余不容赘言。若其文学人品，在东坡、山谷之间。而博学精识，出刘贡父之上。官京师数年，不一迹权贵之门。佳时胜日，载酒出游，坐石临流，倏然终日。山谷谓其风流文雅，不减古人，而为画所掩，然而卒亦不能掩也。

孝节录

明黄骥撰。黄骥：生卒不详。字德良，余姚人，王学门人。《浙江余姚县志》载：“字德良，父黄肃为按察使副使，七岁丧母。事父亲和继母孝，明世宗嘉靖十七年以孝举茂才。”

1．本文录自明文徵明《甫田集》卷二十三《题跋七首》，见《四库全书·集部·别集类·甫田集》。

2．文徵明（1470—1559）：原名壁，字徵明，以字行。因先世为衡山人，故号“衡山居士”，世称“文衡山”。明代画家、书法家、文学家。屡试不中，五十四岁时受工部尚书李充嗣荐，授职翰林院待诏。后辞官归里，致力于诗文书画，以戏墨弄翰自遣，晚年声誉卓著，号称“文笔遍天下”。在诗文上，与祝允明、唐寅、徐真卿并称“吴中四才子”。在画史上与沈周、唐寅、仇英合称“吴门四家”。有《甫田集》传世。

孝节录叙[1]

明 · 盛端明[2]

《经》曰："事父孝故事天明，事母孝故事地察。"又曰："孝悌之至，通于神明，光于四海。"盖孝者非有所增益于人，实人所固有，与生俱生者。孩提之童，无不知爱其亲，爱敬之心，岂外假哉！根于天性，而不可以须臾离也；可离，非孝也。故圣人以孝治天下者，由己以达之于人，而人人皆所具足，无待圣人而后增益于人也。《中庸》之"天命谓性，率性谓道，修道为教"，《大学》之"明明德以亲民者"，莫加于此。学者之造诣，未得其要，而徒曰"诚"、曰"敬"、曰"良知""良能"，终日以资谈论、膏文艺，方巾褒衣，昂昂然自谓我为圣、为贤，或终岁奔走于师门以讲学，而置其父母于不顾。吾不知其所讲者何学，所学者何道也。反之于身，若所谓孝之节目，可以朝夕事亲而举行之者，茫然不知其孰为先后，是岂善学哉！是岂可以谓之诚、谓之敬、谓之良知良能哉！

予得黄德良之《孝节录》而读之，乃叹曰："此今日之为道学者，所当先也！位天地、育万物之能事，皆由是而精之耳！"故自天子至于庶人，以修身为本。修身必以格致、诚正，而所以格致、诚正，不过自爱亲始。盖知爱亲，则知为善而不为恶，而意自诚、心自正矣！天地万物之位育，虽由于喜怒哀乐之致中和，而所以致中和者，不过自孝悌而得之。盖人能孝悌则心和顺，和顺则中和矣！其通神明，光四海者，亦此耳！德良之述此于庐墓之日，皆其平昔身体力行于事亲所得者，故其立言深切痛至，非若专事于文字言语者之可比也。予谓是录发明《孝经》之旨，使人易晓，可以置之家塾乡社中，俾子弟少而习诵，久而不忘，则优游涵泳而得之矣！其于世教，夫岂少补哉！

赐进士第奉政大夫南京尚宝司卿前左春坊左庶子兼翰林院侍读经筵讲官同修国史海阳盛端明撰。

1．本文录自明朱鸿编《孝经总类 · 酉集》。

2．盛端明（1476—1556）：字希道，号程斋，又名盛希道，明代广东南海大埔（一说揭阳）人。明弘治十一年（1498）乡试解元，十五年进士，选庶吉士。后授翰林院检讨，历任浙江按察分司佥事提督学道、通政司副使、太常寺卿、都察院右副都御史、礼部左侍郎、工部尚书、礼部尚书加太子太保衔。卒谥荣简。因晚年以黄老之术为进身之阶，为士林所非议。隆庆帝登基，褫官夺谥，《明史》将其列入"佞幸传"。著有《程斋医钞撮要》《玉华子》《知微录》等。

明岷王刻孝经

明岷靖王刻。岷靖王朱彦汰（1504—1544）：初封江陵王，弘治十七年袭封，嘉靖二十三年薨。

孝经序[1]

明 · 张邦奇[2]

《孝经》，自汉以来家传而人诵，天经地义，赖以维持，三千年于兹，固将与天壤无穷。而近世学者往往索幽玄谈高远，而于庸行或漫不加意。夫道庸也，自一举足出之不敢忘，而其极至于配天地而宪万世，夫宁有加于孝乎哉？此或忽焉！则其发轫之地，天理人情所不能自已者，已先遏绝而不自知矣！又安敢望夫道之行邪？譬之木焉，其本蹶矣，汁液不复行矣！而求枝标之茂，不可得也。夫知畏天命，则知畏圣人之言。《书》曰："是彝是训，于帝其训"，圣人之言，咸帝训也，而可无畏乎哉？

岷王殿下汲汲焉梓刻《孝经》，嘉惠来学，盖亦有见于此。读是经者，其敬而思之。

胡松刻孝经

明胡松刻。胡松（1503—1566）：字汝茂，号柏泉，明代南直隶滁州人。嘉靖八年（1529）进士，曾知东平州，迁南京礼部郎中，历山西提学副使。

1．本文录自明张邦奇《张文定公纡玉楼集》卷一《序》，见《续修四库全书》第1336册《集部 · 别集类 · 张文定公纡玉楼集》。此序大概是张邦奇任湖广提学副使时所作。

2．张邦奇（1483—1544）：字常甫，号甬川，别号兀涯，明代浙江鄞人。明孝宗弘治十八年（1488）登进士第。始为翰林院庶吉士、翰林院检讨。两任湖广提学副使，修缮明山书院、岳麓书院、崇正书院，后任四川、福建提学、右庶子兼翰林院侍讲。嘉靖初，提学四川、福建，迁为南京国子祭酒、改南京礼部右侍郎、吏部左侍郎、晋吏部尚书、兵部尚书。卒，赠太子太保，谥"文定"。张邦奇学宗程朱，著有《学庸传》《五经说》《覲光楼集》《纡玉楼集》等。

三十年秋，上“边务十二事”，明世宗嘉其忠恳，进左参政。后为言官所谗陷，斥为民，家居十余年。三十五年起复，为陕西参政，江西左布政使，累官吏部尚书。卒，赠太子少保，谥“恭肃”。有《滁州志》《唐宋元名表》《胡恭肃集》等传世。

刻孝经序[1]

明 · 胡松

始余为童子师，授《今文孝经》句读，盖及半而疑。夫其所云“广至德”“纪孝行”与右传几章，诸如此者，是谁所诏告与记注也？求之不得，置弗思。其后数年冠绎故所诵反复，辄大疑，不能解。偶从友人家见今所刻晦庵先生《刊误》，读之豁然有会于心。乃知古书传于今者，类为后人之所窜定傅益，如《礼》：《儒行》《月令》《檀弓》《杂记》诸篇，其不纯乎道，诡于圣人之意，诸若斯要自不鲜。奉文公之书，信之弗疑。

比仕且学，会海内名儒，与相扬榷，乃于所云《刊误》，又不能无疑。其中夫谓“章首为经”，今试取读之，彼其义理深醇，气脉流贯，本自一时之言无疑，顾古文二十二章与今文十有八章，皆以仲尼、曾子闲居间出之言，或他人有问，或曾子自问，或孔子所尝语人意者。仲尼既没，曾子即世，诸门人弟子杂记其言，私相纂辑诵法，后人相与尊之为经尔。夫尊之诚是，而顾辄分经传，则亦尊经之过矣！夫分经传已无当，乃曰：是章传某、是章广某，曰：是为天子之孝、是为庶人之孝，是孰诏之而孰识之耶，其孔门以来之旧邪？夫圣人之言通乎上下，其远如天，其近如地，又曷尝颛颛然曰是为某人之孝之道云尔？学者试即齐、鲁《论语》，取孔子言之约者以为经，而以他日他章之言为传，以诏于人曰：是章传某、是章广某，要之无弗通然，此可乎，不可乎？此其不足据证，明者必能辨之矣！

或曰：是书之传历数千年，学者世守之，子独何据而疑之也？

曰：以汉儒识孔子之言，知之也。汉儒识孔子之言曰：“吾志在《春秋》，而

1．本文录自明黄宗羲编《明文海》卷二二二《序十三 · 著述》，见《四库全书 · 集部 · 总集类 · 明文海》。

行在《孝经》”，夫《春秋》者，本《鲁史记》之名，当时固有其号；彼《孝经》者，是后人之所尊信，而夫子之生固以为经有是理乎？自《论语》《大学》之书已多出曾子、子贡、有子之门人所杂撰，而况是书？知者观于古文、今文之殊，思过半矣！若其他杂引《诗》《传》傅会成文，则宋衡山胡氏、玉山汪氏具有其说，故在学者之自得焉尔。虽然秦汉而来，圣学不传，寥寥数千载，自有宋诸大儒外，至于今靡矣！学者惟利是闻，高者习静语空，下者沿俗守陋，日务脂泽其言以悦世，其于事亲从兄之节、顺悦翕耽之旨旷弗省。余是用大忧，思有以求其敝，乃刻斯上党仇氏书院中。仇氏固敦孝友之行，不沿于俗者也。

嗟乎！士无志于学，则余固无望矣！志于学而弗是之，先是戕木之本，而务膏其华；堙水之源，而冀其行之达也。其涸与萎，要可立而矣！知我、罪我，其以斯言也夫！

孝经叙录

明归有光撰。《明史·艺文志》著录：“归有光《孝经叙录》一卷。”归有光（1506—1571），字熙甫，又字开甫，号震川，又号项脊生。江苏昆山人。明散文家、藏书家。嘉靖十九年中举后，八次落第，60岁时才考中进士。历长兴知县、顺德通判、南京太仆寺丞，留掌内阁制敕，参与纂修《世宗实录》，卒于官。归有光尽通五经三史，崇尚唐宋古文，在散文创作方面有较深造诣，后人称其散文为“明文第一”。有《震川集》《文章指南》《诸子汇函》等传世。

孝经叙录[1]

明 · 归有光

《孝经》一篇，十八章，河间颜芝所藏，芝子贞出之。《孝经》古孔氏一

1．本文录自明归有光《震川集》卷一《经解》，见《四库全书 · 集部 · 别集类 · 震川集》。明朱鸿编《孝经总类 · 酉集》亦载此文，文末有“昆山归有光撰”六字，见《续修四库全书》第151册。

篇，二十二章，孔氏壁中所藏，鲁三老献之。

汉世传《孝经》有长孙氏、江氏、后氏、翼氏四家，而古文绝无师授，至刘向校定并除，卒以十八章为定。魏晋以后，王肃、韦昭、谢万、徐整之徒注者无虑百家，莫有言古文者。盖古文并于十八章，而孔氏之别出者废已久矣！隋刘炫始自离析增衍，以合二十二章之数，著《稽疑》一篇，当时遂以为孔传复出，而儒者固已哗然，谓炫自作。炫又伪造《连山》《鲁史》等百卷，则炫之书又可信哉？故尝以《古文孝经》与《古文尚书》俱自孔氏，而废兴隐见于汉隋之际，其迹略同而其可疑，一也。晋穆帝永和十一年及孝武太元元年，再聚群臣共论经义，荀昶撰进《孝经诸说》，以郑氏为宗，其后陆澄谓为非玄所注。唐开元七年，诏群臣集议，史官刘子玄遂请行孔废郑，夫子玄以为非郑之注可矣，因欲以废经而用刘炫之古文，岂不过哉？当是时儒者尽非子玄，天子卒自注定，从十八章，仍八分御札，勒于石碑，世谓之《石台孝经》。宋咸平中，诏邢昺、杜镐等依以为讲义，而司马温公《指解》犹尊用古文，其意诋今文为他国疏远之伪书，盖见新罗、日本之别序，而近忘京兆之石台也。元吴文正公始斥古文之伪，因朱子《刊误》多所更定。

今予一从石本，独其章名乃梁博士皇侃之所标，非汉时之所传，故悉去之。予又著其说曰："大哉，孝之道！非圣人莫之知也。昔孔子尝不对'或人之问'矣！其言明王之以孝治天下，至于刑四海事天地，言大而理约，岂非极万殊一本之义，意其所以告曾子者如此哉？虽然，其书非孔氏之旧也，宋元大儒固卓然独见于千载之下，以破诸儒之惑矣！然其所去者是矣，而所存者又未必纯乎孔氏之旧也，则莫若俱存之。自秦火之后，诸儒区区掇拾而文艺之全者鲜矣！非孔子复生莫之能复也。今世所存如《孝经》《家语》大小戴之《记》，要以为有圣人之微言，故莫若俱存之，而待学者之自择也。"

孝经全书

明邓以诰撰。黄虞稷《千顷堂书目》著录有"邓以诰《孝经全书》"，朱彝尊《经义考》载："邓氏以诰《孝经全书》，未见。"邓以诰（1515—？），字汝钦，明代新建人。19岁中举，励志学问，曾为福建建阳教谕，升广东博罗知县，善治盗，政绩卓著，迁刑部主事，擢衡州知府，上疏引疾致仕。著《衡州府志》《会心编》《澹台祠讲章》及《遗稿》一卷。

刻孝经全书序[1]

明 · 邓以诰

夫孝，生人之命脉而持世之纲维也。开辟以来，尧舜以孝治天下，万邦协和而四方风动。尧舜之心，至今在风会日流，彝伦浸斁，习焉而玩暨于《春秋》，夫子痛二百四十二年之间倒置益甚，褒贬衮钺，庶几回狂澜于既倒，已令《春秋》凛凛惧矣！然可以束天下而未可以化天下，犹有蔓难图也，是不得不为之敦庞而植本也。删述既成，穆然有深思焉。

当七十二岁于曾子问答，次第著为经，发明至德要道，我所固有亦人所同，有我莫之为而为，亦人共莫之为而为，令读者自见腔子内浑是一团生意。若君父大伦、尊尊卑卑，灼然透彻，固结于人心，而《春秋》之僭窃已，潜消默化已。故夫子尝曰："吾志以《春秋》，行在《孝经》。"孟子学孔子，守此"孝弟"二字，其称尧舜也必本孝弟，其言仁义也必自事亲从兄。观诸孩提，未尝学虑，而爱根仁体森然毕露，不越于衣冠言动，不移于少艾热中。一念终身，不识不知，一顺帝之则也。视于无形，听于无声，一不睹不闻之纯乎天也。人人亲其亲，人人皆孝子；人人长其长，人人皆悌弟，而天下平也。

夫剖尧舜之宗，抉仁义之实，浑合大人赤子之全体，总之大羽翼于《孝经》，固其所不朽哉！愿今天下臣庶，人置一帙，口诵躬行，俾家亲长而户孝弟，一道同风，和气蒸溢。盖风雨调而寒暑时，天胥应之；盖佳禾植而芝草生，地胥应之；盖纲常正而教化行，人胥应之。夫子生平删述，归一于《孝经》，自此益揭日月而中天，其媲美唐虞之盛也，千万世其无疆哉！

1．本文录自明吕维祺撰《孝经大全》卷二十一《表章通考 · 述文 · 序》，见《续修四库全书》第151册。

说孝经记

明蔡汝楠撰。蔡汝楠（1514—1565）：字子木，号白石，明代浙江德清人。少时师从湛若水，明嘉靖十一年进士，历仕刑部员外郎、德州知府、衡州知府、四川按察副使等，官至兵部侍郎，改南京工部右侍郎。为政以礼教民，善于选拔贤才，乐于兴学，任衡州知府期间，曾建“衡湘书院”。有《说经记》《自知堂集》《衡湘问辨》等书传世。

说孝经记[1]

明 · 蔡汝楠

《孝经》出于河间颜芝，遭秦煨烬之后，必多窜入其中者，而今亦不必深辨矣！

盖春秋之世，教化陵夷，徒维其末无益。故圣门最先论孝，谊欲人自察其本心之良以克火然，泉达之势如用药于困顿之际，而直道其生气之元。在孔门必有此书，学者但当识其大意，不必滞于辨说。又知孝非待圣人而后能明，因人之本明以达其蔽，乃圣人之心，则庶几矣！

明王以孝治天下，章得万国之欢心，以事其先王；得百姓之欢心，以事其先君；得人之欢心，以事其亲。本同一体之心，今流通而无二心，包舍则无外，推行则有本。

1．本文录自明蔡汝楠《说经劄记》卷五《说礼记记》附《孝经记》，见《四库存目丛书 · 经部 · 五经总义 · 说经劄记》。

第五卷　明之卷（二）

孝经集义

明余时英撰。清黄虞稷《千顷堂书目》著录有“余时英《孝经集义》”，朱彝尊《经义考》载：“余氏时英《孝经集义》，未见”。余时英：生卒年不详。字景淳，江西婺源人，曾任浙江布政使，从学于邹守益。

孝经集义序[1]

明 · 余时英

人之行莫大于孝，君子之学莫先于孝。盖父母生之，续莫大焉；君亲临之，厚莫重焉。故人子至性，无不知爱敬其亲者，此天经地义，所以为民彝之大，道德之所由生也。但年既渐长，因物以迁，于是有悖德、悖礼，孝无终始者多矣，况能以致远耶！苟因其所爱敬者而扩之，则至性之内何所不有，推之以事君、事长，通神明、光四海，无所不通，信矣！为至德要道，君子所当先事焉者，此孔氏《孝经》之书所由作也。

昔者夫子与群弟子论求仁者，不一而足，而于《论语》首篇直以“孝弟”“为仁之本”。《孟子》七篇所撰，无非仁义，要其实总归于事亲、从兄。《大学》以“孝者所以事君”为治国、平天下之要。《中庸》亦以为政在于修身，而归之“亲亲为大”。由是而观，则知“四书”固道德之蕴奥。若《孝经》一书，又所以立其本而养正焉者也。

英自童而习之，既长而益绎其义，见其理博而条分，言近而旨远，服之靡敢失焉。然考其中似犹有增加离析及多参差之语，不可以思。最后有得于朱文公先生《刊误》一书为之分经、分传，及上下诸家传注互有发明，于是始知先儒读书之精，先有得我心于数十百载之上者。辄不自量，敬将先儒诸说之已成者搜而辑之，其大纲一宗文公《刊误》及余氏本再序章次为定，内之细释则取诸家传注略为隐括，名之曰《集义》。藏之家塾，以训子弟。然予每念之往昔，事二先亲，日能尽其欢爱，勉加祗慎。则推之今日，所以接人与物者，往往亦由此出。而严威严恪一有未除，则病根亦种种著见，此其一源千派不可诬者。今欲

1．本文录自明朱鸿编《孝经总类 · 酉集》。

即吾所能，以达吾之所未能，而亲已不在矣。呜呼痛哉！后之为子弟者，其尚体余之意以读是经，则知孝为百行之本，而竭力于因严致敬、因亲致爱，二者引而伸之，触类而长之于以尽天经地义之懿，笃始终之义，以安其亲。则一孝既立，百行自开，庶有以行仁义施于政而达诸天下，岂徒为口耳之习也夫？

隆庆二年春三月朔旦，新安余时英序。

孝经集义后序[1]

明 · 赵镗[2]

予童子时初入家塾，先君授以《孝经》一帙，俾塾师授之章句而口诵之，时漫不知省也。及长稍知问学，取而心维之，始悟是书关涉世教，与《大学》相表里。然《大学》自二程表章之后，朱子为之注释，今与诸书并列于学官，不知此书何以独阙如也。盖尝沈潜反覆，而窃疑之。

夫圣人吐辞为经，立言为训，无枝辞，无蔓说。今详经文，首统论孝之终始，中分论孝之散殊，而总结之于末，文势脉络与《大学》同，固无俟于旁引曲证也。而乃参之于《诗》《书》之文，析之为间断之语，遂使圣言洁静精微之全体不获见于后世。乃若传文，则其语尤多可疑。如所释“至德要道”“严父配天”之类，甚非圣经之本旨。拟之《大学》十传，其醇疵疏密又何其天渊悬隔也。岂秦火之后，汉儒掇拾煨烬而傅会以成之者欤？久怀此疑，又恐其无从考证，而不免于妄言之罪也。及读中秘书，偶得朱子《孝经刊误》一编，不觉跃然曰：“此足以破千古之疑，而孔曾当时问答之蕴昭昭乎若发矇矣！甚哉！朱子之有功于圣门也。”然窃闻朱子于《刊误》之外，更欲掇取他书，别为外传以发此经之旨，而乃竟不果焉，使至今读者不能无为山一篑之叹！

予近举以质诸谢君文谷，文谷即出见田公乃翁寒塘先生所著《集义》示予，曰：“此不足为《孝经》外传耶！”予受而读之，宏纲大要一以《刊误》

1．本文录自明朱鸿编《孝经总类 · 酉集》。

2．赵镗（1513—1584）：字仲声，号方泉、留斋居士，明代江山人。嘉靖二十六年进士，曾任河南道监察御史，督长芦盐政。因尽心考察盐税旧制，以功升应天府巡按，迁南畿学政。嘉靖间，历任顺天府丞、大理寺少卿、都察院右佥都御史。隆庆元年返乡，创办留斋书院。著有《留斋漫稿》，主纂《衢州府志》。

为宗，间出已见为之更定大义，以附于后，中间注释则取诸家传注而折衷之，亦如诸书之集注。然乃知朱子之所未为者，先生固已为之，真可谓上继其志，而庶几于外传之作者矣！然则朱子固有功于孔门，而先生不有功于朱子哉！镗不敏，童而习之，至白首而其疑始释，又得藉是以自逭妄言之罪，讵非先生之功哉！然先生之自叙也，戚然有感于亲之不在，镗之情与先生无以异者，故因文谷之授简也，特详著其说于后，而因重有感焉。乃若先生生平允蹈之实，与我侯今日锡类之化，则毛徐二公前后叙之详矣，兹不复赘云。

赐进士第中顺大夫都察院右佥都御史前翰林院庶吉士河南道监察御史奉敕提督南直隶学政江山赵镗撰。

孝经宗旨

明罗汝芳撰。黄虞稷《千顷堂书目》著录有“罗汝芳《孝经宗旨》”。朱彝尊《经义考》载：“罗氏汝芳《孝经宗旨》一卷，未见。”罗汝芳（1515—1588），字维德，号近溪，学者称为近溪先生，或又称明道先生，江西南城人。明中后期哲学家，泰州学派的代表人物。嘉靖三十二年进士，初任太湖知县，累官云南茶政。著有《孝经宗旨》《明通宝义》《近溪子明道录》《近溪子文集》等。

孝经宗旨题识[1]

明 · 杨起元[2]

《经》曰：“人之行莫大于孝，而罪莫大于不孝。”盖人者，仁也。孝则仁，仁者成其为人，故行莫大焉；不孝则不仁，不仁则不成其为人，故罪莫大

1. 本文录自《丛书集成初编》730册《孝经宗旨》。

2. 杨起元（1547—1599）：字贞复，号复所，广东归善（今广东惠州）人。罗汝芳弟子，明代名儒，以理学著称。万历五年（1577）进士。历任编修、国子监司业、南京礼部右侍郎、南京吏部右侍郎摄吏部、礼部尚书事。万历二十六年（1598）召为北京吏部右侍郎兼侍读学士，因母卒未任，持丧归乡。卒，谥“文懿”。著述甚富，有《证学篇》《杨子学解》《论学存笥稿》《杨文懿集》等。

焉。孝以成仁，亦以仁成，是以曾子曰“大孝尊亲，大孝不匮”。而其养曾晳也，饮食必请所与，谓之养志。志者，帅气塞天地者也。舍此弗养，而区区口体之间，岂所谓尊亲不匮哉？《孝经》所说，无非此意。然若水中之月，鉴中之像，不可以迹求也。后世或以其文句之少而略之，又或得其词而忽其理，逐其末而遗其本，经几晦哉！

吾师罗夫子，独得此经之旨，故其言孝也，以仁言孝；其言仁也，以孝言仁。起不敏，不足以知之。然窃意欲明《孝经》之宗旨，似当自罗子始。然以狥象执迹之见求之，恐罗子之说，亦未易明。是以君子不可不求正于先觉也，谨书此以自警。

万历庚寅中春，门人杨起元识。

孝经会通

明沈淮撰。清黄虞稷《千顷堂书目》著录有“沈淮《孝经会通》”，朱彝尊《经义考》载：“沈氏淮《孝经会通》一卷，未见”。沈淮：生卒年不详，字澄伯，明代仁和人。嘉靖二十六年进士，曾任清江知县、云南按察司佥事、广东按察司佥事、福建按察司副使。著有《孝经会通》《三洲诗脍》等。

孝经会通序[1]

明·沈淮

窃闻孝者百行之本，万善之原也；经者，万世不易之常道也；会通者，会诸家之说而求其通也。夫圣言，言之至也，天下后世之准也，何俟于会而通之也？以晦于秦也，凿于汉也，袭于唐也，至宋朱子始正之也，而犹未经注释也。元草庐吴氏又一正之，而未安于心，亦不欲其传也。

我太祖高皇帝驱逐胡虏，首颁教民榜文；成祖文皇帝集孝顺事实，垂示模

1．本文录自明朱鸿编《孝经总类·酉集》。

范，即古先哲王以孝治天下之心也。列圣继承，有隆勿替。第《孝经》杂出，行者今文一十八章，童子诵习。余惧其久而愈失其真也，乃与博士弟子朱生鸿、费生浩然共绎之，上探孔曾之心，下寻朱吴之绪，冒为订次，列凡例、目录以见意，于以定千古不决之惑。极知滥越，然心不容已，故责不能辞也。

嗟乎！圣言具在也，无增损也。以圣言明圣言，记述者，意也。启其晦，去其凿，而无所于袭也，夫亦求其通也。经成矣，再得《陶潜集》读之，其作《五等孝传赞》，至明也。附于圣经，犹医之有案也。盖欲人敦本穷原，是则是效，同臻至理也。此义明则人人兴孝，庶几乎天下太平，而唐虞三代雍熙太和之治成矣。后之君子，将以余为忠耶、僭耶？其他问答、格言种种杂见诸经传者，不具述。

大明赐嘉靖丁未进士第亚中大夫光禄寺卿前南京通政使司右通政太常寺少卿吴兴沈淮撰。

孝经会通后序[1]

明 · 陈师[2]

夫《孝经》一书，实五经之源，孔曾授受心法也。顾始学发蒙即句读之，岂以为简约凡近，为童稚所便习与？要之，立人之道与养正之功，圣贤吃紧；为人之意，渊乎微矣。夫童而习之，实允蹈之者谁欤？无论朴遬齐民、即组舄士，人恐不人尽克谐若也，识能识经之义，则作用自别，可见人自凡近视经，经讵凡近哉！

是书厄于秦，继出孔壁藏者二十二章，为古文。若今文十八章，则刘向所校，河间王得之颜芝本者，自汉以来，诸儒专门穷经传释，亡虑百家，不免牵合附会。晦庵朱子研极理学，既定古文矣，复刊其差误。而草庐吴氏则又以今文、古文校同异而定之。余则以为诸儒为论不同，其尊经一也；欲人务本以崇孝，其心一也。夫不闻性与天道者，不能制礼作乐，不因心达孝者，不足以建立事功。其道何居？盖孝者，贯神明、格天地、通人物、达四海，五常百行之原，万事万化所从出。自天子以至于庶人一也。孩提爱亲，谁则启之？长而敬兄，此仁之

1．本文录自明朱鸿编《孝经总类 · 酉集》。

2．陈师：生卒年不详，字思贞，号贞亭，明中期钱塘人。明世宗嘉靖三十一年中举（《雍正浙江志》），四十一年中会试副榜，初仕为华亭县教授，明神宗万历时任云南永昌知府。著作有《览古评语》《禅寄笔谈》（《钦定续文献通考》）及《生子稿》（《千顷堂书目》）。

推也。达之而为大人，即赤子之心也。彼口耳诵习者，固不知孝之义为何若，而博综子史，假筌蹄以徼一时之遇。人与经二，事功与道德二，毋惑乎学术之日卑而习俗之日陋也。《经》云“孝为德之本”，彼恶知哉！古时征孝廉者服官，盖孝则必忠其君，廉则不私其身。即此二义，殊尽以若人、策足仕路，于治国乎何有？不然，则记《礼》者何以曰“事君不忠非孝也，朋友不信非孝也，战阵无勇非孝也”，而居处不庄，莅官不敬，咸与孝悖。夫举而措诸天下之事业，而悉根于孝，是不征教之所由生哉！然则，是经谈何容易。余友沈太卿淮、朱文学鸿，恪敦天彝，并欢莱采，独于是书穷年探索，务绎其脉络条贯，合全经而订次之，岂欲锡类而阐孔曾之教欤？夫治本于道，不知孝者，不可与道；不知道者，不可语治。即粉饰治具，何益转移化导哉！予深有味乎经之言也。

刻成，沈太卿既序之矣。朱君复问序于予。念予甫余弱冠，伤哉贫也，痛严慈曾无一朝之欢，寻己见背，风木之憾，怆为终身。又碌碌苟存，无能显扬以终孝，罪且滋甚，予乌知言哉！第原圣人作经之旨，与诸儒测经之意，蕲昭来世，甚盛心也。凡有血气者，尚其立爱知重所始而率由之云。

万历甲申仲冬之吉，中宪大夫奉敕控制金腾云南永昌府知府予告致仕诏阶中议大夫赞治尹前南京刑部江西清吏司郎中钱塘陈师谨书。

古文孝经解意

明孙本撰。孙本：生卒年不详。据《浙江通志》载，孙本于明世宗嘉靖二十五年登进士第，曾仕深州知州。

孝经解意后语[1]

明 · 朱鸿

夫子慨明王不作天下莫宗，既删述六经垂宪万世，复呼曾子授以《孝

1. 本文录自明朱鸿编《孝经总类 · 午集》。

经》，诚诸经之总会，治世之宏纲也。

愚尝统观是经：称先王者六、明王者三、天子者四、圣人者六、君子者七；复两举政教之神，一则天明、一因人性；两申教孝之意，子臣与弟无不悦从；又申移孝为忠、事上尽职，以至诤臣诤子，无非谕君父于道，而不拘拘于命令之从。独“事亲”“丧亲”二节，止著孝子者三，又合上下贵践而言。若夫出治、佐治之孝，礼乐、政教之敷，亹亹推明而不已，何尝沾沾于温凊定省之仪，起居饮食之节，谓孝养细事而云然哉！世传童习之书，意已缪舛。至谓人子事亲之经者，亦各局于所见也。岂测夫子著先王治平之典，必本因心之孝为之乎。噫！古今羽翼，儒言百种，各加注释，句解亦多，皆因分章立传，随在发明。慈湖所谓：“陋儒妄以己意增益‘开宗明义’等章，取混然一贯之旨而分裂之。至刊落‘闺门’一节，破碎大道，相与妄论于迷惑之中。”诚哉是言也！不知古《孝经》原一篇，苟统会一篇大旨，而总释之，自尔灿然复明矣！鸿汇辑有年，已作《家塾孝经》，《集解》携示初阳孙氏。孙氏谓：“圣人著经之意，盖欲以孝治天下，故于事亲之仪节略焉。而诸家注解，非不分文析字，而本原大旨或有昧焉。而未阐者且为一时问答之语，不分章第经传。”与鸿深相契合。于是，孙君仍虑后之学者徒求是经于事亲之仪节，而忽于论治，故特作《解意》附释疑，并阐注《孝经》之说。鸿亦作《孝经大旨》等篇，互相阐发。庶几夫子微言未泯，而以孝治天下之旨如日中天矣。志是经者，愿共详察焉。

仁和朱鸿谨撰。

孝经疏义

明李材撰。《明史·艺文志》著录“李材《孝经疏义》一卷”，朱彝尊《经义考》载：“李氏材《孝经疏义》二卷，未见”。李材：生卒年不详。字孟诚，明代丰城人。嘉靖四十一年进士，授刑部主事。隆庆、万历间，历仕广东佥事、云南按察使，以边功擢右佥都御史。后被劾入狱，坐系十余年，出狱后戍镇海卫。所作多讲学之文，著有《孝经疏义》《观我堂摘稿》等。

孝经疏义后序[1]

明 · 张维枢[2]

乙未冬，谒见罗先生于东山之麓，见先生教后学如大地挹泉，随分而满。自《孝经疏义》出，而信愚夫愚妇、孩提赤子，人人皆可为孔曾也。书列十八章于前，疏为敬养、慎终、敬享、慎行四局于后，著小序以会归，采经传以摭实，细而盥漱抑搔，巨而至于通神明、塞天地、横四海，盖一开卷而性命之奥、修身为本，跃如也。学者诚即疏明义，反身立本，无形而僾然如见，无声而忾然如闻，举足跬步而兢兢然如临履。姑胥张公曰："《疏义》一出，宜与大学并立学官。"张公可谓知言者也。

明葛昕刻孝经

明葛昕刻。葛昕（1542—1602），字幼明，号龙池，明代临邑德平人。幼号神童，五岁学孝经，九岁能制举文，十二岁入太学读书。嘉靖间举进士不第，隆庆四年因祖父荫仕为中军都督府都事，历仕太仆寺丞、户部陕西司员外郎、工部都水司员外郎、都水司郎中、屯田司郎中、尚宝寺卿。万历十九年归家，专心辑家训、修族谱、抄录《四体摘要》、辑《东山论草》，被于慎行称为"海内钜公宗匠"，有《集玉山房稿》十卷传世。

刻孝经引[3]

明 · 葛昕

夫蒙以养正，作圣之功，世主表章六经，皆拳拳于大学，嘉惠成材，其于

1．本文录自清朱彝尊《经义考》卷二二九。
2．张维枢：生卒年不详。明代晋江人，神宗万历二十六年进士。初授为孝乌令邑，迁潮州知府，因治功擢备兵云中，修边城、营田、积谷，复转陇右道，旋授陕西巡抚，以少司空致仕。
3．本文录自明葛昕撰《集玉山房稿》卷六《题跋》，见《四库全书·集部·别集类·集玉山房稿》。

童蒙之教未数数尔也。唐太宗特表《孝经》，训迪海内，卒能身致太平，聿臻刑措，所为弼教成化，洵非细故。余为诸生时，犹及见蒙少必读小学，而《孝经》一书，即穷乡塾师亦知令其徒童而习之。今小学在里师处不多见，而《孝经》至市坊无售本，如之何望民兴行，以成善俗？宜乎悖德忘本者接踵也！因取旧本重刻之家塾，俾养蒙者知所以为教，当先揭大伦云。

刻孝经跋[1]

明 · 葛昕

孝为百行之原，圣贤格训，人固当童而习之。

然《孝经》一书垂宪万世，非不昭揭如日月，以贻来学。乃晚近鲜知取诲蒙幼，以翼大学，而迩来至原本不数数见。窃谓备指南车者，乃能不迷远；适得时雨化者，率有所成就。彼彝伦天性，虽人人各具，而非有提撕，何克振起？今庠序士大夫家且不体贴著察，其在穷陬愚氓，从可推已！夫夫也不谙行己法度，则胡以取资成锡类事业，无忝尔生哉？

某因阅古石经文有感，遂校正镂板于家塾，摹公海内。呜呼！自天子以至庶人，咸借此为修齐治平之本，读是编而孳孳勉勉，奉以周旋，希虞廷孔门诸孝行，庶几不负宣尼父拳拳嘉惠之意乎！

孝经注解

明胡时化撰，又名《孝经本义》。《明史 · 艺文志》著录“胡时化《孝经注解》一卷”，清朱彝尊《经义考》载：“胡氏时化《孝经注解》一卷，未见”。胡时化：生卒年不详，原名胡权，字龙江。穆宗隆庆五年会试第一，登进士第。曾仕为苏州知府。著有《孝经注解》等。

1．本文录自明葛昕撰《集玉山房稿》卷六《题跋》。

孝经注解题识[1]

明 · 胡时化

注解毕，一部《孝经》尽在目中矣！先王至德要道，岂有加于孝哉！故曰"尧舜之道，孝悌而已矣"。人常诵此经，则念念皆孝，个个是尧舜，所谓"人皆可为尧舜者"以此。

孔门三千之徒，独传《孝经》于曾子。人知颜子贫，不知曾子尤贫。曾子养曾皙必有酒肉，盖富而厚养日用之常，惟贫而能养见人子至情。劝世人及亲存时，宁薄于自奉不俭其亲。存则一肉亦为其甘旨，没则三牲徒为虚设。木欲静而风不止，斯言真可惕然猛省，不然宁能免负米之恨乎！人生天地间，父母最当爱敬，识得大㪊道理心胸弘阔，以天地为父母，身体成全，以父母为天地。天经地义，一"孝"该之矣！

《诗》曰"永言孝思"，不但春秋祭祀以时思之，朝夕出入起居，思其所处，思其所嗜，思其笑语，殆无时而不思也。十八章末多引《诗》，余诵《蓼莪》篇，以识思亲之意云。

重刊孝经注解跋[2]

清 · 陈宏谋[3]

经者常也，孝为天地之常经。圣人孝悌之至，可以通神明，光四海，民则之，而孝有终始，亦可以行成而身立。故《孝经》一书，古今立教者之根柢也。

伏惟圣朝以孝治天下，乡会两试，并以《孝经》命题，欲使天下士子，咸讲求于根本之地，亦既家置一编矣！顾滇地刊本，多为场屋揣摩，而于全经奥旨、儒先讲义未能择精语详。操觚之士，乐其易从，略知大义，不求甚解，余

1．本文录自明胡时化撰《孝经注解》，见《续修四库全书》第151册《经部·孝经类·孝经本义》。

2．本文录自清陈宏谋撰《培远堂文集》卷五，见广西省乡贤遗著编印委员会编《广西乡贤丛书·陈榕门先生遗书》，1944年铅印本。

3．陈宏谋（1696—1771）：字汝咨，号榕门，广西临桂（今广西桂林）人。清代学者、理学名臣。雍正元年恩科进士，累官至东阁大学士兼工部尚书。卒，谥"文恭"。著有《纲鉴正史约》《司马文公年谱》《三通序目》《大学衍义辑要》《培远堂文集》等。

窃病之。尝从玉峰徐氏所刊《经解》中，得读《孝经注解》，首列明皇之注，继以司马文正公、范淳夫先生之诠解，发挥经旨，殆无余蕴。今特重加开雕，广为流布，俾读是经者，深思体究，各得其章脉指趣之所归，庶天地常经昭如日月，将必众著于亲亲长长之义，不徒视为弋取科名之具云。

孝经二家章句

明郭子章撰。郭子章（1543—1618）：字相奎，号青螺，庐陵（今江西吉安）人。隆庆五年进士，曾督学四川，累官至兵部尚书，加太子少保衔。著述宏富，有《粤草》《蜀草》《晋草》《楚草》及《圣门人物志》《易解》《郡县释名》等。

孝经二家章句序[1]

明 · 郭子章

余入蜀睹士尚夸诩，行鲜醇粹，相趋成习，思一障之，谓莫如《孝经》《小学》二书。檄有司刊布学宫，令士挟一册座右。乃《孝经》无善本，又刘、朱二家颇有增损，士莫向往，旁搜之，始得开元石台本、邢氏注疏、关中石刻及宋高宗手书刻于遂宁县学，皆刘中垒所定十八章也。既得朱子《刊误》及吴临川考定鄱阳董氏《大义》，皆朱文公所定经传也，益无幸孔壁古文不见全书。后儒纷员，递相甲乙。最后王双流令曰："然以云杜李太史合刻刘朱章句见诒，两家并存，俟学者自得，庶几二氏鲁连子矣！"不佞谛观之古文，虽亡刘炫所传，恶知非真？概鄙其赝，遂黜《闺门》一章，竟以基马嵬之祸。至朱子始存之，则开元失而考亭得也。刘中垒校定，传数千祀，子朱子始删《诗》为经，余改为传。不佞谓"战战兢兢"一诗实《孝经》大旨，不观曾子易箦语乎？曰："启予足！启予手！《诗》曰：'战战兢兢，如临深渊，如

1．本文录自明朱鸿编《孝经总类 · 丑集》。见《续修四库全书》第151册。

履薄冰。’乃今而后吾知免夫！”非谓免于毁伤也，谓平生战兢至疾革始免，即“仁以为己任，死而后已也”。孟子言：“人皆有不忍之心，无之非人。不能自贼，不克之不足以事父母。”盖天下未有不仁而孝，亦未有不战兢而仁者。岂夫子老而授《孝经》于曾子，故曾子死而以启告门弟子无能越此语耶！读《诗》者，蔽以一言曰“思无邪”；读《礼》者，蔽以一言曰“毋不敬”；二三子读《孝经》，不佞请蔽之曰“战战兢兢”，未可遽删也。开元所删者幸存于考亭，考亭所删者幸存于中垒。李太史合而刻之，意者有在于斯乎！意者有在于斯乎！

孝经疑问

明姚舜牧撰。《四库全书存目》：“《孝经疑问》一卷，明姚舜牧撰。”姚舜牧（1543—？），字虞佐，浙江乌程人。万历元年中举人。曾任新兴、广昌知县。著有《孝经疑问》《五经四书疑问》《乐陶吟草》《筱璞堂文集》等。

孝经疑问序[1]

明 · 姚舜牧

子曰：“吾志以《春秋》，行在《孝经》。”是《孝经》孔氏之书，宜与五经并垂不朽。兹何不颁之学宫，岂以其书约而无足传耶？顾其书虽约，而其道甚大，通于神明，光于四海，何可泯灭无传？方今圣天子以孝治天下，将举此书颁之学校，俾士子诵习，而开科登贤必赖焉者，诸士可无究心乎哉？

牧因著《四书五经》，后特著《孝经疑问》以先之。盖“至德要道”“天经地义”，昭如日星，何复可疑？而何俟于问？所可疑者，谓“母取其爱，君取其敬”等语之未必出于孔氏也，谓“则天之经”以下等语之类于汉儒也，谓“先之以博爱”以下等语之多纷杂也，谓所引“赫赫师尹，民具尔瞻”之语之

1．本文录自明姚舜牧《孝经疑问》，《丛书集成初编》第729册。

不亲切也，谓“以顺则逆”以下等语杂取《左传》所载季文子之言，朱子所谓并宜删去者也。又谓“开宗明义”，何以名章也？又谓“天经、地义、民行”，何以名三才也？又谓“至德要道”，本同一理，何以云“广要道”“广至德”之分割也？又谓“行成于内而名立于外”，何以云“广扬名”也？诸如此类，大有可疑而必待问焉。正谓此昭如日星者，无可疑、无可问，而必可传之来世也。

诵者如谓牧言为然，与朱子所云“并宜删云者”之为是也，唯命。如谓均列于圣经，则均可为解而无俟于疑焉者，亦惟命。若谓无端生疑，而因疑以起障，则非牧之所敢知也。

孝经疑问引[1]

明·姚舜牧

余读《孝经》，大都出孔子口吻，而汉儒不无附会其间，如“则天之经，因地之利，以顺天下，是以其教不肃而成，其政不严而治”以下等语，似类汉儒之言。且各章皆引《诗》《书》为结，与《韩诗外传》《天禄阁外史》相类，学者但取其言有关大教者，尊之为经，而余置勿问，则庶乎其可哉！

孔子论“先王至德要道”一章，何等亲切有味，自后“天子”“诸侯”“卿大夫”“士”“庶人”总共一章，故结语云“自天子以至于庶人，孝无终始，而患不及者，未之有也”。今仍分为数章，各引《书》《诗》语为结，似为割裂，且各更端，必非夫子一时之言。今必强联为一，而曰此“广要道”也、此“广至德”也，“至德要道”可分割也乎哉？无已，则各为一章可也。篇名似不宜立，若首章之“开宗明义”，七章之“三才”，十七章之“事君”，不知何所见而立此名也，一削去之可矣。

1．本文录自明姚舜牧《孝经疑问》。

国子监奉旨刊十三经注疏

明万历北京国子监刻本。

国子监奉旨刊十三经注疏先进孝经跋语[1]

明 · 焦竑[2]

秦人焚书，《孝经》为河间人颜芝所藏，汉初芝子贞出之，凡十八章，而长孙氏、江翁、后苍、翼奉、张禹皆名其学。又有《古文孝经》与《古文尚书》同出，而长孙有《闺门》一章，其余经文大校相似，又有衍出三章，并前为二十二章，孔安国为传。至刘向典校经籍，以颜本比古文，除其繁惑，以十八章为定，郑众、马融并为之注。梁代，安国及郑氏二家并立学官，未几而安国之本亡。隋秘书监王邵自云于京师得之，以示刘炫，炫因述其义疏，讲于人间。其实炫伪作也。炫以妄造《连山》《鲁史记》除名，独是经为可信哉？

今上念士敝于俗学，闵焉以经术造之，命辟雍重订《十三经注疏》，于是《孝经》适成，而臣敬题其后。自孔子迄于今二千余祀，学者所睹记无复全书。于是时也，欲校而复之，知其难也。以校而复之之难，而知先王至德要道灿然明于天下之尤难。然窃谓孝生于人心，经特以发明之而已，故曰："孝，顺德也。圣人则天明，因地义，以顺天下，而岂其强之哉！孝不明则顺德塞，顺德塞则王化湮，所谓以顺则逆民无则也。"上动遵祖宪，严奉两宫，孝治之风光于四海，亹亹乎向无思不服之世矣！乃命承学之臣刊布遗经，嘉与天下共之。顾臣如爝火焉，讵足以庚大明之光？仰承盛美，不敢不自力也。注疏几卷，总若千万言上之御府，以待制诏颁焉。谨跋。

1．本文录自明焦竑《焦氏澹园集》卷二十二《书后题跋》，见《续修四库全书》第1364册《集部 · 别集类 · 焦氏澹园集》。

2．焦竑（1540—1620）：字弱侯，号澹园、漪园，山东日照人。明万历十五年状元及第，官翰林院修撰，后曾任南京司业。明代著名学者，藏书家。著作甚丰，有《澹园集》《焦氏笔乘》《国史经籍志》等。

国子监奉旨刊十三经注疏先进孝经跋[1]

明 · 陶望龄[2]

维天子懋学晞圣，垂意于经术，诏臣等校翻《十三经注疏》，重刻之辟雍，《孝经》最先竣。谨顿首进御，而臣蒙鄙谬为言附诸后曰：

昔孔子赞《易》，删《诗》《书》，定《春秋》《礼》《乐》，其宏者纲提政事，考稽风谣，厘举名分，极命于仪物等杀；而精者苞阴阳之纪，通神明之奥，博大微渺至矣，然犹退而托于述者。而后世尊经者由孔氏，亦未尝名之曰："孔氏之经也"！其系孔子言断然，以经号者，惟是书而已。

夫生而能之，不诏而人喻焉，此天下至迩甚易者也。其博大微渺者，夫子既附之删述，而取夫迩且易者自名其书。圣人之所为道其可识也，上下异操，远近不同等故。或有韦素之懿行，而帝王同之者。其以天子抚有四海之隆贵，而术不必有加于士庶人。则天之明，因地之利，至德备焉，又何其博大而微渺哉！

《书 · 君陈》言："惟孝友于兄弟，克施于政。"而汉儒扬雄亦云："孝莫大于宁亲，宁亲莫大于宁神，宁神莫大于得四海之欢心。"盖施庭内而谓之政，浃四表而谓之孝，非二端也。天子既以敦崇色养，又身帅之，正令为父子兄弟，足垂万世法，于以宁两宫、劝四表，所称"一人有庆，兆民赖之"者，何以加于兹！则今日刻经意也。

孝经序

明陈继儒撰。

1．本文录自明陶望龄《歇庵集》卷十九《跋》，见《续修四库全书》第1365册《集部 · 别集类 · 歇庵集》。《四库全书 · 史部 · 职官类 · 钦定国子监志》卷五十九《艺文三 · 论著》也录有此文。

2．陶望龄（1562—1609）：字周望，号石篑，会稽人。万历十七年探花，授翰林院编修。后历任翰林院待讲、国子监祭酒。为官刚直廉洁，一生清真恬淡，以治学为最大乐事，把做学问也当作息歇，并用"歇庵"二字名其室，学人称其为歇庵先生。陶望龄笃信王守仁"自得于心"的学说，认为这是最切实际的"著名深切之教"。卒，谥"文简"。著有《解庄》《天水阁集》《歇庵集》等。

孝经序[1]

明 · 陈继儒

昔者孔子《孝经》与《春秋》相表里，后世分为今古文。今文十八章，出于颜贞，而郑玄为之注；古文二十二章，出于鲁恭王之坏壁，而孔安国为之注。其后唐玄宗笺今文，其书尽行，而古文几至废绝。司马涑水氏专重古文，撰为《指解》，朱紫阳、吴临川左右翼，重加订训，而词义沈奥，读者辍焉。此吾乡沈翼之先生曾有《旁训》之作也。

余尝观六朝高人名士，崇信《孝经》，或以殉葬，或以荐灵，病者诵之辄愈，斗者诵之辄解，火者诵之辄止，盖《孝经》之不可思议如是。若使家诵户读，童而习之，白首而不已焉。上非此无以举，下非此无以学，孝感所至能令醴泉出、异草生、犬豕同乳、乌鹊同巢，盗贼弛兵而过不敢犯孝子乡，则《孝经》一卷，未必非吾儒神通之书，何至令佛老弟子旁行祸福之说于天下？

经正则庶民兴，其惟《孝经》乎？若下颁学宫，制科不可一日不习，上进朝廷，经筵不可一日不讲，此圣王以孝治天下之大经大法也。

明邓敬斋刻古文孝经

明邓敬斋集刻。邓敬斋：生卒年不详，约生活于明嘉靖、万历间。“敬斋”应为其号。

古文孝经序[2]

明 · 王佐[3]

夫自天子以至庶人，谁能离孝？粤稽古载籍，谁不言孝？而以孝作经，自

1．本文录自明陈继儒《白石樵真稿》卷一《序》，见《四库禁毁丛书》66册《集部·白石樵真稿》。
2．本文录自明吕维祺撰《孝经大全》卷二十一《序》。
3．王佐：生卒年不详，浙江黄岩人。善草书，曾游历于京师公卿间。

吾夫子始。吾夫子盖尝作《春秋》矣，操二百四十二年南面之权以寓诛赏，而乱臣贼子惧。故《春秋》者，吾夫子之刑书也。然而有所假也，夫孩提生而无不知爱亲是为良知，良知则无所假也；孩提生而无不能爱亲是为良能，良能则无所假也。吾夫子曰“令天下万世不敢为乱臣”，孰若令天下万世愿为忠臣，令天下万世不敢为贼子？孰若令天下万世愿为孝子？与曾子问答，几二千言，总不离良知、良能者，是盖不假诛赏而爱敬，若发自孩提而自不容已，此吾夫子作经意也。而庸知实仿于乾坤，何者？天地吾大父母，父母吾小天地。吾身则合父母、天地为一体，而毫发无所假者。乾以易知，此良知所自始，率其良知则无不易而自无不知；坤以简能，此良能所自始，率其良能则无不简而自无不能。故事父孝则事天明，事母孝则事地察。吾夫子之赞孝也，通神明，光四海，推之东西南北而无不服，孰非此易简握其枢哉！

敬斋邓公，尝取《古文孝经》暨经传名家语录，汇成一集授梓，令不佞序诸简端。不佞乌能文，谬窥知能本体归于易简，而发阐不睹不闻之微旨，以自附于蠡测。俾天下万世之风动，协和上下草木鸟兽咸若，原非伟烈豫顽嚚而谐傲弟，一深山野人能之，卒至有天下而不与！嗟嗟！人人有孝弟，人人有尧舜，彼七十二子向北辰磬折，与吾夫子跪受黄玉刻文，夫非尊德性而示吾良知良能不可弃且亵耶！勿作征异观，可也。

孝经引证

明杨起元撰。《明史·艺文志》著录“杨起元《孝经外传》一卷、《孝经引证》二卷”。杨起元：生卒年不详，字贞复，广东归善人。万历五年（1577）进士，选庶吉士，累官吏部左侍郎，卒，追谥“文懿”。著有《孝经外传》《孝经引证》《识仁编》《文懿集》等。

孝经序[1]

明 · 杨起元

孝道之大，备著于经矣。贯三才、通神明、光四海，至贵之行，配天之德，圣人之至教也。以之事君则忠，以之事长则顺，以之事天地则仁。天子之所以保天下，诸侯之所以保其国，卿大夫士之所以守宗庙、保禄位，庶人之所以保四体、养父母，未有离孝者也。万善未易全也，惟孝则全；百福未易备也，惟孝则备；令名未易享也，惟孝则享。至于还淳返朴，致和召顺，归荡平而跻浑噩，调雨旸而集灵贶，未有不由斯道者矣！

《易》曰："天之所助者，顺也；人之所助者，信也。履信思顺者，其惟孝乎。"《书》曰："惠迪吉，从逆凶，惟影响。"盖言孝也。孝，顺德也，吉德也。逆则凶矣！孝者，人之常行也。人惟失其常行，然后不孝焉。不孝，然后刑罪及焉。周之衰也，下陵上僭，害礼伤尊，僭上犯分，罪不容诛。原其所由致此者，孝德亡也。嗟夫！此《春秋》之所以作也。人徒见《春秋》诛罚之笔，若是其严，不知皆因孝德之亡，而后有使天下有孝德焉，君君、臣臣、父父、子子，或有弗协者，司寇得而刑之，《春秋》可不作也。然则《孝经》者，诏万世以常；《春秋》者，防万世于变也。常者固圣人之行，而变者乃圣人之志，何也？志复常也。夫惟失常然后变，有变然后复本。自无失，何复之有？要之，变者一时之偶失，而常者万世之不易者也。是故君子身任德教之责，贵以万世之不易者先焉。阳常居大夏，以生育长养为事；阴常居大冬，而积于空虚不用之处。《孝经》生道也，其德为阳；《春秋》刑书也，其德为阴。故《孝经》之义，不可一日不行于天下也。洪惟我高皇之德，其至孝矣乎！皇陵有碑，思亲有歌，教民揭六言之榜，续诰著明孝之篇，所以开一代孝治之隆也。二百年余，造士兴贤，必科六艺，而《孝经》不与焉，盖尊之至也。何者士所穷经，率沿袭世儒之说，而饰以藻缋，文繁而实寡，而经反以晦。惟是经也，不列于学官，不离于章句，如玉就山，如珠藏渊，其质完也。此非我圣祖所以致尊之意欤？天下学者，惟在熟诵心惟，践诸躬而成德，推诸人而成教，则是经常行于天下，天下多仁人孝子，而刑厝之休，致之不难矣。乃若德至于天，而风雨节、寒暑时；德至于地，而嘉禾殖、芝草生；德至于人，而

1．本文录自清陈集撰《孝经郑注》，见《丛书集成初编》730册《孝经本义及其他五种》。明吕维祺撰《孝经大全》卷二十一《序》作"孝经引证序"，见《续修四库全书》第151册《经部·孝经类》。

寿考且宁、蛮荒即叙。惟圣天子爱敬之极所致，而辅相之上务也。然稽之往牒，虽书生贱士，持诵是经，且足以感灵祇、致瑞应，是至德无贤愚，要道无贵贱。虽一物之微，率此足以格天享帝，而况于人乎？而况士大夫而上至于崇贵乎？

自古及今，孝感之事，史不胜书。武林虞淳熙氏，独采其持经者为《集灵》，已至数百事矣！孰谓是经文句不多，而可忽哉？竺乾之典、玄元之篇，世咸知尊重之者，以其灵于感应也。不知孝之为德，一切天地山川、鬼神万灵，莫不率由。故是经所在，必皆拥护；诵之出口，必皆欣悦；持之在身，必皆瞻仰，亦岂有异哉！予是以取《集灵》略节之，附著是经之后。至于孔曾言孝，见之他书，及他圣哲之训，足矣与是经相发明者，采之为《引证》。若罗子所说孝道，直究根原，本之不学不虑，则包裹六经，兼总万法，深乎深乎，未可以寻常测矣！盖是经所谓孝者德之本，一言以蔽之，引而不发，以待后世之知德者，其在罗子乎！是故罗子之说，真《孝经》之宗旨也。附著《引证》之后，连缀成编，自便持诵云尔。

及读经文云，教以孝，所以敬天下之为人父者也。罗子亦曰：天下皆孝，其孝始成。苟一人不孝，即不得谓之孝也。予为之惕然。予其敢不敬天下之为人父者，而自陷于不孝乎！则是编也，虽浅陋者所为，然不敢不出以示人，亦所以畏圣人之言也。

南城聂铉氏乃罗门高第弟子，为宿迁宰，首以孝为政，闻予之有是编也，请而梓之，予不得辞，故序之。

万历庚寅季夏之吉，归善杨起元书。

孝经序[1]

明 · 邹元标[2]

太史贞复杨子，学悟性宗，一见与余论合联榻，信宿而别。一日出所编

1．本文录自明邹元标《愿学集》卷四《序》，见《四库全书·集部·别集类·愿学集》。明吕维祺撰《孝经大全》也收录此我，题为“孝经引证序”，见《续修四库全书》第151册《孝经大全》卷二十一《序》。

2．邹元标（1551—1624）：字尔瞻，号南皋。江西吉水人，明代东林党首领之一，与赵南星、顾宪成号为“三君”。万历初年于南皋书院讲学，万历五年进士，入刑部观察政务。因反对张居正父丧“夺情”，遭廷杖，发配贵州。十一年召回，任吏部给事中，多次上疏改革吏治，医治民瘼，因触犯万历，再次遭贬，降南京吏部员外郎。此后，居家三十年讲学授徒。卒，赠太子太保、吏部尚书，谥“忠介”。著有《愿学集》《学庸商求》《礼记正议》《四书讲义》等。

《孝经》，征余序，余卒业迟回者久之。《经》曰："身体发肤受之父母，不敢毁伤"，余之足已毁矣！又曰："爱亲者不敢侮人，敬亲者不敢慢人"，予生平取世忌嫉不少，必予爱敬之未至矣！虽然，吾有尊足者存，卒不敢以世忌嫉，弛吾爱人、敬人真心，敬敛衽而序之，序曰：

大哉，经乎！千圣之道之总萃，咸备于是，无所容吾赘矣！古今称孝，舜曰"大孝"，武王曰"达孝"，下此者，即不得谓孝。余请纵言之，可乎？

乞人，贱行也。丐者行食于道，得食饮即遗母，母食且为之歌数阕，尽欢而止。彼不得不丐者，遇也；丐而娱亲者，真性也。苗乃异族也，有苗泣亲，继以殒命。彼沦于苗者，族也；不以苗忘亲者，真性也。禽兽无知也，而跪食、而返哺，禽兽未始不知有亲也。夫"大"者，谓其弥纶六合，有一物不孝者，非大也；"达"者，谓其达之天下，有一物不顺者，非孝也。呼途之人曰："来！吾语汝以大道。"彼未必不四顾踌躇。惟语之以孝亲，三尺竖儿，心动神怡；觉世君子，从人所常有者提撕之，则人不沮于其难，而吾言之入也常易。此杨子拳拳于是《经》不忘也。

或曰："《集灵引证》何居？"余曰："草木微物，必有以鼓动之始，甲而拆拆而条达，子舆氏曰：'乐则生，生则恶可已'，此《集灵引证》意也。""罗子宗旨何居？"余曰："鹄诚设射者至之，轨道诚立行者由之。罗子宗旨，孝道之轨、鹄也。一切揣摩、意识、思虑、悬想、仪章、度数，盭宗旨远甚。且斯道也，吾不知其所自来也。穷之无原，执之无端，用之不可，既洞焉、通焉，广大无际，穷天蟠地，无弗周浃。以之事君，以之事长，无二道也。仁曰'仁'，宜曰'义'，履曰'礼'，知曰'知'，乐曰'乐'，所谓不敢毁伤、不敢侮人、不敢慢人者，皆是物也，皆人所固有。罗子非能为人加益之也，必明乎斯而后可以言孝。"

事父孝，故事天明；事母孝，故事地察。不然，事父母且不知父母，矧曰天地。嗟乎！安得起罗子而质之？余闻陆象山氏曰："《孝经》十八章，夫子从曾子笃实处说出来，学者必践履笃实，久则恍然无疑。"斯语，晦庵年方七岁即题其上，曰："不如是，非人。"呜呼！思先儒格言，绎罗子微旨，而后杨子之志不孤。

刻孝经跋[1]

明 · 施达[2]

孔子七十二著《孝经》曰："吾志在《春秋》，行在《孝经》。"夫《春秋》经世虽先王之志乎，其事则齐桓晋文，其文则史，即与《孝经》奚涉也？抑《孝经》尝论列天子、诸侯、卿大夫、士矣，爱敬尽于事亲，而德教加于百姓，刑于四海，则天子之令行；诸侯不骄、不溢，卿大夫守先王之法言、法行，士以孝敬事其君长，则僭窃不生、篡逆不作，五刑之属可措，而春秋之笔削何从？故《春秋》成而乱臣贼子惧，《孝经》行而犯上作乱鲜。其谓先王有至德要道，以顺天下，民用和睦、上下无怨，亶其然乎！

昔郑玄注《孝经》，以为"五经之总会"。国朝，《孝经》不列于学官，而《春秋》孤行。先儒盱江罗氏，学先仁孝，厥徒杨归善氏，传得其宗，纂辑是经。采摭武林虞淳熙《集灵》《礼记》诸书引证及师门宗旨合为一编，俾学者朝夕礼诵。其言曰："《孝经》之教，以不敢为先。自'身体发肤不敢毁伤'，驯至于'不敢恶、慢，不敢服、道、行于非法，不敢失小国、侮鳏寡、失臣妾'，是不敢之为孝也大矣！乃若五刑之罪，莫大于不孝者，凡刑之所加皆敢之所致也。故《孝经》之教行天下，可以无刑人。"其表章《春秋》，于《孝经》义为著。学者果能涵濡浸渍于斯，《春秋》之治可致也。

爰刊副本，以广示夫天下之为人臣子者。

明董其昌书《孝经》

《石渠宝笈》卷三载："明董其昌书《孝经》一册，金粟笺乌丝木阑本楷书，第七页署'辛未元日书时年七十七岁'十一字，第九页署'次日书'三字，第十二页署'三日'二字。"又载："下有董其昌印、宗伯学士二印。首

1．本文录自明吕维祺撰《孝经大全》卷二十二《跋》。

2．施达：生卒年不详，字德孚，号梅坡，青阳人。曾任咸阳知县，博学，善楷书。著有《孝经注》《天柱峰语录》等。

页有孙瑛之印、秋诺叶津、信天翁三印。末页有瑁湖珍秘王氏珍藏书画之印、董氏珍藏、骧之氏高话堂诸印。册计十八页，页高九寸二分，广八寸六分。”

孝经后识[1]

明 · 董其昌[2]

《易》《诗》《书》《春秋》，礼之名经也，不于宣尼之世杏坛授受，惟有《孝经》耳！二氏之学如法华度人，经皆以持诵为功，唐人于《孝经》亦尔！道家有孝道，明王释家有大报恩，皆祖《孝经》以为教，文亦为满字非半字也。若更欲下注脚，则张横渠《西铭》尤是一家眼目。今采风使者周巡郡国，每以孝子荐，何以姜王之事寥寥鲜述。曩时武陵杨中丞按浙时，曾有四明数岁孩子割肝啖母，肝洞尽而命不伤，此何必减卧冰跃鲤，若得遍鉴，故府之牍采其尤异者，类为一编即《孝经》之“援神契”也。

崇祯四年岁在辛未长至日，董其昌书并跋。

孝经大全

明江元祚辑。江元祚，生卒年不详，字邦玉，浙江钱塘（今杭州）人。不愿出仕，隐于钱塘，广储图史，作《横山拥书楼记》，与项圣谟合编有《墨君题语》。

1．本文录自《石渠宝笈》卷三。

2．董其昌（1555—1636）：字玄宰，号思白、香光居士。华亭（今上海松江）人，明代书画家。万历十七年进士，授翰林院编修，官至南京礼部尚书。卒，谥“文敏”。擅画山水，为“华亭画派”杰出代表。其画及画论对明末清初画坛影响甚大。书法出入晋唐，自成一格，能诗文。存世作品有《岩居图》《秋兴八景图》《昼锦堂图》等。著有《画禅室随笔》《容台文集》等，刻有《戏鸿堂帖》。

孝经跋[1]

明 · 葛寅亮[2]

古帝王之治天下也，咸愿得忠义之臣而共敷雍熙之化，然有宵旰不能求而垂拱，敦伦盈盈，真才倍出而风俗自美者，则孝之关于士风世道不綦重哉！盖人之五伦，父子最亲。亲，故爱之、敬之，移于兄则为悌弟，移于君则为忠臣，由是而成廉、成让，由是而不贪、不欺，直一念贯之耳！使爱敬未至，孝道仍缺，忠于何推矧其他乎！故知孝虽家庭庸行，而实圣帝明王之至治。使为治而舍此，纵称仁讲义、崇礼作乐，终非上理也。

洪惟我太祖高皇帝以孝警民，成祖文皇帝以孝垂训，自是列圣相仍，率循斯道，故一时臣工或以义著，或以忠闻，而雍熙之化直比隆唐虞矣！今上御极，洞教化之原，彻至理之治，首重是道。爰颁圣谕，责重学臣，崇尚《孝经》，诎浮藻之词而欲收移孝为忠之用。大哉！王言诚可谓万世卓绝之至见，而一时愿治之极思也。窃私念之，以为圣天子纯孝若此，则士风自漓反淳，世道以治益治，此其时已。

乃首起而综辑是经者，即得之吾友江邦玉。邦玉世登仕版，俱以忠孝著闻。而邦玉则乐于恬退，独居横山之中，无书不读，而尤精《孝经》一书，此其人品亦可既见矣！时维夏五月，予寄官玺卿，邦玉所订《孝经》成，邮致一册，而问序于予。予庄诵之，备汉唐宋元之诠释，辨古文今文之同异，博而得要，该而不繁，无论经传、注述悉有条贯。而圣人作经之微意，蔑不窥矣！非孝与性成，童而习之，乌能精专至此哉！此书一出，吾知人同此心，将触之火然，泉达有不自知其兴于孝者？孝则必忠，而贪伪之风之奚患不消靡耶？如是而人心纯粹、世道雍熙。则是书也，诚足仰副圣天子之望已。

1．本文录自明吕维祺撰《孝经大全》卷二十二《表章通考 · 述文 · 跋》。

2．葛寅亮：字冰鉴，号屺瞻，钱塘人，万历二十九年进士，官至南京尚宝司卿。曾创阳明书院。有《金陵梵刹志》传世。

孝经别传

明李槃撰。清朱彝尊《经义考》卷二二九载："李氏槃《孝经别传》一卷，存。"李槃，生卒不详。

孝经别传[1]

明 · 李槃

夫天地，人、物大父母也。人生天地称万物灵，则其父母全而生之也。仁者人也，故人同天地之种也。父母生我，此身为仁，同天地之种，吾忍不念父母生身之本，忘承顺之思，而昧克肖之义，与天地不相似矣！不可为人，不可为子，何者？为其不仁也，不仁不可以为孝也。故孝子之道，大人、君子仁配天地之道也。天子、诸侯得此道以称君，公卿、大夫、士得此道以称子，故合之谓"君子"。君子之谓大人，有大人之道，居大人之位，此大人君子也。纯则圣，及则贤。世衰道废，贤圣愚不肖倒置，无大人之道，居大人之位，不足为大人君子。无大人之位，有大人之道，不失为大人君子。非大人君子，为不肖子，乃不孝。大人君子为肖子，肖子乃孝。

自有天地而有父母以来，以至于今，居大人之位，行大人之道，立大人之身，若伏羲、神农、黄帝、尧、舜、禹、汤、文、武之作君，风后、力牧、皋、夔、稷、契、伊、傅、周、召之作臣，皆不过为肖子则已矣！传至孔子，虽尝试为大人，而终身不得安其位，以竟大人君子之施。视其门人，炫才博辨如游赐之徒，皆日月一至，不能躬行。唯颜子聪明沈潜，藏于如愚，凡终日与言，皆勤于退省，独契博约，善发其蕴，孔子知其用行舍藏可与共也。问仁而及天下归仁，问为邦而谈帝王法戒，盖全以大人君子克肖克孝之道授之矣。颜渊不幸，不存其次。唯曾子聪明弘毅，藏于朴鲁，凡教语所传，皆勤于日省，独唯一贯，善发其蕴，孔子知其任重道远可与托也。故语之以孝，皆明王孝治天下，君臣上下一德之事，盖非世俗所谓奉养之末也。乃仁同天地，务其本根，一言不忘父母，一行不忘父母，父母全生子全归，不辱其身，不羞其亲，

1．本文录自明朱鸿编《孝经总类 · 酉集》。

自生事而葬、而祭、而行父母之遗体，合孝悌礼乐而一之，可以家、可以国、可以天下。本诸身，孚诸亲，及诸祖，推诸君，加诸民，考诸先王，建诸天地，达诸后世，质诸鬼神，素位而行，成亲之善，补亲之愆，终子之身，无止息焉。

大行道弥六和，不为加穷居行，修一身不为损。故曰：仁者，仁此者也；礼者，履此者也；义者，宜此者也；信者；信此者也；强者，强此者也。乐自顺此生，刑自及此作。故曰“夫孝，置之塞天地，溥之横四海，施之后世无朝夕”，此《孝经》之义也。立其仁，配天地之身是已。曾子得之，阐为《大学》，盖大人君子之学，明明德于天下，不过举至德要道以顺天下耳。故孔子之传，曾子独得其身宗。守身事君，若曾子者，可也。舜之大孝，武王、周公之达孝，曾子临深履薄战兢之孝，易地皆然。孔子之时也夫！孔子之时也夫！

余姚后学李桀谨撰。

孝经别传题识[1]

明 · 朱鸿

《孝经》湮废五百余年，故先贤论议，虽蒐搜而弗获多见，天下道德高贤，有志羽翼是经阐明微舆者，或论说、或解疏，宜载此集中，共明大义，并诏来世。鸿引领颙望。

孝经总类

明朱鸿编。朱鸿：生卒不详。字子渐，仁和人，万历间诸生，以“孝”著称。一生不求仕进，“白首穷经，布衣以老”，将毕生心血倾注于《孝经》研究，《明史 · 艺文志》著录有“《孝经质疑》一卷，《集解》一卷”，清黄虞稷《千顷堂书目》载：“朱鸿《孝经质疑》一卷，又《集解》一卷，又《五经

1．本文录自明朱鸿编《孝经总类 · 酉集》。

四书孝语》一卷”。据朱鸿编《孝经总类》子集《孝经目录》的记载，朱鸿所著有《家塾集解》《孝经古文直解》《经书孝语》等，又编《孝经总类》十二卷，汇辑唐、宋、元、明诸家《孝经》及自著《家塾孝经》《孝经质疑》《孝经臆说》《孝经古文直解》诸书于一编，保存了明中后期以前与《孝经》有关的大量资料。

重刻孝经序[1]

明 · 张瀚[2]

尝谓布衣粒食忘饱暖之乐，被锦擎鲜轸珍奇之好，玩常喜异人情，大抵然矣！其于诵习经典，亦探索诡秘，驰心卓绝，而厌弃平淡醇实之言；见诸躬行，务高世之节，慕非常之勋，使人望而而震惊，闻而骇汗，用以为快。今将反其嗜好而曰：“诵习《孝经》，力行孝悌而已。”孰不谓为里巷儿童，破顽订句，学究发蒙，始事其文，浅近平易，无烦讲解。诵习无终日之劳，体验并庸常之事，易忽寝已久矣！曾不知孔孟之道，唯在仁义。仁义之行，本乎孝悌。孝行于亲，则忠行于君、弟行于长、慈行于幼，扩之天下、国家，无不协于理。道其为五常之本、百行之源明甚，何可易忽？是所谓布帛菽粟，人舍是无以资生；仁义道德，士舍是无以为学；天下国家，舍是又何以施政教、臻化理哉？

余友朱君鸿，生平纯孝，笃信是经，博求诸本，考订异同，详定释义，采辑经语，敷衍大义。其志意专故探索勤，探索勤故体认切，体认切故操履坚。观于所述，而其人可知已！余恐世之学者，终忽略近易而驰心远难，不自觉其离经畔道；童而习之，白首而不悟其旨也。故为发诸首简。

万历乙酉初冬，仁和张瀚撰。

1．本文录自明朱鸿编《孝经总类·序》，见《续修四库全书》第151册《经部·孝经类·孝经总类》。

2．张瀚（1510—1593）：字子文，浙江仁和人。明嘉靖十四年进士，曾仕为南京工部主事，庐州知府、陕西左布政使、刑部右侍郎，累官至吏部尚书。卒赠太子少保，谥“恭懿”。著有《松窗梦语》等。

孝经序[1]

明 · 陶承学[2]

尝考《孝经》一书，继麟笔，应图文，厄于吕，始藏于河间，揭于石台，残缺于司马，湮废于金陵。志行、商参之属，隶书、科斗之分，纷纷籍籍无辨矣！即今国家上理荐绅，伟勋氓庶，懿行靡不以孝为根。秭问其训诏而肆讲者，率孔曾语。而言孝微旨，独不列于学官。

是经也，孔子成于七十年后，而今乃视十八章，为蒙稚之句读。孔子以为至德要道，兴理王化之书，而志青紫者，漫不会其旨归。寥寥二百载，余行俟表章之也。会朱文学鸿搜核旧藏，模宗正脉，汇成一家之言，付之梓。其纯孝暗章为州司督府交旌矣！

经曰："夫孝，始于事亲，中于事君，终于立身。"朱君总非惇孝，迨高龄而行益壮，始终两无愧焉！第"事君"一节，艰于布衣，果平生力学犹遗实用哉！伏遇我皇上孝奉两宫，达于荐绅、氓庶。而贤公卿羽翼《孝经》者，捧其注疏呈之宸陛。有日颁行学宫以昌治理，则雍睦平章之化，可蹻足而需也。讵非子渐之中事与！

赐进士第资政大夫南京礼部尚书前刑部左侍郎奉诏掌部事侍经筵见蒙恩赐月米岁夫会稽陶承学撰。

孝经序[3]

明 · 温纯[4]

先王以孝治天下旧矣！汉近古，帝号率以孝称。我明则以孝上号列后，重

1．本文录自明朱鸿编《孝经总类 · 序》。

2．陶承学（1518—1598）：字子述，号泗桥，浙江会稽人。明嘉靖二十二年中举，二十六年进士，授中书舍人，擢南京御史。因弹劾仇鸾误国，出为徽州知府，不久迁河南布政使。因治绩斐然，时人赞为贤吏。穆宗隆庆六年召为太仆寺卿，旋改任应天府尹。明神宗万历六年升任南京礼部尚书，因与相国张居正不合，辞官归里，卒谥"恭惠"，著有《字学集要》四卷。

3．本文录自明朱鸿编《孝经总类 · 序》。《温恭毅集》卷七《序》亦载此文，见《四库全书 · 集部 · 别集类 · 温恭毅集》。

4．温纯（1539—1607）：字景文，明代三原人。嘉靖四十四年登进士第，历任知县、巡抚、吏、工部尚书等职。《明史》称其"清白奉公，五主南北考察，澄汰悉当，肃百僚，振风纪，允称名臣"。卒赠少保。明熹宗天启初，追谥"恭毅"。有《温恭毅集》传世。

化原也。然孝之说详在《孝经》，自宋执政定科制，置《孝经》不用，学士大夫始以为童习亡奇，弁髦之矣！

子不云乎，“吾志在春秋，行在《孝经》”。夫《春秋》法至严，为乱臣贼子作也；《孝经》则道之爱、道之敬。盖曰：“出于孝必入于法。譬之狂澜既倒，以《春秋》为提防，而《孝经》乃其所导而归之海也。”《经》曰：“圣人因严以教敬，因亲以教爱”，其所因者本也夫！曰因则非强世，曰本则非外铄。我明于因与本之说，而孝之心不油然而生而世治，吾不信也。

今上孝奉两宫，以德教刑四海，与虞舜周文同一辙。纯奉命抚浙，遵高皇帝《劝民御制》为歌，冀与民更新而日葸葸，惧无能承德意万分一也。会朱文学鸿汇诸家《孝经》付之梓，梓成且布浙人士，而太学以购《孝经》请矣，是孝治之会也。若曰：卑之无甚高论。犹驰骋郑卫之乡，而曲终奏雅其谁听之？谓圣化何？文学不分经传，不次章第，则善说经之谈也。

万历丙戌秋八月朔日，关西温纯撰。

孝经序[1]

明 · 吴自新[2]

昔夫子兴六籍、明五品，昭昭乎揭日月而中天。行乃于教孝尤谆谆焉，居恒揭其要授之曾子，为《孝经》。自君公迄于士庶，隆微等杀各异，而要以笃伦品，毋忝所生，则莫孝先辟之，振衣者之领，施众者之纲，盖其重哉！汉时，购遗编，考石渠同异，而《孝经》一书遂与《周易》《礼》《乐》《诗》《书》《春秋》并传于世。孔安国、刘更生诸人，类能言之。至宋熙宁中，罢《孝经》取士科，而其书遂泯矣。紫阳先生力折大义，而遭时不以，竟不能置之天禄，他何庸说。

方今圣主在宥，舜孝蒸蒸，惟是三事，大夫壹切萌隶宜宫鸣角应，而高明者流，方高谈玄宗卑眇庸行，学士经生听其吊诡，出入三乘，精议六通，挥麈

1．本文录自明朱鸿编《孝经总类 · 序》。

2．吴自新：生卒年不详。字百恒，号韫庵，江宁人，明藏书家。隆庆二年进士，仕都水主事，后擢杭州知府，累官至南京刑部侍郎。晚年好易学，曾在府邸辟“玩易窝”“万卷楼”，专储藏书。好贤才，一生荐贤士大夫遍及天下。

于柱下漆园，而遂务华绝根也。可胜道耶？

临安文学朱生鸿，质行好文，属意《孝经》，会摭其生平所玩习者曰《石台孝经》，旧今文直解曰文公刊定，古文曰文公《刊误》、曰《草庐校定》、曰《古文解意》、曰《古文直解》、曰《家塾》、曰《会通》、曰《迩言》、曰《孝语》、曰《集灵》，梓之而问序于余。余以布帛寻常焕于绮谷粟菽，盈簋即膏梁，弗饫也。昔之圣贤兢兢于根本，是务而立言垂训，标表于无穷，意亦勤矣！读兹刻者，知其非书肆说，铃而为他日表章一机乎？如斤斤曰塾师之督课里子之伊吾，则余所不敢道也。

万历庚寅仲夏彀旦，江东吴自新书。

孝经序[1]

明 · 苏濬[2]

余观《孝经中契》谓："阳衢乘紫，麟下告地，主要道之君，后年麟至，口吐图文。"窃疑其为怪诞不足征之词。然孔子尝曰："吾志在《春秋》，行在《孝经》。"《春秋》成而麟出，《孝经》成而图文见，何足怪也？

汉世表章经术，而《孝经》一书出之孔壁，列之东观，荐绅先生，类能言之。迨中元间，令期门羽林悉通《孝经》章句，岂不斌斌乎盛哉！嗣是仇览以之化顽，顾欢以之祛病，诚孝之极可谐神人尤足多焉！宋金陵氏立明经取士之法，而《孝经》一书不列学官，相沿以至于今，未有表而章之者。遂使孔曾相传之微言，竟等之土苴弁髦，且不得与吕不韦《月令》之书并传于世。学士、大夫袖手而语，良知抗颜而谈性命。至庸行本根，率以无甚高论，置之经学不明，其害固若是烈耶！余谓金陵之罪浮于李斯，殆不为过也。

文学朱君鸿，笃好《孝经》，考古今，订异同，勒成一家言，斯已勤矣。嗟夫！今世浮谈侈说之徒，以鞶帨取世资，而文学君白首穷经，犹布衣以老，则非经之咎也，经学不明之咎也。藉令以衣弊履穿之贤，与彼三家六卿较其迟

1．本文录自明朱鸿编《孝经总类 · 序》。

2．苏濬：生卒年不详。字君禹，晋江人。明万历五年进士，曾任商洛道、后迁浙江督学使、礼部员外郎、贵州按察使，学者习称"紫溪先生"。著有《四书易经说》《蒙引浅说》《三余集》《漫吟集》等。

钝，孰轩孰轾必有分矣！我皇上孝笃两宫，刑于四海，迩嘉儒臣，进《孝经注疏》置之座右。他日倘设《孝经》之科，与《学》《庸》《论》《孟》并列学官，则朱生此编，殆其指南哉！

清源苏濬撰。

孝经广序[1]

明 · 袁福徵[2]

经以孝冠，后《春秋》作。假参请业，以曾子体孝云："获麟终际，鲁史聿就，时作《孝经》"，《钩命诀》援孔语云 "志在《春秋》，行在《孝经》"，明甚。又云："《春秋》属商，《孝经》属参"，是时周道衰、王纲坠，乃说《孝经》，以冀知法者修行，知行者谨法云尔。

颜芝本出，世始盛传。魏、晋、齐、梁，注百衍簇。唐崇艺文，备存秘府。孔、郑两家，参互交播。并梁皇侃《义疏》，流布国序。明皇集议，序书八分，京兆石台，遂新崇艳。经以陈常，孝经百善，由天子逮庶贱，溯唐姚迄胜国，曷能舍是兴行本治哉？政不必述，昦、炫以黈，厘强辨惑而臆断，较芝壁之陈藏，订朱吴于则列。惟冀明圣遵行、官师崇效，学官加等而训迪，史氏赞决而讲肆。执政毋迂其谈，宁臣不卑其论，则斯经谕风励而革观，辅刑书以肃儆。况乎祖训彝陈，元良怿爱，居重华宁庆之年，洽两宫圣善之衷尔已！

文学朱子渐鸿，格志孤龄，躬奉天则；厌捐未学，体尚志本。搜罗旧藏，纲综细说；初订经言，推叙羽翼。就正耆宿，详定古今；不背师说，不剿浮辞。遂令家塾、仪规，寻而州司钦重，高赐粟帛，荣其冠帻。本府重臣，加额悬旌，元勋大雅，敷文奖赏。异日者，携以疏闻，征副国典。绍天宝而永徽，忠金陵以补阙，千秋倚为民鉴，六艺资云行端。岂须集正于马、贞，亦已合裁于晔、袒。厘注解而订顽，扫道学以扶廓。天经地义，并石本而畅宣；要道至德，光帝谟以究理。其非小补，不坠斯文？自东吴以兴倡，嗣邹鲁而遐敦。

1．本文录自明朱鸿编《孝经总类 · 序》。

2．袁福徵：生卒年不详。字履善，号太冲，明中期华亭人。嘉靖二十三年进士，曾为刑部主事、南阳王长史。曾编撰《嘉靖罗阳县志》《嘉靖景陵县志》，有《袁履善集》传世。

首善在兹，作人伊始。子渐之勤，易年一日，刑于汝渍，广于江汉，讵不盛美哉！文成杀青，时复著绩，则又其老不废愒，取就道正之意云尔。

万历丙戌畅月，谷水睃阳居士袁福徵谨书。

孝经总序[1]

明 · 沈淮[2]

呜呼，大哉《孝经》！其先圣之微言乎？彼视为蒙稚之习而弁髦之者，固无论已。若谓孔子发五等、始终之义于曾子以教人，亦井天管豹之见。其于圣人旨趣，均之乎瞶睹而聋听！盖圣人立言，指近而远，词约而博，匪可以寡迩窥者。孔子删述六经，匡持理道，参赞化育，详且悉矣！又虑夫天下后世，求派遗源而不知大经、大法之要，故谆谆曾氏，发明孝行，示天下后世治平之准、万化之源焉耳！

观其首曰："先王有至德要道，以顺天下，民用和睦。"继曰："明王之以孝治天下"。如此，其旨掀揭炳灼，无或掩覆，他尚何疑哉！慨自二帝三王而降，惟汉举孝廉，治称近古。讫至历代，犹有《孝经》科制，迨王安氏与司马构隙，因其崇尚古文，遂挟私论废而不用，圣人孝治之意，遂尔湮泯。

洪惟我太祖高皇帝，首倡孝顺父母，徇铎警民。成祖文皇帝，继纂《孝顺事实》，垂训斯世。列圣相承，孝益丕显。今上笃孝两宫，化由身率，重熙累洽，媲美虞周，海内士庶，孝悌踵接。乃有仁和文学朱子渐鸿，孝钟天予，弥老弥坚；既竭躬行，复研经传；积有年勤，类汇成集。曰《石台孝经》，所以尊古制也；曰《直解》《句解》《大义》《训释》，崇先儒也；曰《解意》《会通》《迩言》《集灵》，乐同志也；曰《集解》《直解》《经书孝语》等说，附己意也。嗟夫！文学之用心，亦云廑矣！复梓而传之，无乃颖封人意乎？抑窃有得于孔子之心法乎？四方儒硕，必能谅之，愚则未敢知也。

第斯经既为治准，为化原，其所关世教大矣！傥明圣遘之，贤执政表而章之，讲肄诸史馆，诵习诸学宫，颁布诸天下，与五经、四书同列科制，既以孝

1．本文录自明朱鸿编《孝经总类 · 序》。
2．沈淮：生卒年不详。字澄伯，仁和人。嘉靖二十六年进士，著有《三洲诗脍》。

导民，更以孝试士，则孝治之会，端在今日，岂特子渐之幸哉！乃斯经之幸也，亦孔曾之幸也，兹非愚臆说孔曾传经之旨，如是云尔！若徒曰古文、今文章第，与诸家相评诂，陋矣！夫其说经也，是则子渐得之矣！

仁和后学沈淮撰。

刻石台孝经跋[1]

明 · 金钟[2]

盖闻《孝经》者，圣门传心之要。而其大经、大法，实百王致治之规。慨自圣远言湮，经残教弛，孝悌之在人心者，固自若也。

汉兴以来，非不能崇尚儒术、表章经学，奈之何众言淆乱，斯道行之而不著；彝伦攸斁，百姓日用而不知。无惑乎？治不古若也。唐玄宗天资明睿，励精求治于开元、天宝之初，亲注疏义，书勒辟雍，至今称为《石台孝经》云。夫亲为训注，以明孝也；书题隶古，以尊经也；列之学宫，以示教也，可谓得致治之要矣！虽其修身齐家，鲜克有终，然其书迨今家传人诵，为蒙习养正之书，所以维持世教，以延唐家三百年之祚，未必不基本于是也。但石台训注世不多得，学士罕传。吾杭朱子渐氏潜心经学，三年于兹矣。几以参考经义，无弗旁稽博采，毕力致之。一旦购得兹刻，如获重宝，喜而告予曰："今人诵习《孝经》，皆宗唐本，殆未知经之有训注也。鸿始得之，使读是书者，由训注而讲明之、服行之，经学其庶几乎？"予曰："然，子之志也！盍楷书翻刻，以永其传？夫进退百家，发挥五孝，是谓明经；爱敬成德，因心立本，是谓明教。"子渐之刻《孝经》，殚竭心力，汇成一家之言，将与儒先子集并行于世，是书为不可泯矣！可无赘言，以纪其实。

万历丁亥季春朔日，前工部员外郎仁和金钟书。

1．本文录自明朱鸿编《孝经总类 · 子集》。

2．金钟：生卒年不详，浙江仁和人。明世宗嘉靖十九年中举，曾仕河南归德府推官、工部员外郎。

孝经跋[1]

明 · 郭子章

余在蜀合刻刘、朱二家《孝经》训诸生，业已序之矣。入浙，得朱生鸿所刻《孝经总类》，读之，其语尤备。朱生复丐余序，予出前序（指《孝经二家章句序》，编者注）付之。予之意，无以易前说也。

夫人平日岂有不“战战兢兢”而能成孝子乎！即朱生，年八十，尚良食、耳目不眩聩。闻其乡评，评朱生生平极敬慎，则朱生自成其孝，至八十不衰者，皆从曾子“战兢”来也。曾子又曰：“仁以为已任，不亦重乎？死而后已，不亦远乎？”其仁也，乃所以孝；其毅也，乃所以仁，予与朱生尚交勉焉。未可已时，切莫先已。故曰：“元气混沌，孝在其中。”

万历庚寅仲秋望日，庐陵郭子章撰。

重刻朱文公定古文孝经原本[2]

明 · 朱鸿

文公定《古文孝经》，鸿昔照宋板刊行。今详玩间，始知后人刊传之讹，非文公原本。原本止有“右今文以为某章”，章下并无疑语。后信胡衡山引《诗》之疑，程可久述汪端明“附会”之说，遂“专重事亲一事，不重事君立身”等旨，始更《刊误》。乃悉数所疑，凡不切“事亲”旨，载《左传》语治道者，共删去二百一十字。然章下亦止有此一节，释“至德以顺天下”意，当为传之首章；此一节释“要道”意，当为传之二章。亦未敢遽分经传，此文公未定笔也。世儒不察微言广大，遂以《刊误》为至精至当之书，反疑孔壁所藏为未真，不思《春秋》载“夏五壬戌”之意，致古文板内即赘《刊误》疑语，《刊误》本内遂分经传。噫！《论语注》尚更数四，岂《刊误》本一遍遽定耶？若使公再订详明，必自加注释，《楚辞》、韩文且然，况圣经乎！是知朱申《句解》、董鼎《注释》未必尽合文公本意、夫子作经旨也。若不复刊古文原本，悠悠百载后，果将何以考耶？

1．本文录自明朱鸿编《孝经总类 · 丑集》。
2．本文录自明朱鸿编《孝经总类 · 寅集》。

孝经后序[1]

明 · 虞淳熙

圣人所以通神明之德者，惟孝乎！亘五际、总五经、含五常、孕乎三才而灵然独存者也。其结字也，子戴老、老凭子。鸿蒙以降，年莫老于太极，而两仪为之伯长。《经》曰：事天事地是大易称父称母之文。而推原性真开阐经义，则又太极生生之大指矣！

仲尼既成《春秋》，年逾七十，始收衮钺、爰受玉图，呼弟子以开宗，揭周公而示行，配天虽大，契性犹难。必若《大学》之修身，《中庸》之诚身，"七篇"之守身，然后见遗体之大全而绍性宗之正脉也。学绝既久，心画日湮。慈湖杨子首倡"学即孝字"之说，不足发矇；而皓皓良知，东越标其独见。于是，子渐之《孝》遂名朱氏之学矣！子渐由孩提以至耄耋，由始生饮食以至宾饮于乡，无须臾离孝，亦无终食离经。大索古今，远搜疏解，爰张百家之羽翼，横绝四海而家喻户晓，不啻王渐之沿门诵义，尹公之散及乡人也。书凡四种：曰《经书孝语》，曰《家塾孝经》，曰《曾子孝实》，曰《古文直解》，并《古疏》为五帙。挟大槐、从皇祖教铎而趋，与遒人日徇于路。温中丞壮其志、表其闾，分其衮三，以应三才，以象九畴之三揲，使妙应无方，出家塾通序室，质诸六宇而无疑，斯盛心哉！乃子渐犹恐身附文公，疑于两朱子者。夫从孝之朔，岂惟无两朱子？将孔曾天地，尚非两人。溯身之初，无论身附朱子，即孔曾天地尚非两身，而子鸿何虑其僭耶？三才不一，不能尽其才；三极不一，不能用其极。神明本通，安所取疏凿之力而始通乎！当是时，东越俎豆、孔庭国学、剞劂正义、西清东壁，咸列是经。岂其必家塾？而圣天子陈之经筵，从容留览，正子渐质成之会，岂其必疑之，质孝且达矣！虽然，熙尤欲以国人之敬，敬子渐也。太极遗体，是曰吾身，守之则名，希孟子诚之则名，希子思修之则名，希曾子立之则名，希孔子尚思扬名哉！四子一身也。守即诚也，诚即修也，修即立也，名即实也，实即孝也，孝即学也。斋戒以神明其德，在子渐之益致其知、益力其学也。

万历丙戌冬日，钱塘后学虞淳熙稽首拜书。

1．本文录自明朱鸿编《孝经总类 · 酉集》，明吕维祺撰《孝经大全》卷二十二载此文，题为"孝经跋"，见《续修四库全书》第151册。

古文羽翼孝经姓氏

明朱鸿撰。

古文羽翼孝经姓氏[1]

明 · 朱鸿

鸿尝慨宋执政金陵王公奏定科制，黜《孝经》不用，湮没至今五百余年，是以潜心笃志，汇集古今诸说，欲阐明是经，以公同好。但世远经残，仅得宋元板朱、吴解订者三卷。既而博求历代所解之明白显易者，并鸿《家塾孝经》《古文直解》附《质疑》《臆说大旨》，共十卷。又集《经书孝语》、虞氏《孝经集灵》共二卷，不敢私藏，俱付诸梓以发端倪，尚虑微言奥旨，郁而未宣，倘沐四方积书，高贤增益，以补是集之未尽者，发明圣训，羽翼遗经，上以继明王孝治之隆，下以遂天下和平之愿，讵非人生一大快哉！其所集《羽翼姓氏》，尚多遗漏颠倒，俟再考定另梓。

仁和后学朱鸿顿首拜撰。

古文羽翼孝经姓氏跋[2]

明 · 虞淳熙[3]

此朱子渐丐《孝经》诸疏语也。昔浣花叟丐一丝两丝，无补先王之法服；倘仁孝君子惠子渐一卷两卷，先王之法言满天下矣。且悬金而购者，洁士耻负书趋之，子渐特嗫嗒以丐尔。即授万卷不为贪，独不问王渐沿门诵义，尹梦龙散于本乡人者乎？语云：重里非一狐之腋，愿相与成焉。所胪姓氏，多未尽。

1．本文录自明朱鸿编《孝经总类》子集《古文羽翼孝经姓氏》。

2．本文录自明朱鸿编《孝经总类》子集《古文羽翼孝经姓氏》。

3．虞淳熙（1553—1621）：字长孺，浙江钱塘人。万历十一年（1583）进士，曾任兵部职方司主事、礼部员外郎等职。著有《虞德园集》《孝经迩言》《孝经集灵》《从今文孝经说》等。

盖唐开、宝时，已满百家。越人何知章甫，第予之而已。虽然，朱子渐纯孝光于四海，四海之内各以其书来集，斯无所不通之常经。余何言哉！

万历丙戌孟秋，庐中人虞淳熙稽首跋。

家塾孝经

明朱鸿撰。此书又名《家塾集解》，即《明史·艺文志》所载"朱鸿《集解》"。

刻孝经序[1]

明·陈善[2]

闻之曰：饮江河者莫测其量，绘天地者实难为容。旨言哉，则孝之属是矣！夫江河人人饮之，顾未有涸，其流者以江河本无涘也。孝之道人人能言之，苟俗竟其义，即舜、文犹深避焉。此无他，亲恩罔极，而孝之道何可极也。是故巨灵、河伯不能测江河之深，虞舜、周文不能竟事亲之理。然则圣人所为垂世立教，首揭天常以提撕万世之聋聩者，亦因人阐义耳！若将曰"吾姑执此为矇士指南"，则人之感南陔眷流景者，将无示此为蒿矢乎！

昔者孔子以宇宙之精神泄诸六经，而《孝经》一书独举而属诸曾子舆氏。夫岂独为五等立则哉！孝之道，置之而塞天地。言孝，则天下之道举之矣！故惟子舆氏亲领其传。卒之得与圣道者，即子舆氏也。故曰"言孝则天下之道举之矣"。其书有今文、古文，更周汉以后诸儒诠次考订，予皆不及深辨。武林朱子渐鸿者，以孝闻。乃独潜心是编，特为释义寿梓，而恳予为序。

夫孝之道，即舜、文不能究而欲问序于予，是绘天地之类也。虽然举世莽莽而子渐独留意是编，使人人尽朱君所为，即比屋可旌焉。视彼济恶不才者，

1．本文录自明朱鸿编《孝经总类·巳集》。

2．陈善（1514—1589）：字思敬，号敬亭，钱塘人。明嘉靖二十年进士，初授歙县知县，后历仕云南按察副使、滇南督学、云南右参政，仕至云南左布政使。著作颇丰，有《杭州府志》《黔南类编》等传世。

何如哉！《诗》曰："孝子不匮，永锡尔类。"藉令诵法圣经者，因斯刻而广孺慕焉，其为锡类不已多乎！予所持以报子渐氏请者以此，若忘两仪之大而妄施丹臒，则吾岂敢。

后学钱塘陈善撰。

家塾孝经序[1]

明 · 褚相[2]

《家塾孝经》一卷，吾郡文学朱君子渐撰次也。朱君每过予而请益，予曰："思深哉，其旨渊乎！微矣！昔闻之，夫子云'吾志在《春秋》，行在《孝经》'。夫《春秋》传心之典，《孝经》率性之谟。志与行俱，罔非尽性。"矧《孝经》，尤先王至德要道，有生之人纪天常，无论圣狂贵贱，日夕所当讲究而服行者。故吾夫子以孝思无穷之心，聚百顺有觉之行，凡见于迪德明伦而博施不匮者，若揭日月于中天。当时及门之士，亦非不众且贤。至于独绍心传，仅一纯孝之曾子，则其意概可想见已乎？然即其问答，更端自天子以至庶人，亹亹数百言，悉皆阐吾天性之叙，秩人情之节文，而大顺充盈。上有以通神明，下有以光四海；近有以淑当时，远有以宪万世。懿哉！圣人立行之宏谟也。奈世遂经残，竟厄于嬴炉，凿于汉疏，舛驳于有唐之百家，虽以宋晦庵、草庐二先生之《刊误》《考订》，其理非不灿然可述，而被世儒纷纷各售己见，分章传释，今古异同之辨，亦未见有涣然自信者。

今朱君自肄习诸生时，遂潜玩此经，敦崇孝行，且深有慕于王文成公致良知之学，尝质予曰："文成良知之教，欲人反求天性，而孝之大旨冥会无遗。鸿将据吾知以质经之疑，会本文以求说之正，先生以为何如？"予曰："可哉，盖道公天下，苟出于公，虽一家之诵习，不为私；学贵心融，苟得于心，虽一人之辨核，不为异。子能即心揆理，以探全经，庶亦无愧于致知之教也已！"朱君闻予言，遂跃然曰："命之矣！鸿也虽不敢以言自附，尚期毋忘先生之训。"

1．本文录自明朱鸿编《孝经总类 · 巳集》。

2．褚相：生卒年不详。海宁人，明世宗嘉靖二十二年进士，曾官饶州同知、霍州知州，著有《山居三集》等。

时万历癸未岁季秋吉旦，海昌八十翁元泉褚相识。

重刻孝经序[1]

明 · 赵应元[2]

余不佞曩与朱子渐氏为同舍生，同舍生高子渐经术。子渐幼有至性，日严二亲，称纯孝。同舍生高子渐行谊，以闻有司。于是有司举功令尊上子渐冠帻粟帛、乡饮祭酒，榜称孝子云。孝子既被名宠，益跼蹐不敢安，叹曰："夫所谓孝者，谈何容易。"乃取《孝经》昼夜读之，务精研其义。因考《孝经》所以流传人间之自，及不列刻学宫之故，中间自汉以来诸家厘正之是非，铨次之先后。或离或合，可信可疑，灿然复明于世。且删疑存信，亲加训诂，命曰《家塾孝经》。终焉孝子之用心，亦勤矣哉！

书既成，同志之大夫、士脍炙之。会中丞台温公、学使苏公鉴赏不已，序弁首，简称《孝经指南》。不佞亦以孝子之书必传也，何故？谈说经史，莫盛世于汉儒。当是时，朝廷设射策之科，开禄利之路，士故争置力焉。夷考一时说经诸儒，罕有以孝廉察举者，亦空言耳！今孝子之书非徒言之，实允蹈之言出于允蹈者切切，故爱书出于共爱者传，传故远。即以孝子之书垂之百世，百世之人心，有不如今之大夫士脍炙孝子者哉！

孝子尝与不佞论《孝经》始末，娓娓千言不休。不佞曰："忠孝一理，孝子何不取所谓《忠经》者赞一词焉？"孝子笑曰："《忠经》，亦汉儒傅会之书，其言浅陋，何可与孔曾同日论。《忠经》何在？即《春秋》是已。心法严谨，凛如衮钺，所以教天下万世之为人臣者，孰有忠如《春秋》者乎？"不佞退而服孝子有见。孝子久不就有司征辟，荏苒白首，卒竖不朽事业，与其名俱著于无穷。孝子之贤，加人一等矣！

万历丁亥四月朔日，同邑后学赵应元撰。

1．本文录自明朱鸿编《孝经总类 · 巳集》。

2．赵应元：生卒年不详，仁和人。明嘉靖四十一年进士，曾仕溧阳知县。

家塾孝经题辞[1]

明 · 朱鸿

粤惟隆古，蓁蓁伾伾，民风沕穆，率由赋予，其于因心事养之道，殆不俟训导启迪，耳提面命，咸肫肫然。自孩提以至白首一也，自天子以至庶人一也，自荒服以至华夏一也。方其时，国无戎、家无师，翕然而大同，孝悌者，比户也。迨夫淳者漓，朴者散，役物而澌天，诱知而斩性，膝下之爱，百顺之节，不必于少艾妻子、仕君之慕夺之，而童年废弛者，亦有之也。

噫嘻！吾夫子者，作事删述于六经，开群蒙于万古，首惧夫百行之原不明，则万化之基弗立于焉。因一贯既传之暇，发因心不匮之理，列五等之殊用，原一本之始终，言微而著，词约而章，诚千载事亲之法程，万祀子职于龟鉴。惜乎旨远义渊，又经嬴烬出辟之残，已失圣蕴。且习矣而不察，口诵者未必心欢，则夫子之言，不托诸虚者几希矣！由周迄今，千百余岁，汉唐诸儒，非不辨论，而训诂有所未及。仁和朱子渐，提抱知爱，克笃因心，暨壮至兹，永言勿替，尽一己之顺德，思锡类以贻谋。竭力之余，研精圣奥，句释节解，以发渊微。据经义而不宣，其于诸说之同异、得失，概无论也，已名之曰《家塾孝经》。夫经，圣言也。而以《家塾》名，其夫子窃比老彭之意乎？抑亦子渐私为家训乎？

嗟夫！经者，古今不易之常也；孝者，吾人天性之良也。垂之自夫子，述之自曾子，诵之者维而行、习而察，则由家以及其国，由其国以及天下。凡有血气，莫不因心。则所以上翼我明列祖以孝治天下之化者，未必无补也。子渐又焉得而私诸？

自汉迄今，传《孝经》者各自名家，奚啻百十？皆发先蕴，启后学尔。独《今文直解》不名，《家塾题辞》不名，殆恐言不能尽，是以讳之。鸿特阐其意云。

1．本文录自明朱鸿编《孝经总类 · 巳集》。

家塾孝经跋[1]

明 · 朱鸿

鸿传次《家塾孝经》以诲儿曹，诚一人之蠡见也。近同志欲梓之，以求正于有道。其章第、传释，先正已言之详矣！鸿岂敢赘，但圣言广大精微，道彻上下，若分析摘释，未免得此遗彼。善学者第于编辑之先后，而详究默察焉，则圣经之旨趣，思过半矣！

家塾孝经后序[2]

明 · 钱正志[3]

夫圣言宏邃，匪精诚神悟，莫或契其旨；众论纷赜，匪博综玄览，孰能究其归？窃见夫后之传经者，掇拾未得其详，考释弗求其当，臆管横参，专门自擅，罔知取材千腋以成裘，每以窥豹一班而自蔽。无惑乎经之日以晦，而道之日以湮也。《孝经》授受于孔、曾而厄于秦，幸存于孔壁而出于汉。自后诸儒，解释代有，训疏篇章，互更后先，见时有殊，求明无二。世之学者视为几近，而遗忽罔尊者众矣！

吾乡渐逵朱先生者，家君笔砚之石交，武林逢掖之翘楚也。幼孤力学，孝义著闻。早涉名场，默尔辞荣于圣世；晚逃俗学，奋然私淑于阳明。父母昆弟国人殊无间言，当代名公巨卿特加奖异。志也，幸获抠趋，时聆雅诲。乃于清燕之下，手出《家塾孝经》。质疑有述，疏义有稿，诵之则亲切简明，察之诚真修实践。猥以鄙人，获闻圣门奥旨，先生之发吾履也，何其大哉！

噫！是书也，一理灿然，群蒙发若，还淳风于末俗，炳大义于将来，诚立言之弘致，不朽之盛轨也。且不当私之于家，而梓之以公于世，其嘉惠之心何如耶！先生矍然起谢曰："如君言，则吾岂敢。若质之大君子以订可否，则吾之愿也。"敬书于末简。

万历癸未九月重阳日，仁和后学钱正志顿首书。

1．本文录自明朱鸿编《孝经总类 · 巳集》。
2．本文录自明朱鸿编《孝经总类 · 巳集》。
3．钱正志：生卒年不详。仁和人，明神宗万历四年进士，曾为福建罗源知县、永福县知县、沔阳知州。

第六卷　明之卷（三）

古文孝经直解

明朱鸿撰。又称《孝经古文直解》。

孝经古文直解序[1]

明 · 沈淮

淮窃窥一元有顺机、三才无逆运。天之所以五行循辙、四序合宜、雨旸时若者，以顺也。地之所以山不至童、川不至沸、陵谷不至易位者，以顺也。民之所以协于性、若于伦而遵道、遵路者，亦以顺也。顺惟何居，曰“孝而已”。孝，顺德也，天之经也，地之义也，民之行也。《经》云“先王有至德要道，以顺天下”，然则圣人因性立教，而能通神明、光四海者，亦惟本诸天地而已矣。故《经》又云“圣人则天之明，因地之义，以顺天下”，是天地所以成化，圣人所以成能，畴非由斯顺哉！是以平章根于亲、睦于变、始于底豫，六州心向四海永清，基之于三朝继述之善。嗣是而往，凡其治少臻隆、化少媲古，为一代称美者，均之乎根天、性本、顺德以御其世耳。自夫孝不明而顺德塞，顺德塞而教化湮，正所谓以顺则逆民无则矣！何惑乎治之不古若哉？洪维我太祖高皇帝，辟再造之乾坤，整维新之中土。兵以顺动而膻漠净洗，政以顺布而夷夏钦从。立极以孝，贻燕以孝相承，受守画一，益恢天性之良，丕铸子职之范，浃洽既久，大顺成风，虽顽鲸跳梁而群黎按堵，虽凶岁迭遇而百姓乂安。所谓乘隙构乱者，孰萌芽哉！我明之治远追上古，近超百王，极盛而莫逾者，乃孝治天下之明证大验也。甚哉！孝乎广矣、大矣，不可以近小窥矣！兹固孔子传经奥旨，非践其实、察其深者，何以能测识乎？

余友朱君鸿，事亲之余，搜研经义，订正古今之文，辑录经书之语，酌己见，质事实，汇以成帙，欲俾家诵户读。夫若是，则岂特发良性于蒙幼之天耶！所以续孔曾之心法，泄一元之几，推三才之原而明治平之道者，胥是帙也。其于天下国家之化，宁无小补云，予不敏，窃敢以此为朱氏子渐发。

仁和后学三洲沈淮撰。

1．本文录自明朱鸿编《孝经总类 · 未集》。

古文孝经直解引[1]

明 · 朱鸿

是编大旨明夫子重孝治之意而作，非专指人子事亲一节而言。后世惟以事亲之道解之，故有纷纷疑议。盍不思夫子以《孝经》属参，开口便说“先王有至德要道，以顺天下，民用和睦”等语，分明为三者言，何尝特为人子语？及蒙稚习读者，详之。

孝经古文直解后语[2]

明 · 朱鸿

求圣人之心于词章、言语之间，而不究圣人之心于词章、言语之外，譬之玩春郊品卉之丽曰“色色象象化工之神如此也，红紫菁绿化工之巧如此也”，而不知化不外于一机运之耳。圣人之言，如骊珠盛于玉盘，秋蟾悬于晴空，绿萍结于春沚，活泼不拘而圆融之体自若，照辙不遗而贞明之质自如，聚散不一而完合之势自常。苟徒以其词焉剖圆析明而分其聚，则圣心遂湮没溺沉，寥寥千古矣！

孔子语孝一经，分殊理一，虽有五等、三才、始终之异，而其要归不过于一性天尽矣，其旨趣不过一治平尽矣。以吾夫子先知先觉之良，为愚夫愚妇之训，教化率若决洪流于下，顺行而莫御也。故曰：“先王有至德要道，以顺天下，民用和睦、上下无怨”，则君身其原乎？是经与明德九经相表里，一脉沌沦，不可殊测，列第分章，殆非圣诀。虽然鸿谫陋晚学，不过隙见，敢议先哲之得失哉？乃窃妄僭以古今之文更订，以经书之语选集《总类》，以《直解》发孔蕴，以事实表曾行，自期不以玩春郊者蹈其辙，而以求心印者殚其精。庶于子职之供，或可少广；而于圣君贤相之化，或可默助万一云尔。若夫曰：“知孝之原，得孝之旨，而为继述之大孝”，则固巨儒硕哲在也。鸿岂敢拟哉！鸿岂敢拟哉！

万历戊子季冬朔日，后学朱鸿顿首识。

1．本文录自明朱鸿编《孝经总类 · 未集》。
2．本文录自明朱鸿编《孝经总类 · 未集》。

纂辑孝经记[1]

明 · 朱鸿

鸿与初阳孙氏校订《古文孝经》告成，文庙适遇一山人，语鸿曰："孔圣传《孝经》，曾参得其真窍。真窍孰可窥？切要属理道，二帝与三王治平从兹造世。视儿曹谭白首无识奥，致彼孔曾言浮沤荡海峤嗟。子究经典，潜心加笃好，广览更博求，解释择繁要，泄却天地精，纤细而宏浩。心法并道法，两在无亏耗，宜布以传。"鸿拜而受之，备陈于孙大夫，更询所谓"理道"二字，孙大夫曰："理，即治也。玄宗御制序曰'昔者明王之以孝理天下也'，易'治'为'理'。"今山人之辞，简而达，直而邃，圣贤微言，从兹始发，是殆通万古之心径，醒千年之醉魔者也，夫岂尘寰凡语也哉！且正协我明今日以孝治天下之会也。梓之简末，以告同志。

万历己丑孟春吉日，朱鸿识。

刻孝经跋[2]

明 · 郭孝

《孝经》一书，孔曾亲相授受，以著五等之孝，修人纪、肇化原者也。汉唐刻石学宫，曷尝不与六籍并重哉！宋宰执以经义试士，黜而不讲，陵夷数百年来，学者视之不啻若弁髦已夫！子不云乎："吾志在《春秋》，行在《孝经》。"夫《春秋》，孔子之刑书也；《孝经》，孔子之德教也。昔尝并黜于王氏，今《春秋》与四经并列为五，而《孝经》仅为家塾童子之习，是使后世徒见圣人之志而不见圣人之行也，顾不谬哉！吾杭朱子渐氏，事母尝以孝闻。其于是经，殚心尤切，上下有四百年间，凡诸儒训诂罔不搜而辑之，分章析句、剖定疑讹，间亦附以己意，必求至当，俾不背于孔曾传习之旨，用心亦良苦矣！一时钜公名士翕然表章，诵法无已。意者《孝经》其有兴乎？昔圣经尝

1．本文录自明朱鸿编《孝经总类 · 未集》。

2．郭孝：生卒不详，字可忠，浙江仁和人。嘉靖三十八进士。曾仕任刑部主事、江西按察使右参政、福建按察使左参政，以贵州按察使致仕。

遭秦火，齐鲁诸生识而存之，赖以不坠。左氏逸礼诸传，非得刘歆移书太常，安能家传人诵，揭日月而行乎？由兹以谈，则表遗经、继绝学，固后死者得与于斯文也。傥《孝经》有兴，朱氏之功岂在齐鲁诸生后哉？余授而读之，有深望焉，漫缀数言于简末。

万历丙戌仲冬朔，仁和后学郭孝谨跋。

今文孝经直解

明佚名撰，金舜臣刻。金舜臣：生卒不详，明弘治年间，曾任卫辉知府。

今文孝经直解跋[1]

明 · 朱鸿

愚幸得河东金氏舜臣所刊印本《孝经直解》，简易明切，捧诵不舍，特录锓梓。正德甲戌重刊，不知解者名氏，翻刻者只有马平扶、安静斋、乐天三图记。鸿恐久而散失，再梓以广其传。

经书孝语

明朱鸿撰。又称《五经四书孝语》，取五经四书内与孝道相关之语，条记句录，集为一书。朱鸿云："世之肄举子业者，专于一经；习家人业者，杂于博览，故汇辑以便诵习。俾凡为人子者，一展卷而可尽得之。"

1．本文录自明朱鸿编《孝经总类 · 丑集》。

经书孝语叙[1]

明 · 沈诏[2]

窃惟道原于天，孝根于性，其论尚已。然圣贤，斯人楷范。经书，斯世法程。后之学者，求道弗遵圣贤则真体漓，致孝弗究经书则昭鉴弛，其亵天戕性也甚矣！学奚取焉！

惟余朱友子渐氏，赋质纯，秉性孝。幼综文艺，长笃彝伦。每于明窗净几翻阅经书，凡涉奉亲系子道者，靡不殚思，或著简篇，或铭座右，沉潜玩味，务砥躬行。至《孝经》大义，尤剧精研，探百家、订今古，剔诸儒异同，辑孔曾旧本，宛尔洙泗亲相授受也。集成锓遗家塾。一旦幡然谓余曰："《孝经》固经书本源，余所辑孝语，谓非《孝经》流派耶？何嫌断简片词，取发颛蒙焉耳！"余韪之，肆为校正。

是故，观孝于《易》，阐四圣精意；观孝于《诗》，摅二南化原；观孝于《书》，亲睦者必录；观孝于《礼》，爱敬者必集；观孝于《春秋》，悖逆者必惩；观孝于《论》《孟》，圣贤教诏之旨详；观孝于《学》《庸》，帝王继述之义晰。虽豹窥一斑而至文寓，脔鼎一胾而至味存，所以鼓芳风、挽颓俗、迪良心、距诐行者，娓娓可诵。卓哉，后学筌蹄也，裨益世教，宁浅鲜耶？余不佞，窃喜子渐善广孝也，敬为叙诸简端。

万历乙酉仲冬上瀚，仁和沈诏撰。

题经书孝语后[3]

明 · 朱鸿

《经书孝语》既集，有客过，鸿谓之曰："孝有全经矣，是可无集也？""集是者，抑以经有未足，而益之以此欤？"鸿敛手谢曰："非然也。孝固原于天性之赋予，根于良心之同然，而其所以感发兴起，勃不可遏者，恒

1．本文录自明朱鸿编《孝经总类 · 戊集》。
2．沈诏：生卒年不详。号龙洲，仁和人。明世宗嘉靖十六年进士，曾任湖口县令、怀集县知县。
3．本文录自明朱鸿编《孝经总类 · 戊集》。

于哲言善行得之。第散滂于经，流衍于书，世之肄举子事者，拘于一经；习家人业者，艰于博览。则孝之著载典籍，岂能一一识哉？鸿为此惧，蚤夜殚思，故掇拾其关于孝者，条记句录，择以成帙。俾凡为人子者，一展简而尽得。犹之乎游都市中，天下奇珍巨宝一阅在目。盖不必郡询邑采，为奔走劳矣！且《易》明阴阳，《书》道政事，《诗》理性情，《春秋》公赏罚，《礼》以谨节文，孔门传授心法，均于孝之一行加谆切焉。是可见其塞天地，通鬼神，弘乎六合，贯乎今古，合乎圣凡贵贱，齐乎生死存亡，无或间焉者也！是集与经相为表里，本之以《孝经》，参之以经书之语，可为一大快也。法二帝三王，师圣君哲相，体孔门心法，则孝思无余蕴矣！此所谓由象识心、得心忘象，鸿之所望于天下后世者也。若徒曰不烦涉猎，省于搜检，但资几席之耳目，则是集诚可已也。岂鸿之素愿哉！不知客为鸿言何如？”

录于篇末，俟有道者教之。

仁和后学朱鸿谨撰，男存诚顿首书。

曾子孝实

明朱鸿撰。

曾子孝实序[1]

明 · 沈淮

《论语》云“参也鲁”，乃圣道之传，竟以属参。而参之学，本源则孝为之也。故吾夫子叙五等之孝，独呼参而详语之以此。乃曾子门人，又各以其平日所闻于夫子之言，印正而发明之，而经始全矣！未几，遭秦焚酷，此经幸存而错简。嗣后，各以己见颠倒，而大旨遂裂。余为此惧，乃窃窥当时之意，冒为订次，成《会通》一书，如梦中接孔曾而亲承其謦咳也。更续之以渊明《传

1．本文录自明朱鸿编《孝经总类 · 戊集》。

赞》，自以为无复畔矣！朱君子渐复为搜辑《曾子孝实》，以附于后。犹之乎万水朝宗于海，名之曰海，谓之非水，不可也；日月星辰丽乎天，名之曰日月星辰，谓之非天，不可也。子渐盖笃行君子云，尝以孝著名于时，其亲安之、师友信之，观风者异之，可谓人不间于其父母昆弟之言矣！其在庠校，独潜心则古，凡嘉言善行罔不究心，而于《孝经》一书，尤所注意，反复细绎，盖亦有年。志之所在，学亦因之，思之继夜，得之待旦。既为《集解》，存之家塾以训蒙稚，又为《质疑》，以祛众惑。今复有是集，于以辅翼圣经，开示来学，亦可谓勤且劳矣！

余闻朱君昔尝讲阳明之学，从游于东廓诸山龙溪三先生之门，其行其造，渊源有自，故能见其大。如此，是可以与《孝经》并传无疑矣！

万历乙酉季春望日，仁和后学三洲居士沈淮伯徵父撰。

曾子孝实叙[1]

明 · 朱鸿

慨昔圣逖经残，人心不古，皆由民俗习尚使然。为人父者罔思圣人因亲教爱、因严教敬，于子幼时，即纵其气质之性，而习染尤剧。及稍长，惟诱以名利声华。既而师友则一切训诂文词，至于孝行德艺邈乎，蔑之有闻。噫！奚惑于世道人心之不古若也。鸿恨末学无知，窃于《孝经》大旨，每每佩读有深慕焉者。兹敬翻刻《孝经》数卷而附《曾子孝行事实》，以求四方大君子共订之。且亦尝庄诵我高皇首以孝顺父母为训，成祖以孝顺事实颁行天下，列圣相传，益隆启迪，将俾世之为人父人子者，各濯乃旧染之污，进以维新之德，俾《孝经》习玩于前，孝顺事实敬览于后，务期真修实践，人人复游于大顺太和之化，庶上不负圣王谆切之盛心，下皆成比屋可封之美俗，不亦伟哉！

仁和后学朱鸿撰。

1．本文录自明朱鸿编《孝经总类 · 戊集》。

古文孝经注

明蔡毅中撰。黄虞稷《千顷堂书目》载："蔡毅中《注古文孝经》，注：万历中进呈。"朱彝尊《经义考》载："蔡氏毅中《古文孝经注》一卷，存。"蔡毅中（1548—1631），字宏甫，号濮阳，河南光山人。明神宗万历二十九年进士，授翰林院庶吉士。明熹宗时曾为国子监祭酒、礼部右侍郎。因弹劾魏忠贤，罢职归，卒赠礼部尚书。万历四十年注《孝经》，进呈朝廷。

进古文孝经注表[1]

明 · 蔡毅中

圣主承乾百行，惟先于立孝；明王保养万儿，莫要于尊经。衍孔壁之真传，证唐皇所谬尚，事如有待，道不虚行。臣诚惶诚恐，稽首顿首。窃以《孝经》一篇，乃六经总会，而分章十八，则诸子传讹。盖自秦火既灰，原经藏于孔壁。迨汉初弛禁，今文先出，颜芝、孔惠继来，方献全经之宝。后苍已误，谬称玄、晏之疏，颜、孔并行，鱼珠无辨。及鲁恭得古文于孔壁，与惠只字佥同，而安国注惠本以正颜，则阙《闺门》一节，且乖引证，更妄分章，人遂遵古而非今，世将行孔以废郑。未几，安国与难，其注未行。嗣后刘向校雠，惟郑是尚，相沿六朝五代，郑、孔注并立学官。比及大建贞观科目，家独尊孔氏，奈何明皇自称稽古，命诸儒考正异同。而马贞排嫉子玄，以分章定为绳尺。尊唐一序，流赝三朝。司马光曾进呈古文，而阻于新法。朱仲晦晚为《刊误》，而未逮先资。故高皇表章六经，谓《孝经》非孔壁全书，学校未以设官，科贡不行取士。固彼时天开草昧，亦诸臣日昃未遑。兹盖伏遇皇帝陛下，敦孝格天，横经驭世，顺德洽两宫，五十年九有（有，《四库全书》本作"月"），庆雍熙之治盛。年当万历四十载，八荒济仁覆之休，萃尊富享保于圣人；重华再见，凝禄位名寿于大德。历代希闻，皆本大孝之推，实是尊经所致。然教民孝，须令天下咸睹《孝经大全》，广布《孝经》，当进壁传与六经为伍。慨遗经淹没，自炎汉至斯，本初刘向群儒之差，终归开元诸臣之罪也。

1．本文录自清朱彝尊《经义考》卷二二九，题目为编者所加。

臣世颂古文，家传缮本，生平所学，惟在此书。前叨词馆四祀，加意编摩，即放邱壑。入秋，更加考定，证今文之谬误，加古义以注疏。经文自有后先，古本原无脱落。首五言孝引起，原以《诗》《书》，次三发端随问，咸归旨趣。各因诸家之注，裁成易简之章，庶古义粲然复明，圣经靡有阙失矣。

伏愿皇上悉加电览，统赐圣裁，如果壁经当尊，臣注当采，乞勒词林儒硕，令之广博考稽，俾经筵日以进呈，而科贡用之取士。仍希宸翰题序永传，则皇上锡类之孝，上塞天而下塞地，正经之功，前无古而后无今矣。臣无任瞻天仰圣，激切屏营之至。谨以《孝经集注》一部，随表上进以闻。

刻汪子手持孝经

撰者不详。

书刻汪子手持孝经赞[1]

明 · 邹元标

孝者，学也；学者，觉也；经者，径也、路也。以孝为径、路、天，民先觉实不越此。世有疑尧舜之道不尽于孝弟，是恶知孝弟配天地、参三光、亘万古。尧舜而在今日，尽孝弟宁有穷时？性中只有不足。故夫子曰：“有所不足，不敢不勉”，此是实语。或又以夫子为谦辞，此不知自性，又恶知夫子知性者！生生世世，只有此一路，再无有尽万分之一处，宜君畴三复数年躬为之赞也。嗟乎！天下有一人不明此学，果可谓我之孝乎？古人欲明明德于天下者，正如此义。

1．本文录自明邹元标《愿学集》卷八，见《四库全书 · 集部 · 别集类 · 愿学集》。

孝经迩言

明虞淳熙撰。《明史 · 艺文志》著录："虞淳熙《孝经迩言》九卷"，黄虞稷《千顷堂书目》载："虞淳熙《孝经迩言》九卷，又《孝经集灵》一卷"。清朱彝尊《经义考》载："虞氏淳熙《孝经迩言》九卷，未见。"

孝经迩言跋[1]

明 · 朱鸿

古今羽翼《孝经》者，几三百家，表率播传者五七百卷，皆由秦始焚灭而各加考订之者。独荆公执政卑视此经，不列学官，不取试士，世远教湮，人鲜诵习，而流传亦罕。鸿为此惧，广求博采，止据成帙者三四十卷，残篇断简五七千言，日夕究思。仅梓先儒订正之文五卷，以为之兆，将期名贤递相羽翼，续微言、明大义也。顾下里鄙人，徒传糟粕，乃劝虞长孺氏出迩言阐之，复求初阳孙氏反复研究为详说之。自有二氏，而古文、今文之疑释，人子可力行矣！虽与鸿指小异，而今颇为详善。惟冀崇本君子，力共阐明，则一本立而万化生，雍熙和睦之风，不将流布于寰宇哉！

噫嘻！曾氏得夫子之传，衍孝道之大曰：塞天地，横四海，彻贯古今，放无不准。今虞君建全孝宗传二图，立提纲、汇目等语，倘亦得曾氏之传耶，非耶？希大孝者，幸致察焉。

仁和朱鸿谨识。

刻孝经跋

明闵洪学撰。闵洪学：字周先，浙江乌程人，万历二十六年进士。曾任江西道按察使、明光宗泰昌间任福建左布政使，崇祯间曾仕为云南巡抚，官至吏部尚书。

1．本文录自明朱鸿编《孝经总类 · 申集》。

刻孝经跋[1]

明 · 闵洪学

有味乎孟氏之言曰：“人人亲其亲、长其长而天下平。”凡天地间有待安排，有费辞说，一人知不必人人共知，一人能不必人人共能，此于道不可谓自然，于人便非亲切，于世为可有可无之物，以之立教不免离合参差。有作而不必应，有唱而不必和，平天下者不道也。若夫亲亲、长长则不然，人不生空桑，堕地即有父母，此无待而然者也。有父母即痛痒关切，孩之而笑、疾痛而呼，又莫不然而莫知所以然者也。无贤不肖，无知愚，亦无贵贱贫富，亦不必依傍名理，亦不必转相借贷，随取随足，至易至简。尝试尽一世之人而诘之：有一人焉能脱离父母、不属于毛、不离于裹者乎？

姑举事父母诸事，如朝夕温凊、视膳问安、负米扇枕之汇，设身处地有一可自谓不能者乎？虽田夫野叟、儿童妇女、生未识字之人，但闻说孝弟等事，靡不心开目明，手舞足蹈。即世间一种下愚丧心灭性，举人世上名义、礼法俱于彼似不相关涉，一切入之不得。但使有人焉偲偲切切，直提以身所从来，亦必隐隐若刺肉颤心战，瞿然悚然，不自知赧赮发乎面、汗发乎背，彷徨而无以自容。借曰：不然，必非范人之形而可耳，此无他，所谓刺顶得血着其痛处，不觉哑然失声。该招不孝者而归诸孝，招不弟者而归诸弟，亦如呼行者而使之归，无不望见城邑，涕泗悲号者矣！

昔孔子尝曰“吾志在《春秋》，行在《孝经》”，《孝经》与《春秋》相表里，固经世之书尔。

刻孝经跋

明 · 陈于廷[2]

夫孝，人子之极思也。思则至性郁勃，无待也。待训戒丁宁乎？待训戒丁

1．本文录自明吕维祺撰《孝经大全》卷二十二《跋》。

2．陈于廷：生卒不详，字孟谔，宜兴人。万历二十三年进士。历万历至崇祯四朝，累官至左都御史，明末东林党著名人物。南明福王时赠少保。

宁而后萌，又恶在为孝思也。噫！不然也。自先王之道不明，而师失其所以教，弟子失其所以学。天经地义，晦蚀澌灭。膝下依依，真意转入百千万亿之情识，如少艾妻子得君种种，移其慕父母之良，而至违禽兽不远，夫违禽兽则诚不远矣！脱斯时而有介乎其侧者，告之曰："吾犹臆尔父母之腹尔者，奚若也？其宁自馁而饲尔，宁自冻而燠尔，宁自瘁而忧尔者，奚若也？有不怳遇其膝下之真而潸然泪下者乎？"又告之曰："吾犹臆尔父母睊睊，其目望逮尔一日之养者，奚若也？尔幸有今日，乃向之睊睊者，曾能以粒粟寸丝甘其口而温其肤否也，又有不泫然涕泫，若不能须臾视息于人世者乎？"凡此，则有待而萌者耳，何况圣经洋洋群籍，炳炳发皇。

夫至德要道之微，而指陈夫大人赤子之体者，尧舜孝弟，宛在庭除，亲长、平天下灿若指掌，又不有贤愚共其触发而贵贱同其悲感者哉！顾尝论之孝一也。有及亲之孝、有尽己之孝，殁而祭、祭而哀，直尽已焉耳。舜孝之大，大于以天下养也；曾参之孝之纯，纯于养志、养口体两无憾也。噫！真子道之盛也！负米兴恨，风木衔悲，虽凄恻千古，于亲何及哉？欧阳子曰："祭而丰，不如养之薄也。"余读其言，而怆然悲心焉。夫自天子至庶人，其随分得为者，皆可及吾亲。乃或大言曰："吾且为显扬为大孝，而区区口体弗遑留意。"嗟嗟！曾口体之养弗切而有真显扬者乎？文王之为世子也，朝于寝门日三。食上，必视寒暖之节；食下，必问所膳。彼至圣之孝而犹若是。盖膝下爱漓掀揭宇宙皆愧端也，孩提慕永勋华事业犹一叹也。古人不以三公易一日之养，而啜菽饮水务尽其欢，即泣竹剖冰屡标其异，岂非生前聚顺之为真，而勿使有后日之恨哉！余故愿今之读是书者，毋远求，即自温凊菽水始。

夫经之言孝，终始显微，靡所不及，乃余若有意乎其近者，何也？则欲使今之人人入门可致，随有无可勉与后日，而思其居处、思其嗜欲，固不如今日者之遂得致于吾亲也。又况即此一念，忠移君、弟移长、治移官，五孝之用虽别，而百行之原不殊。塞天地、横四海，又岂迂乎哉！

余故从至性郁勃中，亟导其近且易者，即与哀是书者婆心一耳。

孝经本义

明吕维祺撰。《明史·艺文志》著录有“吕维祺《孝经本义》二卷、《孝经大全》二十八卷、《或问》三卷”，黄虞稷《千顷堂书目》载：“吕维祺《孝经本义》二卷，又《孝经大全》二十八卷，《或问》三卷，又《孝经衍义》”。吕维祺（1578—1641）：字介孺，号豫石，河南新安人。万历四十一年进士，始授兖州推官，擢至吏部主事。光宗、熹宗时，曾上疏请慎起居、择近侍，防渐杜微，与杨链、左光斗相唱和，历考功文选员外郎、验封郎中，告归。崇祯初，起为尚宝卿，迁太常少卿督四夷馆，擢南京户部右侍郎总督粮储，再升南京兵部尚书参赞机务。后落职为民，李自成破洛阳，被俘不降，被杀。赠太子少保，谥“忠节”。其学以《孝经》为宗，尝言：“一生精神，结聚在《孝经》，二十年潜玩躬行，未尝少怠。”所著有《孝经本义》二卷、《孝经衍义》、《孝经或问》三卷、《孝经大全》《明德堂文集》等。

孝经本义序[1]

明·吕维祺

《孝经》继《春秋》作，盖尧舜以来帝王相传之法，治天下之大经、大本也。此义不明，而天下无学术矣！学术荒，而天下无德教矣！韩愈有言：“尧以是传之舜，舜以是传之禹、汤、文、武、周公、孔子，而不言是为何物？”程子曰：“传孔子之道者，曾子一人而已，而不言所传何事。《孝经》，非孔子之传曾子者乎？”

今夫天地，浑然气耳，而天地之性存焉。元气混沌，孝在其中。父子之道，天性也。性之德有四，而仁为长。大伦有五，而仁之于父子为切。人之行有百，而孝为原。大哉孝乎！天不得，无以为经；地不得，无以为义；人不得，无以为行；帝王不得，无以治天下国家。

昔者，尧之时雍本于亲睦，舜之风动本于克谐，以至三代圣王，莫不以孝为治天下之本。世衰道微，大义日晦，孔子欲以此道治天下，而道不果行，乃

1．本文录自明吕维祺撰《孝经本义》，见《丛书集成初编》第730册《孝经本义及其他五种》。

作《孝经》，以传曾子。意者，谓尧舜以来相传之心法，与治天下之大经、大本，不可一日不明于天下后世，而曾子笃实有孝行，故传曾子，以递传于今。其意与《春秋》相表里。乃或火于秦，纷于汉唐，伪于炫、邵，黜于安石，于是训诂家各出所见，非狃承学，即争窜易。不然，亦衹于家庭问视一节求之，而不知其为帝王相传之心法，与治天下之大经、大本，遂使本旨大义愈不明于天下后世，而明王之治罔闻，富强刑名之学竞起，邪慝祸乱之作交 。呜呼！有如天子躬行此道于上，公卿辅之，教诸侯、大夫、士、庶人，即尧舜之时雍风动，岂在远哉？惜乎！徒托之空言，而不获实见诸行之事也。是故孔子自言曰："吾志在《春秋》，行在《孝经》。"

夫五经不可无《春秋》，犹法律不可无断例也；《春秋》不可无《孝经》，犹洪水之疏、沦、决、排，不可不归诸海也。子舆氏曰："《春秋》，天子之事也。"愚亦曰：《孝经》，天子之事也。《春秋》成而乱臣贼子惧，《孝经》成而察于天地，通于神明，光于四海，其道一也。大哉《孝经》乎！参两仪、长四德、冠五伦，纲维百行，总会六经，继二帝三王之统，以传天下与后世。然则尧舜之传是，孔曾之传宗其物事，盖可思已。昔元隐士钓沧子尝言："圣人之经，安得竟废不行？五百年必有明王在上，兴起振作，表章是经。"今天子天纵大孝，同揆尧舜，而拳拳谕士人习《孝经》。以宋黜《孝经》之年计之，适符五百之期，岂非天哉！

愚不敏，学识浅昧，猥以沉淹潜贯有年，乃敢折衷群言，窃取大义，盖欲发明孔子传尧舜以来相传之心法，与治天下之大经、大本，而不规规于家庭问视之一节。或于孔曾传孝之本旨大义不甚刺谬，而于经文一字不敢移易，慎之也。诚躬逢圣天子，特加意表章，颁之学官，而躬行于上，以明教化于下，由是大义明而学术正，学术正而德教兴。

天地之气，吾之元气；天地之性，吾之至性；尧舜之亲睦克谐，吾之本也；尧舜之钦明温恭，吾本之本也。则凡古明王之以孝治天下者，其仰参天经，俯察地义，幽通神明，远光四海，皆不越因心得之，而又何屑乎富强？何繁乎刑名？何忧乎邪慝祸乱？明乎此，而帝王治天下大经大本，与其所以相传之心法，庶不晦于天下与后世，而学者之从事于孔曾之传者，亦可以足知所本矣！

明崇祯戊寅月正元日，伊洛吕维祺介孺甫序。

孝经本义引[1]

明 · 吕维祺

《说文》：“孝，善事父母者。”《祭统》：“孝者，畜也；经，常也。谓古先圣王，兴道致治之常法也。”《汉 · 艺文志》：“《孝经》者，孔子为曾子陈孝道也。”《纬》云：“孔子七十二，语曾子，著《孝经》。”郑康成曰：“《孝经》者，五经之总会也。”

谨按：何休称“子曰：‘吾志在《春秋》，行在《孝经》。’孔子本欲以孝治天下，一生精神蕴结，全在于此。夹谷、堕费，三月大治，为之兆也。道即不行，故口授曾子，以诏后世。学者要思，使孔子得志行《孝经》得时，其作为如何。”

孝经本义题识[2]

明 · 吕维祺

琼山丘濬曰：“按《孝经》孔曾问答之言，而曾氏门人所记也。首言孝为至德要道，而教之所由生，因孝而推言及悌，盖孝者必悌，未有孝而不悌者也。教以孝，以敬天下之父；孝以悌，以敬天下之兄。敬一人而千万人悦，推其极以至于通神明、光四海，是则孝悌虽曰为治之要道，实人君之至德也。而德之所以为德，则以敬为本焉。”

吕维祺曰：“谨按《孝经》大意，孔子为明先王以孝立教而发。孝，德之本，教所由生，其纲领也。自‘身体发肤’至‘未之有也’，皆言孝德之本，而教在其中。自‘甚哉，孝之大也’至‘名立于后世矣’，皆言教所由生，而本于孝。自‘若夫慈爱、恭敬’至末，复因曾子之问，而推广极言之，无非申德本教生之意。前后语意相承，脉络贯通，而其理至广大，复至精约，真圣人之言也。后儒纷纷致疑，而以意改之，或未揆之理耳。程子曰：‘读书者，当平其心、易其气，阙其疑，则圣人之意可见。’又曰：‘易其心，自见义理，

1．本文录自明吕维祺撰《孝经本义》。
2．本文录自明吕维祺撰《孝经本义》。

只是义理甚分明，如履平坦路。’”

孝经大全

明吕维祺撰。

孝经大全序[1]

清 · 王昊[2]

《孝经大全》者，西洛太傅忠节吕公所辑，而嗣君孝芝、敬芝为排缵其先人遗言，椠版行世者也。

昔吾夫子志在《春秋》，行在《孝经》，因以《春秋》属子夏，《孝经》属曾子。盖《春秋》乃圣人之刑书，《孝经》乃圣人之德教，是二书之在孔门如左右手，然相为用也。自汉唐盛世敦重经术，《孝经》一书诸儒注者百家，所言皆煌然若鼓钟之不可隐，乃至期门羽林、屯营飞骑悉授章句，可谓盛矣！其在一介缝掖之士，用以警世励俗、蒸祥致和，如仇览之化顽、顾欢之郤病，亦往往杂见于诸传记中。大矣哉，孝之为道乎！

逮宋熙宁间，金陵王氏专国变法，以明经取士，而《孝经》遂与《春秋》俱罢，不列学宫。相沿至今，仅为家塾童子所私习。嗟呼！疏进《孝经》者司马涑水也。金陵之罢《孝经》者怼涑水也，怼涑水而并怼其所进之书，盖几几乎怼孔曾矣！不宁惟是，孔曾亦人子也，孔曾而可怼，则是几几乎怼父母矣！废《孝经》而怼父母，此北宋之所以靖康也；昧《春秋》而忘复仇，此南宋之所以德祐也。宋社之屋，非金陵氏之为而谁为耶？迄乎元末，而隐士钓沧子者出，爰著《孝经管见》一书，以为后五百年必有圣王振起，先圣遗经复明于世。或以钓沧子为知数学者，余谓此说非也。《易》曰“无往不复”，夫子删

1．本文录自明吕维祺撰《孝经大全·序》，见《续修四库全书》第151册《经部·孝经类·孝经大全》。
2．王昊：生平不详，琅琊人。

《诗》，系《豳》于十五国风之末，明变之复可正也。大伦不可以终斁，天性不可以终隐，学术不可以终诡，人心不可以终死。然则《孝经》一书，其晦蚀于金陵氏者垂五百年，钓沧子所云殆亦有否极而泰、匪风下泉之思乎？

太傅公当明之末，乃力尊孔曾坠绪，潜心是书三十年，而始阐绎之。《本义》即成，《大全》随辑。其取材也博，其持论也精，订定训解，纲明目张。书成之日，芝十八茎产于庭，盖尝以表章，八要五疏请之于朝，事虽报闻，行之未果，而寇陷西洛，公竟身殉国难矣！夫太傅公以纯孝摅为精忠，其日星河岳之文，正不必以立言传，即以立言传，亦不止《孝经》一书。而本朝受命以来，首崇教孝。恭睹世祖章皇帝简命儒臣，纂修《孝经衍义》，薄海内外固已罔为向风。而今天子御极，又惩制科之弊，黜经义、崇论策，赫然下明诏专举安石奸臣为言。然则圣王孝治，高掩千古，而金陵氏之学术颠倒错谬，为万世人心蠹害，至今日而益可睹矣！其为金陵氏所创造者，今已罢去弗用，则其为先皇所尊尚，而金陵氏所罢去者，庙堂之上亦可以次第而议兴复之矣！而嗣君剞劂其先公之遗书，乃适于是时，然则钓沧子所言，非验于明末，而验于皇清之兴运可知也。太傅公纯孝精忠，前代虽以表襮乎，而其立言遗绪，益昌大于后人今日之手，又可知也。

吾知《孝经》之与《春秋》必相辅以行，而洙泗正统复归伊洛，固有不待卜而自决者矣！至于太傅公之生平，其立朝也则如裴中立、韩稚圭，其死国也则如颜清臣、文宋瑞，朝典家乘、彪炳烜著，苟非聋与聩者孰弗且见之。予小子何人，又安敢赘加称述乎！是为序。

时康熙癸卯除夕前二日，后学琅琊王昊顿首薰沐拜书。

孝经大全序[1]

清 · 计东[2]

戊申初夏，天地清和，日月开朗，吴江计东于广陵旅次，焚香默坐，展河

1．本文录自明吕维祺撰《孝经大全 · 序》。

2．计东：生卒年不详。字甫草，吴江人。清世祖顺治十四年北榜举人。为人慷慨磊落，常以唐代马周、宋代陈亮自比，曾与汪琬讲论欧、曾之学，与汤斌讲论程朱之学。

南新安故大司马赠太傅谥忠节吕公所著进呈《孝经大全》，卒业之，叹曰："至矣哉！以东所见前贤注释、笺、记《孝经》凡百数十家，未有若忠节吕公所著之详切明备，使人悚然改观者也。"

孝弟之道，虽曰孩提之童，无不知爱知敬，可以不学不虑自然合于要道，此以论率性则然，若以语乎修道，则《孝经》亦但举其大纲而已。其曲折纤悉必合三礼、《家语》、小学及汉末诸儒笺注各经之章句，汇观而分析之，然后知一语一动、一食一息之节，莫不有仁人孝子不敢过、不敢及之义。雍容肃穆中乎情，文之矩矱者在焉，此修道之所以率性也。嘉隆以来，学者大率宗姚江之教，以不学不虑为宗，至心斋、近溪益主直指人心，见性即道之说，海内靡然从风。其最易动人者，于孟子"孩提之童"尤三致意。若是，是无论三礼、小学诸书可废，即《孝经》一书举其大纲者，皆可废而不读也。夫不合三礼、小学诸书之言孝者以笺释经文，不知孝道之广大而精微也。不合他经所载曾子之言，及汉宋诸儒所推述曾子之孝行，不知孝道之笃实而巧变也。

忠节公生平以讲学为己任，首致力乎德本，而博采载籍，集成《大全》，诚哉《大全》矣！进呈之疏十数上而不倦，忠爱之意弥纶乎天地。经曰"资于事父以事君"，公之尽瘁报国从容就义，于注《孝经》之时，早矢之矣！此可不学而能者乎！东益以叹姚江之教，心斋、近溪之专主"率性不言修道者"，即于孝弟之道而未得其大全，而公之书为粹然无弊已。

康熙七年四月初一日，吴江后学计东拜手序。

孝经大全自序[1]

明 · 吕维祺

愚既著《孝经本义》，已复栉比诸家之同异。潜玩孔曾之心传，久之，兴而叹曰："大哉，圣人之言孝也！其言近而旨远，其守约而施博，其理至广大而渊微，至神奇而平易；其广至畅达而精约，至参错变化而脉络贯通。前后照应，非天下至圣，其孰能与于斯也。"慨秦焰既灰、诸儒羽翼《孝经》者殆数百家，而今古分垒，争胜如仇。尝考今古所异，不过隶书蝌蚪、字句多寡，于大义奚损？且夫正缘互异

1．本文录自明吕维祺撰《孝经大全 · 序》。

愈征真传，苟能体认，皆存至理。而诸儒多以其意见自为家，卑者袭讹舛，高者执胸臆，如长孙、江翁、韦昭、王肃、虞翻、刘炫之流，论著蜂起，互有出入。孔传既亡，郑说无征，唐注浮谫，邢疏繁芜，学士摇摇莫知所宗。迨夫涑水《指解》、紫阳《刊误》，庶几学者之津筏，而疑非定笔。他如董广川、程伊川、刘屏山、范蜀公、真西山、陆象山、钓沧子、宋景濂、近溪诸君子，亦各有所发明，而或鲜诠释。又如吴临川、董鄱阳、虞长孺、蔡弘甫、朱申、周翰、孙本、朱鸿诸家各有诠注行于世，亦似有功于阐翼。然或是古非今，分经列传，牵合附会，改易增减，亦失厥旨。

呜呼！孝之道，本天地之性，传帝王之心，通贵践之分，因爱敬之良，而孔子发明之，以统六经之要，垂万世之法。为人君父者不可不知《孝经》，为人臣子者不可不知《孝经》。为人君父而不知《孝经》，则必无以立德教之极；为人臣子而不知《孝经》，则必无以尽忠孝之伦。昔明道先生看详武学经制，犹欲添习《孝经》。虽汉、唐、宋中主，犹知置博士，讲殿廷，刻石台，令虎贲羽林悉通章句。而安石独以私见罢黜至今，犹不得与麟经共恢复。嗟夫！以孔子作于七十后者，今乃视为蒙稚之句读；以孔子所谓天经地义通于神明者，今尚不得为稽古之筌蹄。何怪夫忠孝风微，廉耻道丧，士蔞其学，民敝其俗，浸淫至于盗侵兵哗，妖兴乱起，邪匿炽而良知烬，斯不亦人心之秦火至今焰哉！

洪惟我二祖以孝治天下，其振铎之谕首曰孝，其序赞《孝实》，尝曰“《孝经》者，圣贤之格言大训”，而我皇上亲洒宸翰，屡谕表章习学，且曰“朕不敢与天地祖宗并孝”，孰大于此者？往岁上释奠太学，一儒生犯跸，上书乞行《孝经》，所司劾奏治罪，上犹优容下其议。意者二千年志行之精灵固有在耶！

愚幼志此经有年，及鹤署归省，始捃摭群书，淹贯折衷，时欲任此，顾未敢尔。意谓海内必有人焉先得我心者，迟回十载，跂望稍孤，于是更不敢不自任。会以视南庈之明年，食足人悦，鞅掌小暇，不揣狂僭，下键脱草，成《本义》若干卷。又四年，成《大全》若干卷。冠以义例、羽翼、引证、姓氏、节略若干卷，附以孔曾论孝、曾子孝言、曾子孝行、曾子论赞及宸翰、入告、述文、纪事、识余若干卷，盖欲明孔子作经之意，为明王以孝治天下而发其义理、节次，皆有本领条贯。大哉！非天下之至圣，其孰能与于斯乎！岂诸儒可以其意见自为家者。然诸儒之说，亦有雅正渊宏，可发圣蕴，可俾治理，可互存就质者，皆取节焉。乙亥，履端业拟缮写为表上之，会以恩放归田，不果。深山之暇，间简原草，重加笺句，而《孝经或问》成。尚有续著《衍义》《图说》《外传》等若干卷，俱藏诸笥，以训子弟及门之士云尔。

敢曰：阐圣言于将湮，扶名教于几衰，提良知于未死。足为导忠孝翼德，教正人心之一助哉！杏坛不远，斯文在兹，幸孝治之方兴，庶吾身之亲见。

明崇祯戊寅端月元日，原奉敕参赞机务南京兵部尚书伊洛豫石吕维祺，斋沐焚香告备于天而书于洛社之明德堂。

刻孝经大全后跋[1]

清 · 吕兆琳[2]

《孝经》乃先太傅苦心潜究、躬行实践之书也。忆琳幼时，口授句读，即以课训。每见自公退食，无不与此书寝食。后渐知书，先太傅即指示曰："孔子欲发明王孝治之旨，故删述后作《孝经》，以为六经之统会，犹汇江河而归诸海，揭日月而悬中天也。秦火炽而经藏，鲁壁坏而经见。孔传即亡，郑注无征，古文伪作于王邵、刘炫之徒，而纷纷聚讼穿凿文义，即紫阳、涑水亦多未定，王安石乃蔑圣诬经，遂于《春秋》并斥。人皆知安石为孔子之罪人，而不知诸家之割裂为尤甚。"又曰："为人君父而不知《孝经》，则必无以立德教之极；为人臣子而不知《孝经》，则必无以尽忠孝之伦。千古圣贤之道，只是一个'孝'；千古圣贤之孝，只是一个'敬'。尧舜心传在'精一'十六字，孔曾心传在'战兢'十二字。以故苦心二十余年，其于经文奉之如神明、师保，一字不敢增减、移易，此《本义》《大全》《或问》所由纂注也。"

殆先太傅以身殉义，遭遇兵燹，不肖兄弟每奉是书于河之南北，仅不绝如线。琳以己亥谬叨一第，急欲廷封进呈颁行是书，顾逡巡未敢。伯氏每贻书相戒以"夙兴勿忝"之义，且谓《孝经》未行深有日湮之虑。自先太傅手注《孝经》而芝十八茎生于庭，乃甲午于今，新安、青要诸山又芝草遍生，意者孔子二千载之精神，以待圣王之阐翼、躬行，必有为之叶应者耶！遂于癸卯之秋，梓于淮上。

嗟乎，《大全》诸书存，而千古学问、经术之原，帝王德教、政刑之本，庶不毁于秦火、辍于安石、割裂晦蚀于诸氏之说，固圣道之所系，气运之所关也，宁独不肖兄弟所深幸也哉！

1．本文系吕维祺之子重刻《孝经大全》时所作，录自《孝经大全 · 后跋》。

2．吕兆琳：吕维祺之子，生平不详。

康熙二年癸卯九月既望，不肖男兆琳敬述。

孝经或问

明吕维祺撰。

孝经或问引言[1]

明 · 吕维祺

孔子述而不作，其作《孝经》也，盖继往开来、调元赞化之书，而孔子欲辅明王孝治之心于是焉寄也。此经不明久矣，不明故不行，不行故人心不正、学术不醇、政教不兴，而作经之心几晦。圣天子加意表章，申谕多士，讲究力行，此诚明王孝治之一大会也。

愚敬信此经如天地、神明、父母、师保，二十年苦心玩索、沈潜反覆，或晨夕焚香恭诵数过，久之始敢作《本义》《大全》。二书既成，乃与学者日讲究之、力行之，而学者尚纷纷多狃旧见，半昧宗指。愚于是不敢不作《或问》，所以明大义、揭宗传、辨真伪、辟附会、诠章旨、析疑似，而末尤拳拳于表章之，实道统之传也。其为卷，凡三纲、凡六十有五目、凡百十有二，有前所未言而订补者，有前所已言而重申者，言之不足而再言之、而详言之、而屡言重言之。愚岂好辨哉！周茂叔曰："世无孔子，万古长夜。"今圣天子表章孔子所作之经，而欲明之、行之，所以旦万古之夜也。诚使此经昭然明于今之天下，而明之、而行之、而实明实行之、而亟明亟行之，如日月之中天，江河之行地，然者道岂远乎哉！愚极知僭逾且固陋，然愚区区千虑之，愚或亦可以少副圣天子孝治之意，不晦孔子作经之心，而于人心、学术、政教，庶几有小补矣乎！

崇祯戊寅肇秋吉日，伊洛吕维祺介孺敬书于孝友堂。

1．本文录自明吕维祺撰《孝经或问》，见《续修四库全书》第151册《经部 · 孝经类》。

孝经翼

撰者不详。

孝经翼叙[1]

明 · 陈仁锡[2]

余家世盖读《孝经》云，然初疑不列学官，士不以是经为进身之所繇也。至有高材贵士钜议名篇，至德要道，语自笔端，翔珍四裔，而不自知其出于仲尼闲居曾子避席，俨然一会者，甚为讶之。既研心六经，乃知六经皆《孝经》。第六经之于孝，如不言易者，皆《易》也。而《孝经》之不列于六经，不特揭孝为广厉者，犹善《易》者反不使言易也。

今上首重《孝经》，留意社学，都人士亦一时向风，读书敦古，懋勉彝叙，蒸蒸乎"行在《孝经》"矣！此犹龙仲君平生"志在《春秋》"，而一旦为《孝经翼》也，增损详定，余尤翼之翼焉而未也。余将以余所居孔子巷及颜回里、吴王城下、澹台湖黄叶止啼以示舞勺，兴复社，学群向之。幼志专肆《孝经》于其中，庶邹鲁洙泗，如妙喜一世界。断取以来，孝与孝合，如空与空合，而无有一沴德逆气，稍簿其和。视彼仓皇倚赖，藉《孝经》以灭贼、灭火、殄疾、殄妖者，不犹袭取之为见乎？不亦仰佐我皇上锡类之治以稍逭？余往滥竽胄教，无涘效乎？而今吾尚病，未能以此翼吾仲君也。仲君与余家，世以孝友相摩，勿论他著述，即《孝经》一翼，舍郑超孔，直证出胎亚啼之始。久铎南徐，左参右损，周旋绛帐，将来百里弦歌，《孝经》为谱，其翼成皇上锡类之治，当有赤虹、黄玉降自法宫，以恢虞絃者。若余志沾沾社学，亦买田一方，张子厚井地之学耳！翼吾仲君以翼《孝经》者，还在此书也。

1．本文录自明陈仁锡撰《无梦园遗集》卷二《序》，见《续修四库全书》1383册《集部 · 别集类 · 无梦园遗集》。

2．陈仁锡（1581—1636）：字明卿，号芝台，长洲人。明代官员、学者。万历间，七次会试落第。天启二年以殿试第三登进士第，授翰林院编修。六年，因反对魏忠贤冒边功，被罢职。崇祯初，起为右春坊右中允，出任武举会试主考官，升国子监司业，直经筵讲官。预修神宗、光宗二朝《实录》。卒，谥"文庄"。陈仁锡讲求经济，性好学，喜著述，诗文有《无梦园集》《古文奇赏》《四书考》等，曾辑《皇明世法录》及《经济八编类纂》等。

孝经忠经合刻

明郑二阳刻。郑二阳：号潜庵，鄢陵人。万历四十七年进士，天启年间曾任德庆府推官、山西左都御史，崇祯八年迁淮扬兵备道，安庐巡抚。明亡后，与史可法一同抗清。有《郑中丞公益楼集》四卷传世。

孝经忠经合刻引[1]

明 · 郑二阳

孔子曰："吾志在《春秋》，行在《孝经》。"今《孝经》虽颁在学宫，然以制科绌而不用，坊刻往往苦无善本。至马季常之《忠经》，则并刻本亦不多见于世。不佞巾笥藏有一本，乃郑康成所注者，久思锓行，谓可以鼓吹《孝经》。

天启甲子春日，过应城儒学，见架上偶存《孝经》旧注一本，喜无鲁鱼之讹，因录而合刻之德安李署，以广其传，顾安所得《孝经》请如《春秋》故事。俾学有专门，《忠经》亦得比于《孝经》，列之学宫，亦未始非敷典扰民之一助也。刻成宜记岁月，辄漫及之，非敢僭为之序云。

孝经集传

明黄道周撰。《明史·艺文志》著录有"黄道周《孝经集传》二卷"，朱彝尊《经义考》则云："黄氏道周《孝经集传》四卷"。黄道周（1585—1646）：字幼玄，一字幼平，又字螭若，螭平，号石斋，福建漳浦人。明末学者、书画家。年少家贫，自幼聪颖好学，有"闽海才子"之誉。建漳浦东皋书舍，从事讲学著作。天启二年进士，改庶吉士，授编修、经筵展书官。崇祯初，为翰林侍讲学士，刚正不阿，犯颜屡谏，名闻遐迩。十三年，被崇祯帝以"伪学欺世"罪重治廷杖八十，充军广西。明亡

1．本文录自明郑二阳《郑中丞公益楼集》卷一《引》，见《四库未收书辑刊》第6辑22册《郑中丞公益楼集》，北京出版社2000年版。

后，曾任首辅，率军抗清，兵败江西婺源，被俘殉国。谥“忠端”。黄道周博学多才，不仅精通经史，而且通天文、理数诸书，工书善画，《明史》称其“学贯古今，所至学者云集”，以直节清德见重一时。著有《孝经集传》《儒行集传》《石斋集》《易象正义》《春秋揆》等，后人辑成《黄漳浦先生全集》。

孝经集传原序[1]

明 · 黄道周

臣观《孝经》者，道德之渊源，治化之纲领也。六经之本皆出《孝经》，而《小戴》四十九篇，《大戴》三十六篇，《仪礼》十七篇皆为《孝经》疏义。盖当时师、偃、商、参之徒，习观夫子之行事，诵其遗言，尊闻行知，萃为礼论，而其至要所在备于《孝经》。观《戴记》所称“君子之教也”及“送终时思”之类，多绎《孝经》者。盖孝为教本，礼所由生。语孝必本敬，本敬则礼从此起，非必《礼记》初为《孝经》之传注也。

臣绎《孝经》微义有五，著义十二。微义五者：因性明教，一也；追文反质，二也；贵道德而贱兵刑，三也；定辟异端，四也；韦布而享祀，五也。此五者，皆先圣所未著，而夫子独著之，其文甚微。十二著者：郊庙、明堂、释奠、齿胄、养老、耕藉、冠、昏、朝聘、丧、祭、乡饮酒是也。著是十七者，以治天下，选士不与焉，而士出其中矣。天下休明，圣主尊经，循是而行之，五帝三王之治，犹可以复也。

1．本文录自明黄道周《孝经集传》，见《四库全书 · 经部 · 孝经类 · 孝经集传》。《黄忠端公孝经述附辩义》题为“黄忠端公孝经大传序”，题下有注：“洪思曰：子为经筵讲官，请《易》《诗》《书》《礼》二十篇为太子讲读，未及《孝经》已。念是经为六经之本，今此经不讲，遂使人心至此。杨嗣昌、陈新甲皆争‘夺情’而起，无父无君之言满天下，大可忧。退述是经，以补讲筵之缺。”见《四库未收书辑刊》第1辑第7册。另据崇祯十六年刻本，文末有黄道周自注曰：“此书在戊寅秋月起草未就，至己卯春略有次第，未经进呈，幸不中废。乃于九江综其遗绪，癸未抵家，爰发敝笥，以示同人。幸藉众思，裨其缺漏，嗣当缮写，以贡前修焉。”

孝经集传题识[1]

明 · 林有柏[2]

有柏与师从事四十年，见师行止，坐卧只是一部《孝经》。庚辛两载，师在请室手书一百余部，比蒙圣恩赐环归家，成帙九万余言，诸生请共传受。疑是古今孝行，若王祥、刘殷之类，鼓箧出之，乃知圣门践履尽在《礼记》，孟子行谊尽在《七篇》，周公、孔子作用尽在“不敢恶慢于人”一句，始愧从事四十年，未尝读《礼记》《孟子》，如何得浪言读《孝经》乎？此书到处有鬼神护持，到处有日月星辰照临其上，切勿轻易放置，轻易品题。

十月，林有柏谨识。

孝经集传题识[3]

明 · 陈有度[4]

吾师尝云：“圣贤学问，只是一部《孝经》。曾孟两家为圣门宗子，千种书都说不到《孝经》田地。”今观《集传》，以一部《礼记》为《孝经》义疏，以《孟子》七篇为《孝经》导引，其他六籍皆肇是书，岂郑、孔所能明，邢、朱所能逮喻者乎！天下后世之读是书者，勿作《集传》观之也！

十月，陈有度谨识。

1．本文录自明黄道周《孝经集传》，明崇祯十八年刻本。
2．林有柏：生卒不详，黄道周弟子，明末清初人。
3．本文录自明黄道周《孝经集传》，明崇祯十八年刻本。
4．陈有度：生卒不详，黄道周弟子，明末清初人。

孝经集传题识[1]

明 · 陈允元[2]

夫子以《孝经》纲领六艺，而其文简质，不若他经之崇闳。自刘、郑而下，千数百家，所紬绎章句耳！子舆不作，谁明其原？今读《集传》，昭昭乎日月江河也，信为它经祖祢矣！有圣人作，将修周公之业，于《传》乎取之；有圣人作，将明孔子之道，于《传》乎取之。吾师尝云："《孝经》千七百七十三字，合于天行。今观大小传，繁简损益，各有权度，后有达者，□有悟于斯文矣！"

十月，陈允元谨识。

孝经集传题识[3]

明 · 朱垣[4]

岳翁在白云库中，手写《孝经》百二十本，本本各别。垣与德公止子，同在西曹，恨值既溃跳身先归，无由录其一二。今见蒋相公《召对恭纪》中所载，乃知此事已达圣听。比归发箧，得《孝经集传》。问之止子及涂德□□，皆未见原本。惜当日所写，已散尽无存。今所刻乃《孝经》为经，以《礼记》一部及《孟子》七篇错综为纬，与前日写本，绝不相同。乃知曾、孟两家传受正嫡，浩然、弘毅是一样，立教立身，非复先儒梦寐之所曾到也。

十月，朱垣谨识。

1．本文录自明黄道周《孝经集传》，明崇祯十八年刻本。
2．陈允元：生卒不详，黄道周弟子，明末清初人。
3．本文录自明黄道周《孝经集传》，明崇祯十八年刻本。
4．朱垣：生卒不详，黄道周之婿，明末清初人。

孝经集传钞序[1]

清 · 沈大成[2]

《孝经集传》，明儒黄石斋先生采《仪礼》、大小《戴记》及《论语》《孟子》，为经疏义，谓之“大传”；又于经传之下类附己注，以引伸其说，谓之“小传”，凡四卷。书成，未及进御而犹结衔序末者，先生志也。

夫十四经并重天壤，而传《孝经》者独鲜。在唐尚有二十七家，宋元至今著录益寡。可见者：玄宗《制旨》、邢叔明《正义》、司马温公《指解》、范淳甫《说》、朱子《刊误》、鄱阳董氏《大义》、吴草庐《校刊孝经》、朱周翰《句解》，或宗今文，或述古文，或以今古文参定，诸儒龂龂欲求折衷难矣！

考《孝经》始著，汉初河间颜贞所献，一篇十八章，此今文列于学官者也。《古文孝经》与《古文尚书》同出于壁中，孔氏安国为传。班《志》“《孝经古孔氏》一篇，二十二章”是也，其本亡逸盖久。隋刘炫穿凿窜易，遂离《庶人章》为二，《曾子敢问章》为三，又伪作《闺门》一章，以求合二十二章之数，学者疑焉。先生此书，其篇次依今文，而所为“大小传”曰“微义”“著义”者，凡十有七，独标新旨于诸儒之外，而得其折衷。于是涑水、华阳、新安之意益以大显，而它说之舛驳者皆去，何其醇也！

夫孝者，根于人之心，而礼即著于视、听、言、动之间，为之门内而非难也，推之天下而皆准也。鱼菽之祭而郊庙之飨，温凊之节而草木之祥，能事亲则能事天，而治人、而育物。故自吾而上，祢祖曾高，以极于厥初生民之帝；自吾而下，子孙仍云，以推于不可穷；旁及族党州闾，远至九州血气之伦，而微逮跂行喙息蠕动之属，莫不有爱敬者。存则求所以尽吾亲之爱敬者，而达之天地万物，犹运而已矣！先生以孝为礼所由生，以郊庙、明堂、释奠、齿胄、养老、耕耤、冠昏、朝聘、丧祭、乡饮酒为孝之著，自天子至于庶人，讵有二本哉？盖数千百年以来前后诸儒之说，未有如是之深切著明者也。

1．本文录自清沈大成撰《学福斋集》卷二《序》，见《续修四库全书》第1428册《集部 · 别集类 · 学福斋集》。

2．沈大成（1700—1771）：字举子，一作学子，号沃田，华亭（今上海松江）人，诸生。性勤敏，曾在各地做幕僚。晚年，结交惠栋、戴震、王鸣盛等人，以学业相砥砺。通经史百家之书及天文、乐律、九章诸术。曾校定《十三经注疏》《史记》《前后汉书》《南北史》《五代史》《杜氏通典》等，著有《学福斋集》五十八卷。

先生之学，无所不优。而生平用意尤专此经，亲没负土庐墓，其在请室桁杨楚毒中手书一百二十本，迨后崎岖兵间，卒死于难，懔然树不朽之大节。我夫子所谓“行在《孝经》”者，先生其庶几乎！

原书“大小传”章句少讹，不揣梼昧，僭为订抄，而卷如其旧。先生尚有《孝经赞》《孝经外传》《孝经定本》《孝经别本》，皆散佚无存。

孝经集传序[1]

清 · 魏源[2]

以《孝经》次《大学》之后，何也？《大学》出于曾子，而《孝经》则夫子特授曾子之书，当世即尊为经，魏孝文侯已为之传。《公羊纬》所谓夫子自言“志在《春秋》，行在《孝经》”，真垂世立教之原。盖《孝经》言“不敢”者七，至春秋而皆敢之矣。敢心生于不敬，敬者，孝之主宰也，故总不恶不慢于不敢之中，敬则无不爱也。其微言大义，则备于《礼记》。后人或浅近视之，于《孝经》之中又裂分经传，加以删削，与《大学》补传改本同失，而《孝经》之谊几亡。

惟明漳浦黄子《集传》，以大、小《戴记》为《孝经义疏》，精微博大，肃括宏深，实为《孝经》之素臣，为从来注《孝经》者所未及。源向往报膺，一词莫赞，乃节录其传，列于《大学》古本之后，使曾子之学大明于世。

抑又考古今言孝者，推舜为大孝，武王、周公为达孝，曾子为至孝。然曾子得曾皙以为之父，春风沂水，舞雩咏归，同为圣人之徒，各由狂狷以造于中行，其天伦所遇之境，盖过于舜，而几同于达孝之周公。《孝经》严父配天之谊，惟夫子以韦布享王祀，上及先世，足以当之，而曾子亦其邻几者也。《孝经》之传，专授曾子，意深矣哉！有出乎立身行道、扬名后世外者矣。故特推

1．本文录自清魏源撰《魏源集》，中华书局1983年版。

2．魏源（1794—1857）： 名远达，字默深，湖南邵阳人。清代儒家学者，近代启蒙思想家、经学家、文学家，是近代中国“睁眼看世界”的第一批先进人物之一。道光二十五年（1845）进士，历任东台、兴化知县、高邮知州等职。著有《海国图志》《圣武记》《诗古微》《春秋繁露注》等，其《海国图志》风行海内，被誉为“实支配百年来之人心”，书中提出的“师夷之长技以制夷”的观点在近代中国影响极大。

《礼记》中“仁人孝子事天如事亲，事亲如事天”“惟仁人能享帝，惟孝子能享亲”之旨，揭诸篇端。而朱子《孝经刊误》疑之，谓“言孝自有亲切处，何必言严父配天，为将恐启人暗奸之心”。试思张横渠《西铭》父乾母坤，以大君为宗子，“恶旨酒、崇伯子之顾养；育英材，颖封人之锡类。不弛劳而底豫，舜其功也；无所逃而侍烹，申生其恭也；体其受而归全者，参乎！勇于从而顺命者，伯奇也”。与《孝经》“严父配天”之义，有何区别？自宋儒言之，则发前圣所未发，自周儒言之，则恐启暗奸之心，斯诚所不解也。

道光元年，叙于京师。

孝经赞义

明黄道周撰。

孝经赞义题识[1]

明 · 黄道周

重曰：素王为治，刊饰去伪。本敬起孝，忠质是贵。聚顺集欢，得天地心。众建之原，则无古令。亲亲长长，灾害不起。偃兵息刑，还于上理。神明所从，日月与光。合天下身，则无毁伤。圣人之政，与时消息。惟孝敬与，偕天无极。至顺至要，昭垂于兹。凡我素臣，敬而治之。

崇祯辛巳秋，道周又识。

孝经别本

明黄道周撰。黄道周在明亡后率军抗清，隆武元年（1645）十二月，兵败被俘，陷金陵（南京）狱中。在牢狱中，黄道周吟咏如故，手书《孝经》120

1．本文录自明黄道周《孝经赞义》，见《续修四库全书》第151册《经部 · 孝经类》。

本。据洪思注曰："黄子诏狱中，所书一百二十本《孝经》，本本各有论，著文与义咸殊焉。其《庶人》有引《诗》者四十部，为别本；故，三十有三部；有移《小雅·宛》之诗于《庶人》之首七部，有补《豳风》《七月》之诗于《庶人》之尾。今皆散亡。幸此七本，犹或可寻也。"

书孝经别本后[1]

明·黄道周

德之本，教之所由生，是一篇金声。礼者，敬而已矣，是一篇玉振。其中享祀明堂、政刑礼乐，条理粲然。只是因心因性，无拂于民生，不毁伤天下。仲尼作用全在此《经》，故曰"行在《孝经》也"。

辛巳秋深，书于白云库。

五孝俱引《诗》者，当以"聿修厥德"系于《天子》之前，《庶人》不引《诗》者，当以"能养"为孝之末节，故其语意抑扬，与"曾子论孝"章表里。向在西库写此经百二十本，其七本有补《豳风》，甚无谓。六本在蒋相国处，此其一也。余八十本俱依《石台》原本，又三十三本以"聿修厥德"移于《天子》之首。

西库无佳笔，俱用秃笔书之。如此册者，真可用之覆瓿也。

癸未腊月二十四日再见此册。时在邺山坠崖折肱，力不胜书，命人捧左手黾勉记此，前后蹉跎，重为引叹也。道周又识于诸翁之麓。

黄道周书古文孝经

明黄道周书。

1．本文录自《黄石斋先生文集》卷十二《书后》。

黄忠端公书古文孝经后[1]

明 · 黄道周

《孝经》有三微五著。何谓“三微”？因性作教，使天下之言教者皆归于性，一微也；因严教敬，使畎亩父子皆有君臣之义，二微也；因亲事天，使士庶人皆有享祀明堂之意，三微也。何谓“五著”？臣子不敢毁伤其身，天子不敢毁伤天下人之身，一著也；天子不以名与人，臣子不敢取当世之名，亦不能终辞后世之名，二著也；臣子聚后世之欢心以事其亲（此就扬名后世，就如孔孟程朱，历代皆崇祀其先，有加礼），天子聚天下之欢心以事其亲，三著也；显亲在于身后，安亲在于生前，四著也；君亲不恤其天下，则臣子不敢恤其肤体（此就谏诤说，乃自其变言之，以极不敢毁伤之意），以义成仁，以敬教爱，五著也。

至如著非孝之法，绝杨墨之学，炳如日星，不待紬绎，可与天下共悟矣！

孝经跋[2]

明 · 黄道周

右《孝经》十八章，依古文旧本，一千八百二十五字。

汉儒褒重是经，在《春秋》而下、《鲁论》而上，东汉迂生至欲镂以灭羌、诵以却敌，虽可慨叹！亦见是经之重也！唐皇尝命褚、薛、虞、欧各书是经，无有存者，稍稍传播，独虞薛书诸太上净名耳！以至圣簪笔、礼斗之言，不得与诸外教并勒，琬□谅日星之照，垂非膏火所能绍矣！

忆少时诵建本经文，《庶人》章皆有《豳风》六句。及观唐石台本无之，国学本亦有无者云。晦翁刊定绎其文义，当以引诗为正文，如“身之以敬让”作“先之以敬让”，言义重沓。及君子则不然，“教民以孝也”与“顺民如此其天者乎”，皆衍字随俗，不如旧本之核矣！

1．本文录自明黄道周《孝经辩义》，见《四库未收书辑刊》第1辑第7册《黄忠端公〈孝经述〉附〈辩义〉》。

2．本文录自明黄道周书《古文孝经》，依古书卷识记为第二十八本，日本早稻田大学藏本。原书题为“黄忠端小楷《孝经》”，页首题“钱德培署”。相继为朱咏斋（朱士彦）、罗嘉杰等收藏。此书现藏于日本早稻田大学，书前有“明治四十年一月廿九日购置”和“早稻田大学图书”二印。

此书以资敬作忠，因严教敬，为篇中第一大义，其要系者在明王、圣人不敢毁伤天下之人，以伤天下之心；孝子忠臣不忍毁伤其身，以伤君亲之心。居平将顺、上下相亲，有道无名，是极好事。大不已宁毁伤一身，亦不忍毁伤天下，当时隐忍、负匿、引罪无开口处，直至后世始有怜其苦心、白其行道者。故夫子两说扬名皆在后世明，臣子当时实无邀名之心，君父当日能修身慎行、听其谏诤，聚天下之欢心以致和平之福，则名归于君父，君父之心亦安，君父之名亦显矣！故篇中仲尼说显亲，曾子只说安亲，曾子所云安亲者，盖指聚顺集欢，生安祭享而言，而不陷亲于不义，以保天下社稷，今备见于此。凡人都说曾子省身、临深、履薄，看《弘毅》一章，说出仁以为己任，死而后已，于此道中如何担承，此书若无《谏诤》一篇，便是乐正子春、沈麟士、王祥、刘殷四族家训也。王祥身事二姓，亦华荣显不衰；刘殷连姻胡羯，一门三妃，二主要以慈、爱、恭、顺四字，盖其夙□掩其遗行。故如贤人之言移孝作忠、因严教敬，虽以享帝、格庙无所不可，即不然也。曾子所称慈爱、恭敬、安亲、扬名，亦衰世之惠人保家之会主也，然如曾子学力，实实有享帝、格庙、保全天下万世底意思。

崇祯辛巳八月下浣，黄道周再识于白云库下。

第二十八本。

孝经跋[1]

清 · 顾莼[2]

右石斋先生书《孝经》册，为朱咏斋同年所藏。按崇祯辛巳，先生方以言事系刑部，故云“白云库下”。跋中论《谏诤》章及反复数十言，明臣子万不得已之苦心，隐然自寓未及王祥、刘殷之弊，则后曰“杀身成仁”见端于此。

莼尝论凡人一生所为皆素定于平日，不独诸葛武侯隆中之对，范文正公先忧后乐之言为然。今观于先生益信，因借归敬，临一通还之。咏斋之所以宝此

1．本文录自明黄道周书《古文孝经》，日本早稻田大学藏本。

2．顾莼（1765—1832）：字希翰，又字吴羹，号南雅，晚号为息庐，江苏吴县人。清嘉庆七年进士，嘉庆十七年迁翰林院侍读学士督云南学政，累官至通政司副使。精书法、工楷书，师法欧阳询；画宗杨无咎，不求妍妙，天真自然；诗文师法苏轼，格调高雅。居翰林院三十余年，以文名动于天下。有《南雅诗文钞》等传世。

者，当不仅以其翰墨之工也。

嘉庆二十二年岁在丁丑中秋日，翰林院侍读顾莼谨书于宣武门内之思无邪室。

孝经跋[1]

清 · 罗嘉杰[2]

余既将黄忠端公“五月江涛送远人图咏”墨迹付诸石印，因忆光绪壬午秋九月在金陵试院襄理闱务，公暇，于市廛复得公所书古文旧本《孝经》一册，大喜过望，遂以重值购之。

考公崇祯十四年以言事系狱，手书《孝经》百二十本，此第二十八本，盖百二十之一也。跋中以资敬作忠，因严教敬，解义而于《谏诤》章尤加意焉，益以见公于忧□危难之间，有卓乎不可夺之志，迨后从容就死，大节凛然成仁就义固已寓乎居恒，谓非掺持素裕乎！书后长跋，他本不多，挽见本文，有与石台及宋刻诸本稍异处，具详篇末，其第十八章孝子之事终也矣！句与他本不同，合并志之，想渊雅君子必有以诠证者。

光绪十有六年庚寅闰二月，上杭后学罗嘉杰谨藏并跋。

孝经颂

明黄道周撰。据洪思注曰：“《颂》二千四百二十言，雄丽极矣！盖为人书长卷而作，非其好也。”

1．本文录自明黄道周书《古文孝经》，日本早稻田大学藏本。

2．罗嘉杰：生卒年不详，约生活于清末民初。字“少耕”，浙江上杭人。民国初年胡思敬的《国史备乘》卷四载：“康党既败，太后再出垂帘，外人颇有违言，上海各国领事因欲联盟逼太后归政。江苏道员罗嘉杰闻其谋，密告政府。”李希圣《庚子国变记》载：“江苏粮道罗嘉杰以风闻上书大学士荣禄言事。”可知罗嘉杰在1900年左右曾任江苏粮道。

书孝经颂后[1]

明 · 黄道周

是作《颂》，起草之第二本，尚有出入，未悉更定。年逾知命，学已敛华，而犹袭文人之余风，从蕤生之末采，所谓加醯酱于太羹，错藻缋于越席，非其质矣！古人有言“思沓则音繁，心幽则言渺”，故复变淳古之先裁，就下澜之宕漾。上不避讥于游、夏，下不分哀于屈、贾。

辛巳元冬识于西库。

书圣世颁孝经颂后[2]

明 · 黄道周

秋在白云库下，明发凄怆，乃书《孝经》以侑同人，前后百本。既稍毕役，又为《孝经赞》十八章及《孝经颂》一篇，凡三千余字。应诸求者，手腕欲脱矣！

既念圣世颁布此经，较诸《石台》，尤宏锡类，而飏言缺焉。王克云：“事不颁主，无益于国”，《礼记》又云：“迩臣不言，而远臣言之，则谄也”。今身为累臣，已同胥靡，而谬举鸿笔，辍之则有无益之嫌，成之又有则谄之叹。聊当雅春择米之役，非敢媲灿于球图，窥光于皇序。知我罪我，俱在斯文。尚冀来贤，删其芜蔓云。

延春阁藏黄道周手书孝经

明黄道周书。

1．本文录自《黄石斋先生文集》卷十二《书后》。

2．本文录自《黄石斋先生文集》卷十二《书后》。

孝经题识[1]

明 · 黄道周

曾子省身功夫为俱从此篇入手，宏毅学问亦于此处完成。仲尼一部《春秋》弑君亡国三十六，水旱灾伤无数，皆于此处消除得尽，无它曰“敬”而已。敬和，和则顺，顺则欢，天子聚万国之欢心以事其亲，士大夫聚后世之顺名以报二人。明堂享祀与草野洒扫其义一也，中间吃紧说父子之性，即君臣之义。又说资敬事君、因严教敬，隐隐见得曾闵事业不让皋伊。人能竭力事亲，虽遁世无名，又何愧焉！圣人说显亲扬名，只是曲体亲心、亦爱其子，如此切切勿容易近名，以蹈毁伤一路。

崇祯辛巳八月，黄道周再识于白云之库。

孝经跋

清 · 周易[2]

石斋先生大节垂天壤，其见洪经略时，转真为赝一詈犹足称快千古，固知先生忠义原本《孝经》，有自来矣！诗、字特其末技耳！曩读先生诗，朴老古奥，逼真少陵，而行书法遒劲奇，辟不让鲁公，今见所作楷又全胎于钟繇，虽余事，靡不尽妙。先生气节文章，胡可朽哉！

雍正元年中秋后四日，后学种花人周易书后。

孝经洪图

明洪思撰。洪思（？—1704）：字阿士，号石秋，明末清初福建龙溪人。

1．本文录自清索绰络·英和等著《钦定石渠宝笈三编·延春阁藏二七》。索绰络·英和（1771—1840）：原名石桐，字树琴，一字定圃，号煦斋，满洲正白旗人。清乾隆五十八年进士，累官至军机大臣、户部尚书、协办大学士，加太子太保衔。道光七年，因其监修的道光帝陵寝地宫浸水，被革职。后得释回京赋闲，卒赠三品卿衔。工诗文，善书法，著有《恩福堂诗集笔记》《恩庆堂集》等。

2．周易：生平不详。

父洪榜，为黄道周门生。洪思幼时随父拜访黄道周，举止恭敬，深受黄道周器重。黄道周殉国后，洪思历五十余年收集黄道周遗书，编订为《黄漳浦全集》五十卷。自著有《敬身录》《孔子谱》《朱子谱》《洪图六经》等。

洪尊光易洪图孝经洪图序[1]

明 · 黄道周

尊光之家多著书，其所讲问故最为多。榕坛百二十人，唯尊光一人讲问至三十，则余心避之。每与余谈《易》《孝经》娓娓焉，极夜不能休。归至家，辄呼儿作《洪图》、赞易象、广《孝经》，动数万言，皆为余所著书，而余不及知也，吾党以为异。

今阿士文章在天下，哭国时，乃舣舟过邺山，雨后登浮钟，濯缨江上，每有浩歌，如闻松风耳！时且高秋，尊光滕余将入都，舟中望武夷山，始得见阿士所为《洪图》，天人之际使人如亲见。董江都所谈《易》《孝经》《诗》《礼》《春秋》与日月出入天下治忽，王者终始，可七八百图，深为起余，精奥在目，非复古人之所能到。

呜呼！吾起于海滨，自为易象、正《孝经大传》以来，天下高贤未有能明是说洞达如《洪图》者。今世事如此，一至都门，惓念江东，已成河汉，又何能复事严阿，日坐芙蓉峡下，尽见洪图，梦寐诸翁，聊用兴叹耳！

孝经考异

明江旭奇撰。《明史 · 艺文志》著录“江旭奇《孝经疏义》一卷”，黄虞稷《千顷堂书目》载：“江旭奇《孝经疏义》，又《孝经考异》”，朱彝尊《经义考》载：“江氏旭奇《孝经疏义》，未见。《孝经考异》一卷，未见”。江旭奇：生卒年不详，字舜升，明末婺源人。崇祯二年以诸生补入太

1．本文录自明黄道周《黄石斋先生文集》卷八《序》，见《续修四库全书》第1384册《集部 · 别集类》。

学。以所著《孝经翼》《孝经疏义》上呈皇帝，请敕儒臣补成《孝经大全》。崇祯因此诏其入仕，授安岳丞。著有《尚书传翼》《孝经疏义》《孝经考异》《通纪集要》及《小学疏略》《檀弓诠释》等。

进孝经考异表[1]

明 · 江旭奇

臣惟享祚之久，三代之中无如周，三代以下无如汉。周之文、武，止孝达孝尚矣；汉之列宗庙号，皆有孝字。盖立爱惟亲，爱其亲而爱他人，上下常相保之术也。孔子曰："行在《孝经》。"汉孝宣时，疏广疏受，以之训储；孝章时，介胄皆通《孝经》；孝灵时，向栩言"北向读《孝经》，贼自消灭"。隋苏威言："惟《孝经》一卷，足以立身治国，何用多为？"隋主纳其言，以《孝经》赐郑，译《孝经》。原有《闺门》一章，唐司马贞讳之，遂为马嵬之兆。周宾兴六行曰：孝、友、姻、睦、任、恤。齐内政公问卿子之乡有孝于父母者，有则以告，有而不谓之蔽明。汉元朔间，有司议"不举孝，以不敬论"。唐制：举明经，《孝经》为"九经"之首。宋诏察孝弟、力田而明经，仍唐制。我太祖高皇帝谕：俗首孝顺父母，亦有孝弟力田、通经孝廉等科。后来广辑《经书大全》，发题试士，《孝经》偶遗，实有待于皇上也。臣敢以师说《疏义》进呈，伏乞敕下礼部，会集儒臣，补成《孝经大全》，考试发题，使万世皆仰盛典，臣不胜惶悚待命之至。

孝经衍义

明蔡景默撰。朱彝尊《经义考》载："蔡氏景默《孝经衍义》三卷。"蔡景默（1575—？）：字伯械，明末上海青浦人，兼通九经。

1．本文录自清朱彝尊《经义考》卷二百三十。

孝经衍义序[1]

明 · 蔡景默

《孝经》一篇，孔、曾传道之书，文全义洽，原自贯通，但或引其端，或广其说，或申前旨，或发别义，故并冠以“子曰”。乃后儒武断，妄列章目，强分经传，殊失圣贤本旨。忆昔万历庚辰，默方六岁，先君子首授古《孝经》，耳提面训，朝夕被服，口诵心维，习与性成，因著《衍义》三卷。今上表章是经，颁布学官，甚盛典也。然宇内承讹已久，将从《石台注疏》，恐《闺门》阙而遗《关雎》《麟趾》之意，将从紫阳《刊误》，恐字句芟而非孔壁家藏之旧。谨遵司马温公秘阁古本，缮写镌行，俾留心圣学者，静参潜玩，自可通其意义所在。时崇祯庚辰岁春王正月。

血书孝经

明魏学濂书。魏学濂：生卒不详，字子一，明魏忠节公大中之子，浙江嘉善人。魏大中因参劾魏忠贤，与杨涟、左光斗等同被构陷下狱，酷刑拷讯死。崇祯初，魏忠贤失势，魏学濂沥血上书为父伸冤，又血书《孝经》数本，时人谓之一门忠烈。

1. 本文采自清代朱彝尊《经义考》卷二百三十。

血书孝经题辞[1]

明 · 方以智[2]

读魏子一血书《孝经》，未有不泣下者也。余尝夜过忠节公之里门，展拜坊碣，子一恸，余亦不能仰视。忠节公可谓有子矣！

当刺血上疏时，圣天子为之咨悼，辨折廷尉，眦裂面黧气上薄天，公卿以下鲜不动色。诸白父冤者，皆因以扬名请谥。子一，何如人哉！居恒哭泣无已时，又血书《孝经》数本，自以泣尽而继之以血也。视虞氏所纪《孝经集灵》诸行，为尤至矣！子一居陋巷，衣粗衣，食粝茹苦，若将终身然。不独与不戚戚于贫贱埒也。尝自以为不孝不弟，无以为人，书血以自赎耳！

嗟乎！世之为人后者，无虑皆侈车骑、图田宅，或藉先人之名，于泽恩有司，家于是矣，是何不一读《孝经》乎哉！忠节公素耿介，家故贫。子一有父风，不务为世俗亵，闭门读书，靡所不究，将出有为于天下，以报国家。子一者，可无愧《孝经》矣！子敬从于前，子一白于后，此所以有魏氏父子也。千古下传血书《孝经》，将以为幸耶？不幸耶？魏氏父子之血，岂好名者所能出耶！余读竟为泣下而题之。

1．本文录自明方以智《浮山文集前编》卷之二《稽古堂二集上》。见《续修四库全书》第1398册《经部 · 别集类》。

2．方以智（1611—1671）：字密之，号曼公，又号鹿起、龙眠愚者等，安徽桐城人。明末清初著名哲学家、科学家。崇祯十三年进士，授翰林院庶吉士，后迁工部观政、翰林院检讨。为复社成员，有“明季四公子”之称。明亡后，为僧，法名弘智，发愤著述，致力于思想救世，同时秘密组织反清复明活动。方以智主张中西合璧，三教归一，著有《东游记》《易蠡》《性善绎》《浮山文集》等。

第七卷　清之卷（二）

孝经玄宗御制序并注及书

清顾炎武撰。顾炎武（1613—1682）：原名绛，字忠清，明亡后，改名炎武，字宁人，号亭林，学者称亭林先生，江苏昆山人。明清之际儒家学者，著名经学家。顾炎武少入“复社”，屡试不第，绝意科举。明亡后并参加昆山抗清义军，失败后漫游南北。康熙间曾被举鸿博，坚拒不就。其学以博学于文、行己有耻为主，合学与行、治学与经世为一。顾炎武一生致力于学术研究，主要著作有《日知录》《音学五书》《亭林文集》《天下郡国利病书》等。

孝经玄宗御制序并注及书[1]

清 · 顾炎武

今在西安府儒学前第二行，题曰“御制序并注及书”。其下小字曰“皇太子臣亨奉敕题额”，其额曰“大唐开元天宝圣文神武皇帝注《孝经》”，台后有“天宝四载九月一日银青光禄大夫国子祭酒上柱国臣李齐古书上表”及玄宗御批，大字草书，三十八字。其下有“特进行尚书左仆射兼右相吏部尚书集贤院学士修国史上柱国晋国公臣林甫、光禄大夫行左相兼兵部尚书弘文馆学士上柱国渭源县开国公臣李适之”等四十五人姓名，惟林甫以左仆射不书姓。中间人名下掺入“丁酉岁八月廿六日纪”九字，是后人所添。是岁“乙酉”，非“丁酉”也。又末二人官衔下不书臣，亦可疑。

《孝经疏序》曰：《孝经》，河间颜芝所藏，因始传之于世，自西汉及魏，历晋、宋、齐、梁，注解之者迨及百家。至有唐之初虽备存秘府，而简编多有残缺，传行者唯孔安国、郑康成两家之注，并有梁博士皇侃《义疏》播于国序。然辞多纯缪、理昧精研。至唐玄宗朝，乃诏群儒学官，俾其集议，是以刘子玄辨郑注有十缪七惑，司马坚斥孔注多鄙俚不经，其余诸家注解，皆荣华其言，妄生穿凿。明皇遂于先儒注中采摭菁英，芟去烦乱，撮其义理允当者，用为注解。至天宝二年注成，颁行天下。仍自八分御札，勒于石碑，即今京兆《石台孝经》是也。

1．本文录自清顾炎武《金石文字记》卷四，见《四库全书 · 史部 · 目录类 · 金石文字记》。

孝经集注

清卢尔唱撰。卢尔唱：生平不详，福建人，魏裔介弟子。

孝经集注序[1]

清 · 魏裔介[2]

五经皆孝治之书也，圣人复专注为经，何哉？呜呼！是圣人所以明人性之善而启天下万世无穷之治也，是圣人与天下万世所谓“一以贯之”之道也。

夫孝者何？仁也。仁者何？性也。性者何？是天地之至善者也。尧舜自率其性，天下共率其性而天下治；汤武自治其性，以性治天下而天下亦治。三代之衰，以法持天下，人主之性与天下之性 格而不相入，非性治之不彰，孝治之不彰也。汉兴，去古未远，治号淳朴。考其崇尚，惟以《孝经》为急，故诸帝徽称，俱加以孝，羽林虎贲，亦能通晓，可为盛矣！后此缺焉弗讲，或以篇章之少，置诸高阁。嗟乎！虞廷授受不过十六字，《大学》一书仅千余言，“为天下立心，为生民立命”，顾可以多少论耶？

余为诸生时，即诵习不倦，常恨旧注未精，又以五经皆被诸弦诵，而兹独弁髦视之，大非先圣明人性之善、启天下万世之治之意。每欲献之天子，尊崇表章，俾海内士子探究根底，悉从事于至德要道。适际圣主当阳，图治维急，余具疏上请。制曰：“重《孝经》，禁坊刻，有裨学政。部臣其详议以闻。”崇安卢子尔唱，时在国雍，闻之有感，托其乡先达庶常叶子，以从游余门而愿学焉。因出其所纂《孝经集注》曰：“生之苦心于是也，久矣！盛时方优崇孝治，先生之请行遗经必复明于世，传注虽浅，鄙藉手以献，可乎？”余唯唯。会礼部复疏请于后场出题以校士子，乃取卢子之注，再四细绎，见其精确详密，所谓举六经之异同，会五经之旨趣，剪芜握枢者，斯不足以当之与？用是少加参正，疏以末义，谋付剞劂，以广其传，庶几先圣启迪天下万世、无穷之意 然愈著。

1．本文录自清魏裔介《兼济堂文集》卷三《序》，见《四库全书 · 集部 · 别集类 · 兼济堂文集》。

2．魏裔介（1616—1686）：字石生，号贞庵，又号昆林，河北柏乡（今河北邢台）人。清初政治家、经学家。清顺治三年进士，选庶吉士。官至保和殿大学士，加太子太傅衔。卒，入祀贤良祠，乾隆元年追谥“文毅”。有《屿舫诗集》《兼济堂文集》传世。

呜呼！武夷九曲之间，山水秀拔，多生贤哲，如朱晦庵、胡致堂诸名儒，实衍洙泗河洛之传。卢子生于三百年后，闻风兴起，溯流穷源，即传以知经，即经以知性，此其学岂组织章句者之可拟耶？当宁方侧席以求真经术、真性命之士而用之，执是卷以往，开太平无疆之治，余且拭目观之矣！

孝经注义

清魏裔介撰。《四库全书总目提要》云："是书以《孝经》分章诠释。其训诂字义者，标题曰'注'。其敷衍语意者，标题曰'义'。词旨浅近，盖课蒙之作也。"

孝经注义自序[1]

清 · 魏裔介

夫政刑，所以驭顽梗；教化，所以美风俗。唐虞三代，其效可睹矣！夫子以删述训世，晚年乃作《孝经》，盖欲举道德之弘纲，示百王之轨范也，而文辞简古，气蕴宏深。郑孔之说，不无舛驳，自汉已然，况于后代？六家同异，既难强合，邢昺剪截，复多迷误。欲以探洙泗之微言，达天德之本然，不其难乎？

余昔厕列谏垣时，请以《孝经》取士。疏闻，天子制曰："可。"自是海内衿佩，家弦户诵矣！先是，闽中明经卢尔唱曾以所著《孝经集解》求序于余，深叹其实有见于生人性命之本源，千古治化之要道，因为文以弁之。其书业已问世矣！顾缺略尚多，而坊本不无纰缪，余每欲详加纂述之而未有暇，蓄念殷殷十有九载。兹者，请告归里，乃取旧业，闭户研究。大约以注疏为据，而参之以诸家之说，既训释其字，复详衍其指。庶俾后学之士，因文求义，无繁芜之失，得枢要之会也。

嗟乎！《道德》五千言，流入刑名；《白马》四十二章，终沦空幻；学术误世，陷溺者众。汇五经之精理，开万世之太平，孰有若斯经者乎？夫子曰："吾志在

1．本文录自清魏裔介《兼济堂文集》卷三《序》。

《春秋》，行在《孝经》。”五孝终始，达于古今，通乎贵践。凡读是经者，皆当思所以竭诚而力行之，匪徒资讲论已也。若曰希升堂而攀逸驾，余且滋愧矣！

御定孝经注

清世祖定，蒋赫德纂。清世祖，即清顺治皇帝爱新觉罗·福临，1644—1661年在位。顺治十三年，曾用唐石台孝经定本，为《孝经》作注，颁示天下，称《御注孝经》。

御制孝经序[1]

清·清世祖

朕惟孝者首百行而为五伦之本，天地所以成化，圣人所以立教，通之乎万世而无斁，放之于四海而皆准，至矣哉，诚无以加矣！然其广大虽包乎无外，而其渊源实本于因心。溯厥初生，咸知孺慕，虽在龆蒙，即备天良。故位无尊卑，人无贤愚，皆可以与知而与能。是知孝者，乃生人之庸德，无甚玄奇，抑固有之秉彝，非由外铄，诚贵乎笃行，而非语言之间所得而尽也。

虽然，降衷之理固根于凡民之心，而觉世之功必赖夫圣人之训，苟非著书立说以迪天性自然之善，抒人子难已之情，使天下之人晓然于日用之恒行，即为大经大法之所存，而敦行不怠，以全其本始。夫亦孰由知孝之要，尽孝之详，以无忝所生也哉？此孔子《孝经》之书所由作也。

朕万机之暇，时加三复。自《开宗明义》迄于终篇，见其言近而指远，理约而该博，本之立身以行道，推之移风而易俗，爱敬所著，公卿、士、庶皆得循分以承欢，感应所通，东西南北罔不渐被而思服，诚万世不刊之懿矩，百圣不易之格言，自天子以至于庶人，不可一日阙者。夫子所谓“吾志在《春秋》，行在《孝经》”，良有以也。

1．本文录自清世祖《御定孝经注·序》，见《四库全书·经部·孝经类·御定孝经注》。

自汉以来，去圣日远，诠释滋多，厥旨浸晦。孔安国尚古文，郑玄主今文，互有异同，各矜识解。魏晋而降，诸儒群兴，析疑阐奥，代不乏人，源流攸分，不无繁芜。迨及开元，更立注疏，亦既萃一代之菁英，垂表章于奕世矣。而详略或殊，讵云至当。宋之邢昺、元之吴澄辈，标新领异，间有发挥，然揆之美善，或未尽焉。至于明季，著述纷纭，或拾前贤之绪余，文其谫陋；或摘古人之纰缪，肆彼讥弹。不知天怀既薄，问学复疏，因心之理未明，空文之多奚补？其于作经之意，均未当耳。

夫亲恩罔极，高厚难酬，德至圣人，犹虞未尽，同为人子，孰不佩至教而兴永锡之感乎？然则训诂未确，渐摩弗力，欲其相观而善，厥路无由。朕为此虑，爰集古今之注，更互考订其得中而窾綮者采辑之，其妄逞而臆说者删除之。譬诸沙砾既披，美镠始出，稂莠尽剪，嘉禾乃登。至若流览之余，时获一是，或足以补未发之蕴者，辄为增入，聊备参观。总以孝之为道甚大而平，故不必旁求隐怪，用益高深，夸示繁缛，徒滋复赘。惟以布帛菽粟之言，昭广大中正之理，虽未知于作者之旨能尽吻合可无枘凿与否，然而前代诸儒之书，瑕瑜难掩，与夫近代群言之失淆乱不稽者，于兹正之。庶几发矇启锢，四方亿兆咸知效法，而允迪共底于大顺之休焉！夫如是，将见至德要道由此而广，和睦无怨由此而成矣！

顺治丙申仲春望日序。

世祖章皇帝御注孝经跋[1]

清 · 清高宗[2]

惟上帝眷顾，我皇清克馨其德，太祖、太宗丕显丕承。逮及世祖，提仁义之师，救溺拯敝，奄有四海。天下已定，韬黄钺、卷白旄、归马投戈，讨究光王之道，播圣人之训，以休中外，以育万民。念《孝经》一书，为孔子明伦治世之大法，而自汉以来去圣日远，古文、今文之互异，注、疏、训、释之未精，乃集古名儒嘉言懿论，考订采辑，间出宸断，名曰《御注孝经》，备一经之体要，明至性所周浃。俾夫缙绅之士、农野之民皆有以知孝为百行之本，而爱敬尊亲笃

1．本文录自《皇清文颖》卷十四，见《四库全书 · 集部 · 总集类 · 皇清文颖》。
2．清高宗：清乾隆帝爱新觉罗 · 弘历，在位60年，曾组织编撰《四库全书》。

挚有加，虽古圣王木铎之徇路、辟雍之鼓征，曷以加兹我皇祖圣祖仁皇帝《上谕十六条》，以敦孝悌、重人伦为首。及我皇父，嗣登宸极，迪光继述，衍《圣谕广训》之书于敦孝悌、重人伦，反复开明，惟恐人之弗知，知之弗行，而行之弗切。以此见我皇清圣圣相承，莫不以孝治天下，依人性之本然，以成淳美之俗。而开宗明义，则自我世祖《御注孝经》，阐发天经、地义、民行之确然而不可易，肫然而不容已者，以昭示奕叶、垂之无穷。爰盥手而谨书于后云。

孝经注训

清王永命撰。王永命：生卒年不详，字九如，号劬庵，平水（今山西临汾）人。清顺治五年举人，曾仕迁安知县，在任时兴办学校、劝农事，政绩卓异。事父母至孝，清初孝子旌著于世。著有《有怀堂笔》《松韵堂笔》《边工漫记》等。

孝经注训序[1]

清 · 王永命

夫《孝经》，生人之本也。人非心知力行，虽百岁犹无本焉。

今之“生人”，所谓修明经术者，第诵读专经及得事父事君，语鲜喻《孝经》义，此以《孝经》为幼习，薄传诵、轻章句、弁髦其注，无为致训。及语以“至德要道”“明天察地”，未有不瞿然警冥焉！丧者其不能心知力行，如是予常病焉。会义学聿兴，礼延师儒，闾巷童子，入而明伦，乃首崇《孝经》以治之，诵习传注，阐发训辞，句解字释，简切明当。一堂之内讲孝型弟，爱敬之言炳若日星，天地之塞准于四海。既而树程式、课注训，朔望日俾互相讲明，佐以《六言浅说》及小学诸书。然孩提性真，归而试诸父母，倘未至者，许质问焉。有不率者，师长挞记以愧之，即不调[2]经明行修，庶迪知能之良，无所忝所生耳！

1．本文录自清王永命《有怀堂笔》卷一《序》，见《四库未收书辑刊》第5辑第30册。

2．此字原文为图片。

虽然《注训》几为童子言也，其在孝子仁人、心知力行者，则又早自全生也已！甚矣，《孝经》生人之本也！

孝经广训

清雷徵撰。雷徵，生平不详。

孝经广训序[1]

清 · 毛奇龄[2]

《孝经》者，十三经之一也。相传夫子作春秋之后，即著《孝经》，故何休述夫子语有曰“吾志在《春秋》，行在《孝经》”。而其后焚书律兴，秦人颜芝者藏之衣间。暨汉，始献之，于是立学置博士。历晋、梁、唐、宋不替，而宋相安石忽疑之，而废其学者，已数百年也。

夫圣作贤述，何所致疑？明王孝治，千古不沫。独是经文具在，传注未一。先是颜本初出，谓之今文；而孔壁之出于后者，翻谓之古文，合古今二文而参差见焉。虽今文宗郑注，古文宗孔注，然或疑郑注与康成不类，孔注非安国旧本。即唐时在廷互相质难，而究莫可定。其他自后苍、翼奉后，为注者七十余家，或传或蔑，舛驳烦秽，甚至作神经错纬图义传赞正义衍义诸书，纭纭杂出，而愈求愈远。甚矣，训故之难为也！

北平雷徵君，力学人也。其立身有原本，而又博于文，所著填籯溢箧，未经示世。司马金公幼师之，将出其所著书为之表厉。而金公，孝者也，因先取《孝经广训》一书，订正锓板。予尝考其例，大约分章解节不袭古文，

1．本文录自清毛奇龄《西河集》卷三十六《序》十三，见《四库全书 · 集部 · 别集类 · 西河集》。

2．毛奇龄（1623—1716）：字大可，号初晴、秋晴，学者称“西河先生”，浙江萧山人。清代儒家学者、经学家。康熙十八年荐举博学鸿词科，授翰林院检讨，充明史馆纂修官。后因病请归，居杭州专心著述。毛奇龄为学尊孔孟，批评宋明理学，提倡复兴儒经，力主治经以原文为主，被推尊为乾嘉考据学的开山。一生著述极丰，共四百九十余卷，主要著作编入《西河全集》。

而又非今文一十八章之旧，且尽铲唐时所增篇题。凡夫析经分传，移易颠倒，一准朱子所更定者，又附以《杂述》暨罗氏近溪所著《宗旨》。导扬未尽，抑何注之详、据之约耶！姜子武孙每言金公纯孝，虽显贵不废孺慕。幼时入子舍，效万石氏，亲洁厕牏，尝邁笃疾，窃吁天剔臂和膳，徼延瞬息。虽其事颇秘，不欲示人，然即以是而推，毋论其所致扬名显亲，躬秉要道，既能以爱敬佐圣天子孝治天下，立君亲之义，而即此见其书而不忍舍去。思以扬义类而广论说，一如孩幼之承欢而展色笑者，恐亦今呫哔家所难到也。若夫诸家异同必求一是，则圣天子亲事两宫，上述祖德，覃恩孝治，将必有立学定经义者，而又何异同之与有？

孝经易知

清耿介撰。《四库未收书辑刊》第3辑第9册收录耿介撰《孝经易知》一卷。耿介（1622—1693）：字介石，号逸庵，河南登封人。顺治九年进士，始授翰林院庶吉士，参与编修《明史》《大清会典》，迁大名府兵备道按察副使、河南按察使。康熙初年，任詹事府少詹事。王士祯《池北偶谈》称其"赋质刚方，践履笃实"。所著有《孝经易知》《理学要旨》《中州道学编》《敬恕堂存稿》行于世。

孝经易知序[1]

清 · 汤斌[2]

《孝经》注释笺注，凡数百家。近惟新安吕忠节公所著《本义》《大

1．本文录自《皇清文颖》卷十四《序》，见《四库全书 · 集部 · 总集类 · 皇清文颖》。又见清汤斌《汤子遗书》卷三《序》，见《四库全书 · 集部 · 别集类 · 汤子遗书》。

2．汤斌（1627—1687）：字孔伯，别号荆岘，晚号潜庵，河南睢州人。顺治九年进士，曾任翰林院侍讲、《明史》总裁官、工部尚书。卒，入贤良祠，追谥"文正"。汤斌为官清正廉明，所到之处体恤民艰，弊绝风清，政绩斐然。任职期间，每日只买三块豆腐作菜肴，人称"豆腐汤"，是实践朱学理论的倡导者，被尊为"理学名臣"。清宣宗道光三年，从祀孔子庙。著有《潜庵语录》《潜庵文钞》《春秋增注》《汤子遗书》《潜庵遗稿》等。

全》，最称详备。吾友登封耿逸庵先生，家居讲学，复著《易知》一卷，其言简而尽明，显而精切，与忠节所著互相发明，诚后学入德之津梁也。余镇抚吴中，见其士风，文藻盛而实行衰，思有以挽之，乃聘耆儒于明伦堂，聚生徒讲《孝经》《小学》。适张君牖如旧为登封令，与逸庵讲学嵩阳，携有《易知》抄本，乃锓板属余颁示诸生，俾朝夕肄业焉。余乃为之言曰：

古昔盛时，人重伦常，家敦仁让，故风俗朴茂，治道还淳，太和之气，洋溢宇宙。挽近之世，教化不明，本实不敦，殚精竭思，皆枝叶浮华。虽名誉动人，而本心已失。象山有言："亲师取友，为学力行，皆从好事中来，故虚而不实"，此言切中学者病根，而吴中为甚。《经》曰"天地之性人为贵，人之行莫大于孝"，朱子少年读《孝经》，题其上曰"不如此，便不成人"。孟子曰"人之所以异于禽兽者几希"，吾人奉父母之遗体，当思父母生我之身，无一体之不具；生我之心，无一理之不全。何以保守成其为人，不至放失，沦于禽兽，此不可不深长思也。自学路久迷，陷溺日深，重以侈靡之习、淫佚之说、功利之谋，所知所行皆人欲而非天理。夜气之良，偶一醒悟，真堪痛哭流涕而不能自己者，奚暇雕绘浮藻、驰求声誉乎！

天下万善，同出一源。人能孝，则事君必忠、事长必顺、交友必信、居官必廉、临民必宽。故事君不忠，非孝也；事长不顺，非孝也；交友不信，非孝也；居官不廉，非孝也；临民不宽，非孝也。进而言之，暗室屋漏，一念自欺，非孝也；应事接物，一念怠敎，一念刻薄，非孝也。事亲能养矣，而未能养志；知从令之非孝矣，而未能谕亲于道；养生送死尽礼矣，而未能事死如生、事亡如存，其孝犹为未尽也。故事亲、事天，一道也；尽伦、尽性，一理也。孝之道大矣哉！诚能尽孝之道，则精义入神、参赞化育不外是矣！

一人尽孝则一家化之，一家尽孝则一国化之，推之天下皆孝子、四海皆仁人，则民气和平、灾害不生、祸乱不作，尚何忧治道不唐虞，风俗不三代欤？余因牖如之请，为书简端，读者略加省察，以无负逸庵注解之意与牖如镂版之心，其于立身为人之道，未必无小补云。

跋孝经易知[1]

清 · 汪琬[2]

右《孝经易知》一卷，登封耿逸庵所纂，其说明白简要，便于童蒙，盖镂版嵩阳书院者久矣。会汤潜庵先生开府吴中，悯吾吴人习俗颓靡，孝友道微，乃遴简宿儒，命每月讲《孝经》于学宫，欲以移易风俗。届期，远近至者环集，先生亲往临视，命之坐听。且呼社学诸生徒年仅髫齿者，使前劳以好言，饲以粢饵。长幼人人自得，深合古者有德有造之义，甚盛举也！于是吾吴前登封令张子牖如尝受《易知》一书于逸庵所，遂以呈先生。先生阅而大喜，谋颁行之，以为蒙养之助。牖如因捐赀鸠匠，重刻且竣，将以先生命颁示社学诸生徒，俾朝夕肄业焉！

嗟乎！《周官 · 大司徒》以六行教万民，必先曰孝；以八刑纠万民，必先曰不孝之刑。其属“族师”：月吉，属民读法，则书其孝、弟、有学者。而“师氏”之教国子也，又一则曰“孝德，以知逆恶”，再则曰“孝行，以亲父母”。至于武王作《康诰》，辄举不孝不友之罚，拟其罪于元恶大憝。然则古圣王之为教也，莫不根柢门内如此。而后世董率不行，教育不至，其道浸以衰息，往往民彝汩乱，相争相攘以陷乎狱讼，宜乎先生有深悯与！

夫孩提之童无不知爱亲者，吾吴中生徒，诚家得此书讽诵而紬绎之，朝夕不怠，庶几格心涤面，于以弃其故习而复其良知也非难，是则先生之意也夫，亦琬与牖如之意也夫！琬故跋其后而敬虚前序，以俟先生命笔云。

孝经要解

撰者不详。从跋文内容来看，应为宋真德秀所撰。

1．本文录自清汪琬《尧峰文钞》卷三十九《题跋》，见《四库全书 · 集部 · 别集类 · 尧峰文钞》。

2．汪琬（1624—1691）：字苕文，号钝庵，晚号尧峰，江苏长洲人。明清之际散文大家。顺治十二年进士，曾任户部主事、刑部郎中，参与纂修《明史》，晚年隐居太湖尧峰山，学者称“尧峰先生”。著有《钝翁类稿》《钝翁续稿》，晚年自删为《尧峰文钞》五十卷。

孝经要解跋[1]

清 · 陆陇其[2]

《孝经》一书，始于事亲，终于通神明，光四海，上自天子下至庶人，不可不读。朱子特举其切于庶人者，述其大旨，以示愚俗。真西山先生又从而广之，其拳拳斯民之意至矣！其言大抵与今州县所讲《六谕》相表里。我民既听《六谕》，又于此一玩味焉，则知向所讲者，皆圣贤经传之言，万世不可移易之道，虽欲顷刻离之而不得矣！愚故复梓而传之，以告我民云。

孝经刊误浅解

清史尊朱撰。史尊朱：生卒年不详，号格庵，乐清人。年七岁，通《孝经》，天性孝友，操行端方。无意科举，从事于讲学授徒，从者常数百人。著有《孝经刊误浅解》《读书浅解》《学则图说》《太极图说》等。

孝经刊误浅解自序[3]

清 · 史尊朱

天地生物之心，元也，人得之以为心而有仁；父母爱子之心，仁也，子得之以为心而知孝。天亲仁孝，一也。尽所以为子而亲悦之，则尽所以为人而天祐之。若子而不子，则人为匪人，失其天性，逆天之命矣！罪将安祷乎？此祸

1．本文录自清陆陇其《三鱼堂文集》卷四《杂著》，见《四库全书 · 集部 · 别集类 · 三鱼堂文集》。

2．陆陇其（1630—1693）：原名尤其，字稼书，浙江平湖人，清代理学家。康熙九年进士，曾历任嘉定、灵寿知县、四川道监察御史，以清正廉洁著称于世。卒，赠内阁学士，谥“清献”。陆陇其一生笃信理学，尊朱辟王，成为清初理学的中坚人物，被奉为“国朝醇儒第一”，“千秋理学正宗”，是清代第一个从祀孔庙的儒家学者。主要著作有《困勉录》《读书志疑》《三鱼堂集》等，后人将其著作汇编为《陆子全书》。

3．本文录自《温州经籍志》卷五，见《续修四库全书》918册《史部 · 目录类 · 温州经籍志》。

福之攸分，而治乱之自始也。治至三帝、三王尚矣，钦明峻德，先亲九族，重华升闻，闻以烝乂；禹之干蛊，弼成五服；汤则圣敬日跻，肇修人纪；文王之为世子，朝于王季日三；武王，周公所称达孝者也。是其德之本于孝者，一也。

孝之为道，于身焉求之。其不敢毁伤也，则不登高、不临深，为能戒逸欲、儆风愆，以强固其身矣！其立身行道也，一举足不敢忘父母，则所以作肃者本乎是；一出言不敢忘父母，则所以作乂者本乎是；视于无形，听于无声，永言孝思，则所以作哲、作谋、作圣者本乎是；充之而事亲、而克谐，即事天而体征也。人本乎天，子本乎亲，自天子以至庶人，同以吾亲为身之本，同以孝为身之德之本。其知爱知敬，乃不虑而知之，良知不学而能之，良能出于性而不容已者。

《经》曰："爱亲者不敢恶于人，敬亲者不敢慢于人。"人必爱亲而后能爱人，亦至于能爱人乃尽其所以为爱亲；人必敬亲而后能敬人，亦至于能敬人乃尽其所以为敬亲。天子以爱敬之德教于上，天下以爱敬之德顺于下，合四海皆归于爱敬而无敢恶慢，则肃肃雍雍不争无怨，中和建而礼乐兴，礼乐兴而教化行。父父，子子，君君，臣臣，大伦以正，庶务以理而清宁咸若，灾害不生，祸乱不作，司寇之刑可措，司马之兵可戢，何唐虞三代之治不再见哉！

甚矣！孝之大也。正闺门，顺四海，享祖考，格天人，道无逾于此者！自孝道之衰，父子君臣大伦攸斁，人事失其经，天道乱其序。于是孔子惧而作《春秋》以救其变，著《孝经》以道其常，故曰"志在《春秋》，行在《孝经》"，二书原并出者也。古用竹书，易于错简，又经秦火，《孝经》所传多误，妄立章名，训注亦谬。朱子谓其附会芜杂而失次，文义有不通贯，因为删削附会，合经分传而序次之，觉义理之精深、规模之宏远一同于《大学》，是皆为孔子之言，皆传于曾子者。又皆以朱子之更定而得其正也，是宜以朱子所定，颁之学宫，合于《大学》，以命题取士。庶是经大行于世，用致和平之治于无疆也。

尊朱不揣固陋，为之浅解，非能于精意发其万一，亦曰："刍荛之言，聊备采择焉云尔。"

孝经刊误浅解序[1]

清 · 贾声槐[2]

丁亥秋，乐清郑生耀廷以其乡先辈史格庵先生《读书浅解》请为序，先生深于理学，羽翼紫阳，卓然可传于后世。原版残于回禄，郑生寻旧藏本重镌之，其志可嘉。今春来谒曰："先生《孝经刊误浅解》，可并付梓。"

余读其"自序"，于天人性命之原，仁孝合一之理，发挥透彻，注解清晰周备，是诚有裨于名教而为圣贤之功臣矣！昔夫子以《大学》授曾子，曾子阐发为传。秦汉以后，书多错简。朱子更定分为十传，条目井井，与"博文约礼"大旨相合。后来有疑而议之者，过矣！《孝经》亦夫子所授于曾子者也，"始于事亲，中于事君，终于立身"，实包乎诚正、修齐、治平之旨，而力行必先致知，道本一贯也。是书流传久，多错杂，朱子《刊误》亦分为传十章，释明经义，后二章发经外之义，文从理顺，质之先圣而不易。格庵先生解之而曰"浅"，夫庸言庸行通乎鬼神，察乎天地，《孝经》与《大学》相表里，四书五经之理尽包孕其中，"浅解"也，而精深广大孰能外此乎？孝弟者，为仁之本。仁，性也，天也，亦即中也，诚也。《太极图说》《西铭》理一分殊，先生为能观其通矣！

道光戊子孟夏序。

御定孝经衍义

清叶芳霭、张英等撰，清圣祖定。该书为顺治十三年奉敕所修，至康熙二十一年告成。圣祖仁皇帝亲为鉴定，制序颁行。体例全仿真德秀《大学衍义》。

1．本文录自《温州经籍志》卷五。

2．贾声槐：生平不详，乐陵人，嘉庆四年进士，曾任职温州道，著有《思辨录》《艮山文集》《艮山续集》等。

御定孝经衍义序[1]

清 · 清圣祖[2]

朕缅惟自昔圣王以孝治天下之义，而知其推之有本，操之有要也。夫孝者，百行之源，万善之极，《书》言“奉先思孝”，《诗》言“孝思维则”，明乎为天之经，地之义，人性所同。然振古而不易，故以之为己则顺而祥，以之教人则乐而易从，以之化民成俗则德施溥而不匮，帝王奉此以宰世、御物，躬行为天下先，其事始于寝门、视膳之节，而推之于配帝飨亲，觐光扬烈，诚万民而光四海，皆斯义也。

孔子教孝之言，散见于六籍而统会于《孝经》。曾子以纯孝，亲承斯训，其词约，其指远，条贯终始，综括群论，言孝之义，于斯为备。自颜芝藏本出于汉初，考、注、笺、释代有其人，如孔安国、郑康成、皇侃、邢昺辈，无虑百余家，大约皆训诂章句、辨论古今文同异，而求其推扩义蕴，通达之于万事万物而皆莫出其范围者，则尚未之备也。世祖章皇帝弘敷孝治，懋昭人纪，特命纂修《孝经衍义》，未及成书。朕缵承先志，诏儒臣搜讨编辑，仿宋儒真德秀《大学衍义》体例，征引经史诸书以旁通其说，窃以仲尼称“至德要道以顺天下”，又曰“教之所由生”而后，详列天子、诸侯、卿大夫、士、庶人之五孝，此则一经之大旨，亦犹《大学》之言明德新民、格致诚正、修齐治平也。是故衍至德之义，则仁义礼智信之说备矣；衍要道之义，则父子、君臣、夫妇、昆弟、朋友之伦备矣；衍教所由生之义，则礼、乐、政、刑之属备矣；衍五孝而皆以爱敬为本，明贵践之所同也，由天子之敬亲推之，则郊丘、宗庙、典礼之义备矣；由天子之爱亲推之，则仁民、育物、抚绥、爱养之义备矣。无非敬也，无非爱也，即无非孝也。递而至于诸侯之不骄、不溢，卿大夫之法服、法言、法行，士庶人之忠顺事上、谨身节用，何一非爱敬之义？推而极之，通于神明，贯乎天地，夫宁有涯际乎哉！

书成，凡一百卷，镂版颁行，并制叙言，冠于简端，庶几嘉与海内共遵斯路，成修子弟之职，人奉亲长之训，协气旁流、休风四达，以成一代敦厚鸿庞之治。斯则朕继述先烈，尊经崇本之志也夫！

康熙二十九年四月二十四日。

1．本文录自清圣祖定《御定孝经衍义》，见《四库全书 · 子部 · 儒家类 · 御定孝经衍义》。

2．清圣祖：即康熙帝爱新觉罗 · 玄烨（1654—1722），8岁登基，在位61年，是中国历史上在位时间最长的皇帝。康熙一生勤政，开创了康乾盛世的繁荣局面。

衍经之序[1]

清 · 韩菼[2]

邢昺《正义》曰：案《孝经》遭秦坑焚之后，为河间颜芝所藏。初除挟书之律，芝子贞始出之，长孙氏及江翁、后苍、翼奉、张禹等所说皆十八章。及鲁恭王坏孔子宅，得《古文》二十二章，孔安国作《传》。刘向校经籍，比量二本，除其烦惑，以十八章为定，而不列名。又有荀昶集其录及诸家疏，并无章名。而《援神契》自天子至庶人五章，惟皇侃标其目而冠于章首。

《御注》依古今集详议，儒官连状，题其章名，重加商量，遂依所请。章者，明也，谓分析科段使理章明。《说文》曰："乐歌竟，为一章。"章字，从音从十，谓从一至十。十，数之终。诸书言章者，盖因风雅。凡有科段，皆谓之章焉。言天子庶人虽列贵贱，而立身行道无限高卑，故次首章先陈天子，等差其贵贱以及庶人。次及《三才》《孝治》《圣治》三章，并叙德教之所由也。《纪孝行》章，叙孝子事亲为先，与五刑相因，即夫孝始于事亲也。《广要道章》《广弘名章》，即先王有至德要道弘名于后世也，《弘名》之上因谏诤之臣、从谏之君必有应感，三章相次，不离于《弘名》。《事君章》，即忠于事君也。《丧亲章》，继于诸章之末，言孝子事亲之道终也。皇侃以《开宗》及《纪孝行》《丧亲》等三章，通于贵贱。今按《谏诤章》大夫已上皆有争臣，而士有争友，父有争子，亦该贵贱，则通于贵贱者有四焉。

孝史

清张氏撰。张氏：生平不详，江苏高淳人。

1．本文录自《御定孝经衍义 · 卷首上》，见《四库全书 · 子部 · 儒家类 · 御定孝经衍义》。

2．韩菼（1637—1704）：字元少，别号慕庐，江苏长洲（今苏州）人。康熙十二年状元及第，授翰林院修撰，掌修国史，主持《孝经衍义》的纂修，后充任《大清一统志》总裁官，官至礼部尚书。卒，乾隆十七年追谥"文懿"。

孝史序[1]

清 · 张永铨[2]

经与史，相翼以明道者也。使经之中无史，则言《易》者必有吉而无凶，言《书》者必有治而无乱，言《诗》者必有美而无刺，言《礼》与《春秋》者必有敬而无肆、有褒而无贬也。岂理也哉？惟经之中有史，而史之中有经，故作史者可以法、可以戒，其明可以周万事之理，其道可以适天下之用，其智其义可以通难知之意、发难显之情，曾南丰言之详已。高淳安节张子，为副宪少节先生文孙，一日抱其所纂《孝史》问序于余。余阅之，取古今孝行之事条分缕析，羽翼《孝经》，张子不诚明道之士乎哉？

或曰："十有三经之理备见于二十一史，从未有本一经以为史者。且《孝经》藏于河间颜芝，其后注者凡百家，至晦庵《刊误》出而义始定，亦未有举史中孝行之事以证之者。张子所著，毋乃创乎？"

余曰：不然。今夫珠玉天下至宝也。玉出于山，则山之中玉不知其几何，然登山者未尝以山为宝，迨凿而剖之，则虽片玉人无不抱之而去矣！珠产于泽，则泽之中珠不知其几何，然临水者亦未尝以泽为宝，迨鲛人搜而获之，则虽一颗一粒，人无不匿而藏之矣！夫山为玉之所自出，泽为珠之所由产，而人勿宝者。以珠玉散于山泽，则求之者甚难，而得之者尤不易也，读书之道亦然。一事之理，鲛见于经史载籍，天下能博求之经史载籍而得之者，曾有几人？惟汇而集之，使人一寓目，而是非得失之数，洞然于中，亦读书之善法也。

今张子取数于百年以前之事，与数于百年以后之事，不啻考镜于一堂，则有是史而孝之理备。取事之合乎经者，事之不合乎经而于经有相证者；取言之同乎《孝经》者，言之不必同乎《孝经》而于《孝经》有相发明者，必推求其至当，则有是史而孝之理精。大而帝王之治，微而圣贤之理，上而卿大夫之硕德，下而士庶人之庸行，外而兰台石室之所著，内而彤管女史之所垂，而且旁通乎二氏之教，博推乎物类之情，无不论之、赞之，阐幽抉微，则有是史而孝之义愈显，孝之用亦愈弘。张子之用心如此，不诚明道之士乎哉！

1．本文录自清张永铨《闲存堂文集》卷二《序》，见《四库未收书辑刊》第8辑第21册。

2．张永铨（1638—？）：字宾门，清初上海人。工古文，善诗词，精于理学。与黄宗羲、毛奇龄等友善。著有《闲存文集》《闲存诗集》等。

后之人读是史者，能因史以明经，因经以明道，则谓我注六经也可，谓六经注我也可。倘曰：“是书也，足以资览而已，供考核而已”，则犹寒者欲披珠以为衣，仆者欲炊玉以为食也。其不为贫儿所笑者，几何哉！

毛西河曰：写出读经之法，有功后学。文之博大精醇，置之大家集中，不可复辨。

读孝经

清应是撰。应是（1638—1727）：字敬非，号敬庵，江西宜黄人，学者称“敬庵先生”。清初学者、古文家。康熙八年中举，九年，会试不第，遂绝意功名，专心文事。应是性格恬淡，自身清苦，常周济他人，以善行播于乡里，以侍母孝闻于乡。著有《纵钓居文集》《读孝经》等。

读孝经叙[1]

清 · 陈象枢[2]

昔者，圣人惧道晦而著经，后人因明经以守道。经者，道之舆。而明之力与不力，儒术之盛衰系焉。顾道犹存于人心，而千数百年，耿光之大业，一旦分离乖隔，不合不公，何欤？则不明经而改经者之过也。

圣人曰：“欲观我褒贬诸侯之志在《春秋》，崇人伦之行在《孝经》”，时《孝经》乃与六艺并著，汉魏以来，祖述而兴者约有百家。又隐括斯语，以为传曰“志在《春秋》，行在《孝经》”，而刘炫又自为□曰经注凡十三家，虽义有精粗，并堪讲授。此皆什伯才谞俯首于传注，细绎之不尽。如此敢议经也！虽其每章结以《诗》语，如《表记》《坊记》之体例，不必果成于夫子之手，然必七十之徒亲见圣贤之议论，而圣人亦亲见其叙述之无差。虽其推本

1．本文录自清应是撰《读孝经》，见《四库存目丛书 · 经部》第146册《孝经类 · 读孝经》。

2．陈象枢（1696—1753）：字驭南，号复斋，江西崇仁人。清雍正八年进士，历仕吏部文选司主事、户部员外郎。曾督学四川、湖南，主讲豫章书院。著有《复斋文集》《读史一得》《举庸定解》《五经渊源录》等。

人性、德教、敬让、好恶，诸义杂出，不可以边幅相绝，然自其清明纯粹以立言，□之参伍错综，而不可以厌乱。昔人所为，以守经之力为明经之具，其有舛驳于传者，正谓于经有违也，此可谓非儒述之盛与？自议经者起，或改古文，或改今文，经中分传，颠倒损益，力诚横矣！而又为之辞曰“此正明道也”，其孰从而信之，此可谓非儒述之衰与？

元遗山云：“高蹇当父师，排击剧寇仇。真是未可必，自私有足羞。”宜黄应敬庵先生于此有痛心焉，不议改者之是非，而但取宋文宪之一说以寄其意，何其婉而严也。乃辑注疏史传，发明今文，附以己意而畅其义。至于天地之心、鬼神之奥、圣贤之事迹节概，足以深企慕于无穷，扶行习于不敝，诚力于卫经。而先生不以“注”名，祗名之曰“读”，声满天地，书悬日月矣！此九十余年孺慕之忱、仁厚之隐，所缠绵笃棐而出之者。余小子，恶足以测之，亦愿与读之而已矣！

时乾隆十有七年孟冬月，崇仁愚侄陈象枢顿首拜撰。

读孝经编次附记[1]

佚名

家大人年三十四后即杜门著述，自周秦下，于书无所不读，而尤笃嗜《朱子文集》，暨《大全》《语类》《精义》《西铭》小学诸书，谓濂洛关闽之学上接洙泗，其言皆四书五经义疏，如谷之于食不可一日无。所居“惭轩”，隙地植兰，有书辄兰易之，或卖兰以偿其直，藏书至万卷，皆丹黄数四。祖母黄太孺人，享年八十有八，大人恋晨昏奉甘旨，凡二十余年，不出子舍。抚军以下常寓书劝之仕，以汤药辞。所著书有《作忠编》《纪孝编》《友于编》《烈女编》《纵钓居文集》《樵者阙编》。

岁戊戌，大人年八十一矣。取旧时所丹黄书阅之，曰：“此即《孝经》某句义也。”手录口吟，参酌折衷，随自论议。如此者十年，积数千纸，束以布带，分十八束。一日，指示不孝兄弟曰：“天地之性人为贵，人之行莫大于孝。故以之事君则忠，以之事长则顺，以之祭祀则天神降地□□人鬼享，以之

1．本文录自清应是撰《读孝经·编次附记》。

治人则万国欢、百姓悦、居家理。孝在上则仁，在下则义，临财则廉，遇事则慎，战守则固，耕耘则疾，无非孝也。夫人为善，思贻父母令名，必果；为不善，思贻父母羞辱，必不果。人苟有善无恶，助其性全，性全则得秀，而最□者不至与禽兽同归，此□□之异。君子所存，而即赤子之心，大人不失者也。吾尝三复此经，恨不能起古昔大儒若子朱子、二程、周、张辈，伸纸振笔，竞相发挥。爰乃博搜旧籍，择其有当于经义者，用补注疏所未备，敢曰校雠，吾亦读之云尔。古人居丧读《礼》，吾爱读《孝经》，倘得正而毙，汝曹可取此束发之编为成书，以训子孙。昔邢昺日诵《孝经》二十遍拟《观音经》，汝则读读《孝经》以拟读《礼》，不近愈乎？”呜呼！此丁未正月十七日命也，不谓闰三月二十三而竟奄然见背矣！不孝兄弟惴惴栗栗，不敢废命，日夜抄集，据经文十八章，为十八卷。又平日不孝兄弟过庭有闻，私自纪述，取其有关于经者，为《答问》二卷附于末，凡二十卷。

恭逢我皇上孝治天下，乡会取士，以《孝经》《易》、性理论著为令甲，而《孝经》乃得与四书五经并列学宫。人尚忠孝，家修子弟，猗□休哉。迩有四方同志之士，闻大人《读孝经》一书，请寿梨枣，以公海内，因述其端委如此。

雍正己酉清明后三日，不孝男□、□薰沐稽颡书。

孝经天子五章衍义

清陈廷敬撰。陈廷敬（1639—1712）：初名敬，字子端，号说岩，晚号午亭，山西晋城人。清世祖顺治十五年进士，因同科进士有同名者，故朝廷改其名为“廷敬”，授翰林院庶吉士。曾为康熙帝师，官至吏部尚书、文渊阁大学士，任《康熙字典》《皇清文颖》总修官，《清太宗实录》副总裁，《大清一统志》《佩文韵府》《明史》等书的总裁官，卒谥“文贞”。以清正廉谦明著称于世。著有《午亭文编》《河上集》等。

孝经天子五章衍义序[1]

清 · 韩菼

臣按《孝经》古无章第、篇名，自皇侃标“天子”已下五孝之目，而五等之序截然以明，盖孝为王道之本、万化之原，故曰：“夫孝，置之而塞乎天地，溥之而横乎四海，施之后世而无朝夕，推而放诸东海而准，推而放诸西海而准，推而放诸南海而准，推而放诸北海而准。”然而无所不包者，其体施之有方，达之有渐，能足乎其量，而无以加者其用。其体则足乎赤子之心，无憾于匹夫之贱，蔬粟饮水与尊养四海，其致一也。其用则各有其地之所得为，与其分之所不可过，诸侯不敢拟于天子，卿大夫不敢拟于诸侯，士庶人不敢拟于卿大夫，其势然也。

夫惟天子之尊，足以立乎其体而称乎其量，推一念之爱达之于无不爱，无不爱斯能爱其亲；推一念之敬达之于无不敬，无不敬斯能敬其亲。斯须之不爱为刻核、为残忍、为法令繁密、为赋敛无艺，将不胜兵刑之祸，而天下有重足之忧。斯须之不敬为傲慢、为逸乐、为侈靡无度，日泰然于上，而天命、人心去之矣！故天子之孝，非特谨小节、勤细行已也，在天下安、社稷固否耳！此爱敬之实也。古之圣王如大舜之夔夔齐栗、禹之勤劳、汤之立爱立敬、文王之日昃不遑暇食皆本孝道，以光大业、致盛治，至于武王郊祀后稷以配天，宗祀文王于明堂以配上帝，制礼作乐文章备具，凡其礼百神、和民人而御万物者，乃至纤悉具举而皆可法。然夫子要而赞之曰：“武王、周公，其达孝矣乎！”言爱之至、敬之至也。自圣王不作，人伦废坏，即勤于为治之主，不过以政教、刑罚整齐天下，而内治缺然，盖教化之意微矣！夫子举先王之至德要道，切著之为经，而三复其文。于天子之孝，本之以爱敬二人而推之，通神明、光四海、兴礼乐、移风俗、纳谏诤、美政教，其于事亲之仪节盖略焉。而至于诸侯以降，则第勉以奉宗庙、承祭祀、为言行无过、服劳奉养而已矣！盖其所施，固有广狭、大小之殊，而丁宁之意亦少杀矣！《书》曰“一人有庆，兆民赖之”，夫天子尽孝于上，则诸侯、卿大夫、士、庶人莫不尽孝于下，而治化成矣！此自然之序也。虽然由天子而诸侯、而卿大夫、而士庶人，此治之有其序也。由亲亲而仁民、而爱物，此序之又有其序也。而或者骛于泛爱博施之说，托于一视同仁之大，则与异端

1．本文录自《皇清文颖》卷十五《序》，见《四库全书 · 集部 · 总集类 · 皇清文颖》。

之所谓无差等、无人我者，意岂异哉？夫子固曰："不爱其亲，而爱他人者，谓之悖德；不敬其亲，而敬他人者，谓之悖礼。"且夫不爱其亲者亦必不能爱人，不敬其亲者亦必不能敬人。譬诸水然，沟浍者可立涸也；如草木然，根拔则枝叶必害也。人君诚鉴乎此，而专以孝亲为心，久之仁心渐熟，义理精明，不敢恶人、不敢慢人之一念油然自生，发之不御而充之不穷。于天下也，何有不然？千寻之木，旦夕而长，有是理哉？若夫诸儒所定十八篇，前后次第，多异同。臣按开元间题章名及《正义》所云，皆以《三才章》以下为广叙前六七章之意，则朱子《刊误》定为经文者，为不易。臣今一以是为宗。衍经不衍传者，传从经也；不衍传，故传之章第，但各存之，不复论。而传文之义，固已悉具云。

孝经小学口义

清张实撰。张实：字秋绍，锡山人。

张秋绍孝经小学口义序[1]

清 · 张玉书[2]

潜庵汤公抚吴两载，念江左民秀而俗偷，惄然伤之。凡所条教措施，孳孳以仰副谕旨、崇实返朴为务。自月吉读法而外，举《孝经》《小学》二书为吴士民劝。又延礼名儒有学行者，为之疏解，以畅释奥旨。锡山秋绍张君实，应公辟，主讲席。今年春，《孝经》讲甫竣，会公膺特召，爰属秋绍辑所讲《口义》，重加订正授梓，人广其传，盖公所以教民敦本之旨，至勤且恳矣！

在昔治《孝经》者，汉长孙氏以下无虑百家，《今文》《古文》同异，若聚讼，而大旨炳如，并存不废。兹编序次，一遵《今文》，独存《闺门》一章，以仍《古文》之旧。其阐绎经义，切近深微、穿贯朗晰，而尤以"敬"之

1．本文录自清张玉书《张文贞集》卷四，见《四库全书 · 集部 · 别集类 · 张文贞集》。
2．张玉书（1642—1711）：字素存，号润甫，江苏丹徒人。顺治十八年进士，官拜文华殿大学士兼户部尚书，久任机务，直亮清勤，卒谥"文贞"。著有《张文贞集》。

一言蔽孝之终始。余受而读之，三叹而兴曰："是诚可云知孝矣乎！"经之义理，一而分殊，体约而用博。推之极于天明、地察，通神明，光四海，而约之则曰"身体发肤，不敢毁伤"。夫下堂而伤足，毁伤之小者也；辱身陨名，灾及于亲，毁伤之大者也。曾子之论以事君、莅官、交友、居处、战陈不尽其道，皆谓之不孝，而其生平临深履薄之意，直至启手足之时，然后知免。由斯以观，孝莫大于敬身，敬身则不辱，不辱则不伤其亲；不能敬身者反是。言不轨道，行不轨法，位骄禄侈，服奇志淫，惑溺于异端，驰逐于功利，一矢口、一跬步之间，其身蹈于不孝，而贸然不自知者多矣！可不惧哉！

或曰：经之言理备矣，其节目、次第奚所取则焉？曰："汤公以小学与《孝经》并讲，岂无义乎！小学者，萃《曲礼》《少仪》《内则》《祭统》诸篇，而区别其义类者也。《记》举其详，《小学》举其要，择善而蹈，孙志而笃行之，孝弟之念油然而生矣！化民成俗直指诸掌耳！"秋绍曰："是则公之志也！"遂书为序。

孝经类解

清吴之騄撰。吴之騄：字耳公，歙县人。康熙十一年中举，曾任绩溪县教谕、丹阳县教授、镇江府教授。著有《孝经类解》《桂留堂集》。

孝经类解序[1]

清 · 吴之騄

人之道莫先于孝，而古来之言孝者，得位则推舜、武，不得位则推闵、曾。自此而下，以孝称者，代不数人，何哉？盖儒者言孝之失，非世之无孝子也。儒者之言孝，往往求之征验，且不征于人而征于神，至以天地之常经，而

1．本文录自清吴之騄《孝经类解》，见《四库存目丛书》第146册《经部 · 孝经类 · 孝经类解》。

等之怪异新奇之列，求之愈奇则其人愈少，其人愈少则其道愈微，此天下之所以无孝子也。夫天下一日无孝子，则生人之道绝矣！生人之道未绝，是天下常有孝子也。而必曰无孝子，亦儒者之过也。

舜之克谐孝已、精一执中，独非孝乎？曾子之养志孝已、一贯忠恕，独非孝乎？尧、舜、禹、汤、文、武，皆得位而大孝者也；孔、颜、曾、孟，皆不得位而大孝者也。故明哲保身、全生全归者，孝之常也；殉节捐躯、成仁取义者，孝之变也。而泉涌、而水解、而堇生、而鲤跃诸事，不过孝感之一端，而非必以是为极至也。《礼》曰："君子之所谓孝也者，国人称愿然曰：幸哉有子！如此，所谓孝也已。"韩魏公曰："父母慈而子孝，此常事不足道。"通此二说，可以知孝子，可与读《孝经》矣！

《孝经》之言孝也，自天子至于庶人，生事死祭，无不概举其要。故夫子曰："吾行在《孝经》。"今世之学者，童而习之，稍长便弃去，幸有棘闱试论之功令，不则诸生攻制举业，且有不能举其辞者矣。騄甚惧焉。因思《孝经》之理，散寄于六经，而其事备载于群史，不揣固陋，依次纂述，萃为《类解》。其言可采，不以人而废其言；其人可师，存其言以见其人。其引伸而触类，则昉于学《易》之旨；其断章而取义，则参以说《诗》之法；其通达政事，则出入乎《尚书》之升降；其谨严法戒，则窃取乎《春秋》之笔削；其与人执持而不可摇夺也，则杂稽乎经礼、《曲礼》之文损益，诸如忠臣烈女、任贤养民、井田封建、建储兴学、复仇讳谥，以及嘉言懿行、诗歌谚语有关名教，与凡一切可快可憾之事，不辞牵合，时错出乎其中。要不过即见闻所及，已言已行之迹，以羽翼而推广之。盖自康熙丁卯以后，怙恃两失，哀痛之余，犹惜分阴，不能废业，勉成是书，以贻家塾。使善读者，对之而兴起，必无犯上作乱之事。而他日策名委贽，又可执此以往，左右逢原，四达不悖，则騄之所以酬罔极于万一者，或在于此。

昔朱子有《孝经刊误》一编，因欲掇取他书之言，可发此经之旨者，别为外传，苟其有裨于世教，则郭公夏五，不妨传疑，《月令》《考工》，可备三礼，故误有不必刊，而传终不可缺。但引用既多经语，命名难从传例，斯紫阳未竟之志，或以是书成之，庶几与小学相表里。至于按文切理，是是非非，一无所谬于圣人，则国家之《孝经衍义》具在，草茅之士，无敢赘其辞也已。

康熙癸酉六月丙子，新安吴之騄序。

孝经详说

清冉觐祖撰。冉觐祖（1638—1719）：字永光，号蟫庵，河南中牟人。清康熙二年乡试第一，之后杜门读书。三十年，登进士第，选翰林院庶吉士，迁翰林院检讨。觐祖治学兼采汉、宋之说，精研细求，著述有《孝经详说》《四书五经详说》《性理纂要》《正蒙补训》等。

孝经详说序[1]

清 · 胡世藻[2]

尝谓孝属庸行，何著之为经？盖以水源木本，圣凡不异，今古同然也。其书自汉唐以来，郑《注》邢《疏》，不一其人，要皆各出己见，以期发明经义而已。操觚之士，因场屋标题试论，概视为弋取功名之具，临文剿袭，几使正旨弗彰。夫天性未敦，彝常莫讲，此人心世道之忧，不独区区文字之故也。

余每思论定一书以正海内，缘戴星衡文年年未暇。己卯，嘉平校士初竣，牟阳冉太史适以《孝经详说》见贻。篝灯细读，其考证源流则如淄渑之不可混，分别同异复令毫发之无可疑，识超众有，美集诸家，直使天经地义千古为昭。呜呼！说之不详则守之不约。太史之教天下以详，正教天下以约也。其《四书详说》已为士林标准，是集并当树鹄艺圃，远绍昔圣之心传，近赞兴朝之文治，以正人心、以淳风俗，有功名教岂浅鲜哉！

抑闻太史笥中尚有诸经《详说》，待付剞劂。吾知得见一斑未窥全豹，四方学人必与余同抱此憾而大慰余怀，并慰四方学人之怀，太史其有意乎？

康熙三十八年岁次己卯嘉平榖旦，督学使者济南年家弟胡世藻敬识于大梁官署之澄怀堂。

1．本文录自清冉觐祖撰《孝经详说》卷一《胡序》，见《续修四库全书》第152册《经部 · 孝经类 · 孝经详说》。

2．胡世藻：生卒年不详，山东章丘人。康熙十五年登进士，曾官福建宁德县知县、河南按察司佥事提学道、贵州正安州知州。

孝经详说自序[1]

清 · 冉覲祖

世所习《孝经》十八章，出之汉初颜芝子贞，以隶书，谓之《今文孝经》；孔壁所出二十二章，蝌蚪文字，谓之《古文孝经》。经文大较相似。刘向以颜本比古文，除其繁惑，定为十八章。其后宗今文者用郑氏《注》，而论者谓非康成之书；宗古文者用孔安国《传》，而论者谓出刘炫伪作。是见此非彼，各持一议。唐明皇自注《孝经》，以十八章为正书，勒国学，是为《石台孝经》，当时命元行冲作《疏》。及宋，邢昺广之为《正义》，列于《十三经注疏》中，而今文行古文废矣！

司马温公独信古文，作为《指解》。朱子据温公本为《刊误》，分经一章，传十四章，仿更定《大学》之例，未及注释，学者不得其宗而习焉。元鄱阳董季亨遵《刊误》作注，名为《孝经大义》，而其书未盛行。明季黄梅、瞿罕从朱子所定为《孝经贯注》，以朱子所删为《孝经存余》，又有《考异》《对问》上之朝，未蒙颁行，世鲜知者，此《刊误》之所以终为废格也。陈士贤之注蓝本《注疏》言简意正，读今文者奉为科律。吾乡吕忠节公介孺著《孝经本义》《大全》《或问》，识解洞彻、援引详备，于今文之学集厥成矣！然意在进呈，颇有浮夸语，非儒者注经之体，而于王门支流，如近溪、海门辈，世所指为怪诞不经者，亦录其言，使人骇异，盖瑜中之瑕不相掩也。余尝欲依朱子《刊误》作训，斟酌董、瞿之善否而损益之，购其书，未获。又恐于场屋所用有方枘圆凿之嫌，故缓之。乃反复于十八章，汇辑群言、参以己见，谓之《详说》。大抵取之《本义》《大全》者居多。

夫学者派出姚江，率皆自任聪明，驱经从我，不肯俯首虚心体会古人之意。而介孺于是经讨穷不遗力，大而提纲挈领、小而因文敷义，补罅疏壅、抉疑剔谬，使圣贤授受精神跃然欲出。且于朱子之言，数数标举，虽与《刊误》不相符，而未尝一语涉诋毁，视姚江家专寻朱子之短者有霄壤之异，介孺其始染姚江卒归正学者欤！《大全》所采，或沿旧闻，不能割弃。余为芟十之二三，如蝇点白，去而益莹。起介孺于今日，能不为之首肯哉！余所以踵《大全》之后而为《详说》者，意盖如此。若夫全经之蕴，以人性为根柢，以爱敬

1．本文录自清冉覲祖撰《孝经详说》卷一《自序》。

为发用，与天地相流通，与治道相表里，贵践同揆、幽明无间。余不能窥其精深，言之而不能畅。览者，其自得焉！因书以告同志。

时康熙己卯中秋，牟阳冉觐祖书于村居之遂初书舍。

孝经详说题识[1]

清 · 冉觐祖

按《今文孝经》十八章，质诸朱子所言，诚有可疑。然《刊误》既未行世，而圣经不可一日不以垂训。取十八章因文立训，裒辑群说而删正之，固不能为圣人之完书，而亦可发明言教之大义也。其于朱子《刊误》章次虽异，而较诸朱子生平著书立言之意，窃有所取而不至背驰，其亦可告无罪也夫。

嵩阳耿逸庵先生有《孝经易知》，编给童蒙。每岁春秋集童子于书院，令其倍诵，授之饮食，奖以纸笔。及期，童子塞途而至，会讲堂下，揖让如礼，朗然成诵。既毕，纵游书院中外，遍林麓泉石间。垂髫总角嘻笑歌呼，天真烂漫，太和在宇。予主书院，两与其事，久而不能忘。《易知》过简，成童而后，欲敷析文义者，不能不取证于他书。予为是编与《易知》相辅而行，分长幼授之，视《易知》为详，故谓之《详说》。

见闻未广，缺略尚多，同志者幸有以益我！

孝经集解

清赵起蛟撰。赵起蛟：生卒不详，清代南海人，康熙三十三年进士。

1．本文录自清冉觐祖撰《孝经详说》卷六。

孝经集解序[1]

清 · 谢于道[2]

五经自宋皆有成书，《诗》《书》注于朱蔡矣，《周易》传于程本义于朱矣，《春秋》传于胡，《礼记集说》于陈矣。惟《孝经》一书，汉郑氏《注》外，则人驾其说、户私其书，学者苦无以考异而会同，如五经之有所遵守也，亦已久矣！

仁和赵子司涛独起而博搜典籍，广集众长。醇者存之，疵者去之；略者详之，隐者显之。依颜芝本章次分卷十八，名曰《集解》，辨往说之诬，启愚蒙之障，有功学者匪浅也。乃以其书藏之家塾，以课其子若孙。嗟乎，司涛岂若硁硁小儒！故靳其传以高其价者哉！吾固知其志之有在也。盖世儒不于躬行实践上体验，而徒于章句间聚讼不休已非一日。司涛心非而厌薄之，意在身体力行而止，奚必于世儒较短长于言论哉！况其乐道安贫，不屑求人之概一如乃翁丹山先生，又何由得付之梓出而公之世也！方今朝廷力图孝治，其所以风示天下者亦已至极。而司涛是书，烦悉其辞，丁宁其意，使智愚不肖皆有以明其理而行其事，则所以相与扶进醇风者，未必不由于此。因与同志力谋梨枣，工竣，令嗣请序于余。余曰："会群言于一原，而不失之错与杂也；出独见于心得，而不失之偏与异也，酌繁简于至当，而不失之冗与漏也。虽与诸儒之《易》《诗》《书》《春秋》《礼记》并垂不朽可也。"

康熙甲子一阳月，甬东世弟谢于道存峨氏拜撰于花坞之山房。

孝经集解叙[3]

清 · 沈佳

《孝经》本河间颜芝所藏，汉初芝子贞出之，凡十八章，而长孙氏、江翁、后仓、翼奉、张禹世传其学。又有《古文孝经》二十二章与《古文尚书》同出于孔壁，安国为传。至刘向典校经籍，除其繁惑，以十八章为定，郑众、

1．本文录自清赵起蛟《孝经集解》，见《续修四库全书》第152册《经部 · 孝经类 · 孝经集解》。
2．谢于道：生卒不详，字存峨，浙江鄞人。清康熙十二年进士，曾任云南提学。
3．本文录自清赵起蛟《孝经集解》。

马融并为之注。又有郑氏《注》，相传云康成，而或疑其不类康成诸注也。

魏晋以后，王肃、韦昭、苏林、皇侃之徒注者无虑百家，而十不存一，则解之难集也。孔氏古文亡失已久，至隋时秘书监王邵访得之。河间刘炫始离拆增衍，以合二十二章之数。当时儒生喧然，皆谓炫自作，决非汉世古文也。及自唐开元中，诏议孔郑二家，刘知几以为宜行孔废郑，诸儒非之。明皇自取刘邵、陆澄六家之说注之，刻石太学，号为《石台孝经》。

至宋司马温公作《指解》，又以古文为真。朱子初因衡山胡侍郎之言，复质之沙随程可久、玉山汪端明，作《孝经刊误》。元吴文正公复尊今文，因朱子《刊误》，校其同异，为定本。明儒景濂宋氏，病诸儒于经之大旨少所发明，而独纷争于其末。震川归氏谓今世所存要以为有圣人之微言，故莫若俱存之，而待学者之自择。则《集解》者至今日而欲折衷于至当，岂不为尤难哉！

仁和赵君司涛潜心嗜古，一仍石台旧本，荟萃唐宋元明诸家之说，订为《集解》。间有儒先所未尽，则稍出辩论，务当于义理而止。其取材也富矣，其约旨也精矣！庶几能发挥经之大旨，存圣人之微言，而独为其难者乎！

夫孝治之大，塞天地、横四海。庸愚日用之间而可循，圣哲终身行之而不足。惟不以章句解说视之，而实体之于躬行心得之余，然后知是书之为功甚大。不徒校同异、方今古，如汉世经师以擅专门之长而已。司涛复因紫阳欲掇取他书之言，可发此书之旨，别为外传而未遑，乃备采经传作《孝经类编》数十卷。余兄耿岩太史常称：漳浦黄石斋先生《孝经集传》，达爱敬之原，揭道德之根，足补先贤所未逮。余知司涛是书出，其必与之分镳而并驰也夫。

时康熙癸亥季夏，同学弟沈佳顿首拜撰。

孝经集解序[1]

清 · 章抚功[2]

昔夫子删定六经，以授门弟子，其后为曾子陈孝道，则门弟子罄折立，曾

1．本文录自清赵起蛟《孝经集解》。

2．章抚功：字仁艳，号书圃，清钱塘（今浙江杭州）人。诸生，为人作记室。撰有《汉世说》《书圃诗钞》等。

子抱河洛、书，北向，授大义，是为《孝经》。

自秦燔《诗》《书》，而颜芝本最先出，非如六经残缺失次，或老生口授、或得自女子。迨蝌斗古文出，而参错愈甚。又其书乃曾子所亲承，非如《论语》成于曾子、有子门人，转相传述。《戴记》杂出，汉儒真伪至莫能定。然颇疑孔门弟子七十人多通六艺，而夫子独称闵氏子为至孝。若曾子之笃行，且得闻大道，初未尝一言许。而孟孙、游、夏之徒，次第质问，夫子与之语，又人人殊。如《礼》《传》所载，曾子言孝至精，且悉足与《经》相发，而千八百余言，亦无有一言证合者，兹独何欤？抑又疑孝极德行之大，巨细宜无弗备，经第举其大而略其小，语其本而忽其末，至于温凊省定之文、旨甘问视之节，哕噫嚏咳之细，疾痛疴痒之谨，虽圣人或未曲尽。顾一弗之及而乃举天经地义之大，通神明、光四海之远，以为教于天下。夫通神明、光四海者，此圣孝之极，而用劳用力者，所不可学而至也。而欲以概责之人人，何其难也！

余尝反覆是书，以为教化之本在于立身，身立而名扬，然后无忝乎所生。故以之为教，则化行；以之为政，则治成。其责归于卿大夫、士，而其效及于庶民。斯推而放诸四海而准，此夫子立言之大旨耳矣。呜呼！此岂谚谚闾里之士，一味之甘，一謦欬之微，为足尽其义蕴者乎？

仁和赵司涛先生，初取朱子小学为之《集解》，已复有《孝经集解》之刻，期以喻诸人人，及乎卿大夫、士，以上达乎朝廷。越十年，书成。盖自汉江翁、后苍以来，至先生而注乃备。其于夫子立言大旨，既能探而出之，而令余向时之疑，庶几尽释焉。先生又有《孝传》，取古今孝子慈孙，依经以立传，因传以绘图，其勤于劝世若此。嗟乎！吾辈读书稽古，胥称孔门弟子，窃经明之号，而身不修、名不立，求之门内不无微憾者，其视古卿大夫、士，居何等也！

时康熙岁次甲子长夏，钱塘后学章抚功拜手题。

孝经集解引[1]

清 · 赵起蛟

愚按孝之为理，塞乎天地，遍乎事物，无人可外，无时可离，故以经名，

1．本文录自清赵起蛟《孝经集解》卷一。

取可常行之义。凡言“经”者，皆学者尊称之辞。虽圣人言可为经，究之圣人立言本怀，初不在此。异说杂出，亦以经名，妄自尊大，僭窃名号。愚人惑焉，全不顾名思义也。

又人生天地，为臣不可不忠，为子不可不孝，忠孝道全，斯称成人。自邪说充斥，而忠孝理微，乱臣贼子，接迹于世。孔子惧，作《春秋》以纪其事，使为臣子者有所鉴于前，乃以惩于后也；作《孝经》以明其理，使为臣子者有所得于心，乃以措诸躬也。然《春秋》虽专纪事，而忠孝之理，已散著于二百四十年之间；《孝经》虽专言理，而忠孝之事，则合符于十八章之内。是《春秋》与《孝经》题目虽分，道理则一。观夫子之自言曰：“吾志在《春秋》，行在《孝经》”，亦可见矣！或谓子夏，文学士也，故授之《春秋》，以矫其浮靡之失；子舆，“鲁”者也，故授之《孝经》，以成其敦笃之行。不知二经之授，虽属二子，而《春秋》寄赏罚之微权，岂仅为卜氏之书？《孝经》陈爱敬之大用，岂仅为曾氏之书？

世之愿治之君、志学之士，苟于此而融会贯通，身体力行焉，其于治道立身，岂无小补哉！

孝经集解后跋[1]

佚名

先生解经毕，诏飞鹏等前而授之曰：“汝习举子业有年矣！知其根本何在？”鹏茫然无以应。

先生曰：“绝大文章根于六经，绝大事业本于五伦，汝昧之乎？”鹏曰：“虽曾授之过庭，但不能身体力行也。”

先生曰：“行道以明道为先，汝不能行皆由不能明也。今我以所解《孝经》授汝，汝先读经文，刻求义理，终有不得，后读《集解》。一字不明，不可混过。”

鹏跪授。如先生训，读之。期月间，经义了然于心。乃持书拜先生前，请梓行世。先生愀然曰：“孝固尽人当行，然非解说能家喻户晓也！忆汝未生时，予曾取古今孝行嘉言汇为一集，展玩默识以为行表，愧于汝王父母前未曾

1．本文录自清赵起蛟《孝经集解》。

踵行一二。汝母本不解字义，而其奉事汝王父母者则先意承志、曲尽其礼也。汝王父母遭兵燹之余，惊疑成疾，卧床十载，汝母奉侍汤药、诚祷格天。王母日渐平康。此汝小时事，汝不能记忆。但汝王母没时，汝始悼。汝王父没时，汝已壮有室矣。汝王父易箦叮咛授汝以显父母，汝不记忆乎？予粗知文墨，追溯往事，常渐汝母。由此观之，能行者不必能言也！何以梓为？”

鹏跪请再三。先生曰：“孝悌之道，本非予所能私。然予之不欲问世者，良以自问于汝王父母，爱敬有亏，已未出于正，敢正人乎！又窃惭学识浅陋，圣贤经旨未曾窃见，语多烦乱，言成一家不足发明正理，适足贻笑大方也。”

鹏曰：“鹏母之孝王父母，固根天性然。微大人，乌能曲尽其道如此哉！且经自宋儒先生以来，几于长夜。今大人是书，鹏虽不能力行，鹏承训读后颇知旨趣，以鹏之愚鲁顽钝，尚有所得。”（下缺）

孝经解

李光地撰。李光地（1642—1718）：字晋卿，号厚庵，别号榕村，泉州安溪人。清初理学名臣，大儒。康熙九年进士，入翰林院。二十五年因举荐施琅复台有功，擢为翰林院掌院学士；三十七年任直隶巡抚，治河理民，成绩卓著；四十四年，康熙帝以李光地“居官甚好，才品俱优”，升为文渊阁大学士；卒，谥“文贞”，加赠太子太傅。著有《周易通论》《周易观象》《尚书解义》《诗经劄记》《朱子礼纂》《榕村集》等。

孝经解[1]

清 · 李光地

不爱其亲而爱他人，不敬其亲而敬他人，其弊至于悖德悖礼，其卒未有能爱人敬人者也。爱亲而恶于人，敬亲而慢于人，其弊至于及亲辱亲，其卒亦未

1．本文录自《榕村集》卷十八《杂著一》，见《四库全书 · 集部 · 别集类 · 榕村集》。

有能爱亲敬亲者也。盖仁孝之理，得之最先，而统之最全，惟其得之最先也，故施由亲始，而一本，而无分者，不足以言道也；惟其统之最全也，故事无终穷，而于万物为有外者，不足以尽仁也。夫始也，举斯心而加彼，而孝为之根；终也，挹乎彼以注兹，而孝为其极。故孝也者，仁义之宗、道德之要。孟子之距墨翟，韩愈、程朱之辟释氏，其源本之差，正在于此。

曾子述圣言而目之经，终篇大意，惟此二者。以是二者为纲，为后寻其职分之所当，成效之所至，则此经之义昭白无疑，而章句之间，亦无凌杂之可议也。中间与《左传》文相出入，故先儒以为疑，然《易 · 文言》释“四德”处，亦《左氏》文也。《左氏传》出最后，大抵采摭经史，杂以传授闻见。乌知非左氏撮《易》《孝经》之意而为之辞乎！

孝经本义

清姜兆锡撰。姜兆锡：字上均，别号素清，清代丹阳人，著名学者。康熙二十九年进士，曾任蒲圻知县，亲老，告归。生平究心于性理经学，乾隆元年大学士鄂尔泰荐其充任三礼馆纂修官。勤于著述，凡先圣遗经。先儒注疏，兆锡皆能集其成，主要著作有《礼记章义》《大戴礼翼删》《书经参义》《周礼辑义》《孝经本义》等。

孝经本义序[1]

清 · 姜兆锡

《孝经》者，先圣见孝为天地之常经，生民之本行，不特发之以垂世立教者也。盖天地以二五氤缊，化生万物，而性之德具焉。具是性之德者，贵莫如人。人之循是而行者，大莫如孝。故立天之道曰阴与阳，而成象于上；立地之道曰刚与柔，而成形于下；立人之道曰仁与义，而成性于中。

1．本文录自清姜兆锡撰《孝经本义》，见《四库存目丛书 · 经部》第146册《孝经本义》。

孝弟纲领仁义，是为天之经、地之义、民之行。圣人则之以顺天下，而其教不肃而成，其政不严而治，为是故也。故政教之行也，其教至于德洋仁溥，化机翔洽，可谓大顺矣！然四端万善之谓德，统焉包焉之谓仁，为仁本之之谓孝，《经》言："先王之以孝化民也，先之以博爱、敬让，而因陈之以德义，道之以礼乐，示之以好恶。"而曾子论孝即云："仁者仁此也，义者宜此也，礼者履此也，信者信此也，勇者强此也，乐自顺此生也，刑自反此作也。则凡教民亲爱礼顺以至于移风俗而安上下者，孰非孝之为哉！"此孔子以孝示参，言虽切近，其视唐虞之一中授受，实相表里终始，而其教至深以远也。然则圣帝明王，固尝以孝教天下，而其至孔子时乃成书者，何也？古者运隆教修，仁孝之道昭，而乱贼之迹隐。至周东迁，三纲沦、九法斁，于是臣弑君、子弑父者有之，故《春秋》成而乱臣贼子惧。子亦自言："知我者惟《春秋》乎！罪我者惟《春秋》乎！"夫《春秋》命德讨罪，皆天子之事，非匹夫所得专也，故曰："丘之志在《春秋》。"若孝，则自天子下达而天下古今所共由者，况圣人乎！故曰："行在《孝经》。"孔子以不得专者，托之志而以所共由者见之行，然至经明而以身教焉，则并其不得专者，亦忧之深而救之至矣！

《经》，盖子以语参而参辑之者。世儒乃谓子自著经而假参以为问答，则已深没其义。况一传于秦汉而有古今之异文，递传于晋魏隋唐以来，而有百家十室之异说乎！宋朱子虽尝刊误而未有定注。恭遇我皇上孝治天下，又兼崇道右文，窃不自揆，谨绎经传本义，辑为此书。虽深惧谫陋无知，庶于圣治郅隆之时，聊为学者敦本重行之一助，则或有取焉尔。

康熙五十九年庚子春二月己巳，丹阳姜兆锡序。

孝经本义引[1]

清 · 姜兆锡

名《孝经》者，曾子辑孔子语"孝"之言为书，而以名之也。韩宗伯盖言："取本'经天地'之'经'之义，为诸经名'经'之始者，得之。若六经，本名《易》《书》《诗》《礼》《春秋》，而汉以后始名'经'，故

1．本文录自清姜兆锡撰《孝经本义》。

《记》有《经解》之名，非此书比也。”或疑此亦后人加称，则子固自言“志在《春秋》，行在《孝经》”，而其说不得通矣！

孝经内外传

清李之素辑。李之素：生卒年不详，字定庵，湖北麻城人。著有《孝经正文》一卷、《孝经内外传》五卷。

孝经内外传序[1]

清 · 邹士璁[2]

今上以孝治天下，德教所及，近自公乡大夫士，下至委巷小民，远极海隅日出，罔弗感发天良，向慕风化。虽唐虞中天之治，成周太和之气，无以加兹。而犹纶音特发，刊刻《孝经衍义》，恩赐群臣，颁行天下，俾家弦而户诵之典綦隆也。

夫子曰：“吾志在《春秋》，行在《孝经》。”尊严义备，是《孝经》一书久与《春秋》并重天壤矣！吾党稽古之士，其可不身体力行，守前经而遵圣训哉！忆余总角时与李云山先生同砚席、共起居，其人敦厚温润，口无择言，身无择行，气识过人已远。及长，非策蹇齐安即同舟鄂渚时，讲论孝友根柢之学，故交最久、情最切。岁甲子，予忝捷楚闱，戊辰入中秘，留滞京华，与先生隔别累载。每自故乡来者，辄问讯近状，知授徒于白泉雁台间，日以所著《孝经内外传》相勖勉。其及门高足，悉循谨端雅，望而知为胡公门人也。予闻而欣慕，以不得早读其书为憾。乙未之夏，先生长君石台谒选都门，出所传《孝经》属序。以十余年心慕之书，得之一旦，惊喜展读，因叹先生实能身体力行，故垂训后学于无穷，而诒谋孙子之深且远也。

夫尧之亲睦九族，舜之克谐蒸乂，暨禹、汤、文、武、周公之已事，千古帝

1．本文录自清李之素辑《孝经内外传》，见《续修四库全书》第152册《经部·孝经类·孝经内外传》。

2．邹士璁：清代麻城人，康熙二十七年进士，曾任翰林院侍读、提督山西学政。

王卿相本身率物，莫不奉孝为至德要道。他如曾、仲、闵、高而后，孝子顺孙历世皆有。惜其嘉言懿行散在群书，未能合一。先生乃特分著《内外传》，譬诸合翠装裘、贯珠成串，坐帝王士庶之孝子于一堂，即汇上下古今之言行为两序。可以备友之资，可以为省身之要。读是传者，孝顺之心有不勃然感、油然生者乎？其裨益人心曷有既哉！在先生入以教家、出以授徒，亦犹行圣人之志，何容心也！乃太上感应不爽累黍。今者石台一发，出人头地，方从闻《诗》闻礼之余，行其立人达人之志，资父事君、移孝作忠，实为先生善教所基，异日功名事业悉本此传，推而行之易易耳！然则石台之言即先生之言，石台之行即先生之行，谓非流光余庆之明验乎！石台继述有志，行当谋诸剞劂。余知此书一出，不惟上佐九重教孝之圣心，亦终当与圣经贤传藏诸石渠天禄矣！是为序。

康熙五十四年岁在乙未夏五月，赐进士通议大夫内阁学士兼礼部侍郎钦差祭告女娲氏商汤王陵寝监赏山西全省绿营兵丁前都察院左佥御史通政使司左右通政太仆寺少卿通政使司右参议提督山西学院翰林院侍读侍讲詹事府右春坊右赞善翰林院检讨丙子科山东正主考纂修三朝国史翰林院庶吉士年家眷同学弟邹士璁拜撰。

孝经内外传序[1]

清 · 王思训[2]

六经皆圣人躬行心得，推之以治天下国家者也。学不本于经则为词章饾饤，治不本于经则为功利权谋。惟《孝经》为尼山所专作，贯乎《诗》《书》《易》《礼》《乐》《春秋》之精意。虽尝口述而不作，其作《孝经》意以补前圣所欲言而未尽，使知文行忠信之教，莫不根柢纲维乎。此他日曾氏之子闻一贯微旨，其即所谓“至德要道”也欤！

夫参之获罪于父，误铲瓜根，其事至细，弹琴而解忧，受杖而负匿，与夔夔齐栗何异，然犹见拒者三，责以弗能如舜之豫亲于道。参自是益勉于孝，避席亲承之下，有经以传后。而孝之义发挥始畅极于天明地察，光四海，通神

1．本文录自清李之素辑《孝经内外传》。

2．王思训：生卒年不详，字畴五，号永斋，清代昆明人。康熙四十五年进士，以翰林编修职督学江西、典试广东。工诗、古文、词，有《滇乘文集》《四书文稿》行世。

明，皆由庸近而至高远，帝王、匹夫莫之能易也。

我皇上以孝治天下，圣性天成，簿海内外罔不和气蒸翔。余同年李君石台宰豫章之南康，民服其廉明、士亲其德教，三年政成，因出其赠公年伯《孝经内外传》一帙付之梓。余受而读之，《内传》则通乎教孝之言，五经、诸子、古文皆备焉；《外传》以志古之行孝者，虞夏商周之圣人，下逮汉唐元明，虽大小不一，而孝子之名必录焉。其间笺释详明，考证宏博，有关于世教人心至切近深远矣！先生身虽未显而积庆于后贤，蔼乎忠信慈惠，念不忘亲。按吏治者阅是书，即当求忠于孝，宁效謇谔，对扬殿陛，呈诸乙览，庸非致君立身之符验哉！

余适奉命视学西江，每勤访幽逸，举盱水宋孝子黄觉经，建坊表之，特祀乡贤，惜不为先生所见附于外传。反复洛诵而喜，石台能以其传家者公诸世也。为弁言于简端。

康熙五十九年岁在庚子九月，提督江西全省学政翰林院检讨加三级年眷侄梁南王思训顿首拜撰。

孝经内外传序[1]

清 · 冯咏[2]

定庵先生辑《孝经内外传》，其内传引经史诸儒之言，外传杂引史传事实附于经，凡五卷。盖六艺之文皆传先王之教于后世，《易》《诗》《书》《礼》《乐》《春秋》所以明道德之指归者，其言博、其事繁，而其总会在于《孝经》，郑氏所谓“恐道离散，作《孝经》以总会之”是已。

《孝经》之为教也，兼天子、诸侯、卿大夫、士、庶人五等之品；其为伦也，在父子，而君臣、兄弟、夫妇、朋友之道无不该；其为德曰“爱敬”，而知仁、圣义、中和之体无不周；其为道曰“民行”，而上下神明、万事万物之理无不贯。故曰：“天之经也、地之义也”，先王之至德要道也。

古昔盛时，治教休明，五孝之用通乎贵贱，故人皆知反其本源，推之于其

1．本文录自清李之素辑《孝经内外传》。

2．冯咏：生卒年不详，字夔扬，清代金溪人。康熙六十年进士，授翰林院编修，出为丹徒知县，擢开州知府。工于诗，著有《桐村诗》九卷。

所终极，而万化之所出、王道之所成，皆准诸此。世之衰也，纲维不立于上，习俗不作于下，圣人以身示之曰“行在《孝经》”，欲人知所本源而反身切己，守先王之教以立万世之准，其道未之易焉！

初，《古文孝经》出，河间颜芝其后，长孙氏、江翁、后苍、翼奉、张禹以及孔安国、刘向、郑康成、皇侃、邢昺等无虑百余家，然不过分析章句，笺疏文义而已。我世祖章皇帝圣德聿新、孝治懋建，特命廷臣纂修《孝经》，效宋儒真德秀《大学衍义》之例。逮我皇上克承先志，御极二十九年，钦定《孝经衍义》百卷，始获告成，文义精详，理蕴弘博，非士民所能仰窥万一者矣！

《援神契》云：“士孝曰究究者，以明审为义”，定庵先生于职士也，所辑《内外传》，以之明审《钦定衍义》总会乎！《易》《诗》《书》《礼》《乐》《春秋》之指归，远以发明宣圣之传，近以扬厉圣教之绪，弘敷万化，赞襄王道，其裨于名教者岂其微哉！

先生李，讳之素，楚黄之麻城人。梓成而请序者，其令子石台也，以丙戌进士宰南康，有治行，果无愧立身扬名之道云。

康熙六十年辛丑岁仲夏月中浣，赐同进士出身翰林院庶吉士邻治年家弟冯咏顿首拜撰。

孝经内外传序[1]

清 · 俞鸿图[2]

昔夫子尝有言曰“行在《孝经》”，由斯言也。以夫子之大圣，而其行乃囊括于此一书，则凡百行善言、千言万语，无非孝行之支流，《孝经》之注脚耳！孟子谓“尧舜之道，孝弟而已矣”，不益可互相证明哉！

《孝经》自秦汉火后，为河间颜芝所藏，厥后传注不下数百家，而其书多无可考。今所存者，惟孔安国、郑康成及唐明皇三家。然皆随经文敷衍言理而未征事，未能使读之者感发激昂、歌泣而不能自已，犹以为天壤间缺事也。

1．本文录自清李之素辑《孝经内外传》。

2．俞鸿图（？—1734）：字麟一，清代浙江海盐人。康熙五十一年进士，选庶吉士，授编修，雍正十年以翰林侍讲任河南学政。因小妾林氏将试题外泄，河南巡抚王士俊参劾其纳贿营私，雍正帝派员查明属实，十二年，判斩立决。

楚黄李定庵年祖，以硕德宿学久授生徒，其教人以孝为本，以《孝经》为宗。而又博极群书，搜罗甚富。上自唐虞三代下迄元明，凡孝子之嘉言实行，一一采辑，今为内外二传若干卷。《内传》所载格言固可以垂训百世，至《外传》所录古孝子生平事迹，其间有纯行、有奇节，虽不必尽出于中庸，要其血性丹诚，鬼神可泣、异类可格，自皆不可得而磨灭也。先生聚古今来孝子于一书之中，酝酿元气、荟萃懿美，岂特表章之功伟乎？盖人之至性敦笃者，或无所感于往事，而亦自呈其天真。下此则不能无假于见闻，以生其感发激昂之致。今得见先生是书浸淫贯通，令人时歌时泣，不失天良，是真可以教孝矣！今圣天子德极大孝，远迈隆古，首以孝治天下，而制科取士兼设《孝经》。然则先生是书，不惟能体吾夫子"行在《孝经》"之意而大有所阐扬，而于国家教化之道，其所裨益夫岂细哉？

今秋余使入粤，道出南康，石台年伯出一编授余。因不揣鄙陋，缀数言于简端，以告天下凡为人子者。亦以见年伯继志述事之大孝，为不可及也已。

康熙庚子仲冬上浣，海盐年眷晚生俞鸿图顿首拜撰。

孝经内外传跋[1]

清 · 吴雯炯[2]

南康李石台大令，梓其尊公定庵先生《孝经内外传》成，授余一编。读竟，为之整襟而兴曰："世谓作者难，而未知述者诚不易也。"

先生所著《家塾警言》以及《玉田宝藏》《云湖》诸集，俱关圣道人心，久已家传户诵。兹编乃教授生徒时所辑，首列正文，次罗行事，证以经史百家之言，而又独运匠心，集腋成裘，殆不知砚几穿而韦绝矣！其自序云："童子入俗未深，去道不远，思有以变化其气质。"吾于此知先生学问深纯，盖得蒙以养正之心传。使当日出为世用，其功业文章不知居何等矣！乃以明经终老，未克展其怀抱，不亦深可惜也哉！虽然，华朊者身后之浮名，而著述实不朽之盛业。

1．本文录自清李之素辑《孝经内外传·后跋》。

2．吴雯炯：字镜秋，号葛巾老人。清安徽歙县人，寓居江西南昌，江西画派的代表人物之一。著有《香草词》《笙山草堂诗》等。

今大令捷南宫宰百里，五载于兹，其得之庭训、见诸设施者亦难枚举。即如某某身列士林而兄弟参商，某某家本世胄而父子乖离，至于诘讼公庭，大令则摘取传中一二条以劝谕之，终归欢释，此者余所目睹者。今则风移欲易，莫不以孝弟力田为务，骎骎乎太和之象为近古焉！异日者大令考最登朝，以此书献之，当宁颁之春官、公之海内。是先生能取千古人之书集为一己之书，大令则以一己之书散为天下人之书，于以翼圣道、正人心，厥功讵不伟欤！即以为先生非述也，作也，亦无不可。

新安后学吴雯炯拜跋。

孝经内外传跋[1]

清 · 王御政[2]

尝谓人子之孝于亲也，有本之天性者，有得之学问者。本之天性者，虽慈父不能传之子；得之学问者，兄弟可以相勉励，师友可以相劝戒，甚之悖逆无知之徒，懿范当前亦可相观而化也。故经史百家无一书无言孝之文，而《孝经》又特为古今教孝之全书。昔人谓“读《孝经》一卷，即可立身治国”，此意自隋唐而后，知之者鲜矣！

己亥仲夏，御自岭南至蓉江，明府李石台先生挽留署中。居有间，授以太先生所揖《孝经内外传》一书。御每焚香庄诵，未尝不汗流浃背而泪潸潸下也。盖御二龄丧母，戊子，先严见背。计饱食暖衣于膝下者二十四年，曾不知孝养为何事。况今十载不归，春禴秋尝祭礼阙然，天壤间恐无此罪人也。自念此固天性之薄，实亦不学之过。向使御得早读此书十年，虽甚饥寒困苦，宁肯舍吾父吾母之坟柩而远游他乡耶？今见明府治邑如家，爱民如子，悉遵太先生之庭训，而仍原本于《孝经内外传》一书。康邑斯民，独何幸哉！由此推之，御又知此书出而天下之人子皆奉为金鉴，恐未能私为李氏之球图矣！

时康熙庚子初夏，关中后学王御政顿首拜识。

1．本文录自清李之素辑《孝经内外传 · 后跋》。

2．王御政：生平不详。

孝经内外传序[1]

清 · 李之素

余自丙午春迄今，更十秋，凡三历西席，所教授皆童子也。童子者，情独切于孺慕，爱未分于妻子，是无言之孝，余中心藏之矣！昔医闾先生最喜教童子，谓其入俗未深而去道不远，余亦云然。今童子渐长，余恐天性不足恃，而思以学问变化其气质，然不得长者一言，终无征不信。程知庵先生宦归林下，余每接其绪论，言言皆龟鉴，而大旨惟以不离乎孝者近是。一日，先生谓余曰："孝道甚大，古人之言孝行孝者甚多，惜乎散见于群书而未专立一传。吾每欲传之以示后学，而无如精神倦于笔砚何！"余曰："吾忝为弟子师，而敢以后学烦先生哉！"于是乎窃取先生之意，本《孝经》而"内外"传之，《内传》采孝子之嘉言，《外传》采孝子之实行，合正文凡六卷。阅二载而成，质之知庵，知庵欣然曰："是可以梓矣！子其图之。"

或曰："孩提皆知孝，何必读书？"余曰："不然，孩提之时少，不孩提之时多。秦之俗岂尽如贾谊所言，父假耰鉏子有德色，妇姑不相说则反唇而相稽，毋亦其焚书之过乎？"

或曰："孝，顾力行何如耳？不在多言。"余曰："是矣！但言之不明，则行之亦不笃。昔陈元失爱于慈母，苟非仇览与之讲大伦、言至性以相感悟，陈元未必卒为孝子。"

或曰："孝，分内事也，不可言功。"余曰："孝虽不为功，但凡罪或可道，而不孝之罪无可逃，树欲静而风不宁，子欲养而亲不逮，此丘吾子之所以自溺也，罪乎？功乎？"

或又曰："孝，门内琐节也，弟子细行也，不足以责成人及天下。"余曰："此又与于不孝之甚者也。孝为太和元气，故唐虞之际厎豫克谐，文武周公善继善述，孝在天下为天下之元气，孝在一国为一国之元气，在一家一身为一家一身之元气，以孝为琐节细行者，不亦管窥蠡测乎？"

或复辨曰："孝莫大于尊养，贫贱者尊养之薄也；孝莫深于爱敬，仪文者爱敬之名也。吾之论孝与子异。"余曰："固已夫，子之为孝不达于义也！宣圣以孝迪人，而颜、曾、闵、路不妨贫贱；丐儿以孝自尽而拜跪歌舞，亦有仪文。使必尊养而后为孝，则耕山渔河何以先贫贱而升闻也？使必去仪文而后为

1．本文录自清李之素辑《孝经内外传》。

孝，则温清定省何以明爱敬而锡类也？诚如子言，是以寝门问竖为近于名，而捧檄色喜为薄于行矣！岂通论乎？”

或起谢曰：“说必详而后约，学必讲而后明。吾非欲肆辨于子也，得子之说，始信孝子之言不可不多闻，而孝子之行不可不多见也。然取《孝经》而内外传之，亦有说乎？”余曰：“有。孔子云：‘我志在《春秋》，行在《孝经》。’《春秋》莫大于尊王，《孝经》莫大于严父，则《孝经》之重于天壤间也，与春秋并。左氏取《春秋》而‘内外’传之。今《左传》三十卷，《春秋》之‘内传’也；《国语》二十一篇，春秋之‘外传’也。词不必与《春秋》类，而无不与《春秋》相发明焉。余之传《孝经》而卷分‘内外’也，亦犹是焉尔。余渐摩童子之天性，亲承长者之绪论久矣！不有斯传，何以为子？何以为人？何以为人子师？至于后有伐吾《传》如伐《左氏》，党吾《传》如党《左氏》者，吾不遑计也。”漫序于右。

康熙十五年丙辰岁葭月上弦，楚黄后学李之素题于望花西坛。

孝经内外传跋[1]

清 · 李焕[2]

先君子教读宝山山庄，生平以孝为首重，不独谓求忠臣必于孝子之门，盖五伦百行不本于孝，其他皆伪也。不孝焕趋庭之下，未能一一遵奉，常自抱愧。今先君子弃养且十年矣！曾记易箦时呼焕兄弟，命之曰：“吾生平著述无多，惟《孝经内外传》数卷，乃心力所萃，诚教孝之良书也。汝曹其身体而力行之，他日傥能梓之以公天下，是又在儿之善继善述也。”焕与弟含泪跪受，即什袭藏之。会几何时，音容宛在而手泽徒存。丙申筮仕南康，春露秋霜，已四阅烝尝。至今读“子欲养而亲不逮，祭而丰不如养之薄”诸语，未尝不锥胸顿足、涕泪交流也。所赖南康民淳讼简，政事之暇得与梓人商厥梨枣，历今五载告竣，未敢云能读父书，或藉以慰先君子在天之灵，而逭不孝之罪于万一也乎！

时康熙庚子春三月，长男焕谨识于蓉江官署。

1．本文录自清李之素辑《孝经内外传》。

2．李焕：生卒年不详，李之素之子，湖北麻城人。康熙四十五年进士，曾为南康县令。

第八卷　清之卷（二）

孝经注

清朱轼撰。《清史稿 · 艺文志》载：“《孝经注》三卷，朱轼撰。”朱轼（1665—1736）：字若瞻，又字伯苏，号可亭，江西高安人。清康熙三十三年进士，历康雍乾三朝，累官至太子太傅、文华殿大学士，兼吏部尚书。卒，谥“文端”。为官清廉，颇具惠政，品行刚正。轼工古文，学宗横渠，著有《周易注解》《周礼注解》《孝经注》《仪礼节要》等。

孝经注序[1]

清 · 梁份[2]

书之为重于天下，莫如《十三经》，而人亦有昧然者，惟《孝经》则童而习之。人生无不读四子书者，惟《孝经》则先四子书而读之。岂非人皆爱其子，则教皆以孝习于少而读之最先？优游涵咏，以感发其天良。舍是书无以端蒙养者，固尽人而知之，而经义之精微，则未易以尽人而强之。此两浙中丞、可亭朱公有《孝经》之刻，取吴草庐定本而为之，广其注也。

《孝经》自秦火后与《书》《礼》《论语》并出于孔壁，流传至今，则汉诸儒之力居多。中间为隋末所乱，离析窜增，小有同异。唐开元厘正，序且注焉，是为《石台孝经》。后人读之，以天子而尊圣经，教天下以孝，有不想见其用意之深而远乎？朱子以《孝经》《大学》皆出于曾子，《大学》已分经传，遂以分《大学》者分《孝经》，而删所引《诗》《书》及后儒之所附会，定为《刊误》一书，其有功于夫子、曾子何如也！未及注释，深自惜之。唐开元之先，注《孝经》者，王肃、韦昭辈，不下百家。宋则司马君实之《指解》、范淳夫之《说》。其表表者，学者皆有取焉。元儒董鼎、朱申有《大

1．本文录自清朱轼注《孝经》，见《四库存目丛书 · 经部》第146册《孝经类 · 孝经》。此文亦收入梁份《怀葛堂集》，篇题为“孝经定本序”，内容也小有差异，见《丛书集成续编 · 集部 · 明季六遗老集》之《怀葛堂集》卷二。

2．梁份（1641—1729）：字质人，江西南丰人。家世寒微，聪颖有志，不习举业，专研理学。其文章、气节，皆名重于时。五十岁左右，只身出外游历，历十年心血撰成《西陲亥步》《图说》《西陲今略》等书。

义》、有《句解》，皆章疏而字训之。吴文正有云："唐注宋疏，诸解虽详，义未明畅"，不其然乎！草庐隐布水谷，经解特多。其于《孝经》，则标曰"定本"，一从朱子《刊误》，庸亦有传，离为二或合而一，且删其可删，注疏则发所未发。虽朱子复生，其许可也必矣！世顾未尝尊信，可不谓为诎于一时者哉！

今中丞公深于经学，政事外一编不去手。如《仪礼》《礼记》《大戴记》《张子全书》《朱子语录》，皆手校锓木。至于《孝经》，以吴文正定本为定书，不标目第，自署曰"朱某学"。公，大儒也、大臣也，而谦抑若是。其注多从定本，间补一二，以广草庐明畅之意，使其经义得中于百世，不在是乎！

公之出治也，以礼齐民。而爱人也，以孝教之。嗟乎！孝之道难言已。人占毕于髫年，昧经义于白首者，皆是也。则于是经也，犹夫食稻终身而不知稻之味也，非人所能强之也夫！安得可强者而强之也？

康熙五十九年岁庚子季春，同学弟梁份序。

孝经注序[1]

清 · 朱轼

汉以来传《孝经》者，皆颜贞所出今文本。朱子《刊误》独据孔壁二十二章，岂疑今而信古欤！以为误皆误也，朱子偶拈其一正之耳。元儒吴文正公，因《刊误》参校古今文，从其长者，条章理节，则于朱子本时有更定。予始读而骇，深味而叹先儒读书用意之精也。爰裒益旧注，附以臆见，编诸易斋三本后。易斋，予同年友。三本者，《今文》《古文》《刊误》也。

易斋于经学，弘衍邃深，折衷允当，岂予固陋所能赞一词。顾念学者读朱子《刊误》，参以文正之所论定，于微言奥旨不无发明，是文正固朱子功臣，而予一得之见，其诸易斋之河海细流欤！易斋将计偕过予，别出所校经、史、性理诸书示予。《孝经》三本，其一也。

康熙五十九年庚子首夏，高安朱轼书。

1．本文录自清朱轼注《孝经》。

孝经题辞[1]

清 · 殷元福[2]

《汉 · 艺文志》：《孝经古孔氏》一篇，二十二章（许冲云：《古文孝经》，孝昭时鲁国三老所献，建武时议郎卫宏所校，皆口传，官无具说）。《孝经》一篇，十八章，长孙氏、江翁、后仓、翼奉、张禹传之，各自名家。经文皆同，唯孔氏壁中古文为异（桓谭《新论》云：《古孝经》千八百七十二字，今异者四百余字）。

《隋 · 经籍志》：《孝经》，河间人颜芝所藏。汉初，芝子贞出之。又有《古文孝经》与《古文尚书》同出，孔安国为传。刘向以颜本比古文，除其繁惑，而安国之本亡于梁。至隋，秘书监王邵访得《孔传》，河间刘炫因序其得丧，讲于人间，渐闻朝廷。儒者皆云炫自作之，非孔旧本。

邢昺《正义》曰：《古文孝经》，旷代亡逸。隋开皇十四年，秘书学生王逸于京师陈人处得本，送于著作郎王邵，以示河间刘炫，仍令校定。炫遂以《庶人章》分为二，《曾子敢问章》分为三，又多《闺门》一章，凡二十二章，因著《古文孝经稽疑》一篇。唐开元七年，国子博士司马贞议曰：《今文孝经》是汉河间王所得颜芝本，至刘向以此校《古文》，定一十八章。其《古文》二十二章，出孔壁，未之行，遂亡其本。近儒辄穿凿更改，伪作《闺门》一章，文句凡鄙。又分《庶人章》从"故自天子"以下别为一章，以应二十二之数。

朱子曰：旧见衡山胡侍郎《论语说》，疑《孝经》引《诗》非经本文，初甚骇焉，徐而察之，始悟胡公之言为信。而《孝经》之可疑者不但此也，因以书质之沙随程可久丈。程答书曰：顷见玉山汪端明，亦以为此书多出后人傅会。于是乃知前辈读书精审，其论固已及此。又窃自幸有所因述，而得免于凿空妄言之罪也。又曰：《孝经》独篇首六七章为本经，其后乃传文，皆齐鲁间儒篡取《左氏》诸书之语为之，传者又颇失其次第。

吴澄曰：夫子遗言，惟《大学》《论语》《中庸》《孟子》所述，醇而不

1．本文录自清朱轼注《孝经》。

2．殷元福（1662—1726）：字梦五，河南新乡人，清代前期教育家。康熙三十三年进士，始为翰林院庶吉士，曾在广西、江苏等地任县令二十余年。崇奉程朱理学，自认是朱子思想的继承者，主持过杭州敷文书院。著有《寓理集》《读易草》《知非草》等。

杂。此外《传》《记》诸书所载，真伪混淆，殆难尽信，《孝经》亦其一也。窃详《孝经》之为书，肇自孔、曾一时问答之语。今文出于汉初，谓悉曾氏门人记录之旧，已不可知。武帝时，鲁共王坏孔子宅，于壁中得《古文孝经》，以为秦时孔鲋所藏。昭帝时，鲁国三老始以上献，刘向、卫宏盖尝手校。魏晋以后，其书亡失。世所通行，惟《今文孝经》十八章而已。隋时，有称得《古文孝经》者，其间与《今文》增减异同，率不过一二字，而文势曾不若今文之从顺，以许慎《说文》所引及桓谭《新论》所言考证，又皆不合，决非汉世孔壁中之古文也。（许慎《学孝经孔氏古文说》文中所引用者。慎自序云：其称《论语》《孝经》，皆古文也。今案：《说文》□字下引《孝经》“仲尼居”，见得当时《古文》“居”上即无“闲”字。刘炫本增此一字，妄矣！又桓谭言：“《古文》千八百七十二字，与《今文》异者四百余字。”今案：刘炫本止有千八百七字，多于今文八字。除增《闺门》一章二十四字外，与《今文》异者仅二十余字。其所增，或一字，或二字，比今文徒为冗羡；其所灭，多是句末“也”字，比今文更觉突兀。）宋大儒司马公酷尊信之，朱子《刊误》亦据古文，未能识其何意。今观邢氏《疏》说，则《古文》之为伪审矣！又观朱子所论，则虽今文亦不无可疑者焉。疑其所可疑，信其所可信，去其所当去，存其所当存，朱子意也。故今特因朱子《刊误》，以今文、古文校其同异，定为此本，以俟后之君子云。（用今文、古文及朱子《刊误》本参校，今文、古文有不同者，定从所长；所不从者，附注其下。朱子《刊误》本所涂之字，今并删去。传文章次，因朱子所定，更为次其先后。）

明道夫子谓：学者须先识仁义礼智信皆仁也。余□之曰：“识仁须先识孝。仁为心之德，而孝德之本也。夫子以之传于曾子，是为《孝经》。子思《中庸》称‘舜之大孝，武周之达孝’，孟子发明守身事亲，而引‘曾子养曾皙’以明之其源流授受。可见是《孝经》为四书之权舆，五经之统体也。横渠《订顽》即事亲之理，以明事天之道。民胞物与，皆根于此，讵不大哉！顷见年友易斋考正古今文同异，犁然有当于心，其意以古文未可轻议，而以朱子《刊误》为与修补《大学》同功，其志存乎移风易俗，而其功则本于服习允蹈。盖易斋家法矜庄，孝友姻睦，余尝耳闻诸归安人云。

时康熙五十七年如月丙午日，年眷弟殷元福拜题于万松山敷文书院。

孝经疑问

清蔡氏撰。蔡氏生平不详。

孝经疑问序[1]

清 · 胡煦[2]

孝之时用大矣哉！探其本、扩其量、致用其、神其感，不可以知知，不可以识识者也。夫天地之大德曰生，各正性命，保合太和，此孝之所从出也，本之渊泉也如此。仁者，仁此者也；义者，宜此者也；礼者，履此者也；智者，知此者也；勇者，强此者也；量之涵蕴也如此。置之而塞乎天地，溥之而横乎四海，施之后世而无朝夕，用之周遍也如此。夫孚于众而无所疑，达于幽而无所滞，格于上下而无所不通，感之神妙也如此。

夫造化流行不私于物、不遗于物，举全理而赋之，且并其肃乂、哲谋、斡旋、经理之材而悉赋之，是造物之以家政授也。其无违，其克肖也；其无忝，其象贤也；其内省不疚，其视无形、听无声也；其夙夜匪懈，其冬温夏凊、昏定而省也；其钦承奉若，则其省于静、察于动，其范围曲成经纶参赞，则其尊老慈幼、恭兄而友弟也。故夫子有言“吾志在《春秋》，行在《孝经》”，孝之时用大矣哉！

宫闻蔡先生为西山先生之裔，蹈道履信，员规而方矩，其所注释《孝经疑问》，悉遵古文，虽与今文间有出入，然皆本于朱子《刊误》，至其后以《西铭续解》附之，是诚知孝量之恢乎，其扩渊乎，其莫与京也。要其生平，嗜学笃行，于此亦可得其概矣！故乐述其志行，以为后学者基圣之一助云。

1．本文录自清胡煦撰《葆璞堂文集》卷一，见《四库未收书辑刊 · 集部》第8辑第25册。

2．胡煦（1655—1736）：字沧晓，号紫弦。清代光山人。康熙五十一年进士，因潜心钻研《周易》，为康熙帝所重。曾仕南书房检讨官、鸿胪寺卿。雍正年间升内阁学士、兵部侍郎、户部充任殿试读卷官、教习庶吉士、协理左副都御史摄刑部右侍郎，雍正八年为《明史》总裁官之一，入直上书房。乾隆元年病故于北京。有《周易函书》《释经文》《孔朱辨异》《易学须知》《葆璞堂诗集》《葆璞堂文集》等传世。

三种孝经

撰者不详。

刻三种孝经总序[1]

清 · 徐昂发[2]

《孝经》一篇十八章，河间颜芝所藏。《孝经古文》一篇，二十二章，孔壁所藏，与《尚书》同出。刘向典校经籍，以十八章为定，而古文遂废。隋刘炫取《今文孝经》，离析增衍，复为二十二章。当时皆指为炫自作，非孔氏旧文。唐开元中，诏群臣集议，史官刘子玄请行刘炫本。博士司马贞驳之，谓古文放失已久，近儒穿凿更改，及伪作“闺门”一章，文句凡鄙不足信。天子从其议。于是别取王肃、刘劭、虞翻诸家之说为之注，而古文复废。宋司马迂叟笃信古文，作《指解》一卷，范淳夫亦重之，作《说》一卷，表上于朝，于是古文稍复显。至宋朱子会粹群言，考论同异，以《孝经》惟篇首六、七章为本经，乃取古今文合其离析，去其增衍，作《孝经刊误》，而“闺门”一章仍其旧。熊勿轩序鄱阳董氏《孝经》，谓司马贞浅学陋识，贬“闺门”一章为伪书，而黜古文，卒启明皇帝无礼无度之祸，其论盖本诸此。元临川草庐吴氏，独因朱子《刊误》重加厘正，而删“闺门”一章，期合乎朱子去所当去、存所当存之义，亦卓然成一家学。予因序之曰：“嗟夫！孔氏壁所藏《古文孝经》，予不可得而考矣！至颜芝本一篇十八章，一千七百九十九言，梁皇侃第其章次，唐明皇校注御札，刻石太学，世所号《石台孝经》是也。古文二十二章出自刘炫，凡一千八百一十言，则司马公为之《解》，范氏为之《说》，朱子作《刊误》，定经一章、传十四章，总一千七百八十言。鄱阳董氏释之，草庐吴氏更定经一章、传十二章，一千五百八十二言，其文颇与朱子异。

《石台孝经》，世多有其书，若司马氏、范氏、吴氏、董氏之说，学者或

1．本文录自清徐昂发撰《畏垒山人文集》。见《四库存目丛书 · 补编》第6册。

2．徐昂发（？—约1740）：字大临，号畏垒山人，江苏昆山人。康熙三十九年（1700）进士，历仕翰林院庶吉士、编修、福建乡试副考官、提督江西学政，曾任福建乡试副考官。雍正初因事遣戍新疆，乾隆二年（1737）返归，不知所终。其人以文酒自豪，工骈体文，长于考证。著有《畏垒山人诗集》四卷、《畏垒笔记》四卷、《畏垒山人文集》等。

未及遍观，余序而录之，使好古者审择焉。

二十四孝图诗

清李如玉撰。李如玉：孝廉，云南曲靖人。

李孝廉二十四孝图诗序[1]

清 · 倪蜕[2]

昔孔子作《孝经》成，告备于天，天乃鸿郁起白雾摩地，赤虹自上下化为黄玉，此《纬》书言，未足深信。然孝者天之经也，地之义也。自生民以来，德靡有盛于孝者，是以六经纷纶，无不以是为重。而开宗明义特著为成书，则自夫子始。于是而动天地、感符瑞，微《纬》书言："吾有以知其必至也"，且夫孝之道大矣！凡世所称昏定晨省、冬温夏清，皆末节耳。《论语》懿武、游夏之问，夫子答之，各有所指，而能穷理尽性以至于命一也。后世日趋简薄，大本渐坠。即其小者，鲜克能尽。又谁复知天经地义之为何事乎！此君子有慨于斯，而为二十四孝之书也。

相传南宋时此书甫出，与《千家诗》《百家姓》及《上大人引本》并行，皆是便蒙之作。今观所列至黄庭坚而止，则出自南宋无疑。余幼在乡塾与诸童子各有一本，而塾师于午后必为句解字释，诸童环立拱听，若有观感。呜呼！蒙以养正，圣功也！此可知事之所重，而为教之所先者，乃今则俱鄙之而不用矣！

曲靖李孝廉如玉纯诚，至性人也。读其书而各赋一诗曰咏歌，古人寄我慨慕，然岂唯独寄其慨慕而已哉，亦将以斯道觉斯民而扶大伦于千古之后耳！其

1．本文录自清倪蜕《蜕翁文集》卷二。见《丛书集成续编 · 集部 · 蜕翁文集》。

2．倪蜕（1667—1736）：本名羽，因仰慕唐代刘蜕为人，改名蜕。字振九，晚年自号蜕翁，江苏松江人。出身文士之家，自幼熟读经史，无意仕途，于昆明宝珠山麓建房，自称"蜕翁草堂"。著有《滇云历年传》《滇小记》《蜕翁文集》《蜕翁诗选》等。

子立根为之绘图列说，刊行于世，抑亦继志之一端，可尚也！余昔游靖与张子我言交，曾一识孝廉。去今三十六年，而孝廉辞世已十有八载，张子亦化为异物矣。立根来请序，我钦孝廉之懿行，而叹孝廉之有子。且愿世之为师者，仍以此为先务，而使人受其书，如我东吴之旧而不鄙夷之，则孝之为言教也，教天下以百行之本，不亦仰承圣人之微意矣乎。

是为序。

文昌孝经

作者不详。《文昌孝经》，又称《文帝孝经》，据明代大学士邱濬所著的《文帝孝经原序》载："宋西山真先生言：是经神剥离通明，易晓如家常说话一般，无不动智而觉悟。"可知此经在南宋时业已流传，其成书年代应不晚于南宋。此书伪托文昌帝君而作，在《道藏》中有辑录。

文昌孝经序[1]

清 · 方苞[2]

不艳于利，不怵于害，生有不取，而死有不去，此士大夫之所谓奇节美行也。然观《春秋内外传》所纪，厮舆贱士往往确然必伸其所志，而以死生利害为甚轻。盖先王之道有以立民之命，其渐之也深，虽更衰乱而其流不息如此。自战国秦汉以来，士君子之族，正谊明道而不杂于功利，千百年数人而已。北宋诸儒之兴，始卓然有应。呜呼，其信然！与孝之道传所载孔子、曾子之言备矣！

二公以文儒遭时行志，有教化之责，固宜明先王之道，使民尽性以立其命

1．本文录自清方苞《方望溪先生全集·集外文》卷四《序》，见《四部丛刊·集部·方望溪先生全集》。
2．方苞（1668—1749）：字灵皋，一字凤九，晚年号望溪，安徽桐城人，清代桐城派散文创始人。康熙四十五年进士，后因受《南山集》案牵连，下狱。出狱后，担任康熙帝文学侍从，累官内阁学士、礼部侍郎。历任武英殿修书总裁、《一统志》总裁、《皇清文颖》副总裁、《三礼书》副总裁。著有《周官集注》《周官析疑》《仪礼析疑》《春秋比事目录》等。

者也。而区区于是，岂好事者所托而非其真？与舍圣人、贤人之言而征诸鬼神，取人所自尽之孝而论其感应？吾知真氏之必无取于是也。虽然，世之知命而不惑者鲜矣！无所慕而为善，无所畏而不为不善，士君子之族，其果能是哉？而令之职民无秀顽，皆当训之以道。

是编所载，通明易晓，虽山农、野老、妇人、小子皆能讽于口，入于耳而动于心，有欲布之，余安得而阻其意也！

重刻文昌孝经序[1]

清 · 周广业[2]

情发于天，行成于己，孝乎惟孝，德莫懿焉！自浇季风颓，愆家致慨，曾闵蔡董，鲜追令范，固性真之浸薄，亦迪教之未宏也。

帝君志存抑引，特著是书，阐劬劳之本，摹愉婉之忱，事括欢哀，词通雅俗，能使循陔者殚力采兰，展墓者陨心攀柏。虽向斗化金之作，未云多让。至若违亲佞佛，义早背驰，悉汰梵音，弥徽专洞。

余既获善本，王生星罗、星联有志笺疏未就，愿先梓原文行世，而请余引其端。嗟夫！哀哀罔极，执卷沾襟，顾与其《蓼莪》废讲，何如风树思归，生其锡尔类乎！焚香端诵，必更有徐岑其人。耕崖周广业书。

孝经纂注

清孔熹撰。孔熹：字胥翁，孔子六十四世孙，江苏高淳人。

1．本文录自清周广业撰《蓬庐文钞》，见《续修四库全书》第1449册《集部·别集类·蓬庐文钞》。
2．周广业（1730—1798）：字勤圃，号耕崖，海宁伊桥人。清高宗乾隆四十八年中举。少年丧父，以教授生徒以奉养母亲教导兄弟。好学不倦，精通经典，善于论史。参与编撰《四库全书》。担任校勘，精心从事，亲手校勘的古籍，皆为善本。后受荐主讲安徽广德书院，兼修《广德州志》。生性耿介，不随流俗，晚年居家，著述以终。有《孟子四考》《蓬庐文钞》《读易纂言》《石经纪略》《经史避名汇考》传世，并辑录《宁志余闻》等书。

孝经纂注序[1]

清 · 张大受[2]

高淳孔先生胥翁纂注《孝经》一卷，久在箧笥。先生之孙兴鳌至苏州，携以示大受。伏而读之，作而叹曰："夫子称'志以《春秋》，行在《孝经》'，经之为义大矣！自天子至于庶人，无不有亲，其事迩而其道严，其文约而其用广，修之则顺而吉，悖之则逆而凶。《易》明天地、鬼神、屈信之数，《诗》陈父子、夫妇、正变之由，《书》首克谐，《礼》重祭义，《春秋》成而乱臣贼子惧，其事尤与《孝经》相发明也。学者读先圣人之书，常患汗漫而不得其指归。苟能迩乎此一经之大要，深惟而力行之，则手足有所措，言行有所法，在上而民自化之，在下而不辱其身，则可以参观乎《易》《礼》《诗》《书》《春秋》之文，体先圣之道而成唐虞三代之风俗。《传》称'天子孝，龙负图、龟出书；庶人孝，泽林茂、浮珍舒'，其感应之理岂虚也哉！《孝经》注释，昔非一家。予观胥翁所述，尤为醇粹。趣其孙刻之，以章立言之旨。"

胥翁名熹，先圣六十四世孙。宋建炎初，有迁居高淳者，今为其后兴鳌云。

清汪由敦跋各体孝经

清汪由敦书。汪由敦（1692—1758）：初名汪良金，字师茗，号谨堂，又号松泉居士，安徽休宁人。雍正二年进士，翰林院庶吉士，累官至吏部尚书。卒，加赠太子太师，谥"文端"。学问渊深，文辞雅正，兼工书法。著有《松泉文集》《松泉诗集》等。

1．本文录自清张大受《匠门书屋文集》卷十九《序》，见《四库未收书辑刊·集部》第8辑第24册。

2．张大受：生卒不详，字日容，江苏嘉定（今属上海）人，居苏州匠门溪上。少从学于朱彝尊，通经史百家。康熙南巡时，曾召至御舟赋诗，宣入纂修馆。康熙四十八年进士，入翰林院，曾督学贵州，教诸生读书之法。善诗、古文，尤工骈体，格调清新独特。著有《匠门书屋文集》三十卷等。

自跋仿苏体书孝经[1]

清 · 汪由敦

弟凝之归自京师，梦先大人问曰："尔携尔兄所书《孝经》来乎？"凝之奉小楷以进曰："非也！乃仿苏长公大字本耳！"壬戌春，凝之北来，道其事。由敦五岁就塾，先大人即授以《孝经》，年来作小楷凡数十本，大都牵率酬应，无足道者。而先灵乃拳拳如此，敢不敬承明训。今年会大驾东巡谒陵，因以辍直之暇，趣成此册。长公书法，气体高妙，未易津逮。要以忠孝文章气节如公者，立身行道、扬名后世，斯为无忝经术。盖欲后嗣子孙，知所取法，非徒以翰墨为勋绩而已。

敬疏缘起，藏之家塾，我后人其聪听诸！系以诗曰："峨眉天半照清襟，莲炬辉腾翰墨林。岂独文章千古事，要知忠孝一生心。九原可作归随会，百世闻风师展禽。庭诰分明征吉梦，传经奕叶奉良箴。"

自跋楷书孝经[2]

清 · 汪由敦

余书《孝经》，自蝇头细书以至大小行楷，十余年来，不啻百十本。今年扈从趋直，晨夕鲜暇，临池之功久辍。顷奉命典顺天乡试，扃鐍棘闱前数日，试卷未至，颇有余功，兼之天气清和，笔墨润适，因成此册。书不足存，聊藉记事，且志不敢废日之意云。

跋手书孝经[3]

清 · 汪由敦

近年于大内见赵、董两文敏所书《孝经》甚夥，松雪书率分章，每章各缀

1．本文录自清汪由敦撰《松泉集 · 文集》卷十七，见《四库全书 · 集部 · 别集类 · 松泉集》。
2．本文录自清汪由敦撰《松泉集 · 文集》卷十七。
3．本文录自清汪由敦撰《松泉集 · 文集》卷十八。

以画，云是临李公麟，亦未为佳本。思翁贮用本家法，晚年两本，一仿圣教序，一仿颜鲁国，皆极精采，惜未得临写。予十余年来所书，亦不下百数十本，小楷居其大半。

戊辰秋，仲俣岩编修束装南还，因为此。

跋手书小楷孝经[1]

清 · 汪由敦

由敦自五龄就塾，先公授以《孝经》，谓先入为主，意至远也。长而学书，大小字成百余本，多应人求索，或为人持去，儿辈所藏才一二数。今老矣！时自验精力，得暇复书之。癸酉二月朔，俶装扈从，南荣晴暖，因检校笔墨，翼日乃竣。子曰“吾行在《孝经》”，圣谟彝训，匪徒口耳诵习，施之毫翰，抑云末矣！童而习之，皓首不能行一字，可胜叹哉！

跋手临唐贤草体孝经[2]

清 · 汪由敦

右见勤殿法帖，标题作“孙过庭书”。按经中讳敬之字为“钦”，乃宋翼祖讳，讳“匡”之字为正，则艺祖讳；讳“让”之字为“谦”，则濮安懿王讳。夫阙笔或属传摹易字，当由自运，今改避“咸”，天水庙讳“目”为“虔”，礼得乎？独其书法圆美、丽密，尚存唐人风轨，或是宋初四家书未出以前，无名氏作耳。

1. 本文录自清汪由敦撰《松泉集 · 文集》卷十八。
2. 本文录自清汪由敦撰《松泉集 · 文集》卷十八。

自跋石刻孝经[1]

清 · 汪由敦

《孝经》今文十八章，出于汉颜芝。《古文》二十二章，出于孔壁。自唐开元中，注今文流布，古文几至中绝。宋司马温公乃专尚《古文》，朱子亦为古文《刊误》。至今，是《古文》者诋颜本为剿说，是《今文》者又疑鲁壁为伪书，聚讼纷然。几如议、礼，实则二书，大义本同，诸家不究其指归所在，徒以章句之增减分合为争端，通经者何庸乃尔！今《注疏》列《十三经》，重之圣制宸章，胥用今文，俟百世而定一尊，是可息讼经之群喙矣！由敦五龄就传，先君子即手授是经。比三十年来，应索书者大小字百有余本。此本字体适中，儿辈欲以上石，因并锓梓家塾，世用发蒙。庶几先入为主所当务，以无忝旧德之传，区区临池功力，抑其末矣！

孝经章句

清汪绂撰。《清史稿·艺文志》著录“《孝经章句》一卷，《或问》一卷，汪绂撰”。汪绂（1692—1759）：初名烜，字灿人，号双池，江西婺源人。清乾隆初期东南名儒。少时家贫，佣于江西景德镇为画碗之役。二十七岁就馆授徒，晚年居闽，一生未仕。汪绂博综儒经，著述颇富，有《易经诠义》《书经诠义》《孝经章句或问》《春秋集传》《双池文集》等。

孝经章句序[2]

清 · 汪绂

本之为性情之挚，孩赤之所知，能而充之，则作圣之功，圣神之所不能。

1．本文录自清汪由敦撰《松泉集 · 文集》卷十八。

2．本文录自清汪绂《双池文集》卷五《序》，篇题下有“乾隆二年丁巳”六字小注，见《续修四库全书》第1425册《集部 · 别集类 · 双池文集》。

外迩之在闺门之地、日用之所常行而推之，则王道之施、鬼神之所由，以通民物之所由，以治者，其惟孝乎！岳牧之荐，舜曰“克谐以孝”；《大雅》之颂，文武曰“永言孝思”；孟子曰“尧舜之道，孝悌而已”；是可见尧、舜、禹、汤、文、武、周公之所以尽性致命、穷神知化，而假天治民者，皆一孝之尽，而推之以致于无量也哉！孝乎，人道孰有大于此者！

孔门之言孝也，散见于《鲁论》《戴记》诸书。而孝之有专经也，则孔子之所以授之曾子，其以经名，未知所始。而《论语》：“曾子有疾，召门弟子曰：‘启予足！启予手！诗云：战战兢兢，如临深渊，如履薄冰。而今而后，吾知免夫，小子！’”即《孝经》“不敢毁伤”之志也。孟子曰：“事孰为大，事亲为大；守孰为大，守身为大，不失其身而能事其亲者，吾闻之矣；失其身而能事其亲者，吾未之闻也。孰不为事？事亲，事之本也；孰不为守？守亲，守之本也。”则与《论语》《孝经》之言若合和符节，是盖孔子传之曾子，曾子传之子思，子思传之孟子，与《大学》《中庸》源流一辙矣！

秦火之余，经籍焚泯，《学》《庸》杂于曲台，《孝经》尘于孔壁。汉初所传《孝经》，河间颜芝所献，是谓今文十八章。《古文孝经》则安国本，而安国遭巫蠹，书未及行，至梁末而遂失。及王逸得古本于市人，而刘炫校定之，当世乃大讙其伪。唐玄宗雅意经学，自注《孝经》，卒以一十八章为定，是为《石台孝经》，顾自石台颁而《古文孝经》遂终废阁。爰逮有宋，理学昌明之会，河内司马温公实始表章古文，撰为《指解》；朱子起而绍之，参合古今文，定为《孝经刊误》。《孝经》之传，不于是而有所折衷欤！独是《大学》《孝经》皆孔子之所以传之曾子。《大学》一书，朱子分经别传为之章句，今既列四子书，为人人所传习，俾得以知古人为学之规模矣。而《孝经》则未及注释，朱子恒深自惜之，故今学者传诵，尚仍《石台》而罕睹《刊误》之本，是以今文、古文之互相非诋，至今未已。绂观夫《孝经》之有今文、古文之异，非若河汉之绝不相侔也，又非有如伪《泰誓》九共之书之渺然无据也，所异同者不过分章之多寡、简册之先生、字句之增减已耳。至经传之混淆，引援之失类，则今文、古文其失略等，而脉络之通贯、旨趣之渊微者，则近儒鲜所发明。吴草庐谓“注疏虽详，义未明畅”，不其然乎！所怪诸儒所争不在此而在彼，则研诸心而体诸行者，果安在欤！

维圣朝殚心经义，特命儒臣撰《孝经衍义》一书，用朱子所定经文，列于卷首，衍经不衍传，盖效真西山《大学衍义》之例。是朱子之学至今日而大光，而《孝经》之传亦于今为烈也。而第是《孝经衍义》既以《刊误》为宗，而乡会命题仍用《石台》之旧，则草野所传诵，亦仍不知所适主。绂鄙野布衣，谫陋奚似。然窃维圣王方以孝治天下，则《孝经》为人人所当幼而服习，以长而力行者，何可听其舛驳衡决为也？用是忘其固陋，捃摭旧闻，凛先慈膝上之传言，绎朱子刊删之微旨，谬成章句，聊什巾笥，非敢谓前配乎朱子之《大学》章句，而上拟《孝经衍义》也。然详其训诂，究其旨归，使经传互相发明，而孝道彰于日用，则愚者一得，或广而播之，其亦有当于朱子之心，则亦有当于孔子、曾子之心焉。而圣朝之以孝治天下也，将使人人实践而力行之，其亦不无一德同风之一助也欤！

孔子文昌孝经合刻

清李凤彩辑。李凤彩：生卒年不详。字廷仪，号铁船，江西永修（今江西九江永修县）人。康熙五十三年武举人，因平定西藏哈密骚乱有功，被提拔为守备。仕至陕西平凉副总兵官、都督签事等，时称“铁船将军”。曾撰《西藏行军记略》二卷。

孔子文昌孝经合刻序[1]

清 · 李凤彩

孔子论“时习之学”，次章继以“为人之孝”“弟子入则孝”，君子道四，先以所求乎“子之孝”，何者？孝为卑迩庸行，而行远登高所自始也。学于孝之谓“下学”，下学于孝之谓“上达”，下学于孝而上达于天之谓“一贯”。子曰：“吾道一以贯之”，又曰：“先王有至德要道，以顺天下”，言虽异而旨则同。故“一贯”传之曾子，《孝经》即授之曾子也。顾孔子《孝经》外又有《文昌孝经》，余初疑其荒渺，及取而读之，情理曲鬯，上智下愚皆可共晓，与孔子互相发明而更

1．本文录自清李凤彩辑《孔子文昌孝经合刻 · 孝经合编序》，见《四库未收书辑刊》第3辑第9册《孔子文昌孝经合刻二卷附录一卷》。

为详尽，乃叹孔子后天以 民，文昌先天而开化。明儒以文昌为先天之孔子，孔子为后天之文昌，斯言信矣！

余事亲甘旨不充，尝馆于富室，进食时停箸不忍遽下。夜题诗云：“何当匡后普仁化，向食帛衣遍八埏。”是夜，梦卧楼上，孔子、帝君及城隍之神列座，各二侍者。余见座旁有帖一本，径取观之，色如墨，无文字。觉后不解所谓。及读《孝子文印偈》曰：“至文本无文，蕴之孝道中。发现自成章，司之岂容泄。天聋与地哑，非聋亦非哑。特将天地秘，不使人尽解”。始悟圣前帖本即孝思发现所成章也，异哉！一节之孝，冥必登记，有如是哉！乃发端不能扩充，至今徒抱鲜民之痛，何敢复言人子事。顾悔己不孝之莫可追，更愿可追者之勿自贻悔也。尝闻孔子作《孝经》成，向北斗告备，有赤虹、黄玉之祥；夫文昌宿列斗极，斗中有孝悌。明王、三才、上下，一孝贯通。孔子十八章，包涵蕴藉；帝君六章，缕析条分。均欲觉晨钟，发人深省，安可使其分而不合耶?

圣天子孝治遐宣，时雍于变，通于神明，光于四海。幸生唐虞之世，舍至德要道，无可效轻尘之足岳，坠露之添流也。谨取二经，合而刻之。读孔子《孝经》者，知自天子以至庶人一是皆以孝为本；读文昌《孝经》者，知自天上以至人间一是皆以孝为重。同于庸行，循循以下学，庶太和洋溢于家庭，即太和洋溢于宇宙尔。

乾隆辛卯仲春花朝日，建水李凤彩谨序。

续刻关圣帝君觉世真经序[1]

清 · 周福山[2]

粤自圣圣相传，道无不该，原其根本，则孝而已矣。故有孔子《孝经》、有文昌《孝经》。经者，常也，皆垂诸万世而不可易者也。余尝读《关圣帝君觉世真经》，凡天地、神明、祖先，莫不自孝而上溯之；自伦类以迄胞与，莫不由孝而推广之。诚以孝为百行先，而后奉行众善。则《真经》与《孝经》固可相为表里。

夫以帝君之圣神文武，超千古而立极，人徒知其精诚贯天地，道义配日月，节操贯古今，而不知帝君之灵爽，实下鉴乎愚夫妇一念之诚、一节之细，呼吸相通，

1．本文录自清李凤彩辑《孔子文昌孝经合刻·续刻真经序》，见《四库未收书辑刊》第3辑第9册。

2．周福山：生卒年不详，湖北鄂城人。清乾隆末年曾任江苏粮储道库大使。

有随感而格者。忆余弱冠，先严远谪西域，余随侍一载。既以归省慈帏，独行万里。迨先严卒迁所，余又迎榇，往返所历，惊沙绝巘，屡濒于危，每赖神佑藉以获安者，指不胜屈。其最险者，扶柩将抵哈密，路过南山，盘旋而上数十里，始至巅岭。日已薄暮，不能出山岭。际有帝君古庙，内无寺僧，因依宿焉。时方仲夏，夜忽朔风大作。至旦，雪满山谷，路径漫灭。庙旁土穴中，有一老叟守伺香火者曰："此雪非匝月不消。"斯时资粮已竭，夕餐难谋，即不暇为身计，其如先人灵柩何？急祷帝君前。顷之，忽有数人插标开道，踉跄踊跃扫除积雪。询之，乃哈顺沟屯兵，闻有镇将过岭，先期除道者。余因是循路度岭得脱于险，此非帝君之显为庇佑使然与！继余归葬先严，为贫禄仕，念我母族系江南向缘两家，官蜀宦邸。于归后，各解组旋里，河山迢隔，音问鲜通，未获归宁者，垂四十载。思欲藉游宦以遂我母陟屺之志，故就铨京邸时，每私心窃冀以签掣江苏为望，旅寓适供帝君神象，常朝夕默祷，同舍或笑之。已而果得分发江左，爰是奉母归省。母年六十而外祖母已届八旬，一堂洩洩，介寿称觞。使非一念之感，蒙帝君默佑，乌能适如人愿哉！

余又欲刻帝君文，未果。今年春，僚友李公讳凤彩者，由镇洋县尉超迁京秩，临行来辞于余，出所合刻《孔子孝经文昌孝经》，嘱余代为印纸以劝世。余因忆帝君真经，词不同而旨则互相发明也，爰敬续于篇，且志余获佑于帝君者若是，俾世之人警而觉焉，咸知夫天经地义不越庸行之常。深言之，即贤人君子有难自信；浅言之，即一念之诚、一事之纳，亦无不可以动天地而泣鬼神。有如是者，苟由一念推诸念念，一事推诸事事，庶无负三圣人谆谆化导之意也夫。

乾隆甲辰孟冬下浣，鄂城周福山谨序。

孝弟忠信引证题识[1]

清 · 周福山

《关圣帝君觉世真经 · 前序》不过记余昔年遭先严文光公大故，扶榇万里所历之境，虔祷应祐耳，敢云孝乎？故誓愿刊布《孝经》，以昭圣灵。兹于编末复录古孝行诸条，并述余有叩悉验虔诚付梓，冀士君子触目铭心之一端耳。

窃余籍隶江西，寄居楚北，幼随祖任，材质鲁钝，无志青云，鄙事货殖。

1．本文录自清李凤彩辑《孔子文昌孝经合刻 · 孝行引证》，见《四库未收书辑刊》第3辑第9册。

及先祖解组，两袖清风，日就陵替。踵丁先严变故，戍所父西子南，痛隔万里，真令我万槊攒心，恨不能插翅。时际囊底萧然，盘费维艰，泣祷帝君前，置微命于度外。孓孤身以远涉，孰意竟有不期之遇，机缘凑合，盘费扶榇外更有余赀。甲午六月，路出泾阳，正值炎暑，柩木向因塞外苦寒未经灰漆，日近南方，燥烈难胜。旋谒同乡方邑侯，觅公寓，停漆柩木，以待秋凉旋里。适闻川运例开，悚我亲老禄仕之隐，遂纡道北上，勉就微职。复还泾阳，扶榇归。厝于楚省，后签制江苏，他无所喜，惟喜慰我母素愿耳！

盖我母原籍姑苏，自相先严后，未归苏者四十载。故即乞假还楚，奉母买舟南下，于乾隆丁酉春到苏。时吾母与外祖母及诸舅氏一堂聚首，熙熙雍雍，吾母之心稍慰矣！第余于聚会之余，转虑奔驰，靡宁不遑将毋。幸辛丑得授斯职，已经六载，专司典守，不承差遣，庶朝夕瞻依，得奉慈帏。今母年七十，精神转健，向异当时，两弟与侄均趋署奉侍，色笑承欢，一堂雍睦，要皆帝君冥冥默相使然也。今略陈其□，祈士君子鉴之，勿哂耳！

乾隆丙午年闰七月，江苏粮储道库大使鄂城周福山谨识。

御纂孝经集注

清世宗撰，雍正五年定。清世宗，即清雍正帝爱新觉罗·胤禛（1678—1735）。《四库全书总目提要》云："世宗宪皇帝以诸注或病庸肤，或伤芜杂，不足阐天经地义之理，爰指授儒臣，精为简汰，刊其糟粕，存其菁华，仿朱子《论语·孟子集注》之体，纂辑此编。"

御纂孝经集注序[1]

清·清世宗

《孝经》者，圣人所以彰明彝训，觉悟生民。溯天地之性，则知人为万物

1．本文录自清世宗《御纂孝经集注》，见《四库全书·经部·孝经类·御纂孝经集注》。

之灵；叙家国之伦，则知孝为百行之始。人能孝于其亲，处称惇实之士，出成忠顺之臣。下以此为立身之要，上以此为立教之原，故谓之“至德要道”。自昔圣帝哲王宰世经物，未有不以孝治为先务者也。

恭惟圣祖仁皇帝，缵述世祖章皇帝遗绪，诏命儒臣编辑《孝经衍义》一百卷，刊行海内，垂示永久。顾以篇帙繁多，虑读者未能周遍，朕乃命专译经文以便诵习。夫《孝经》一书，词简义畅，可不烦注解而自明。诚使内外臣庶，父以教其子，师以教其徒，口讽其文，心知其理，身践其事。为士大夫者，能资孝作忠，扬名显亲；为庶人者，能谨身节用，竭力致养。家庭务敦于本行，闾里胥向于淳风。如此则亲逊成化，和气薰蒸，跻比户可封之俗，是朕之所厚望也夫！

孝经章句

清任启运撰。《清史稿·艺文志》载“《孝经章句》一卷，任启运撰”。任启运（约1669—1744）：字翼圣，江苏宜兴人。事亲孝。清代学者。清雍正元年，54岁时始中举。十一年，因精通性理之学，被雍正帝特诏廷试，得旨嘉奖，成进士。乾隆时期，擢中允，晋侍读学士、侍讲学士，擢都察院左佥都御史。充任《三礼》编纂馆副总裁，升宗人府府丞。其学宗法朱熹，有《孝经章句》一卷、《女孝经通纂》两卷、《四书约指》《清芬楼文集》《清芬楼遗稿》等。

孝经章句序[1]

清 · 任启运

汉兴，河间颜贞出其父芝所藏《孝经》，长孙氏、江氏、翼奉、后苍、张禹、郑众递相传述。越三国两晋，辨说滋益多。要自康成定为十八章后，皇甫

1．本文录自清任启运《清芬楼遗稿》卷二《孝经章句》，见《丛书集成续编·集部·清芬楼遗稿》。

侃《义疏》备三十家于十八章，未之或改也。隋王劭始言得汉孔安国《古文》旧传，凡二十二章，信乎否哉！唐初并存。刘讥郑惑，司马斥孔鄙，明皇集儒官令状章名，重加商订，今所《传》者是也。顾《闺门章》既除，而数犹十八，知非郑氏之旧矣！宋朱子《刊误》定为经一章，传十四章。运遵朱子，加以训释，从《礼记》例，亦名章句。既成。

今上之元年，运以乡举入都，遂从刘学使山右于佛龛得钞本，见有文同《戴记》，而今本无者，携以归，徐审之，盖《传》之十章也。孔子言："身体发肤，不敢毁伤，孝之始；立身行道，扬名后世，孝之终。"又言："始于事亲，中于事君，终于立身。"《传》释不敢毁伤及事亲、事君，而去立身，于义何居？知此必逸文也。旧注言："孔子云行在《孝经》"，则《孝经》孔子自作。朱子辟之，谓曾氏门人所记，谅哉！曾氏门人，子思尚矣，余如乐正子春、公明仪、分明高，大都笃谨能守其师说。《中庸》言：修道以仁。仁者，人也，亲亲为大。反身不诚，不顺乎亲。非专言孝而孝之义毕。该传《孝经》者，未之逮也。顾经传体裁，绝似《大学》，其出曾子门人无疑耳！

我皇上孝治天下，而《孝经》之全即于元年出，殆所谓："志气如神，有开必先者欤！"运幼受《戴记》，于"不辱其身"二语，日奉以周旋，而常以一言几致折臂，保身之难至于如此。今年逾六十，手足之启，正未可知，此运今所为补定此章而弥复战惧者也。

孝经精义

清张叙撰。张叙（1690—1776）：字滨潢，又字凤冈，娄东（今江苏太仓）人。雍正十年（1732）中举，乾隆元年（1736）举博学鸿词科，二十六年以耆年宿学，赐为国子监学正。生平沈潜理学，主讲莲池、白鹿诸书院。著有《孝经精义》《孝经后录》《诗贯》《凤冈诗草》《通鉴纪要》等。

孝经精义序[1]

清 · 宋恺亭[2]

潞河书院创自仪封张清恪公，及余奉命观察此邦，则已斥为民居久矣！岁丁巳，乃与刺史韩君子度别构于城东南文昌阁之旁，邑之士马生龙图、刘生睿然等咸劝趋之。即成，相与敦请吾吴凤冈张先生来主讲席。凤冈有道而文，诲人率以敦行为本，而衡文一准乎理法。多士既兴起焉，间出其所注《孝经精义》一编以相授，则抉经之心而六通四辟于理窟中，又非但寻常训士之规已也。

夫《孝经》之传已二千余年，注疏笺释无虑汗牛充栋。然卑者仅随文立解，高者又节外生枝，圣人作经之微旨，尚似有未尽发者。凤冈沉潜体察之有年，一旦心融默契，探爱敬之根源、穷天地之心性，会《太极》《西铭》之精微，直以此为言性与天道之书，而五常百行可以一德，该四子、六经可以一书约。盖自来《孝经》解义未有彻悟至斯者也。至如以问答为传经立文之体，而决此经为孔子亲笔，以五引《诗》《书》属五孝节首，盖字此字释《诗》语而断。庶人节之本无阙文，以首章特呼曾子，此下曾子又三次发问，而划分十三章，为四大支。第三支结以“名立于后世”，第四支承以“安亲扬名”，而知古文《闺门》章之无容搀入，无不字字确凿，犁然有当于人心焉。

夫经非一世之书，其说亦非一人所能尽。故二千年未尽发之徽旨，尚有待于此书之相补备与，则岂潞阳一郡之士所得而私之哉？因亟命刊之而公诸海内。读是书者，诚反复研核其所以然，应信余言之非妄也。而余与韩君等窃又私幸兹者，书院之复乃于朝廷劝孝作忠之意，亦不无小补也已。

乾隆四年春王正月，分巡直隶通永等处地方官兼管河道按察使司副使加一级，长洲宋寿图恺亭序并书。

1．本文录自清张叙撰《孝经精义》，见《续修四库全书》第152册《经部 · 孝经类 · 孝经精义》。
2．宋恺亭：生卒不详，字寿图，长洲（今广东广州）人。

孝经精义序[1]

清 · 张叙

《孝经》，其孔子言性与天道之书与？而统之以孝，则下学而上达，吾道一以贯之之谓尔。《论语》不言性，惟曰“相近”而已，相近则性善矣！而程朱尚谓兼气质而言，非天命之本也。《大学》不言天道，惟曰“明德”而已，明德者，人之所得乎天，即天命之赋于我者，然指在人者言，非正言天道也。《庸》《孟》则既言之矣，而非孔子作也。孔子之书，惟大《易》言性与天道也博而奥，惟《孝经》言性与天道也约而精，博而奥，故托其端于卜筮、图象以显夫微；约而精，故反其本于孩提少长、知爱知敬之良以著乎实。是以溯源天地之性与天地之经，要不过切而求之家庭卑迩之地。因以推而极之，配帝、配天，通神明、光四海之治。此孝所以为至德要道，而天德王道之原，一以贯之而无二者也。岂非下学上达，正夫子言性与天道之实际也哉！

顾二千年来其书虽传，于学者尚多诵言而忘味，惟程朱大儒表章《学》《语》《庸》《孟》已不遗余力，而于此又略而未注，或注而滋疑，则圣人作经之意、传道之心岂能无望于千百世以下之嗣音者耶？本朝以孝治天下，独崇重此书，科场且以试士。故以叙之不敏，而诵习之久，一旦恍然，似有得其微旨于遗经者，复再三读之，则幸章开句豁、支分节解，了无可疑。因不揆固陋，冒昧以成其说，亦欲以此助流治化于万分之一尔。倘其说未能悉当，尚祈有道君子不鄙而诲诸，庶使夫子之言性与天道，不终于“不可得而闻也”夫。

乾隆三年涂月之吉，娄东凤冈张叙题于潞河书院。

孝经精义引[2]

清 · 张叙

作《孝经》者谁与？孔子也。奚以作为传孝道于万世矣！曷谓之经？天地之经而民是则之者也，经之名，实专之。后乃广而加诸《易》《书》《诗》

1．本文录自清张叙撰《孝经精义》。
2．本文录自清张叙撰《孝经精义》。

《礼》《乐》《春秋》焉，则以为尊圣人之典云尔。

胡为而授诸曾子也？曾子，孝者也。孝者也，故不必详孝之事与？曰：“否！孔子本传孝之道也。”设为问答者何？传经立言之体然也，《周易 · 文言》而既然矣。曾子宜称名，恶乎而亦“子”之？殆异日乐正子春、子思之徒之所易乎？夫亦各尽其尊师之礼也。其文奈何有同《左氏》？则《左氏》之同之尔。先儒多所疑难，得非胶柱而鼓瑟者与？

孔子自谓“行在《孝经》”，盖此篇非孔子不能作，此言非孔子不能道。或以为诬者，亦非也。其书首尾完具、血脉贯通、义理懿实、意味渊永，圣人之亲笔，而与《大学》之书相表里者乎！是故，孔子以是传之曾子，曾子以是传之子思，子思以是传之孟子，后愚不知其谁传焉。董子述之《天人策》，盖得其传与？然尚言之而未僫；韩子作《原仁》，可谓得其传者，顾亦推之而未密；二程子、子朱子则僫且密矣。周子《太极图说》、张子《西铭》，尤抉《孝经》之精蕴焉，则皆得其传者尔，然未及。反之，此书以立教，亡乃得其传，而日不暇给也与？用是敢因其秘略而详之，以与先儒互相补备云。

孝经后录

清张叙撰。

孝经后录引[1]

清 · 张叙

《小戴》“曾子论孝”四章及“乐正子春”一章，皆本平日所闻，而称述演绎之足与《孝经》相发明，此本《大戴 · 曾子大孝篇》文，《小戴》录于《祭义篇》，反觉不类。今录于此，而首以《内则》一章，益以《大戴》曾子所论二章焉，即以为《孝经》之传也可。

1．本文录自清张叙撰《孝经后录》，见《续修四库全书》第152册《经部 · 孝经类 · 孝经后录》。

孝经刊误注

清王子长撰。王子长：生卒年不详，山东齐河人。

孝经刊误注序[1]

清 · 刘应麟[2]

昔人云孔子作《孝经》，每夕必笄缥笔衣、绛单衣向北磬折，或谓是说似附会不足信。然十五章中分五等、贯三才，终始本末，无弗包孕，其理至近、至远、至显、至微、至庸、至神，微大圣人孰能言此？其为夫子遗书无疑。第次火于秦而显于汉颜芝、孔鲋之所藏，文固分于今古，而刘子政之典校、孔安国之考定又先后互异，则经增损于汉儒非复当日缥笔所书之旧，亦明矣！朱子识超千古，别其可疑以存其可信，然后真伪分明，精蕴昭著，考亭羽翼，圣经洵非诸儒之所能及也。

吾友王子泽长博考汉唐宋元各家注疏，折衷于朱子《刊误》一书，纂为《注说》，无微不阐、无疑不析，方之近世所传《集注》《集说》等编盖精确较然矣！且夫孝无取乎空言，故夫子云"吾行在《孝经》"，又云"人之行莫大于孝"，王子行谊克敦孝友，夙著其纂。是编也不希闻于人，不冀行于世，第欲深明其理以弥励于已是，盖能体夫子簪缥笔、向北辰之意，而时恐亵越，务求无忝不愧者也。视彼不修行谊，徒假著书立说以弋名利者，诚伪相判亦复远甚。余爱其书，并服其行，遂忘谫陋而为之叙。

乾隆八年岁次癸亥孟夏上浣，历下刘应麟复严氏书。

孝经通释

清曹庭栋撰。《清史稿 · 艺文志》载"《孝经通释》十卷，曹庭栋撰"。

1．本文录自《中国地方志集成 · 齐河县志》卷三十一《艺文》。

2．刘应麟：生卒年不详，山东济南人，雍正四年丙午科举人。

曹庭栋（1700—1785）：一作廷栋，字楷人，号六圃，又号慈山居士，浙江嘉善人。乾隆六年（1741）举人，绝意仕途。勤奋博学，于经史、词章、考据等皆有所钻研，尤精养生学。撰有《老老恒言》一书，为著名老年养生专著。

孝经通释例说[1]

清 · 曹庭栋

《古文孝经》二十二章，与《尚书》《论语》同出孔壁，孔氏安国读而训传其义者。《今文孝经》十八章，颜芝所藏，出自芝子贞，郑氏康成为之传，唐明皇朝题其章名，如《开宗明义》之类是也。二本章第不侔，因彼此分合而异。古文所多者，《闺门》一章耳。至字句互有增损，亦非悬绝。自唐以十八章之今文为定，而二十二章之古文几废。然以孔氏之经，出孔氏之壁，古文之信而有征明甚。

兹恪遵古文，其与今文章第及字句有异者，悉注于本章本节下。后儒分经别传，删节原文，更易章次，亦摭其说备考。若夫历代注家或从古文，或从今文，不过沿习其名。案之全经实义，初无古今文之异，特注者各出己见，其说因之而别。犹夫观天者，此窥其一角，彼识其一隅，然而无非天也。故统古今文，注而兼采之，不为分析。其显背理及肤浅衍说者，则从删；或前人已言而后人复出者，亦从削。乃复申以鄙说，不扶同，不矫异，并不是非前人，要之宁阙疑、无臆断，因文绎义，并俟读者之论定。

顾自汉迄隋，注家原本俱亡，其零章断句，于宋邢氏昺疏中见之。考唐开元时，明皇集六家以作注（韦昭、王肃、刘邵、虞翻、陆澄、刘炫）。元氏行冲，博采诸家以作疏。邢氏所引，即本元氏所采。其中明著姓氏者，六家外又有十家（孔安国、郑氏、谢万、袁宏、殷仲文、梁王、皇侃、严植之、魏氏、刘瓛）。故兹所辑录，断自唐始。而唐以前之说，略备于中焉。由唐以来，注家完本，犹有存者。他如语录、如杂著，凡有及于此经，悉为摭入。唐得五家（明皇、魏徵、元行冲、陆德明、李嗣真），宋得十七家（邢昺、周子、程子、司马光、尹焞、张子、范祖禹、朱子、陆九渊、真德秀、陈埴、吕大临、

1．本文录自清曹庭栋撰《孝经通释》，见《四库存目丛书 · 经部》第146册，齐鲁书社影印本。

胡宏、陈淳、蔡沈、杨简、无名氏直解），元得四家（朱申、董鼎、吴澄、赵涝），明得二十有六家（宋濂、方孝孺、陈晓、邱濬、陈选、虞淳熙、蔡悉、王守仁、郝敬、杨时伟、程楚石、李彪、郭之章、罗汝芳、朱鸿、孙本、杨东明、方学渐、冯梦龙、周汝登、尤时熙、潘之祺、吕维祺、黄道周、孔尚熏、张云鸾），其中，又有杂引汉以来诸说更十有二家（董仲舒、孔衍、班固、许慎、徐铉、陵阳李氏、东阳许氏、贾昌朝、项氏、晁氏、焦竑、归熙甫）。钦惟我朝顺治十三年，世祖章皇帝《御注孝经》；康熙二十九年，圣祖仁皇帝钦定《孝经衍义》。天语煌煌，阐千古未发之微言，颁诸天下，昭于万世。何敢妄为辑录，与群说相参？爰访当代学士、士大夫著述，择而采之，得十家（毛奇龄、叶珍、李光地、朱轼、吴隆元、赵启蛟、周起凤、耿介、张步周、姜兆锡）。合前共九十家，而鄙说次其后，析为十卷，卷末另附《总论》一卷。详考古今文之始末，及谈经者之辩证，凡以明经文之可信，与古文之当遵，题曰《孝经通释》。恭遇我皇上孝治天下，法祖尊经。奉世宗宪皇帝雍正元年谕旨，乡会科二场以《孝经》作论试士。伏读世宗宪皇帝谕旨云：我圣祖仁皇帝钦定《孝经衍义》，以阐发至德要道，诚化民成俗之本也。谨案：《衍义》从古文，则古文为功令所当遵，抑又可知庭栋草茅芜学。窃据见闻所及，并 一得，汇而为编，极知疏漏尚多，而于圣世崇孝尊经之至意，庶无获戾云尔。

乾隆二十一年元旦，嘉善曹庭栋书于慈山草庐。

孝经约义

清汪师韩撰。《清史稿 · 艺文志》载“《孝经约义》一卷，汪师韩撰”。汪师韩（1707—？）：字抒怀，号韩门，浙江钱塘人。雍正十一年进士，翰林院编修，入直上书房。落职后客游畿辅，主讲莲花池书院。中年以后，一意穷经，诸经皆有著述，于《易》尤邃。著有《孝经约义》《观象居易传笺》《谈诗录》《上湖纪岁诗编》《上湖分类文编》等。

孝经约义序[1]

清 · 汪师韩

易曰《易》，诗曰《诗》，书曰《书》，礼曰《礼》，春秋曰《春秋》，无有称经者。《孝经》，何独称经？班氏《艺文志》之言曰："夫孝，天之经也，地之义也，民之行也。举大者言，故曰《孝经》。"或曰孔子有言："吾志在《春秋》行在《孝经》"，又言："《春秋》属商，《孝经》属参"。是则《孝经》之称，出自孔子矣！

夫谶纬之书，儒者所不屑道。而顾深信不疑于《钩命诀》之文，邢氏更定其时在哀公十四年以后、十六年以前，宋潜溪因谓在七十二岁时，果足凭乎？古今为之注者数百家，而如涑水《指解》确信古文，紫阳《刊误》并疑今文，大儒之言若是，后之学者安所折衷？窃谓以《孝经》为夫子自作，不可也；以为伪托，亦不可；晁氏云是曾子弟子、冯氏云子思作者，庶几近之。其称经也，尊圣言也。至于今文、古文分章之异，与夫皇氏标"开宗明义"等之名，尝观经之分章自汉儒始，后人求其分不求其合，遂使一书前后不相联贯，余甚病之。

今读《孝经》，但就文义，约略分四大节。首节则总揭始终之义，次言德之本也，次言教之所由生也，后乃分列始、中、终之义以结之。其辞显明，本无甚深难通之解，句诠字释似可无庸。故但疏明其大旨，不欲如邢杜《正义》，即"御制"二字，累累四百八十余言，漫羡而无当也。

孝经约义自序[2]

清 · 汪师韩

《孝经》文词显明，本无甚深难通之解，句诠字释似可无庸，故但疏明其大旨，就文义约略分四大节。今按其书自"仲尼居"至"甚哉孝之在大也"为

1．本文录自清汪师韩撰《上湖分类文编》卷四《书序》，见《续修四库全书》第1430册《集部 · 别集类 · 上湖分类文编》。

2．本文录自清周中孚撰《郑堂读书记》卷一，见《续修四库全书》第924册《史部 · 目录类 · 郑堂读书记》。

第一节，总揭孝有终始之义。自“子曰夫孝天之经也”至“此大乱之道也”为第二节，大略明德之本。自“子曰教民亲爱”至“又焉得为孝乎”为第三节，大略明教之所从生。自“子曰昔者明王”以至终篇为第四节，大略明始、中、终之义。所分章段不从今文十八章之次，亦不从古文二十二章之次。谓“庶人章”不可无引《诗》，遂以首章“无念尔祖，聿修厥德”移属下“天子章”，而以“一人有庆”等《诗》《书》递属下章，谓如此经文始全。并以“曾子曰甚哉孝之大者也”为叹词，非问词，系之“未之有也”之下。此于属词之体，亦似悖谬不伦，与周舜仪《孝经宗旨》同一误用其心思者也。

清汉文孝经

清高宗撰。清高宗：即清乾隆帝爱新觉罗·弘历（1711—1799），清世宗雍正帝第四子，在位期间平定大小和卓叛乱、巩固多民族国家的发展，文治武功兼修，为发展清朝康乾盛世局面作出了重要贡献。有《御制文初集》《御制文二集》《御制文三集》《御制文余集》共1350余篇，《御制诗集》五集，总计存诗42613首。组织编撰《四库全书》，成为我国古代思想文化遗产的总汇。

清汉文孝经序[1]

清 · 清高宗

《孝经》者，圣人所以彰明彝训、觉悟生民。溯天地之性，则知人为万物之灵；叙家国之伦，则知孝为百行之始。人能孝于其亲，处称惇实之士，出成忠顺之臣。下以此为立身之要，上以此为立教之原，故谓之“至德要道”。自昔圣帝、哲王，宰世经物，未有不以孝治为先务者也。

1．本文录自清乾隆五十一年撰《钦定八旗通志》卷二，见《四库全书 · 史部 · 政书类 · 钦定八旗通志》。《世宗宪皇帝圣训》卷四《圣学》作“御制孝经序”，见《四库全书 · 史部 · 诏令奏议类 · 世宗宪皇帝圣训》。

恭惟圣祖仁皇帝，缵述世祖章皇帝遗绪，诏命儒臣，编辑《孝经衍义》一百卷，刊行海内，垂示永久。顾以篇帙繁多，虑读者未能周遍，朕乃命专译经文，以便诵习。

夫《孝经》一书，词简义畅，可不烦注解而自明。诚使内外臣庶，父以教其子，师以教其徒，口讽其文、心知其理、身践其事。为士大夫者能资孝作忠、扬名显亲，为庶人者能谨身节用、竭力致养。家庭务敦于本行，闾里胥向于淳风。如此，则亲逊成化、和气薰蒸，跻比户可封之俗，是朕之所厚望也夫。

四库全书总目提要·孝经类

清纪昀等撰。《四库全书总目提要》：简称《四库全书总目》《四库总目》《四库提要》，是清代乾隆时期纪昀等编纂的中国历史上最大的一部官修书目。全书按经史子集四部分类法，部下分类，类下再分子目，计四部四十四类六十六个子目。以比较完善的分类体系，提要、小序俱全的著录方式，详细介绍评骘了《四库全书》著录、存目的12540多种书籍，堪称中国目录学史上的集大成之作。

孝经类序[1]

清·纪昀[2]

蔡邕《明堂论》引魏文侯《孝经传》，《吕览·审微篇》亦引《孝经·诸侯章》，则其来古矣。然授受无绪，故陈骙、汪应辰皆疑其伪。

今观其文，去二戴所录为近，要为七十子徒之遗书。使河间献王采入

1．本文录自清纪昀等撰《四库全书总目提要》卷三十二《经部·孝经类》。

2．纪昀（1724—1805）：字晓岚，一字春帆，晚号石云，道号观弈道，清河间府献县（今河北沧州）人，清中期文学家。乾隆十九年以二甲第四名登进士第。曾仕为贵州都匀知府、翰林院侍读士、《四库全书》总纂官，《四库全书》修成后迁礼部尚书，充经筵讲官，拜协办大学士、加太子太保衔。卒，谥“文达”。有《阅微草堂笔记》《四库全书简明目录》《纪文达公遗集》传世。

一百三十一篇中，则亦《礼记》之一篇，与《儒行》《缁衣》转从其类。惟其各出别行，称孔子所作，传录者又分章标目，自名一经。后儒遂以不类《系辞》《论语》绳之，亦有由矣。中间孔、郑两本，互相胜负。始以开元《御注》用今文，遵制者从郑；后以朱子《刊误》用古文，讲学者又转而从孔。要其文句小异，义理不殊，当以黄震之言为定论。（语见《黄氏日钞》）

故今之所录，惟取其词达理明，有裨来学，不复以今文、古文区分门户，徒酿水火之争。盖注经者明道之事，非分朋角胜之事也。

石台孝经

清卢文弨撰。卢文弨（1717—1795）：字召弓、绍弓，号矶渔、抱经，学者称抱经先生，浙江余姚人。清代儒家学者、经学家。乾隆十七年进士，授翰林院编修，上书房行走，历仕左春坊左中允、翰林院侍读学士、广东乡试正考官、提督湖南学政等职。乾隆三十四年，辞官归里，先后主讲于江、浙等地书院二十余年。一生潜心汉学，以校勘古籍称名于世，校刊著作有《抱经堂丛书》十五种，自著有《抱经堂文集》等。

石台孝经跋[1]

清 · 卢文弨

唐明皇注《孝经》十八章，以隶书之，刊石，立于石台。天宝四载九月，国子祭酒李齐古表上后有大字批答，并行草书。又有李林甫等廿一人名衔。复自韦腾起凡二十四人，名衔皆正书。韦腾下有“丁酉岁八月廿六日纪”九字。案：丁酉乃肃宗至德之二年也，后来所题，故与上诸人不相连属。此碑大字损泐者二十有五，小字二十有四，其完善者，光采奕奕动人，洵可宝也。

1．本文录自清卢文弨撰《抱经堂文集》卷十二《跋五》，见《续修四库全书》第1432册《集部 · 集类 · 抱经堂文集》。

说者谓：《古文孝经》有《闺门章》，今文无之。明皇不注古文而注今文，此宫闱之所以惭德也。余谓：此盖书生拘曲之论。即今文所云，使明皇果皆精思而身体之，亦必能正其身以型于家，何待诵《闺门》一章，而始瞿然知渎伦之不可哉！后诸人中陈希烈、张均达、奚珣，皆陷贼受伪署者也，其于移孝作忠之旨，固未有闻焉已。

第九卷 清之卷（三）

新刻古文孝经

清鲍廷博辑刻。鲍廷博（1728—1814）：字以文，号渌饮，清代藏书家。家世殷富，父鲍诩，不惜巨金求购宋元书籍，筑室收藏，取“学然后知不足”义，名其室为“知不足斋”。鲍廷博为歙县秀才，勤学好古，不求仕进，喜购藏秘籍。乾隆三十八年，《四库》馆开馆，诏求天下遗书，长子士恭进献所藏精本六百二十余种，多为宋元以来之孤本、善本。《四库》修成后归还其原书，乾隆帝在其藏《唐阙史》和《宋仁宗武经总要》二书上题诗曰：“知不足斋奚不足，渴于书籍是贤乎。长编大部都庋阁，小说卮言亦入厨。”鲍廷博非常高兴，遂立志刻《知不足斋丛书》，共三集，二百零七种，七百八十一卷。其人博诗善文，但文稿大半散佚，仅留有《花韵轩遗稿》《花韵轩咏物诗存》。尤以夕阳诗三十首脍炙人口，人称“鲍夕阳”。

新刻古文孝经孔氏传序[1]

清 · 卢文弨

表彰遗书，莫先于经。近代之伪撰者，若张商英《古三坟书》、吾衍《晋文春秋》《楚梼杌》、丰坊《子夏诗传》《申公诗说》之类，其言举无可采，而好事者为传之，此则过也。然如张霸之《百两篇》，时君既知其伪撰矣，而爱其文辞，亦使之流传于世。《连山》《归藏》，古无著录，而隋、唐《志》始有之，今见于诸书所引用者，其文类斑驳可喜。《子夏易传》，见于陆德明、孔颖达、李鼎祚所引者，于训诂名物为详；相传以张弧伪作。弧，唐人也。陆、孔诸人，宁有不知而肯轻相承用乎？此必有所由来。然如今《通志堂》所收者，则又并非张弧之旧矣。使此数书而在，亦焉得不为传之？

《孝经》有古、今文。郑康成注者，今文也；孔安国传者，古文也。五代之际，二家并亡。宋雍熙中，尝得今文《郑氏注》于日本矣，今又不传。新安鲍君以文，笃学好古，意彼国之尚有是书也，属以市易往者访求之。顾郑氏不可得，而所得者乃古文《孔氏传》，遂携以入中国。此书亡逸殆及千年，而一旦复得之，此岂非天下学士所同声称快者哉？鲍君不以自私，亟付剞劂，而以

1．本文录自清鲍廷博《知不足斋丛书 · 古文孝经序》。

其本示余。余按传文以求之，如云“闲居，静而思道也”，则陆德明引之矣；“脱衣就功，暴其肌体”云云，则司马贞引之矣；“上帝亦天也”，则王仲邱引之矣。其文义典核，又与《释文》《会要》《旧唐书》所载一一符会，必非近人所能撰造。然安国之本，亡于梁，而复显于隋，当时有疑为刘光伯所作者；即郑《注》，人亦疑其不出于康成。虽然，古书之留于今日者有几，即以为光伯所补缀，是亦何可废也？盖其文辞微与西京不类，与安国《尚书传》体裁亦别，又不为汉惠帝讳“盈”字，唯此为可疑耳。

汉桓谭、唐李士训皆称古《孝经》千八百七十二言，今止一千八百六十一言，此则日本所传授，前有太宰纯序，所谓“不以宋本改其国之本”是也。唯是章首传云“孔子者，男子之通称也，仲尼之兄伯尼”十五字，断属讹误。因下有“曾子者，男子之通称”语，而误“曾”为“孔”，当为衍文。仲尼之兄，自字孟皮，安得与仲尼同字？且与本文亦无所当，此当为后人羼入无疑。余所以致辨者，恐人因开卷一二龃龉，遂并可信者而亦疑之，则大非鲍君兢兢扶微振坠之本意矣。故备举其左证于前，以明可信。且《尚书传》，朱子亦以为不出于安国，安在此书之必与规规相似也？然其误入者，则自在读者之善择矣。

德水卢氏，尝刻《尚书大传》《周易乾凿度》等书，流布未广。其家被籍之后，板之在否，不可知。此皆汉氏遗文，好古者所当爱惜。若能与此书并寿诸梓，以为众书冠冕，譬之夏彝商鼎，必非柴哥官汝之所得而齐量矣。前朝所刻书，多取伪者。今皆取其真者，不益以见国家文教之美，朝野相成，为足以度越千古也哉？

乾隆四十有一年秋七月，东里卢文弨序于钟山书院。

新雕古文孝经序[1]

清 · 吴骞[2]

《古文孝经》孔安国《传》，世久失其传。武林汪君翼苍，随估舶至日本

1．本文录自清鲍廷博《知不足斋丛书 · 古文孝经序》。

2．吴骞（1733—1813）：字槎客、葵里，号兔床、兔床山人，浙江海宁人。清贡生，藏书家。幼多病，遂弃举业。学识渊博，能画工诗，喜藏书，积有名刻善本四万五千余卷，筑“拜经楼”以收藏。常与同里陈鳣、周春、黄丕烈往来，鉴赏析疑，互相抄校，每校一书，必撰题跋。所辑《拜经楼丛书》，校勘精审，著名于世。自著有《愚谷文存》《拜经楼文集》《拜经楼诗文集》《四朝经籍志补》等。

访求以归。吾友鲍君以文，得之甚喜，遂刻入《知不足斋丛书》，间以弁言为属。骞固寡陋，敢粗摭端绪，以俟世之明经者正焉。

序曰：《孝经》一书，经纬三才，纪纲五行，诚圣门入德之首务。故何休称“子曰‘吾志在《春秋》，行在《孝经》’”，此《钩命决》之言也。遭秦灭学，为河间人颜芝所藏。汉初芝子贞出之，凡十八章，郑康成为之注，是为《今文孝经》。又鲁恭王坏夫子讲堂，于壁中得古文《尚书》及《孝经》二十二章。鲁三老孔惠诣献京师，孔安国为作传，所谓《古文孝经》者也。遭巫蠹事，未之行。

自晋至梁，孔、郑二家并立于学，其后梁乱，《孔传》独亡。隋秘书监王劭于京师访得之，以示河间刘炫。炫因序其得丧，述其义疏，为《稽疑》一篇。当时学者习于郑注，颇疑《孔传》为炫所自撰。唐开元中，诏议孔、郑二家。史官刘知几请行孔废郑，诸儒非之，卒行郑学。迨明皇《御注》出，而郑氏亦几于废。盖《序》所云“刘炫明安国之本，陆澄讥康成之注”者，诚笃论也。

五季丧乱，孔、郑二家并亡。宋雍熙初，日本僧奝然以郑注《孝经》来献，中土始有其书，而《孔传》卒不可得。按宋三朝《艺文志》云“周显德末，新罗献《别序孝经》”，即郑注也。然欧公《五代史记》谓“新罗自晋以后，不复至中国”，而奝然事则见于《宋史·日本传》，斯为可信？第不解奝然当日何不以《孔传》俱来，岂是书在彼国中亦所秘邪？《日本传》又累言其国太宰府遣人贡方物，或收得其牒。今序刻是书之太宰纯，未详为何如人。日本多世职，太宰纯岂犹其苗裔，或以官为氏者乎？惜乎十万里之波涛难尽，不易问耳！

书中经文，视世所传《古文孝经》不同者，如“父母生之，续莫大焉”，作“绩莫大焉”；“故亲生之膝下”，作“故亲生毓之”。与班孟坚谓“诸家说不安处，古文字读皆异”正合。“中心藏之”，作“忠心臧之”，以“中”为“忠”，亦与陆德明《经典释文》合。以是知宋儒所传之《古文孝经》，犹未能无少差谬。而骞更有以证前人之失者。安国作传，实在孝武之世，乃许冲以《古文孝经》为昭帝时鲁三老所献。考安国之卒，在天汉以前，安得昭帝时犹能作《传》？今观安国原《序》，始知三老所献，即孔壁所出也。或曰：“然则此书出于安国之手，殆的然可信矣乎？”曰：“是未易以一言断也。昔《古文尚书》传于东晋，后儒犹辩论纷纭，疑信参半。况《孝经孔传》之见于今日者乎！大抵其出愈晚，则其疑益甚，此亦世俗之恒情。然而汾阴之鼎，讵必非九牧之金？所谓各疑其疑，各信其信耳！”

嗟乎！是一书也，厄于秦，巫蛊于汉，亡于梁，哗于隋，聚讼于唐，散佚于五代。自有经传以来，其更历患难，屡兴而屡踬者，疑莫有甚于此矣夫！孰知数百年而后，一旦复出于稽古右文之朝，而所谓郑注者，反澌灭而不可复稽，岂非孔、曾之灵有以默为呵护，直俟圣明之世而后著欤！

《传》曰："孝弟之至，通于神明，光于四海，无所不暨。"于斯益信。而以文搜访之勤，远周海外，其有功于斯道，又岂在颜贞、孔惠诸人之亚哉！

乾隆四十有一年岁次丙申暮春之吉，海昌吴骞谨序。

古文孝经序[1]

清 · 郑辰[2]

圣人垂教莫大乎经，庶民本行莫先乎孝。昔宣圣与曾子论孝，门人书之，谓之《孝经》。经有今文、古文之别，学有郑《注》、孔《传》之殊。古文《孔传》亡逸最早，隋时复出，刘炫得之以作《稽疑》。至唐开元中，敕定孔、郑二注，刘知几则非郑而是孔，司马贞则疑孔而信郑，《孔传》虽尚存继绝，不及《郑注》之独行。明皇《御注》惟取今文，遂为定本，沿及五代之乱，郑、孔俱亡。宋时秘阁所藏古文有经无传，故司马光作《指解》，多取今文旧注，引而伸之，尝论"经以载道，期于明道而止"。今文较古文字句损益无多，篇章分合稍异，其发明孝道同轨一辙，原不必泥求古文。然而稽古之士于今文文义不安，思求复见古文经传面目，以称千秋快事，未始非好学者之至愿也。

皇朝天下一统，海宇敉宁，估客商船扬帆溟渤，遂从日本购得《古文孝经孔传》一编，载归乡国。其书二十二章，经文一千八百六十一字，较之桓谭《新论》所称尚少十一字，而以宋司马《指解》相较则增多五十一字，其间单文、双句无关义理者不具论。若首章之"以顺天下"作"以训天下"，可不烦言而解。《卿大夫章》"然后能保其宗庙"句增"保其禄位而"五字，与《诸侯章》之"保其社稷"、《士章》之"保其爵禄"句法相合，而义更明畅。又

1．本文录自清鲍廷博《知不足斋丛书 · 古文孝经序》。

2．郑辰：字葳衣，号三云。浙江慈溪人。乾隆四十三年拔贡。官江苏阳武知县，扬州同知。著有《十二古铜钩斋诗集》等。

“故亲生之膝下”此本作“是故亲生毓之”，《传》云：“育之者父母也，父母生之，续莫大焉！”此本作“绩莫大焉”，《传》云：“绩，功也。”此二条，班固《艺文志》已称：“诸家之说不安，古文字读皆异。”而《指解》本所刊与今文无异，然则此本为最古矣！今文《郑注》尝进献于宋，僧奝然《古文孔传》得再见于右文稽古之朝，不可谓非草莽儒生之幸事也。

钦惟圣朝以孝治天下，群生煦育游化宇者百数十年，俗无拂戾之风，家有天伦之乐，郅隆之治万国攸同，皆仰沐圣天子德化之所覃敷，而亦赖大圣人遗经之所感发也。今国家开四库之馆，征天下之书，以秘府储蓄之多，海内弆藏之众，似此异本，岂乏留贻？而偏隅闻见狭隘，窃以为目未经见便足珍奇，不敢秘诸经笥，亟欲公之同好，此吾友鲍君以文重付剞劂之本意也。鲍君所刻《知不足斋丛书》，大率阐发隐征，搜罗废坠，而得此千百年久佚之本，以列前编，欣喜之怀，形诸寤寐。

辰寒乡下士，言不足为是书取重。然吾友耽书公世之心，知之最深，受读既竟，不容默也，遂书于简端。

乾隆四十一年岁次丙申中春之吉，慈溪郑辰谨序。

古文孝经孔氏传跋[1]

清 · 鲍廷博

《古文孝经》一部，吾友汪君翼沧市易日本得之携归，举以相赠。博留意郑孔二注有年矣！往读《宋史》载：“日本僧奝然于雍熙元年浮海而至，献《郑注孝经》一卷，《越王孝经新义》第十五一卷，皆金缕红罗缥水晶为轴。”窃意郑孔亡逸于五代，诸家簿录中皆未见复有藏本，而宋时日本既经进献《郑注》，则其国中留贻或尚可闻，因属汪君访之，不意其所得，更为奝然所未献也。

孔传先亡于梁乱，续出于隋初，唐儒辨争遂遭废弃，诸儒论著从未引及，仅见《唐会要》载司马贞议引用，则天之时因地之利，注略云“脱衣就功，暴其肌体，朝暮从事，露发涂足，少而习之，其心安焉”二十四字，以今校之

1．本文录自清鲍廷博《知不足斋丛书 · 古文孝经跋》。

俨然尚存，略异数字，而义更胜，可知此本更出开元敕定之上也。“通”《本义》字作“谊”，未经明皇敕改，尤为古本之微。卷首安国自叙亦多与先儒称述之词合，又有太宰纯序称“奝然适宋，献《郑注孝经》一本于太宗，司马君实等得之大喜”，此即司马氏《古文指解序》所谓秘阁所藏止有郑氏也，奝然所献书之年《宋史》作“雍熙”，《崇文总目》作“咸平”，据纯序称“太宗”，其为“雍熙”无疑。所谓“司马君实得之大喜者”，盖书藏于秘阁，司马氏从后得见之也。所惜太宗好文之主，即得《郑注》不复更问及《孔传》，遂致古本遗佚，至今且既得《郑注》，不使流行，仍归沦废。经籍显晦殆有幸不幸焉。又按宋《三朝艺文志》称“周显德末，新罗献《别序孝经》即《郑注》”者，此语误也。《五代史记 · 高丽传》“周世宗六年，高丽国王王昭进《别叙孝经》一卷”，“别叙”叙孔子所生及弟子事迹，明非《郑注孝经》，而新罗地近高丽，并误以高丽为新罗矣！考证所及，因附记之。

是编较《指解》增多五十一字，中间尚多字句不同之处，今悉仍日本原书，付之剞劂，复刊《指解》本正文于后，以与同志者共质定焉。原本刻于其国之东都紫芝园，太宰纯序后有一印，云字曰“德夫末称享保壬子梓行”，乃皇清康熙十一年也，汪君所至为长崎岙，距其东都尚三千余里，此书购访数年，得之甚艰，其功不可没云。

乾隆丙申，花朝歙人鲍廷博谨跋。

日本传孝经郑注

日本冈田挺之辑。收入鲍廷博《知不足斋丛书》。

孝经郑注跋[1]

清 · 鲍廷博

《孝经郑氏注》废于唐，亡于五季。至宋雍熙间，日本僧奝然以献于朝，

1．本文录自清鲍廷博《知不足斋丛书 · 孝经郑注跋》。

诏藏秘阁。嗣后历元及明，未闻有述之者，迄无传焉。

入我朝一百五十年，岁在癸丑，日本冈田字挺之者，复于其国《群书治要》中得之，业残缺不完，稍为补辑，序而行之。复以其本附估舶来，意欲予刊入《丛书》以广其传。序中极为郑重，若跂足以俟者，且言书之灾厄不独水火，靳秘之甚有至澌灭者，与予流通古书之旨颇合，因乐为传之。至考渠国所刊《七经孟子考文补遗》中，《孝经》但有《孔传》，并无《郑注》，不知所谓《群书治要》辑自何人，刊于何代？何以历久不传，至近时始行于世？其所收是否裔然献宋原本，或由后人掇拾他书以成者？茫茫烟水，无从执而问难焉。亦俟薄海内外穷经之士论定焉可耳！

大清嘉庆辛酉八月朔日，古歙鲍廷博识于知不足斋。

中文孝经

清周春撰，又称《孝经中文》。《清史稿·艺文志》载“《孝经中文》一卷，周春撰”。周春（1729—1815）：字芚兮，号松霭，晚号黍谷居士，又号内乐村叟，浙江海宁人。乾隆十九年（1754)进士，曾仕广西岑溪知县。博学好古，精通韵学，潜研经史，著有《中文孝经》《十三经音略》《尔雅补注》《续经籍题跋》《西夏书》《阅〈红楼梦〉随笔》等。

中文孝经自序[1]

清·周春

《孝经》有今文，有古文。有遵今文而斥古文者，有从古文而毁今文者。史“艺文、经籍《志》”，及王氏《玉海》、马氏《文献通考》、吕氏《大全》、朱氏《经义孝》，述之綦详。要之各有所长，何容偏废也？

春不揣固陋，以朱子《刊误》为主，窃取后汉刘子奇之义，定为《中

1．本文录自清周春撰《中文孝经》，见《丛书集成初编》730册《孝经本义及其他五种·中文孝经》。

文》。虽或于章蒙不无小补，而僭妄之罪，万难自解于先儒矣！周春谨纂。

中文孝经序[1]

清 · 齐召南[2]

圣经垂教万世，广大精微，有竭后世诸儒学问思辨之力，而所解犹患未得其真者，曰《易》、曰《春秋》。有事甚庸近，言甚著明，虽在夫妇之愚，略为训释，即无不油然意会，视同日用饮食而不能须臾离者曰《孝经》。

《艺文志》于"六艺略"后次以《论语》，又次以《孝经》，有味哉？《论语》总六艺之枢机，《孝经》又揭《论语》之体要也。曾子得一贯之传，本忠行恕，《大学》传有明文，先儒言之详矣！予则谓《孝经》示德之本、教所由生，原本天地之性，其发明一贯与《大学》若合符节。自天子至庶人皆以修身为本，思修身不可以不事亲。事亲，事之本也。本立道生，万善日积。始于良知，至易也，扩以格物致知，可以知性、知天；始于良能，至简也，充以诚意正心，可以践形、尽性。修道以仁，所以行之者一也。圣人，人伦之至诚者；圣人之本，孝则诚身之本也，此即夫子之道所谓一乎？由此善推所为不出家而成教于国，仁民爱物悉本于孝，至人人亲其亲、长其长而天下平，此即夫子之道所谓"一以贯之"者乎？能尽孝之量以修身、明明德，止于至善，忠也；推孝之量以成物、新民，止于至善，恕也。《中庸》言"忠恕违道不远"，所引舜大孝、武王、周公达孝，此即《孝经》所谓"孝悌之至，通于神明，光于四海，无所不通"者乎？孟子直曰："尧舜之道，孝悌而已矣！"夫子与尧舜岂有异道？然则《孝经》与《大学》出于曾子一人者，其说岂有异哉？

海昌进士周君松霭，志在通经，覃思博考，持所校定《孝经》一卷，乞予序。予浅陋不足以窥今古文之得失也，童年所习至老不忘，于紫阳《刊误》后又

1．本文录自清齐召南撰《宝纶堂文钞》卷四，见《续修四库全书》第1428册《集部 · 别集类 · 宝纶堂文钞》。

2．齐召南（1703—1768）：字次风，号琼台，晚号息园，浙江天台人。幼而颖敏，有神童之称。雍正十一年举博学鸿词科。乾隆元年进士，历仕翰林院庶吉士、侍读学士，累官至礼部侍郎。晚年受文字狱牵连，夺职放归。著有被称之为"清代水经"的《水道提纲》及《汉书考证》《宝纶堂文钞》等。

见此编，实能采经传语以补外传，爰述夙昔所论一贯忠恕者，书其首简如此。

唐补右军孝经

撰者不详。

唐补右军孝经跋[1]

清 · 爱新觉罗 · 永瑆[2]

前有贞观敕曰：“朕阅《孝经》有关风化，王羲之草书尤堪珍玩，惜乎残缺。卿等各补一章，勒之。琬以诏万祀。贞观二年六月廿五日敕。”自“开宗明义章”至“敬亲者”，右军书，缺“肤”字。自“不敢慢于人”至“如履薄冰”，真书补，不著某臣名。自“卿大夫章”至“至以事其先君”，右军书。“非先王之法服不敢服”，二“服”字缺。“以事其先君”下，亦缺，无补。自“教爱”至“谓之”，右军书。自“悖礼”至“其仪不忒”，真书补，不著某臣名。自“纪孝行章”至“为下而”，真书补，著臣魏徵。自“乱则刑”至“又焉得为孝乎”，右军书。自“应感章”至“无思不服”，真书补，著臣虞世南。自“事君章”至“何日忘之”，真书补，著臣褚遂良。自“丧亲章”至“孝子之事亲终矣”，真书补，著臣薛稷。

贞观敕有御书之宝，“开宗明义章”有“右将军会稽内史印”，右军书“民”字不缺笔，唐臣补书“民”字缺末笔，虞世南“世”字缺末笔。此帖纸墨之旧，笔锋毫芒之备尽，盖即贞观祖拓也。

1．本文录自清爱新觉罗 · 永瑆撰《诒晋斋集》卷八，见《丛书集成续编 · 集部 · 诒晋斋集》。

2．爱新觉罗 · 永瑆（1752—1823）：号少厂、镜泉，别号诒晋斋主人，乾隆第十一子，封成亲王。自幼酷爱书法艺术，楷书学赵孟頫、欧阳询，小楷出入晋唐，其书法用笔俊逸，结体疏朗，风格典雅。行草书亦纵逸深厚，颇具风采。博涉诸家，兼工各体，名重一时。与刘墉、翁方纲、铁保并称清中期四大书家。

孝经郑注

清陈鳣撰集。陈鳣（1753—1817）：字仲鱼，号简庄、河庄，浙江海宁人。嘉庆元年以廪生举孝廉方正，三年中举。博学好古，强于记诵，究心经学，采辑郑康成《孝经注》，撰《孝经郑注》；搜罗自汉以来《论语》疏注本，博采精华，著《论语古训》。其他著述有《诗集》《续唐书》《声类拾存》《经籍跋文》等，被阮元誉为“浙西诸生经学中最深者”。

集孝经郑注序[1]

清·陈鳣

郑康成注《孝经》，见于范《书》本传。《郑志》目录无之，《中经簿》但称《郑氏解》而不书其名。或曰：“是其孙小同所作。”谨案：郑《六艺论》序《孝经》云：“玄又为之注”，序《春秋》亦云：“玄又为之注”。盖郑注《春秋》未成，后尽与服子慎，遂为《服氏注》，详见《世说新语》。乃从来列郑注，更无及《春秋》者，窃以其注《孝经》，亦未写定，而其孙小同追录成之。据《隋书》称，《郑志》亦小同所撰，此或以先人未竟之书，故不敢载入目录。《中经簿》所题，盖要其终范《书》所纪，则原其始也。自江左中兴，久立博士，穆帝《集讲孝经》云“以郑玄为主”，荀茂祖《集解》因之。至陆彦渊始疑其不与注书相类，请不藏于秘省，王仲宝违其议，遂得见传。夫郑注《三礼》与笺《诗》互有异同，安在此注之必类于群经乎？唐开元敕议时，刘知几以为宜行孔废郑，司马贞等非之，卒行郑说。然自玄宗取诸说以为己注，而后之学郑氏者日少。五季之衰，中原久佚。宋雍熙初，日本僧奝然以是书来献，议藏秘府，寻复失传。近吾友鲍君以文，属汪君翼沧从估舶至彼国，购访其书，亦不可得矣！幸陆氏《释文》尚存其略，群籍中间有引之，因仿王伯厚《郑氏周易》例，集成一编。凡玄宗《注》、邢《疏》以为依郑氏者，悉为收合，庶以存一家之学。而见闻浅陋，更望汲古君子，匡其所未逮焉。

1．本文录自清陈鳣撰集《孝经郑注》，见《丛书集成初编》730册《孝经本义及其他五种·孝经郑注》。

乾隆四十有七年冬十二月癸亥朔，盐官陈鳣书于武原客耕舍。

孝经郑注跋[1]

清 · 蒋光煦[2]

简庄徵君集《释文》《正义》诸书所载为《孝经郑注》一编，与镛堂臧氏《孝经郑氏解辑》少有出入，而大略相同。日本冈田尝于其国《群书治要》中，补辑成书，流入中国，钱氏、鲍氏并为刊行，与群籍所引远异，且亦简略。不知纂刺有资，司农书固未尽亡也。

唯徵君所举《北堂书钞》为陈禹谟本，余于旧钞复得数条："祭则至其严"，郑云："斋必变食，居必迁坐，敬忌踧踖，若亲存也"，视《释文》为详；"莫善于乐"，郑云："夫乐，感人之情，乐正则心正，乐淫则心淫"，又与日本书合；"陈其簠簋"二句，郑云"簠簋祭器，受一斗二升，内圆外方，祭不见亲，故哀之也"；"卜其宅兆"二句，郑云："宅，葬地。兆，吉兆。葬事大故卜之，慎之至也"；"春秋祭祀"二句，郑云："寒暑变移，益用增感，以时祭祀，展其孝思也"，均与陈本互异。又"六艺论"一条云："弦歌讽诵喻之。今世礼者，序尊卑之敬，崇让合敬也"，皆采摭所未及。

第臧氏海东之书，俱托《知不足斋》盛行。是书徵君两锓板本，而流传甚鲜。因复为梓之而识其尾。

咸丰六年七月六日，邑后学蒋光煦。

1．本文录自清陈鳣撰集《孝经郑注》。

2．蒋光煦（1813—1860）：字日甫、爰荀，号雅山、生沐、放庵居士，浙江海宁人。幼孤，初学于其母马氏。豪饮好客，兴趣广泛，音律、博弈、杂艺无不爱好。喜收藏古籍名刻及金石书画，筑"别下斋"藏存古籍十万余卷，为海内知名藏书楼。辑有《别下斋丛书》《涉闻梓旧》等，著有《东湖丛记》《校补隅录》《花树草堂诗稿》《别下斋书画录》等。

宋本孝经注

唐玄宗注，翻宋相台岳氏刻本。

宋本孝经注跋[1]

清 · 陈鳣

《孝经》一卷，唐明皇注，翻宋相台岳氏刻本。首题“《孝经》一卷”，次顶格“开宗明义章第一”，又次顶格经文起，注双行，附释音，每加句读。前有唐玄宗皇帝御制序，每半叶八行，行十七字。卷末有亚形篆书“相台岳氏刻梓”“荆溪家塾”印，与所刻各经同。

以明本校之：《开宗明义章》“汝知之乎”作“女知”，下“吾语汝”同；“刑於四海”作“刑于”。《孝治章》“而况于公侯伯子男乎”作“而況”，下同。《广要道章》“敬一人则千万人悦”作“而千”。《丧亲章》“此哀戚之情也”作“哀慼”。

注：《开宗明义章》“光显其亲”作“光荣”。《诸侯章》“则常为社稷之主”作“长为”，“恒须戒惧”作“戒慎”。《庶人章》“公赋既充”作“既足”。《三才章》“人之恒德”作“常德”。《孝治章》“万国举其多也”作“举其大数也”，“上好理皆得欢心”作“上孝理皆得欢心”。《圣治章》“参问明王孝理”作“曾子问”；“更有大于孝不”作“孝否”；“悬衾箧枕”作“县衾”，“圣人顺群心以行爱敬”作“民心”；“君子之不贵也”之下有“所”字；“临抚其人”作“临于”。《五刑章》“圣人制礼作乐”作“礼法”。《谏诤章》作“谏争”；“故疑而问之”之下有“也”字，“感应”作“应感章”，“光于四海”作“光於”。《丧亲章》“故发此事”作“此章”。大都与唐石台本合。此宋刻本，向藏昆山徐氏，前有“传是楼”及“徐炯珍藏秘笈”二印，后有“徐中子”及“彭城中子审定”二印。今本为桐乡金氏翔和书塾精摹翻刻，视原本几欲乱真，安得更有《周》《仪》二礼，《公》《穀》二传及《论》《孟》出焉。尽翻刻之俾世人共见九经三传，相台本之全邪!

1．本文录自清陈鳣撰《经籍跋文》，见《续修四库全书》第923册《史部 · 目录类 · 经籍跋文》。

文昌孝经注

清佚名撰，王德瑛注，清光绪十四年刻本。王德瑛：生卒年不详，山东福山县（今烟台福山区）人。清嘉庆、道光年间，曾署理河南考城县事、知县，河南扶沟、安阳知县。

文昌孝经序[1]

清 · 佚名

人莫重于敦伦，伦莫先于尽孝。“哀哀父母，生我劬劳。欲报深恩，昊天罔极。”此即承欢膝下，备物尽志，而西山日暮，为时几何？泪洒鹃红，纸飞蝶白，与长卧泉台者，有奚益乎！况敢生不尽养，殁不尽礼，祭不尽诚？一似此身生于空桑也者。若而人者，既昧人心，自登鬼录，无怪乎地狱之中累累而驱人也。

予昔在七曲，仿先圣告曾子之意，作《孝经》十八章。昧者不察，改为六则，且赘以偈颂赞咒，满纸皆西方梵呗之音，以致学者薄为瞿昙之书，掩卷不观，予甚恨焉。黄子正元有心世道，刻《阴骘文图说》，普为劝戒，并请刻予《孝经》。予喜其心之诚而意之善也，爰以七曲旧本付之，一切瞿昙之说，尽从删刈。为人子者，试取而三复焉，未有不感其天良者矣！

是为序。乾隆二年四月。

文昌孝经叙[2]

清 · 王德瑛

《文昌孝经》通明易晓，动智觉迷，大有益于人心世道。是编间以臆私，用“ｏｏムミ”标记，所以醒人观览。节落以“∟”钩志之。自注以“按”字别之，引经取例《小学》。其节段删截则参用诸类书义，各有取否；尚博引辑

1．本文录自清王德瑛撰《文昌孝经注》，清光绪十四年（1888）刻本。

2．本文录自清王德瑛撰《文昌孝经注》。

说征案，各以类从，不限时代先后。至里居名氏及案断详略，不拘一例，总期于发明旨而已。后附歌辞，明白晓畅，妇孺可习其文，衢巷能传其响，于孝尤为简易云。

嘉庆二十一年十一月，署河南考城县事即用知县福山王德瑛识。

道光元年正月，重镌于河南扶沟县署。

道光九年十月，又重镌于河南扶沟县署。

道光十四年，又重镌于河南安阳县署。

蔡玉卿书孝经

明蔡玉卿撰。蔡玉卿：生卒不详，黄道周夫人。

书黄石斋夫人蔡氏玉卿孝经墨迹卷子后[1]

清 · 杨凤苞[2]

漳浦黄公殉难于陪京，在顺治丙戌三月七日。事闻，唐藩赠“文明伯”，谥“忠烈”。《行朝录》于乙酉九月书公出师事，又书公正命，盖终言之，非系于乙酉也。庚寅，公伯子始以丧归，其门人无锡俟鼎铉主之，见蔡夫人《与俟生书》中（书见《梁溪诗抄》）。越六年，乙未，闽大饥。公三子，伯仲皆为人啖，仅少子存，天之报施善人何酷邪？时夫人已前卒矣。然则书此卷时，其在乙未前、丙戌后也。

始公授命日，有嘉定武彪者，年十六，杀人亡命，是日适过白门，见市决人，讯之，知为黄公，慨然曰：“吾不能救公生，当送公死。”然功令严，收

1．本文录自清杨凤苞撰《秋室集》卷一，见《续修四库全书》第1476册《集部·别集类·秋室集》。

2．杨凤苞（1754—1816）：字傅九，号秋室，浙江归安人。诸生。青壮年时以诗词闻名于世，因所写《西湖秋柳词》而名噪一时，人称“杨秋柳”。对经学、小学颇有研究，熟明末史事。阮元抚浙时，入诂经精舍，参与分纂《经籍纂诂》。晚年，曾欲修明史，未果而卒。严可均深感痛惜，特搜集其诗文遗作，编为《秋室诗文集》。

叛人尸，罪不赦。乃置酒召其徒十数人，饮酒半，咋曰："尔辈壮士，欲得死所乎？"众愕然请命，告以窃尸事，皆曰"诺"。复市故衣，日就暮，从行刑处，负公尸，裹故衣中，潜出郭门。令诸壮士更番舁之，行二百里。迟明，达丹阳。觅舟，置尸裹。与众会食肆中，旁一人形容沮丧，疑而诘之。且曰："我任侠者，能为汝画。"其人曰："君果任侠邪？我乃漳浦黄阁部仆也。阁部被难，欲往侦消息。"言未毕，武大声曰："须还汝阁部。"拉入舟，指尸裹曰："是乃所谓黄阁部也，汝将安置之？"仆曰："往锡山。从门下士，可得葬处。"武曰："慎为之。"泣拜尸前而去。所云门下士，即鼎铉也。

夫人书法之善，钱少詹、辛楣言之详矣，余无以益也。武彪事野史、方志皆不载，牵联附书于此。

嘉庆十五年冬日。

跋黄忠烈公妻蔡夫人书孝经后[1]

清 · 张鉴[2]

考《行朝录》，漳海黄公道周于隆武元年十月从广信抵衢州，至明堂里为我天兵所执，不屈而死，赐谥"忠烈"。此则为其夫人乙酉以后所书也。夫人名玉卿，其楷法端劲，间作隶体，并非羲之俗书所可似。史称，石斋在狱，犹日书《孝经》不辍，观此益知修身齐家之本。是卷，为亡友刘疏雨所藏。忆癸亥岁，疏雨属题留行箧者六阅月。是冬，疏雨撤瑟，不及跋而归其家。今年，其从子鸿渐复请书，生因得重读识此。俾其子孙永保，勿为豪强者所夺。

时丁卯八月，于扬州阮氏之隋文选楼下。

1. 本文录自清张鉴撰《冬青馆集》卷五，见《丛书集成续编 · 集部 · 冬青馆集》。

2. 张鉴：生卒年不详，字春冶，归安人。曾于杭州求学于阮元，嘉庆初年副榜贡生，武义教谕。著有《海运刍言》《十五经从说》《西夏纪事本末》《冬青馆集》等。

孝经集注

清周寅亮撰。周寅亮：生平不详，清代江西人。

孝经集注自序[1]

清 · 周寅亮

孝何称为经也，曰："孝者，五常之首，百行之原也。"盖孝之为道，诸经皆有言之者。

孝思，维则孝子不匮；《诗》言之"克谐以孝""奉先思孝"；《书》言之易，首发四德曰"元元"即仁，仁即孝；萃卦孝享之词，其明文耳。许世子不尝药《春秋》斥之，如此类者，惩不孝也。《周官 · 师氏 · 大司乐》施孝德、孝行之教。《仪礼》馈食士虞礼，明孝子、孝孙之行。其在《礼记》，若《曲礼 · 内则》《祭义 · 祭统》等篇。《大戴礼》则有《本孝》《立孝》《大孝》等篇。诸经之论孝可谓详且悉矣！即谓诸经皆言孝之经，奚不可？虽然孝必有专经也。

孝之有专经自孔子、曾子之问答始。孔子以是为教，曾子以是为学孝，始有经。有经因有传，自《孝经》发于圣门，而天下后世皆当晓然于孝之大义矣！明乎不敢毁伤之义，则知孝不在割股也。明乎哀以送之之义，则知孝不在庐墓也。明乎父有诤子之义，则知世以从亲为孝或陷亲于不义者，非孝矣！明乎卜宅安厝之义，则知俗之火葬、水葬者，非孝矣！明乎宗庙、鬼享、春秋祭祀之义，则知信用浮屠超荐之说者，非孝矣！然则人子欲孝其亲，非折衷于圣经贤传，将恐慕孝之名卒流为不孝之归。此《孝经》一书久为孝学之先务也。

愚自幼受读是经，私幸其庆，日思竭子职，惟口诵身忘是惧。爰就先儒朱子《刊定孝经章句》集为注义，非敢漫以自矜，区区之志既藉为省身之法粹而出焉。将取昔圣之遗经，先儒之刊定，与天下为人子者共勉之。

愚窃自维《孝经》之精义，微言虽未能尽阐，然于古圣贤孝学之旨有粗得焉，托端于是，因略可以求详，因浅可以入深，推此意以读诸经，即谓《诗》

1．本文录自《江西昭萍志略》卷十一《艺文志》，1935年印本。

《书》《易》《象》《春秋》《三礼》皆《孝经》注疏也可。

孝经郑注

清严可均辑。严可均（1762—1843）：字景文，号铁桥，乌程(今浙江吴兴)人。清文献学家、藏书家。嘉庆五年中举，曾官建德教谕，以疾辞归。嘉庆十三年，诏开“全唐文馆”，他因辞官不能参与，于是辑《全上古三代秦汉三国六朝文》，使之与《全唐文》相接，对保存唐以前古文献有重要贡献。精于考据学，曾辑校诸经、逸注及佚子书数十种为《四录堂类聚》一千二百零六卷，又辑钟鼎拓本《说文翼说》十五篇，另著有《说文声类》《说文校义》《铁桥漫稿》等多种。

孝经郑注叙[1]

清 · 严可均

汉儒有功圣经，莫如郑氏。郑氏诗《笺》、三礼《注》，今在学官，而《易》《书》《论语》注亡。近人辑本，残阙不全，独《孝经注》亡而复存，可与《诗》《礼》比并。谨述其原委而为之叙曰：

《孝经郑氏注》，始见晋《中经簿》。江左中兴，《孝经》《论语》共立郑氏博士一人。齐、梁代，《郑氏注》与《古文孔安国传》并立，而《孔传》本亡于梁乱。陈及周、齐，唯立郑氏。隋王劭访得《孔传》本，刘炫为作《述义》，复与郑氏并立。儒者皆云“炫自作之，非孔旧本”。后百卅年，唐明皇为《御注》，而《郑氏注》与《孔传》本渐微，宋元明不著录。乾隆中，歙鲍氏廷博始得日本国所刊《孔传》本于海舶，编入《知不足斋丛书》，盖即

1．本文录自清严可均辑《孝经郑注》，见《丛书集成初编》731册《孝经郑注及其他两种》。严可均《铁桥漫稿》卷五《文类三》作“孝经郑氏注叙”，见《续修四库全书》第1488册《集部 · 别集类 · 铁桥漫稿》。

刘炫本也。嘉庆初，我乡郑氏，复得日本所刊魏徵《群书治要》，其中有《孝经》十七章，则《郑氏注》也。兼得彼国所刊《郑氏注》专行本，与《治要》同。《治要》于经注有删节，又无《丧亲章》，非全本。余观陆德明《经典释文》，《孝经》用《郑氏注》本，明皇《御注》亦用《郑氏注》甚多，元行冲等《正义》逐条举出，云“此用郑义”。又遍观孔颖达《诗》《礼记》“正义”，贾公彦《仪礼》《周礼》“疏”，失名《公羊疏》，裴骃《史记集解》，刘昭《续汉志注补》，沈约《宋书》，萧子显《齐书》，刘肃《大唐新语》，王溥《唐会要》，甄鸾《五经算术》，虞世南原本《北堂书钞》，李善《文选注》，徐坚《初学记》，释慧苑《华严音义》《白孔六帖》，李昉《太平御览》，乐史《太平寰宇记》，王应麟《玉海》，多引《孝经郑氏注》。汇而录之，以补《治要》之阙；注明出处，以备复查、考核异同；酌加按语，不敢臆改。尚阙数十百字，无从校补。盖至是而《孝经郑氏注》亡而复存。九百年来，晦极终显，非刘炫《古文》所可同日而道矣！宜登之秘府、颁学官，刊行以传百世。

或问曰：“陆澄与王俭书云：‘《孝经》题为郑玄注，观其用辞，不与注书相类，玄自叙所注众书，亦无《孝经》。’陆德明《经典序录》亦云：‘检《孝经注》，与注五经不同。’如二陆说，注或可疑？”

答曰：“不然。郑氏注书百余万言，非旦夕可就。先后不类，非所致疑。即如五经注，亦或不类。《坊记正义》引《郑志》答炅模云：‘为记注时，就卢君先师亦然，后乃得毛公传记古书义又且然。记注已行，不复改之。’《礼器正义》亦引《郑志》云：‘后得《毛诗传》，故与记不同。’若然，辞不相类，《诗》《礼》多有之，何止《孝经》？至谓自序所注众书无《孝经》，尤为偏据。刘炫《述义》引《六艺论》云：‘孔子以六艺题目不同，指意殊别，恐道离散，后世莫知根源，故作《孝经》以总会之。’宗均《孝经纬注》引郑《六艺论》叙《孝经》云：‘玄又为之注。’此二事并见《孝经正义》。明是自序遗漏，郑氏又别为‘孝经序’。《礼记·缁衣正义》《大唐新语》《太平寰宇记》《玉海》，各引一事，余既采列本经注篇端，兹故不载。就余所知，《郑志》及谢承、薛莹、司马彪、袁山松等书载‘郑氏所注无《孝经》，范书有《孝经》无《周礼》’，皆是遗漏。《正义》云：‘晋《中经簿》称《郑氏解》。’《经典序录》云：‘《中经簿》无，则据本异也。’”

或又问曰：“近人疑《孝经》郑小同注，何据乎？”

答曰："此说始于《太平寰宇记》，谓'今《孝经序》，盖康成彻孙所作'。'盖'者，疑辞，彻孙必误。近刻改为'胤孙'，得之矣！'小同'，汉魏间通人，注本幸存，亦宜宝贵。然而旧无此说。《经典序录》云：'世所行《郑注》，相承以为郑玄。'引晋穆帝《集讲孝经》云：'以郑玄为主。'陆澄所见宋齐本题'郑玄注'，《旧唐志》《新唐志》称'郑玄注'，未有题'郑小同'者也。"

嘉庆乙亥岁夏六月既望，乌程严可均谨叙。

孝经郑注后叙[1]

清 · 严可均

《孝经郑氏注》，自宋已来无行本，全据魏徵《群书治要》与《经典释文》汇而录之，补以各书所引见，遂为足注本，可缮写。按陆澄云："观其用辞不与注书相类，自序亦无《孝经》。"陆德明云："检《孝经注》与注五经不同。"二陆善读书者，语必有因，是否郑注，今宜详考。而注中故实，类不类、同不同，亦宜详考。

一、郑《自序》。今无全篇，《孝经正义》引其略云："遭党锢之事逃难，至党锢事解，注古文《尚书》《毛诗》《论语》，为袁谭所逼，来至元城，乃注《周易》。"据知注《易》在临卒之年。《自序》注《易》时，稍牵晚年，所注《诗》《论语》，前乎此者，置不登载，未可据为《孝经》非郑注之证也。《唐会要》七十七、《文苑英华》七百六十六载：郑《自序》"逃难"下有"注《礼》"二字，无"至"字。余与《孝经正义》引同。郑氏注书三十余年，论《天文》《七政》，注《纬候》最先。《孝经》逃难时注，以党事逮捕，故"逃难"本序所谓"避难南城山"者也（《乐史》以黄巾寇青部事当之，非）。逾时而禁锢，乃注《三礼》，《檀弓正义》引郑志答张逸问礼，注曰《书说》。《书说》，何书也？答曰："《尚书纬》也。"当为注时，在文网中，嫌引秘书，故诸所牵图谶皆谓之《说》，是注《礼》在禁锢时也。注《春秋左氏》未成（宗均注《春秋纬》引郑《六艺论 · 序春秋》云"玄又为

1．本文录自清严可均辑《孝经郑注》。

之注”，见《孝经正义》），亦在禁锢时知者。《本传》列《箴膏肓》《发墨守》《起废疾》，在党禁解之前；其《鲁礼禘祫义注》《尚书大传》，盖注《礼》时作；《驳五经异义》，盖注《春秋》时作；晚年又注《乾象历》。若然，自序无者多矣！何止《孝经》？

二、法服。郑氏注《礼》，用力甚勤，参互推求，以定画一，小有不类，便书之为夏殷、为虞夏、为鲁、为晋，霸制与周制区分为五，故无不类。然所定服章，视今文、古文说殊异。余浅学，诚不敢知郑之独是，而今文、古文说之皆非也。

伏生《大传》：“山龙，青也；华虫，黄也；作绘，黑也；宗彝，白也；璪火，赤也。天子衣服，其文：华虫、作绘、宗彝、璪火、山龙；诸侯：作绘、宗彝、璪火、山龙；子男：宗彝、璪火、山龙；大夫：璪火、山龙；士：山龙。”如《大传》说：“天子服备五色，公、侯、伯四，子男三，大夫二、士一，而华虫唯天子服之，山龙自天子下达。”伏意五色黄为尊，《尔雅·释言》：“华，皇也，皇之言黄。”《大戴礼·五帝德》：“帝喾、帝尧黄黼黻衣。”《王制》：“有虞氏皇而祭是也。”“士山龙”者，《周礼·节服氏》：“衮冕，六人惟王之大常。”是周时下士亦服衮龙，犹沿古制也。《大传》五章，不及日月星辰者；三辰画于旗常，不于衣；又不及粉米黼黻絺绣者，谓画山龙等于絺而刺绣之，其空隙处刺为黼黻文；粉之言分，画出山龙为界域，俾五色不相乱，视其文如聚米然，故谓之粉米。《考工记》：“绘画之事后素功，是也。无山龙等，则粉米无施，故粉米不自为章。”《说文》用古文说，“黺”字解云：“衮衣、山龙、华虫。黺，画粉也”；“绣”字解云：“绣文如聚细米也”，与今文说亦合。汉学师承，皆有所本，唯郑推《仪礼》九章，合日、月、星、辰为十二章。故注《礼器》云：“天子服日、月以至黼、黻，诸侯自山龙以下”，此乃初定之说，谓四代皆然，即《孝经注》所谓“百王同之，不改易者也”。寻之触碍，故注《王制》云：“虞夏之制：天子服有日、月、星、辰”。“夏”者，文便非有实征，故注下文“有虞氏皇而祭”云：“有虞氏十二章，周九章，夏殷未闻。”又注《郊特牲》“王被衮以象天”，云谓“有日月星辰之章”，此鲁礼也。虞夏、殷周既已区分，说始 密。复因《明堂位》有“殷火、周龙章”，《周礼·司常》有“日月为常”，《左氏·桓二年传》有“三辰旂旗”“火龙黼黻”，不得触碍，故注《周礼·司服》：“此古天子冕服十二章，王者相变，至周而日月星辰画于旌旗，而冕服九章登龙于山，登火于宗彝”，说益至密。九章者：一龙，二山，三华虫，四火，五宗彝，六藻，七粉米，八黼，九黻也。十二章者：一日，二月，三星辰，四山，五龙，六华虫，七宗彝，八藻，九火，十粉米，十一黼，十二黻。异日，注《虞书·五服》，遂分十二、九、七、五、三，为五章，以自坚其十二章自说。王肃难郑，以为“舜时三辰，即画于旌旗，不在衣也”，其说虽长，而郑义仍牢不可破。马融说“士服藻火，大夫加以粉米”，郑亦不从也。大较郑学积累而成，由疏而渐密，注《孝经》在注《礼记》、注《周礼》之先，用其初定之说，触举大纲，后虽累更其前说，犹以《孝经注》小异大同，不复追改。陆澄谓“不与注书相类”，试问“天子服日月星辰”，非郑，谁为此语者？不必致疑。

三、五刑。《释文》载：“郑注凌乱，以致轻重失宜。余既为按语移正之矣。”而按语有云：“《书》《传》所说目略，衰周法家追定，郑亦据法家为说，尚未尽其词。汉用李悝《法经》，《书》《传》所据，盖《法经》之类也。萧何取《法经》为汉律，其初从汉祖入关，约法三章：杀人者死，伤人及盗抵罪。郑说墨、劓、膑、大辟略同，盖皆据《法经》，不能指实，故泛言法家，而郑意又有可推得者。详余按语中。”若乃朝聘巡守，郑注《王制》破经，注《孝经》不必破经，非二陆所疑也。无须详考。

道光甲午岁夏四月望，严可均书于睦州寄庐。

《纪孝行》章注“忿争为丑”，日本刻《孝经郑注》如此，盖据《治要》原本也。《治要》刻本删去，今仍用原本。可均又记。

孝经注疏校勘记

清阮元撰。阮元（1764—1849）：字伯元，号云台、雷塘庵主，扬州仪征人。清代儒家学者，经学家、思想家，在经史、数学、天算、舆地、编纂、金石、校勘等方面都有高深造诣，被尊为“一代文宗”。乾隆五十四年进士，授翰林院庶吉士，由翰林出任浙、赣、豫巡抚和湖广总督、两广总督、粤海关监督、云贵总督等，官至体仁阁大学士加太子太保衔。卒，谥“文达”。阮元师承戴震，是徽派朴学巨擘，他组织汇刻《十三经注疏》《皇清经解》《经籍纂诂》等，总结了乾嘉汉学的成果。阮元著述宏富，其著作都收录于《研经室集》。

孝经注疏校勘记序[1]

清 · 阮元

《孝经》有古文，有今文，有《郑注》，有《孔注》。《孔注》今不传，近出于日本国者，诞妄不可据。要之《孔注》即存，不过如《尚书》之伪《传》，决非真也。《郑注》之伪，唐刘知几辨之甚详，而其书久不存。近日本国又撰一本，流入中国，此伪中之伪，尤不可据者。《孝经注》之列于学宫者，系唐玄宗御注，唐以前诸儒之说，因藉捃摭以仅存。而当时元行冲《义疏》经宋邢昺删改，亦尚未失其真，学者舍是固无由窥《孝经》之门径也。惟其讹字实繁，臣元旧有校本，因更属钱塘监生严杰帝披各本，并《文苑英华》《唐会要》诸书，或雠或校，务求其是。臣复亲酌定之，为《孝经校勘记》三卷，《释文校勘记》一卷。阮元记。

石刻孝经论语

清钱泳刻石。钱泳：生卒不详，曾为国子监学生。

石刻孝经论语记

清 · 阮元

六经，皆周鲁所遗古典，而孔子述之，传于后世。孔子，集古帝王圣贤之学之大成，而为孔子之学。孔子之学，于何书见之最为醇备与？则《孝经》

1．本文录自清阮元撰《孝经注疏校勘记》，见阮元校刻《十三经注疏 · 孝经注疏》，中华书局1980年影印本。又见阮元《研经室集》卷十一，《四部丛刊》本。

《论语》是也。

《孝经》《论语》之学，穷极性与天道而不涉于虚，推极帝王治法而皆用乎中，详论子臣弟友之庸行而皆归于实，所以周秦以来子家各流皆不能及，而为万世之极则也。《孝经》《论语》皆孔门弟子所撰，而弟子之首推者，曰颜、曰曾。颜子之学曰："夫子循循然善诱人，博我以文，约我以礼。"故曰：一日克己复礼，天下归仁焉。非礼勿视，非礼勿听，非礼勿言，非礼勿动。礼者何？朝觐、聘射、冠、昏、丧、祭。凡子臣弟友之庸行、帝王治法、性与天道，皆在其中。《诗》《书》即文也、礼也，《易象》《春秋》亦文也、礼也。其余言存乎《大学》《中庸》诸篇，《大学》《中庸》所由载入礼经者以此，其事皆归实践，非高言顿悟所可掩袭而得者也。曾子之学，"孔子曰：'吾道一以贯之。'曾子曰：'夫子之道，忠恕而已矣。'"忠恕者，子臣弟友，自天子至于庶人之实政实行，故曾子曰："忠者，其孝之本与！"《孝经》之学，兼乎君卿士庶以及天下国家，《曾子十篇》皆由此出，其实皆尽人所同之庸行、忠恕而已，故孔子曰："忠恕违道不远，君子之道四，某未能一焉。"所谓"一贯"者，贯者，行也，事也，言一是皆身体力行见诸实行实事也，初非有独传之心、顿悟之道也。"贯"之训"行""事"，见于《尔雅》。《汉书》与仍旧贯，无二解也。若谓性道之学，必积久之后而顿悟通之，则孔子十五志学以后，学与年进，未闻有不悟之时，亦未闻有顿悟之日也。颜、曾所学于孔子者如此，其余诸贤可以类推之。然则集古圣大成之道者，莫如孔子；传孔子之道最近而无偏无弊者，莫如诸贤；孔子、诸贤之言所载之书，莫如《孝经》《论语》。然则今之《孝经》《论语》，儒者终身学之不尽。太极之有无，良知之是非，何暇论之。

古本《孝经》不可见，惟石经《论语》残字仅有存者。金匮国子监学生钱泳，好学善隶书，敬书《孝经》《论语》二经，刻之石。且博访通人，定其隶法、文字。泳刻将成，欲归其石于曲阜孔子宅，树石于壁，以贻后之学者，属元记之。

孝经郑注补证

清洪颐煊补。《清史稿 · 艺文志》载："《孝经郑注补证》一卷，洪颐煊撰。”洪颐煊（1765—？）：字旌贤，号筠轩，晚号倦舫老人，浙江临海人。嘉庆六年拔贡，曾署直隶州州判、广东新兴县事。师从孙星衍，曾为阮元幕僚。著有《孝经郑注补证》《筠轩诗文钞》《台州札记》《经典集林》《读书丛录》等。

孝经郑注补证引[1]

清 · 洪颐煊

《释文》本另行题“郑氏”二字，又夹注相承解为郑玄邢疏云：“今俗所行《孝经》题曰《郑氏注》。”又引晋《中经簿》《周易》《尚书大传》《毛诗》《周礼》《仪礼》《礼记》《论语》，凡九书，皆云“郑氏注，名玄”。至于《孝经》则称《郑氏解》，无“名玄”二字。今本“郑注”二字，合于《孝经》大题之下，是后人所改。

孝经郑氏解辑本

清臧镛堂、臧礼堂辑。臧镛堂（1766—1834）：字在东，号拜经，江苏武进人。清代经学家。

孝经郑氏解辑本题辞[2]

清 · 阮元

往者，鲍君以文持日本《孝经郑注》请序，余按其文辞不类汉魏人语，且与群籍所引有异，未有以应。近见臧子东序辑录本，喜其精核，欲与新出本合刊，

1．本文录自清洪颐煊撰《孝经郑注补证》，见《丛书集成初编》731册《孝经郑注及其他二种》。
2．本文录自清臧镛堂《孝经郑氏解辑本》，见《丛书集成初编》731册《孝经郑注及其他二种》。

仍属余序。余知东序治郑氏学几二十年，有手订《周易》《论语》注等，所采皆唐以前书，为晋宋六朝相传郑《注》，学者咸所依据。鲍君老耄而好学益笃，凡有善本靡不刊行，然则《孝经》旧引之注、新出之书，二本并行，亦奚不可。

嘉庆辛酉季冬，仪征阮元题。

孝经遗章

清王朝璩撰。王朝璩：生卒不详。

孝经遗章引[1]

清 · 王朝璩

《孝经》传自颜芝。比孔壁古文出，虽有增衍异同，论者固谓惟长孙多《闺门》一章，其余经文大较相似也。然字句之遗脱，于今可考者，亦正不乏云。

孝经汇纂

清孙念劬撰。孙念劬：生卒年不详，约生活于乾隆时期，浙江仁和人。著有《孝经汇纂》《志学阶梯》《金刚经汇纂》等。

1．本文录自清王朝璩《十三经拾遗·孝经遗章》，见《四库未收书辑刊》第1辑第9册《十三经拾遗》。

孝经汇纂序[1]

清 · 孙念劬

孝为百行之首，经居六籍之先，自天子至庶人皆当遵而行之。然经义宏深，无不赅备，非潜心涵泳未易通其说，非毕生体验不足殚其事，范淳夫所云“道之根本，学之基址，言近旨远、守约施博”者是也。今之人，句读是习而义理弗考，诵于髫年昧于白首者，往往而是，又安望其事亲、立身两无所愧耶!

自昔哲王谊辟，颁示表章，先正名儒迭相阐发，诚以此经为民生日用之常、至德要道之本也。然说经起异同之见，释义尚训诂之文，此又无所裨于世教者。自汉迄今，注解不下百家，其间不乏精义，而肤浅者亦甚多。念劬不揣冒昧，搜辑各家注说，沉玩熟复，采其精要，以抉经意义，畅经之旨趣，集成一编，名曰《汇纂》。固知管窥所及未足以尽经之底蕴，然于立身之道、爱敬之理，亦已谆恳而详说之。盖不能立身不可以为人，不尽爱敬不可以为子。惟是念劬五龄丧母，子职阙如。家大人以怙兼恃，自幼及长，日闻义方，所以垂训者至深且切。而念劬浮沉半生，既未能慰式谷之望，更未能尽菽水之欢，衔恤茕茕，负罪滋重，于此经实不忍读且不能读也。然虽不忍读而又不能不读，其敢以我躬抱恨遂与《蓼莪》一诗俱废乎？衰年多病，往咎莫赎。《诗》云“明发不寐，有怀二人”，又曰“夙兴夜寐，无忝而所生”，继自今庶几慎行其身，不贻父母以恶名而已。然则是编之纂，为予之自讼也可，为予之自勖也可，而成身显亲之道，仰体圣言，确有端绪。愿世之览者，尚共式乎斯编。

嘉庆四年岁次己未七月既望，述甫孙念劬谨识。

孝经汇纂引[2]

清 · 孙念劬

《孝经》者，曾子辑孔子语孝之言为书，而以名之也。

朱子曰：“古者司徒教万民以德行，必本于孝。”盖孝者天之所以命我，

1．本文录自清孙念劬撰《孝经汇纂》，见《四库未书书辑刊》第2辑第12册《孝经汇纂》。

2．本文录自清孙念劬撰《孝经汇纂》。

而不能不然之事也。笺注云："治道不本于孝，便杂霸功；学术不本于孝，便是伪学。"五经中无不重言孝字，详言孝之关系治乱，要皆随物造端，因人指义，而孝之全体大用，尚未发明。特成一经，以昭揭后代也。

孝经直解

清刘沅撰。刘沅（1767—1855）：字止唐，四川双流人。清代学者。被蒙文通称为"一代之雄，数百年来，一人而已"，为四川特立独行博通三家之大儒。他以儒者而兼佛道之学，创立槐轩学派，著作等身，名震当世。著有《孝经恒解》《孝经直解》《大学恒解》《中庸恒解》《论语恒解》等，合为《槐轩全书》，计二百卷。

孝经直解叙[1]

清 · 刘沅

夫孝，岂可以言尽哉！父母犹天地也，天地之恩不可尽，而父母又何有尽？然圣人必屡言之者，其事固人生之本，其理亦固有之良，而在上者不能孝其亲以及人，则天下将无治化；在下者不能事其亲如两大，则民风必多乖违。是故反复而言之，分端而析之。《论语》《礼经》诸书，夫子之言孝者，盖不一矣。曾子以诚身之学，得一贯之传，其请业于孝思者，亦不仅此。此经盖曾子之门人所记，以其力行之无忝，故特尊信其师传，欲人味而践之，尤翼其隅而反之也。"志在《春秋》，行在《孝经》"，固非夫子之言，而纬书误认，反诬圣人。若夫字句之讹，古文、今文之辨，按诸词义无大乖离，尤可无庸争论。

夫孝之为言，非可以求诸口耳，拘于一途也。自天子至于庶人各有当为之分，各有尽道之宜。此经综其要义、明其大凡，虽文不满千，而诸书教孝之言俱已该括。分章摘句，索垢求瘢，毋乃寻其流而昧其源乎？我朝孝治光昌，太和翔洽，固已道一风同，咸知罔极矣！而承学之士拘于旧闻，不免疑窦，将使

1．本文录自清刘沅撰《孝经直解》，见《庚午仲冬月致福楼重刊》本。

天性之实误于文字之传，避讥古之诮者其事小，失圣人之真者其忧大。

沅不佞，非能稍尽爱敬之文也，而服膺此书颇亦有年。爰据鄙见，略为发明，名曰《直解》，以其直诂本文也。附以论辨，恐人昧于别择也。不能身体而徒托空言，返诸此心，良多悚愧。顾及门讲习，恒有欲从事于斯者，举其梗概以相质疑，其亦不肖区区之念也夫。

道光丁未年重阳日，双流刘沅叙，时年八十。

孝经直解引[1]

清 · 刘沅

按前人谓五经名“经”，皆后人尊之之词，惟《孝经》系孔子自言，引《纬书》“子曰‘吾志在《春秋》，行在《孝经》’”为据，其说非也。

孔子三岁丧父，弱冠丧母，自言事父未能，岂有自言“行在《孝经》”者乎？夫子言孝至多，不止此书，如《论语》《礼记》所载，亦见一斑。此书特与曾子问答数条，盖曾子没而其门人汇记之，尊以为经。汉儒宝之，遂流传于后世，《纬书》又附会之，诬圣人矣！“志在《春秋》”，亦非夫子之言。夫子曰“其义则某窃取之”，未尝自谓“可法、可传也，知我者其惟《春秋》乎！罪我者其惟《春秋》乎！”一介匹夫私自删订国史，方皇然畏罪之不暇，而自矜其志在是乎？我欲托之空言，不如见诸行事，二语近是。盖夫子之心以平日讲授未见诸施行，恐门人以为虚谈，故删订《鲁史》，以明是非之公，得志、刑赏不逾乎此。其初本一家之言，其后遂公诸天下，即《论语》《诗》《书》等皆然也。圣人无自以为圣人之心，此类安可不辨。

孝经述

清贺长龄辑注、傅寿彤述，又称《孝经辑注》。贺长龄（1785—1848）：

1．本文录自清刘沅撰《孝经直解》。

字耦耕，号西涯，晚号耐庵，湖南善化人。嘉庆十三年进士，选翰林院庶吉士，授编修。为官40年，勤于职守，有惠政。他主修的《遵义府志》被梁启超推为“天下府志第一”。著有《耐庵诗文集》等。傅寿彤，字青余，贵州人。师从贺长龄。咸丰三年进士，始授翰林院庶吉士，迁翰林院检讨，历官南阳知府、河南布政使。有《澹勤室诗录》。

孝经述序[1]

清 · 胡廷桢[2]

是编，为前明黄忠端公定本。善化贺公抚黔，辑为注，刊以授点士者。廷桢与傅青余观察同出贺公门下，得受而读之，而观察尤拳拳弗敢失，自为孝庐。客昆明，曾辑安溪李文贞公语，重刊以遗滇人。既而归黔，又与尹君蕴皋请于学使翁公，序而印之，以广其传。独所著述诸条，尚置箧中，未尝出以示人。

今上御极之明年，观察奉命守南阳，始发箧，出所著与原编并录付梓。以公豫人，而命廷桢为之序。廷桢乃薰沐而言曰：先贤有云“其为人也孝弟，而好犯上作乱者鲜”；又云“孝者，教也”。礼教不修而后人心漓、世变滋，于是有“惰其四肢，不顾父母之养者”、有博而好饮者、有斗狠者，继而为攘鸡盗狗、为穿穴逾墙，又渐而为旦昼持兵、越人于货。其尤者，伙草泽、纳亡命、称干比戈、横行州邑，始为家之逆子，继为国之顽民。前此，江淮南北背叛而勤王师者，皆是也。

今天子奉两宫懿训，崇儒重道，锡类推仁，与天下更始，与河颛氓喁喁向顺。吾师所谓“虽极剥丧之余，而天性之爱无改于最初”，又谓“本治则乱源自塞”，以今日而助推维新之化，孰有先于教孝乎！然则观察以是编惠豫人，亦可谓知治本矣！岂但拳拳于师法云尔哉！

廷桢不敏，亦得备员大梁。异日授以北里，奉是编以推观察之惠，效其尺寸而免学制之愆，是又以惠豫人者惠廷桢也。爰忘其谫乎而书为右。夫注之精实，述之旁达，读者当自领之。原序亦言之详矣，不赘书。

1．本文录自清贺长龄辑注、傅寿彤述《孝经述》，见《四库未收书辑刊》第1辑第7册《孝经述》附《辩义》。

2．胡廷桢：生卒年不详，贵州贵筑人。少时从学于贺长龄，数举不第。后曾为河南候补知县、景山官学教习官，参与撰写《叶县志》。

同治二年癸亥四月朔，河南候补知县前景山官学教习官贵筑胡廷桢谨识。

孝经述叙[1]

清 · 傅寿彤

是书章段，为明黄忠端公所更定。忠端之言曰："《孝经》者，道德之渊源，治化之纲领也。微义五，著义十二，见于发挥者详矣！"善化师辑而注之，义则渊微，文亦简质。抚黔之日，出以训士。

余于肄诵之余，别有所述以存师说。道光乙巳刻之昆明，辛亥五月又重印之，以广其传。洎今十有九年，旧所锓版存滇中，迭经兵燹，若任佚遗，滋余咎也。因取稿本，命朱婿庆墉录出，并属墙生宇光校而刊之。时将守宛，当出以遗宛人。忠端所谓著是十七义，以为治选士不与焉。而士出其中者，余将操是而为宛之人，厚其望也。虽然，宁独厚其望于宛之人邪？

同治二年三月戊午，傅寿彤自记。

重刻孝经辑注序[2]

清 · 翁同书[3]

明漳浦黄忠端，在白云库手写《孝经》百二十本。有依石台本者，有于《庶人章》末增引《邠风》"我稼既同"以下二十五字者，盖未定本也。其三十三本，以"聿修厥德"移于《天子章》之首，即此定本也。

案《孝经》有古今文，皆无"庶人章"增引《诗》之说。晚出之足利本亦同。忠端亦自言"补《邠风》，甚无谓"，于是更定此本。然忠端著《孝经集传》，又云"欲移《大雅》，以发《天子》之端，推无忝以起《庶民》之

1．本文录自清贺长龄辑注、傅寿彤述《孝经述》。

2．本文录自清贺长龄辑注、傅寿彤述《孝经述》。

3．翁同书（1810—1865）：字祖庚，号药房，又号和斋，江苏常熟人。道光二十年进士，由翰林院编修出任贵州学政、安徽巡抚等职。卒，谥"文勤"。博览群书，长于史学。有《药房诗文集》《文勤杂著》传世。

例”，然于首章文义未终，于过结发端多碍。《小宛》之赋，虽通于“庶民有庆”之义，反疏于“侯国”。则忠端亦不以定本为是也。善化贺尚书抚黔之日，尝得定本为之辑注，锓版行世者久矣！傅青余孝廉及高材生尹君良琨皆尝受教于贺公，谋更印之以广其传，而乞序于余。

余尝谓：“学校之衰由于志节不厉，志节不厉由于伦理不笃。”忠端之大节昭天壤而拳拳于是书，其故可思也；贺公之所以惠黔士者至厚，而首劝以孝，其故又可思也。今天子圣哲天亶，究极性功，凡践朝列者莫不兴起。黔僻在西南隅，而学者咸知以正学为务，欲广是书之传，可谓知所祈向矣！黔学之兴有日矣！抑吾闻贺公之教黔士也，其所以期之者未有艾也。黔士而忍于背公之教则已，如其不忍背公之教也，必自读是书始。夫读是书而念贺公之所以为教，进而求忠端之为人，是则贺公之志也。余职董学官，故乐序之，以勉多士。至于更定文字，忠端所未敢自安者，附注之以章忠端之慎，广学者之见，非敢有所抵牾也。

咸丰元年七月，常熟翁同书。

重刻孝经辑注序[1]

清 · 尹良琨[2]

明黄忠端公《孝经》定本之刻，在道光癸卯二月。时侍郎善化贺公巡抚吾黔，课士之外，月会以文。公之言曰：“士行不敦，词皆枝叶，不足正学术而端风尚也”，因取是经辑注之，更刻以训多士，公之厚黔人至矣！嗣为总督驻昆明，凡遗书黔之学校，犹时时以此意相勖。其寄题贵州讲院联云“天地之性人为贵”，则刻是经之旨，殷然如一日尔。洎岁丙午，傅子青余客昆明，其外舅刘公沛霖权知普洱，属请于公重付剞劂，公命青余更为叙，盖青余尝受是经于公而不敢失坠者。今公去已六年，青余又两试礼部不第。昨更归来，重理旧业。集同人于所居“节砚斋”中为文社，社日更各出其所得于经史者互为质证，因语同人曰：“是犹公志也，公所辑注黄忠端公定本《孝经》尚弃坊间，印而传之贻诸同人，不尤公之志耶！”嗟夫！是岂以市义钓名云尔哉！凡以天经地义、民彝物则

1．本文录自清贺长龄辑注、傅寿彤述《孝经述》。
2．尹良琨：生平不详，贺长龄弟子。

之原，必修之于身为实行，然后见之于文为至言。况吾辈既承师说于前？而是经又尝颁在学宫，无人不当诵法，无人不已服习。有志于文者，取所辑注而研究之，即是以求为有本之行于今日。重印是经之意，庶不虚与维时。预其事者，同社之外更得若干人，以修文尹良琨年差长也，而属叙之如此。

咸丰元年夏五月十五日。

重刻孝经辑注序[1]

清 · 傅寿彤

道光乙巳冬十月，余试礼部归，南游昆明，谒吾师善化夫子于总督署。既而之普洱，客外舅春霆刘公幕中，日为治事。尝取夫子抚黔日所辑注《孝经》刻本以自课，外舅见而悚然谓"是足以为政也"，属请于夫子重刊以贻滇人，夫子许之，且报曰"尔不可以无叙"。越四月，书成，叙曰"是夫子之所以为政也"。夫子之叙曰："法者治之具，而性则所以治之本，本治则乱源自塞，而余可不劳而理。"此虽明乎经所由作，而欲即是以为政之意可见也已。忆癸卯二月，夫子刻以训士，一时肄诵殆遍，即以余之不敏亦尝有所兴起。意今日盘延以西，十有三郡之内，必更有怵夫子训而能振于流俗，且奋然以进而为有本之学者，是则愈有以见夫子之政之成也。如余者，何足言？

抑余闻之圣人所以教天下，万世之法备于《春秋》，言则散于大小戴《记》，而其旨实约于是经十有八章之内。累代以来，虽尝颁在学官，而此旨至迟之三千余年之久，先儒黄子始为发之。然其书繁巨，肄诵未广。更二百年，乃有夫子辑以为注。呜呼，自宋以来，经之昌明久矣，是乃有俟于今，岂细故耶？并记诸此，以谂后之人。

门人傅寿彤谨序。

1．本文录自清贺长龄辑注、傅寿彤述《孝经述》。

孝经述原叙[1]

清 · 贺长龄

孝，顺德也，天地之仁气也。圣人序《易》乾，即继之以坤。坤者，顺也，承天时行，亘古无不顺也，而人道准此矣！

民之初生，皆以气化天，即亲也。顺天，即顺亲也。逮乎形化以后，人遂各亲其亲。而原其始，则虽更历亿万千年，人之于天犹一气之相承也。周公极本穷源，创为“严父配天”之礼，而我夫子之对哀公亦曰“仁人之事亲也如事天，事天如事亲”，天与亲本无可分也。知其无可分，则凡天之所生，皆在吾胞与之中。圣人孝治天下，第因而顺之耳！三代以降，教养失而人道薄，不惟人与天远，人且日与人远。本原一漓，遂乃相戕相害，莫之或恤，而天地气化亦为所淆杂，不能复还隆古之初。于是戾气相感、世变日滋。至于春秋，而乱臣贼子之祸极矣！顾其天性之爱之得于最初者，虽极剥丧之余，今犹古也。圣人欲已天下万世之乱，既作《春秋》以明大法矣。然法者治之具，而性则其所以治之本也。本治则乱源自塞，而余可不劳而理，此《孝经》所由做欤！

夫孝根于爱，形乎顺，而一主乎敬者也。篇中垂训再三，无非履薄临深之意，而总之曰：“礼者，敬而已矣！”不敬则不能顺也，顺不从敬出，则第顺其于外，而不能极诸形声视听之微，亦第以顺为顺，而不能一揆于道，成其身以成亲。夫敬者，健德也。天地之义气，而实无非天地之仁气也。顺而健，则乾坤合德，上下与天地周流，推而放诸四海而准此。无体之礼、无声之乐，而中和位育之极功也。《曾子问》一篇，穷礼之变正，以完孝之常，以敬行顺而纪纲有与立，治教有与施。先王有至德要道，以顺天下者，此之谓也。呜呼，兹其为万世久安长治之本欤！

是编章段，为明黄忠端公所更定，见于发明者详矣。长龄为之辑注，寄商粤而黄太史春庭，太史以其便于肄诵也，遂付剞劂，属为之序。爰述圣人作经之大指，而邮请是正焉。

道光癸卯二月朔。

1．本文录自清贺长龄辑注、傅寿彤述《孝经述》。

孝经述注

清丁晏撰。《清史稿 · 艺文志》载："《孝经述注》一卷、《孝经征文》一卷，丁晏撰。"丁晏（1794—1875）：字俭卿，号柘堂，江苏淮安人。清代校勘学家、经学家。道光元年中举，终身不仕，主讲观海、丽正、文津诸书院，有"江淮经师"之称。一生嗜好典籍，勤学不辍。著述极丰，有《尚书余论》《禹贡集释》《毛郑诗释》《三礼释注》《孝经述注》等。

孝经述注叙[1]

清 · 丁晏

《孝经述注》集唐玄宗、司马文正公、范华阳先生三家之注也。自唐初司马贞灼然正古文之伪，玄宗《石台孝经》注依用《今文》十八章定本，其注取郑君、王肃、韦昭、虞翻、刘邵、刘瓛、魏真克诸家，撮要翦芜，约文敷畅，注家之善者也。注《孝经》者，无虑数十家，而文正公之《指解》、华阳先生之《说》尤为明白正大，粹然儒者之言，惜其误信古文之伪，窜易篇章，增改字句，浸失其真。朱子述汪端明之说，《孝经》古文与《尚书》古文皆后人伪为，而所撰《孝经刊误》，参用古文、今文，未为定论。故《述注》之本，一依今文为训也。

愚尝病今之塾师教学不读《孝经》，用是采择群言以贻来学。述而不作，不敢作也。呜呼！孝道之盛也，天下和平、灾害不生、祸乱不作，圣人治之于未然，而犯上作乱之萌无自而起，孝之不讲岂细故哉！愚年逾六旬，辑为斯注。庶几遂序党庠，朝益暮习，匪独学之助也，经正民兴之效，其必由是也夫。

咸丰五年岁在乙卯立秋前一日，山阳丁晏叙。

1．本文录自清丁晏辑《孝经述注》，见《续修四库全书》第152册《经部 · 孝经类 · 孝经述注》。

孝经述注跋[1]

清 · 陶镶[2]

《孝经》自注疏外，坊间迄无善本。里党塾师束书不读，非所以教子弟也。昔汉世期门羽林悉诵《孝经》，今时颢首之儒、青衿之彦，至有不能举其文者，何其陋也！山阳丁柘唐夫子著《孝经集注》，萃唐皇、宋司马氏、范氏之注，明白纯正，汰冗祛烦，约而不华，粹而不杂，虽述古之文无所增附，而划伪存真鉴别精审、表章圣经厥功甚巨。镶笃耆其书，亟请刊板以广流传，象勺之童、鳣堂之士，俾得人人讽诵，端蒙养之初基，正彝伦之大本，亦人心风俗之一助也。

咸丰丁巳夏四月，盐城受业陶镶谨跋。

孝经征文

清丁晏撰。

孝经征文自序[3]

清 · 丁晏

《孝经征文》何为而述也？为宋儒之疑《孝经》者述也。疑《孝经》几于非圣矣，余滋惧焉，故述《征文》也。

昔宋朱子作《刊误》一卷删去“子曰”及引《诗》《书》之文，又谓“天经地义、进思尽忠、退思补过”等语出于《左氏传》，为取他书窜入。然《太

1．本文录自清丁晏辑《孝经述注》。

2．陶镶：字右型，清代盐城人。自少时便笃嗜声音训诂之学，师从丁晏，著有《十砚斋诗文集》《周易明筮编》等。

3．本文录自清丁晏撰《孝经征文》，见《丛书集成续编 · 经部 · 孝经类 · 孝经征文》。

平御览·学部》引《孝经钩命决》云："首仲尼以立情性，言子曰以开号，列曾子示撰，辅《书》《诗》以合谋。"纬书出于汉世，而其言如此。然则"子曰"及引《诗》《书》皆《孝经》之本文，庸可删乎？汉匡衡称《大雅》"无念尔祖，聿修厥德，孔子著之《孝经》首章"，则篇中引《诗》固孔子之旧也；河间献王引《孝经》"天之经，地之义"；汉大儒实事求是如献王者，亦称此为《孝经》，则非袭用他书文也。且《论语》一书"克己复礼"，《左氏》以为古《志》；"出门如宾，承事如祭"，《左氏》以为臼季之言，岂得谓《论语》捃摭《左氏》而作乎？盖邱明博闻，多采孔门精语缀集成文，而后儒反疑圣经剿取《左氏》，必不然矣！

《孝经》有古文，有今文。古《孝经》孔氏不传，今所传古文皆赝本。其可信者，独有今文而已。注《孝经》者莫古于魏文侯，传文侯受经于西河，为孔门之私淑；引《孝经》者莫先于吕不韦书，《吕览》在未焚书以前已明著其篇目。据是二者，益可证《孝经》之由来古矣！余暇日浏览群书，断自两汉，录其征引《孝经》者，并搜集古注各附句下，俾后之学者知是书为汉以前所诵习讲授之书，而不出于后人之傅会。

尊圣人之经而息群儒之议，《征文》之述其亦不可以已也。若夫疏释经义，发挥圣言，则有先儒之书在。余虽不敏，犹将扬榷而陈之。

道光壬午九月二十一日，淮安山阳丁晏自叙。

孝经征文序[1]

清·盛大士[2]

读书必辨真伪，自伪书杂出，而缀学之士罗络异闻，迹相祖述。至于抗心晞古之彦，综核坠简，省除繁惑，辄谓坟典散佚，去圣辽远，古经留遗，半由伪托。不知卢牟群言解释义旨，实事求是归诸平衡。偏信则愚，过疑则悖，末学肤受，其失一也。

1．本文录自清丁晏撰《孝经征文》。

2．盛大士（1771—1836）：字子履，号逸云、兰簃外史、兰畦道人，江苏太仓人。清代画家、诗人。嘉庆五年中举，曾为山阳教谕。师从钱大昕，其山水画以娄东王氏为宗。学问淹雅，诗画俱佳。著有《蕴素阁集》《溪山卧游录》。

淮安丁君俭卿，殚功撰集，义据通深，囊括群言，洮汰后惑。尝驳辨《论语》孔注，谓安国之旧文，乃王肃所伪托。而何平叔辈从而尊奉之，其所持论创而甚确。兹所述《孝经征文》，则因《刊误》作于朱子，后人不能无疑，故博采《孝经》本文散见古籍者，一一证之。如董仲舒《春秋繁露 · 五行对篇》，河间献王曰："《孝经》曰：'夫孝，天之经，地之义。'"《汉书 · 匡衡传》，衡上疏曰："《大雅》曰：'无念尔祖，聿修厥德'，孔子著之《孝经》首章。"汉世儒者其言凿凿，则《孝经》非伪撰可知。余若《吕氏春秋》、陆贾《新语》、应劭《风俗通》、刘向《说苑》诸书，皆有援据《孝经》之语，益信。《孝经》自两汉以前炳若日月，而非作伪之徒所剽窃窜改也。又以《古文孝经》孔氏不传，近汪氏翼沧所得日本国《古文孝经孔传》一卷，疑非安国原本。安国作传，汉人不言，独《家语》言之，《家语》为王肃伪撰，而安国之注《孝经》有与《家语》暗合者。且《隋志》所载王肃《孝经解》，久佚不传，今略见于邢昺《疏》中。而邢《疏》所引之王肃《注》，多与《孔传》相同，是必王肃妄作，假称孔氏以与己之臆见互相援证。唐司马贞指斥孔《注》鄙俚不经，刘炫诡随，妄称其善。或遂疑为炫作，而不知刘炫得之于王劭，劭与炫或皆被欺于王肃。存《孝经》之真，辨《孔传》之伪，真伪别白，而尊经之功大矣。

抑吾观近世学士、大夫于真伪疑似之介稍一惶惑，而读书罕有定识。读书鲜识，而于制行之大或不能无遗议焉。然则俭卿之述《孝经征文》，又不仅在文辞之末也，余故乐从而序之。

镇洋盛大士。

第十卷　清之卷（四）　民国

玉函山房辑佚书·孝经

清马国翰辑。马国翰（1794—1857）：字词溪，号竹吾，山东历城人。清代著名学者、汉学家、藏书家。师从金宝川、吕心源。博览经史，文思敏捷。道光十二年进士，曾任陕西敷城、石泉、云阳知县，因“政绩卓越”得到道光帝召见，后任陕西陇州知州。咸丰三年，因病辞归。他把唐代以前已经散亡、毁失的古书从各种史料中剔抉出来，加以考证，辨别真伪，然后分门别类汇纂成册，定名为《玉函山房辑佚书》。该书分为经、史、诸子三编，七百多卷，共辑佚书五百九十四种，并自作序录冠于每种之首。此书是一部文献学的浩繁巨著，它为搜集和保存中国古代文化典籍作出了可贵贡献。以下十六篇序文，均录自马国翰《玉函山房辑佚书》。

孝经传

《孝经传》一卷，周魏文侯撰。《史记·魏世家》云：“桓子之孙曰文侯都”。司马贞《索隐》曰：“《系本》云‘桓子生文侯斯。’”两书系代不同而同称文侯，然则文侯名“都”，又名“斯”也。《竹书纪年》：“周考王元年，魏文侯立。”事迹具《魏世家》。文侯著《孝经传》，汉、隋、唐《志》均不载。惟《汉志》有“杂传”四篇，《文侯传》当在其内，今佚。《后汉书·祭祀志》刘昭《补注》引之。又《通典》《旧唐书》颜师古议亦收《孝经传》，皆说“明堂”是一节文。又《齐民要术》引魏文侯语，亦见《淮南子》、朱氏《经义考》、余氏《古经解钩沉》，并取属《庶人章》“分天之道”句下，兹并据辑。文侯受业于子夏，其得圣门之说必真，而其书亦最古。虞淳熙《孝经迩言》谓：“《孝经》自魏文侯而下，至唐宋，传之者百家，九十九部，二百二卷。”虞以《文侯传》为《孝经》之首，盖视颜芝、长孙氏、江翁、后苍犹为后起，断珪残璧，少而弥珍已。

历城马国翰竹吾甫。

孝经后氏说

《孝经后氏说》一卷，汉后苍撰。苍，字近君，东海郯人，通诗礼，为博士，至少府，《汉书·儒林》有传。苍传《齐诗》，已辑录《齐诗传》。《汉·艺文志》"《孝经》十一家"有《后氏说》一篇，隋、唐《志》不著目，佚已久。考《汉书·匡衡传》引称："《孝经》，《苍传》云授翼奉、萧望之、匡衡"，则衡为苍之弟子。汉人说经，皆本师法，则所称述，信为后氏遗说。采列一家，其引经字句与今本不同，足资参考，训辞庄雅，尤可诵云。

历城马国翰竹吾甫。

孝经安昌侯说

《孝经安昌侯说》一卷，汉张禹撰。禹，字子文，河内郡人，官至丞相，封安昌侯，事迹详《汉书》本传。《汉·艺文志》"《孝经》十一家"有《安昌侯说》一篇，隋、唐《志》皆不著目，佚已久。邢昺《正义》引刘瓛述张禹之义仅一节，他或引称旧说。考《孝经》以《说》名者，《汉志》载《长孙氏说》二篇，江氏、后氏、翼氏、安昌侯《说》各二篇，四家俱无传述。张禹之义，既见刘瓛所引，则佚说六朝时尚存。《正义》取裁齐梁诸疏，故得据而述之。又《正义》引"郑称诸家"一条，则康成之先，禹在其内，合辑六节。古学已绝，聊存一线云尔。

历城马国翰竹吾甫。

孝经长孙氏说

《孝经长孙氏说》一卷，汉长孙氏撰。名字爵里俱无考，汉兴，传《孝经》。《汉志》：《孝经》一篇十八章，长孙氏、江氏、后氏、翼氏四家，又《长孙氏说》二篇。隋唐不著录，佚已久。考《隋志》谓长孙有《闺门》一章，据孔安国《古文孝经传》本录出。《附考》为卷，表汉初大师传经之首功，存经遗章，以为稽古之藉。惜其说义不可得而睹矣！

历城马国翰竹吾甫。

孝经王氏解

《孝经王氏解》一卷，魏王肃撰。肃于《易》《书》《诗》《春秋左传》《仪礼》《礼记》皆有注，已各著录。《隋志》载"《孝经》一卷，王肃解"，《唐志》作"王肃《注》一卷"，今佚。从《注疏》《释文》《史记集解》《通鉴注》辑录二十节。子雍好攻郑学，此解不见有驳难之语，盖唐明皇帝作注时悉汰去之。至其说"孝无终始而患不及者"，引《苍颉篇》谓"患为祸"，与孔郑义同，则切理惬心之训，亦有不能斥改者矣！

历城马国翰竹吾甫。

孝经解赞

《孝经解赞》一卷，吴韦昭撰。昭有《毛诗答问》，已著录。此编，隋、唐《志》皆以一卷著目，今佚。从注疏所引得十节。又《仪礼经传通解》引一节，《正义》脱文也，并据辑录其说。"衣美不安"，据《书》，成王崩，康王冕服即位，既事毕，又反丧服。说"食旨不甘"，据《曲礼》"丧有疾，饮酒食肉"，训义切实，与郑康成笺诗相似。至"郊祀后稷以配天"，全用郑康成义。然则书名《解赞》，或赞郑解也与？

历城马国翰竹吾甫。

孝经殷氏注

《孝经殷氏注》一卷，晋殷文仲撰。《晋书》有《仲文传》，不载其字、里。《文选注》引檀道鸾《晋书》云："仲文，字仲文，陈郡人，官至东阳太守。"其事迹则本传详载，所注《孝经》一卷。《隋志》云："梁有，又云亡"，《唐志》复著其目，今佚。唯邢昺《正义》引三节，其以"表德之字"说仲尼，与"不孝之罪在三千条外"说"五刑之属"节，《正义》皆不取。而其说"至德要道"云："穷理之至，以一管众为要"，粹然理语。《周子通书·圣学篇》所谓"一为要者"实探源于此。顾世无称述，得毋以桓元戚党，恶其人而并弃其言耶！

历城马国翰竹吾甫。

孝经集解

《集解孝经》一卷，晋谢万撰。万，字万石，陈国阳夏人，安之弟，官至散骑常侍，事迹见《晋书》本传。《隋志》载其《集解孝经》一卷，《唐志》作“谢万注”，卷同，今佚。从邢昺《正义》辑录四节。又得谢安说“五刑之属”一节，隋、唐《志》并不著。安注《孝经》之目，与万是一家学，亦并附录。史载万与蔡系争言，至落床坏面，又言受任北征，矜豪傲物，则其人亦任诞之流，殊无足取。然书以《集解》名，寥落佚文，古说存焉矣！

历城马国翰竹吾甫。

齐永明诸王孝经讲义

《齐永明诸王孝经讲义》一卷，撰人缺。《隋志》载：“齐永明三年《东宫讲》，永明中，《诸王讲》及贺玚讲、议《孝经注疏》各一卷”，并云：“亡”。《唐志》不著目，佚已久。考《南齐书·文惠太子传》：“永明三年于崇正殿讲《孝经》，少傅王俭以摘句令太仆周颙撰写《义疏》。五年冬，太子临国学，亲临策试诸生。”下载太子问王俭、张绪及竟陵王子良、临川王映问答，凡十四节。《传》言“永明五年”与《隋志》所称“永明中《诸王讲》”正合，兹据辑补。太子以长年临学，与诸王一堂咨论，皆前代所未有。录列一家，《东宫讲义》大旨亦于此见其略云。

历城马国翰竹吾甫。

孝经刘氏说

《孝经刘氏说》一卷，齐刘瓛撰。瓛有《周易乾坤义》《毛诗序义》，已各著录。其说《孝经》，隋、唐《志》皆不载，邢昺《正义·序》称之，卷数未详，今佚。即从《正义》所引，辑得五节。说“仲尼居”，述张禹“中、和”之意，《正义》所不取；说“孝无终而患不及者”，以谢万“少贱之辞”为失，《正义》从其解。要其全书，固醇疵互见者也。

历城马国翰竹吾甫。

孝经义疏

《孝经义疏》一卷，梁武皇帝撰。帝有《周易讲疏》《乐社大义》《钟律纬》，已各著录。《梁书·武帝纪》：“大同四年三月，侍中领国子博士萧子显上表，置制旨《孝经》助教一人、生十人，专通高祖所释《孝经义》。”隋、唐《志》并载《义疏》十八卷，今佚。邢昺《正义》引三节，又从武帝集得“说明堂”一节，合辑为帙。其训“仲尼”云：“邱为聚，尼为和”说太迂曲，宜为邢氏所不取。其说《天子》《士》二章之义，辨化辨情，固自入理也。

历城马国翰竹吾甫。

孝经严氏注

《孝经严氏注》一卷，梁严植之，字孝源，秭归人，官至中抚记室参军兼博士。事迹具见《南史·儒林传》，《隋志》有“梁五经博士严植之《孝经注》一卷，亡”，《唐志》不著录，佚已久。邢昺《正义》引三节，又引“先儒”之说二条，则严亦在内，合辑录之。史称：“植之习郑氏礼，则注《孝经》”，亦必以康成为宗。史称“馆在潮沟，生徒常百数，讲说有区段、次第，析理分明，每登讲，五馆生毕至，听者千余人”。则于经实有所会，惜训教散失，其详不可得闻矣！

历城马国翰竹吾甫。

孝经皇氏义疏

《孝经皇氏义疏》一卷，梁皇侃撰。皇侃有《礼记义疏》，已著录。其疏

《孝经》，隋、唐《志》并三卷，今佚。从邢昺《正义》辑录十八节，孙奭序讥其《义疏》“辞多纰谬，理昧精研”，然就邢氏所引，固皆摭拾菁华矣！

历城马国翰竹吾甫。

古文孝经述义

《古文孝经述义》一卷，隋刘炫撰。炫有《诗》《礼》《春秋述义》，已各著录。《隋书 · 经籍志》云：“梁代，安国及郑氏二家并立国学，而安国之本亡于梁乱，陈及周、齐唯传郑氏。至隋，秘书监王劭于京师访得《孔传》，送至河间刘炫，炫因序其得丧，述其义疏，讲于人间，渐闻朝廷，遂著令与郑氏并立。”《唐会要》载：“刘知几议以《古文孝经孔传》为开皇十四年秘书学士王孝逸，于京市陈大人处买得一本，送与著作郎王劭，劭以示河间刘炫。”又云：“炫辄以所见，率意刊改，因著《古文孝经稽疑》一篇。”隋、唐《志》并载《述义》五卷，今佚。邢昺《正义》引之，其《稽疑》一篇附著《孝经序》，《正义》据辑为卷。刘以古《孝经 · 庶人章》分为二，《曾子敢问章》分为三，又多《闺门》一章，凡二十二章。案黄氏《日抄》谓：“今文《三才章》‘其政不严而治’与‘先王见教之可以化民’，通为一章。古文则分为二章。今文《圣治章第九》‘其所因者本也’与‘父子之道天性’通为一章，古文则为二章。‘不爱其亲而爱他人者’，古文又分为一章。”又云：“《闺门》云云二十二字，今文全无之，而古文自为一章。《圣治》分三章，与刘说合。”刘以《庶人章》分为二，而黄谓《三才章》互有不同，兹仍以刘为据。至《闺门》一章，世儒或疑炫伪作，然汉初长孙氏传今文即有之，岂后人所伪邪？孙本固尝辨论之矣！

历城马国翰竹吾甫。

御注孝经疏

《御注孝经疏》一卷，唐元行冲撰。行冲有《释疑论》，已著录“《礼记》类”。唐玄宗自注《孝经》，诏行冲为疏，立于学宫。《唐志》二卷，《宋志》三卷，今佚。邢昺《正义》引《制旨》四节，朱氏《经义考》于唐明皇《孝经注》下云：“《唐志》作《孝经制旨》，是《制旨》即明皇《御注》。”而《正义》引《制旨》，其一节即注文，而少一字；其三节说义敷畅，与注不同。考明皇《孝经》云：“一章之中，凡有数句；一句之内，意有兼明。具载则文繁，略之又义阙。今存于《疏》，用广发挥。”据此，则《制旨》之文，乃行冲《疏》，而《正义》用之。行冲奉诏作疏，故述注意，亦称《制旨》。辑录为卷。《宋会要》载：“邢昺等作《孝经正义》，谓取元行冲疏，约而修之。”则元疏固浑于《正义》之中，其文笔犹可循省也。

历城马国翰竹吾甫。

孝经训注

《孝经训注》一卷，隋魏真已撰。邢昺《孝经》序、疏以真已钜鹿人，作《孝经训注》。《唐志》有魏克己《注孝经》一卷，列在贾公彦下，盖本一人，或书名书字异耳，其注今佚。唐明皇《御注》用其意，凡十二节，《正义》皆标明魏注，兹据辑录。外有《庶人章》注，分别五土，视其高下。闽本、监本、毛本《正义》并云：“依郑注”，宋本作“魏注”。考《唐会要》司马贞议取此二语为郑注与孔安国《传》所谓“脱衣就功”云云，较其优劣，则为郑注明矣！故虽出宋本，不敢从之。王应麟云：“明皇《序》谓：韦昭、王肃，先儒之领袖；虞翻、刘劭，抑又次焉。刘炫明安国之本，陆澄讥郑成之注。”又谓：“特举六家之异同。”六家者：韦昭、王肃、虞翻、刘劭及孔、郑也。王应麟云：“今考《经典序录》，有孔、郑、王、刘、韦五家，而无虞翻，以此献疑。”然细检注疏，亦无依虞注、依刘注之文。而依用魏注，复出六家之外。此又未知何故，意魏氏《训注》或本仲翔孔才以立说与！

历城马国翰竹吾甫。

孝经集证

清桂文灿撰。桂文灿（1823—1884）：字子白，号皓庭，又号昊庭，广东南海人。清代学者，陈澧弟子。道光二十九年（1849）中举，同治元年（1862），以所著《经学丛书》呈献朝廷，“奉旨留览”。曾国藩曾两次聘请其校刊《殿本十三经注疏》和《通志堂经解》等儒家经典，赞誉其“不独为粤中翘楚，抑不愧海内硕彦”。光绪十年（1884），桂文灿被任命为湖北郧县知县，不久病逝。著述有《孝经集证》《四书集注笺》《潜心堂文集》等四十多种，其中的学案体著作《经学博采录》尤为学人推崇。

孝经集证题识[1]

王欣夫[2]

皓亭遗著有数种，虽付刊，而传本殊鲜。其进呈各种写本，今在故宫博物院，曾从传钞《孝经》有两种，此及《集解》。及识哲嗣南屏先生，又钞得《文集》，惜舛误甚多，尚待校理。先择《经学博采录》《论语孟子》两种，即入《纪年丛编》，他未遑及。其《群经补证》最佳，马君寅初向余借读，叹为必刊者。尚藏箧中，不知何日遇好事者，为之传布耳。三十八年九月，欣夫。

孝经义疏补

清阮福撰。阮福（1801—？）：字赐卿，号喜斋、小琅嬛，江苏仪征人，阮元次子。以父荫捐纳户部郎中，经吏部选拔而步入仕途，曾任甘肃平凉知府、湖北宜昌知府。著有《滇笔》《孝经义疏补》等。

1．本文录自清桂文灿撰《孝经集证》，见《续修四库全书》第152册《经部·孝经类·孝经集证》。

2．王欣夫（1901—1966）：原名大隆，字欣夫，号补安，以字行，江苏吴县（今江苏苏州）人。著名文献学家。早年受业于金松岑，后师从曹元弼学习经学。曾搜求顾广圻题跋，辑成《思适斋书跋》一百八十余篇。曾任圣约翰大学、复旦大学教授。晚年书斋名“蛾术轩”，收藏古籍珍本善本甚多。著有《文献学讲义》《四库全书总目提要补正》《蛾术轩箧存善本书录》《补三国兵志》《藏书纪事诗补正》等，其中《文献学讲义》，被誉为研读文献学之必备参考书。

孝经义疏补序[1]

清 · 阮福

《孝经》者，孔子教五等之孝，维持家国天下者也。家大人言："孔子作《春秋》，以帝王大法，治之于已事之后；孔子传《孝经》，以帝王大道，顺之于未事之前。"此即发明孔子所言"吾志以《春秋》，行在《孝经》"之微言大义也。福早受庭训，读家大人所著《曾子十篇注释》，与《孝经》相为表里。家大人教福曰："汝试撰《孝经义疏补》一书。"福谨以《曾子十篇》中凡可以发明《孝经》，可以见孔曾授受大义者，悉分补于各章各句之下。

今《孝经注》，为唐明皇所删之郑注，而郑注半存其中，爰定郑注为郑小同。唐以前书，凡可见郑氏旧注者，今皆补之。陆氏《音义》尚可见郑注旧字、旧义，但又多为唐疏宋校时所删。今全据《经典释文·孝经音义》载入，以存郑氏旧观，且疏证之。古籍可发明《孝经》者，自魏文侯《孝经传》以下，多引证之。偶下己意，不敢自是，皆就训于家大人而后著之。家大人谓："《孝经》之郊祀，即《召诰》之用牲于郊；《孝经》之宗祀即《洛诰》之宗礼功宗。"福又备引各经，推明此义，谓《洛诰》之文祖，即《孝经》之明堂，以著之。

此本以正德版本为主，所有脱误之字，据《孝经注疏校勘记》于《注疏音义》各章句下补之。滇池节院，园居多暇。道光九年，撰集即成，遂写定为九卷。又卷首序目一卷，共十卷。

扬州阮福谨序。

孝经章句

清吴敏树撰。吴敏树（1805—1873）：字本深，湖南巴陵（今湖南岳阳）人，因书斋建于故里南屏山，自号南屏，学者称南屏先生。道光十二年中举，曾任浏阳县教谕，因厌恶官场尔虞我诈，不久称病告退。潜心于诗、古文之学，诗文经史造诣深厚，桴湖文派的创始人。其人被曾国藩称为"字字如履危石而下，落纸乃迟重

1．本文录自清阮福撰《孝经义疏补》，见《丛书集成初编》732册《孝经义疏补及其他二种》。

绝伦”。诗文集有《梓湖文录》《梓湖诗录》《梓湖诗稿》等，经史著述有《孝经章句》《论语考义发》《周易注义补象》《春秋三传义求》等。

孝经章句序[1]

清 · 吴敏树

《孝经》与《论语》并重，自古然已。《论语》者，门弟子各记所闻；《孝经》则专出曾氏，其文明见曾子矣！曾子以孝闻，而独传孔门之宗。后儒于其门人所出之书，独推尊《大学》，谓《孝经》其义未深，非其至者，不知古人尤重此书，自汉以前已列为经，大师、章句代有承传。近儒论出，遂不知重，致使书贾之家竟无专刻。

敏树幼时受读，乃是小学行本，列在马融《忠经》之后。夫《论语》问孝，孟懿子、武伯、子游、子夏之徒所语皆一身一家之事，《大学》“老老兴孝”以平天下，《中庸》舜大孝、武王周公达孝，始扩言之。与《孝经》合列之小学，实为不伦。况孝实兼忠，经屡申之。马融，何人也？妄别为经。其人事行尤丑秽，故当投之门墙之外，而乃用其书以训童子乎？自是之后，《孝经》益无读者矣！近见湘乡罗罗山氏讲学以救时弊，乃有《西铭讲义》之作，始大怪之。西铭言：“乾父坤母，四海之人皆为兄弟，民吾同胞，物吾同与。”其言似乎大矣！程子用之以教，而冒其似者浸而为西人天主之学。朱子虑乎其前，力持理一分殊之辨，而其本文故未有以异也。故由是而为之，则必有呴呴为仁，持斋戒杀之事。且其为道，又无本之甚也。无本则悖，故经云：“不爱其亲，而爱他人者，谓之悖德；不敬其亲，而敬他人者，谓之悖礼。”以其同为人而谓之兄弟，固无所用吾爱、用吾敬，而齐父母于凡人，又悖之悖者，此大乱之所从生也。孟子曰：“君子之于物也，爱之而弗仁；于民也，仁之而弗亲。亲亲而仁民，仁民而爱物。”又曰：“人人亲其亲、长其长，而天下平。”盖天下之人固无事于吾之亲，教之以孝弟而天下治矣！制民田产，教之树畜，道胥由乎此也。孰与夫忘失本原，弃绝父母，以为大道者哉！

愚今特行此经，据唐时官本斟酌章句，颇有损益。盖世变之所趋，扶而正

1．本文录自清吴敏树撰《梓湖文集》卷三，见《续修四库全书》第1534册《集部 · 别集类 · 梓湖文集》。

之，非徒以辨于学问之途也。其分章名目，如“开宗明义”等，愚所不取，今皆除去，略为十又九章云。

孝经纪事

清陈澧辑。陈澧（1810－1882）：字兰甫，号东塾，广东番禺（今广州）人。清代儒家学者、经学家。道光十二年(1832)举人，六应会试不中。先后受聘为学海堂学长、菊坡精舍山长。其经学研究主张“汉宋兼容”，著有《东塾读书记》《汉儒通义》《声律通考》《孝经纪事》等。

孝经纪事引[1]

清 · 陈澧

《孝经》《论语》，圣贤教人之书也。而《孝经》尤简约，朝廷以此试士，本以圣贤之教教天下，而士但以为考试题目而已。世之劝人为善者，乃至取巫觋语而刊布之，不亦慎乎？古人尊信《孝经》之事，群书所载甚多。今取其见十七史者若干条，抄而刻之，其余更俟续刻焉。咸丰十一年二月。

孝经章义

清方宗诚撰。方宗诚（1818—1888）：字存之，号柏堂，安徽桐城人。桐城派后期名家，师从许玉峰、方东树。道光、咸丰间因战乱避居鲁洪山，著《俟命录》。同治元年入河南巡抚严树森幕，后因曾国藩举荐，任枣强知县。

1．本文录自清陈澧撰、陈之迈编：《东塾续集》卷二，见沈云龙主编《中国近代史料丛刊》第77辑《东塾续集》，文海出版社1972年版。

光绪六年辞官归隐，十三年，赐五品卿衔。学宗程朱，著有《诸经说都》《柏堂集》《俟命录》《柏堂遗书》等。

孝经章义[1]

清 · 方宗诚

先儒谓《孝经》是孔子自著，曰“吾行在《孝经》”，恐未必然。其十八章后人各标以名，似尤非。然确是孔子传授曾子之言，盖曾子门人编次之以为书耳。其书文理接续，血脉贯通，深浅始终，至为精密，熟读详味，久自得之，实是一篇浑成文字。其间曾子复问诸章，尤见筋节。朱子疑是后人纂辑而成，特作《刊误》，后儒因各有订本。愚窃未敢信，因为章义以明之。

此书提出“至德要道，以顺天下”为一篇之主，而其所以为“至德要道，以顺天下”者，则以“孝为德之本，教之所由生也”。至其所以为孝，则又以“爱敬”二字为一书之主。爱身，爱亲之本也；敬身，敬亲之本也。以下诸章皆从此二义发挥之。何谓“以顺天下”？盖孝者人心之所固有，人性之所同然。民之秉彝，好是懿德。上老老而民自兴孝，慎终追远，民德归厚矣，故曰“以顺天下”。

二章至六章：言孝之理，则一而分，则各有殊。故自天子至庶人各有其爱敬之不同，而要无一非爱敬之所发也，未节总束上文，孝之正义已尽矣。

七章：曾子云云，以赞叹起，文势峰峦挺特波澜壮阔，下文孔子之答盖推出孝之根源，以申明至德要道以顺天下之意。

八章：“夫然”以下，推出孝之功效，以申明民用和睦、上下无怨之意也。上章总揭之，此章分明之。

九章：曾子云云，文势又起峰峦作波澜，下文孔子之答，非是举周公以为人子之法，言虽周公之严父配天，亦不过尽人子爱敬之道，非奇绝之行也，足见孝德之无加焉。故“亲生之”以下，推出爱敬之根原本天性，非出于天理之爱敬。则为悖礼、为悖德，更见圣人之德无以加于孝也。“君子则不然”以下，言爱敬之实德如此，亦以申明立身行道之意。立身行道，是孝之大本也。

1．本文录自清方宗诚撰《柏堂遗书》，清光绪八年刻本。

十章：申明始于事亲之道，前后诸章皆明“居致其敬、养致其乐”之意，篇末一章则明“丧致其哀、祭致其严”之义，此章为上下关键。

十一章：申明不敢毁伤之意。

十二章：申明要道。

十三章：申明至德行道而有得于心之谓德，故先申明要道，后申明至德也。

十四章：申明扬名显亲之道。

十五章：曾子云云，文势又起峰峦作波澜。慈爱、恭敬八字承上启下，以上诸章论“处常”，此章论“处变”。“从父之令”，即是不爱其亲、不敬其亲矣，即是不能立身行道、扬名显亲矣！有此一问，而事亲之义乃备，爱敬之道乃全。

十六章：推言孝之量，总束首章“至德要道，以顺天下，民用和睦、上下无怨”之义。

十七章：申明“中于事君”之道。事君，是事亲、立身、扬名、显父母中之一事，故前十六章尽发明事亲、立身之道，至此始申明事君。

十八章：以上诸章言“生事爱敬”之道尽矣，此章言“死事哀戚”之道，以终事亲之义。“生事爱敬”以下至篇终，总束通篇，应篇首事亲事字。

德之本，“本”字全是一篇浑成大文字。每章引《诗》《书》之文以作咏叹，但多是断章取义，不必与原解同，正见道理之活泼泼地。朱子删之，似未可从。言“思可道”一节，朱子疑是袭《左传》，亦是未可从。或古书曾有此语，两书俱承用之耳！

重刊古文孝经

清沈秉成校印。沈秉成（1823—1895）：字仲复，自号耦园主人，浙江归安人。咸丰六年进士，由翰林院编修升任广西、安徽巡抚，兼署两江总督。在安徽时，创办经古书院，“以课经史实学”。工诗文书法，精于鉴赏。光绪八年（1882）夏，沈秉成将日本人林衡所辑的《佚存丛书》校印刊行。著有《蚕桑辑要》。

重刊古文孝经说[1]

清 · 尤炳奎[2]

孔传《古文孝经》惟日本《佚存丛书》中有之，余虽见于《知不足斋丛书》中，然其稿亦从日本得来，而古字已悉改为近体矣！

按《古文孝经》二十二章，自鲁恭王使人坏夫子讲堂，于壁中得之，鲁三老孔惠诣献京师，孔安国为之传，会遭巫蛊未之能行。自晋至梁，孔郑二家并立于学，其后梁乱，孔传独亡。隋秘书监王劭得之于京师，以示河间刘炫，炫因序其得失，述其义疏，为《稽疑》一篇，当时学者习于郑注，疑《孔传》为刘炫所自撰，遂置而不论。唐开元中诏议孔郑二家，史官刘知几请行孔废郑，诸儒非之，卒行郑学。迨明皇御注出，而郑氏亦几于废。五季丧乱，孔郑二家并亡。我中国之无其书，而留遗于日本者，殆此时欤？后儒论注从未引及，仅见《唐会要》载司马贞引用“则天之时，因地之利”二句，其注云“脱衣就功，暴其肌体，朝暮从事，露发涂足，少而习之，其心安焉”二十四字。及今校之，俨然尚存，略异数字，想是抄写者之所易也。是编较明皇本多五十一字，并有字句不同之处，且古字极多，而间有俗体误为古字者。别无善本，难以考正。正有欲仍其旧而不得，欲改其章而未能者，及阅至东人《跋》中有“取抄本数种，参互校订，定为此本”之说，从知书中之古字已出于东人之所酌定，非古本之真面目矣！宜乎，有见于此而不见于彼，见于经文而不见于注释者。考诸我朝之经籍，从未有如是之格式也。兹将其所用之古文悉为校正，注释中亦一例用之。其外如“天、地、社、稷、进、退”六字，独下三字用古字，觉斟酌犹未尽善，竟将上三字亦改为古字，以付剞劂，非敢贸然改易，亦求其合于宜耳！况此书既非古时原本，似不至蹈僭妄之罪。并将孔氏原序增列于卷首，亦未始非礼不忘本之意也。

光绪八年岁次壬午季冬之月，长洲尤炳奎谨识。

1．本文录自《佚存丛书》第一册。

2．尤炳奎：生平不详。

南宋闽刊十行本孝经

南宋福建刊刻。

南宋闽刊十行本孝经跋[1]

清 · 佚名

《孝经》旧刻有日本藏“北宋小字本”，《天禄》编目著录“南宋相台岳氏本”，阮氏《校勘记》载有“相台本”，并有“南宋闽刊十行本小字本”，贵阳陈氏有影印相台本。据郘亭《知见传本书目》，有桐乡金氏翔和书屋及同治庚午扬州书局两翻刻本。

此本每半页十行，行十七字，小字单行二十三字，即所谓“闽刊本”也。“经”大字居中，“注”小字双行，“正义”则以疏字隔之，是宋时旧式。至明，李元阳刻于闽中，则半页九行，“注”亦单行居中，惟较经字差小，始改宋以来注疏旧式。明南北监及汲古阁本因之，清赵一清《水经注》亦效之，此后无复旧观矣！

杨守敬谓：闽刻《十三经》版虽久毁，印本往往有存者，远胜于明代诸刻本。阮文达曾据以作《校勘记》，其中惟《尔雅》系元时所刻本。莫友芝谓：闽版间有明正德、嘉靖补刻页，惟《孝经》残阙最多，原页几无一二存者，则此宋刻初印，弥可宝矣！

按此本有“修睦堂”“王氏”二印，未见有著录者。

孝经章句

清胡具庆撰。胡具庆（1685—1749）：生平不详，字侯斋。著有《孝经章句》《孝经外传》等。

1．本文录自中国国家图书馆藏《孝经》，元泰定三年刻本。

孝经章句跋[1]

清 · 孙葆田[2]

右胡俟斋先生所撰《孝经章句》，分为经一章，传十二章。《孝经》自汉时有今、古文之分，今文则长孙氏、江氏、后氏、翼氏及安昌侯所传，凡十八章。古文出自孔氏壁中，凡二十二章，其文异者四百余字。刘向典校经籍，除其繁惑，以十八章为定。魏晋而降，注者无虑数十家，至唐明皇分注错经，会萃诸家要旨，仍八分御札刻石西京，今世所传《石台孝经》是也。宋司马温公独信好古文，为之《指解》。至朱子作《刊误》，乃更删去经文“子曰”者二、引《书》者一、引《诗》者四，又复定传文为十四章。而伪古文增多《闺门》一章，独仍其旧。自是以来，诸儒迭有改订，亦犹《大学》一书之纷纷更定也。

孝之义大矣，推其极至于光宇宙通神明，非圣人盖莫之能知也。朱子定篇首问答之言，通为一章，其说卓矣。诸儒区区掇拾， 以传文比附经之次第者，抑何其劳且繁哉！夫章句分而后大义明，古《左氏春秋传》传自曾申，而此经乃曾氏之书，故所引传文有与《左氏传》相同者，朱子疑焉。于义同子产所言，则因之；于义同季文子、北宫文子所言，则黜之。岂非由为此传者杂引他文联合成章，故不能使人尽信。与夫“根心生敬，尽敬为礼”，故言礼与言孝，其义本可以相通。如《大学》一篇亦曾氏之书，汉人并采入《礼记》，诚以其学为大人之学，非礼无以致知，非礼无以正心诚意，非礼无以修身齐家，非礼无以治国平天下也。使尽如后儒所说格物，则与今异端之学奚异哉！

俟斋先生此书，虽亦于传文有所移置，而未尝刊去旧文，虽其意亦本于朱子，而于经传亦用汉儒所传之今文，其大体可谓善矣。至其言孝必归于敬，则又具见平时讲学之旨。盖先生学宗程朱，而于居敬穷理之功尤深，故其为书，章条句释，能使读此经者昭晰无疑，则其有裨于来学不既多乎！

予既校刻先生《读易自考录》，因是书词达而理明，与《四库》所收《孝经》诸家之说足以相辅，辄为刊行俾传于世，以不没先生苦心。先生尚有《孝

1．本文录自清孙葆田撰《校经室文集》卷一，见《山东文献集成》第1辑第39册。

2．孙葆田（1839—1909）：字佩南，山东荣成人。同治十三年进士，授刑部主事，任安徽宿松知县，调署合肥知县。为政有风骨，不惧强权。后为御史所劾，免归。历任山东尚志书院、河南大梁书院。治经史严谨，两度总纂《山东通志》。著有《孟子编略》《校经室文集》等。

经外传》，亦以成朱子所欲为而未及为者，所采不过《论》《孟》《戴记》诸书，卷帙稍繁，校刻须时，姑以俟诸异日。

孝经郑注附音

清孙葆诚撰。孙葆诚：生卒年不详，字宜卿，山东荣城人，清末学者孙葆田弟。同治十二年拔贡，去世时，年仅二十七岁。著有《孝经郑注附音》。

孝经郑注附音跋[1]

清 · 孙葆田

右《孝经郑注附音》一卷，予亡弟季诚所编次也，稿藏于笥今二十年矣！始吾弟读殿本《孝经注疏》，疑陆氏在明皇前，何以《音义》内有注同云云。予告之曰："此《郑注》也，《今本》用唐玄宗注，而《音义》仍存而未删，此校勘之疏也。"因检近人所集《郑氏注》及《群书治要》授之弟，弟乃恍然有悟。复取《经典释文》善本读之，即《音义》以推寻旧注，正其谬误，补其阙略。于《郑注》则但载旧文，不复详其所出，以有诸家集本存也。于陆氏《音义》则详载之，而删去"后人校语"，不使混淆，其大指可谓善矣。又尝欲作《义疏》，书未成而弟遽以毁卒。

予今年偶检笥，得此编，为之流涕。噫!《孝经》自唐明皇御注，大书深刻，而唐以前诸家之注尽废。宋邢昺承诏校定《元疏》，盖犹及见郑注，而独力辨其不出康成。至元明之世，全书遂佚。国朝诸儒，始广为搜揖。而吾弟独好此经，盖尝身体而力行之，故其所得又独视昔人为甚精。今此本虽不足以传吾弟，然吾弟之精神寓焉，刊而行之，又安知数十年后不且与郑氏书同归于泯灭哉!弟名葆诚，以字行，又字宜卿，同治癸酉选拔贡生，殁时年仅二十七岁。

光绪丙申春正月，刻即竣，有示予以严氏可均辑本者，为姚氏咫进斋所

1．本文录自清孙葆田撰《校经室文集》卷一。见《山东文献集成》第1辑第39册。

刻，视他本独详，亦据《群书治要》增辑，与吾弟此本无异。而第四章“是故非法不言，非道不行”二句，经注并脱。又第六章注“未之有”者，善未之有也。善，一作“难”，见《释文》。今《治要》本讹作“言”，殆不可解。又第九章《经》文“续焉、大焉、上焉”字，见《释文》，故注云“复何加焉”。又经文“则而象之”，《释文》出“效”字，邢疏：“法则而象效之”，正用郑注。而诸家或以“效”为释，则字误矣！他如第十五章“又焉得为孝乎”，《释文》：“焉，与虔反”，注同。今《治要》注作：“岂得为孝乎”，亦魏徵所改。又第十六章《经》文“光于四海”，《治要》与各本俱作“于”，而严氏据《石台本》改“于”为“於”。又第十七章“进思尽忠”，《释文》“尽，津忍反”，不云注同，下出“死君之难”四字。严氏据《文选注》“死君之难为尽忠”，增三字，亦误也。独末章注，严氏所辑与臧氏镛、陈氏鳣、袁氏均及吾乡孔丛伯氏纂辑《郑注》略同。以此见诸家之善读书，而吾弟用心尤细也。至经文有从《治要》本者，第六章“因天之道”与余萧客所见影宋本同，注文有以意增入者。“公侯伯子男”，注据邢疏引旧解：“公者，正也”，与末章《疏》引旧解：“宗，尊也，庙貌也”，义出自郑。知旧解为郑注，不与《白虎通》“公者，通也”义同。又《释文》误字，如“不令而伐”谓之“暴伐”，当作“成”，即《论语》“不戒视成”之“成”，句有脱误。“五刑”注谓：“劓、墨、宫、割、大辟”，《治要》作“墨、劓、膑、宫割、大辟”，盖据《吕刑》易其次第，“割”字衍文，当为“刵”字之误。陆氏亦误释此，吾弟所独得也。其他校勘之善，阅者当自能辨之，无俟予之赘言。

吁！郑氏因避难而注《孝经》，朱子五十七岁时成《孝经刊误》，今予年五十有七矣！抚吾弟此编，辄不禁感喟嘘唏，既以伤死者之不可复生，又自叹年往岁徂不能修行立身，其亦有愧于此《经》也夫。葆田再识于潍县之胜园。

黄道周夫妇所书孝经

明黄道周、蔡玉卿撰。

黄道周夫妇所书孝经卷册[1]

清 · 吴庆坻[2]

漳浦黄忠端公书《孝经》卷、册各一，忠端夫人蔡氏所书《孝经》卷一，汉阳叶氏所藏。忠端自跋，一为辛巳秋，一为辛巳八月，皆请室中笔墨也。

按：忠端公《孝经》别本自跋云："向在西库写此经一百二十本，其七本有补《豳风》，余八十本俱依石台原本，又三十三本以'聿修厥德'移于'天子'之首。西库无佳笔，俱用秃笔书之"云云。叶氏所藏，殆即其时所书？

蔡夫人善临池，代公作行草几夺真。《孝经》卷题"崇祯甲申秋望日偶录"，盖临忠端书。叶氏又云："夫人书《孝经》别一卷，末题'明忠烈文明伯武英殿大学士黄道周妻蔡氏玉卿书于石养山中之斋室'，凡二十九字，不著年月。""忠烈"谥，隆武以赠，此卷当是丙戌后作。

忠端尝进《孝经大传》，其序云："臣绎《孝经》微义有五，著义十二。是十七者，以治天下，选士不与焉，而士出其中。"盖深痛于杨嗣昌、陈新皆夺情而起，无父无君之言满天下，乃退述是经，以补讲筵之缺。崇祯庚辰，被逮白云库下，诸狱卒不敢有望于公，惟日奉楮札丐书。时公搒掠备至，血肉淋漓，日据败几书《孝经》以当役钱而已。忠端《孝经定本》，善化贺耦庚先生尝刊于黔中。余家有是本，幼童入塾，即以是本课之。

重刊孝经注释

清彭其仁重刊。

1．本文录自清吴庆坻撰《蕉廊脞录》卷五，见《续修四库全书》第1264册《子部 · 小说家类 · 蕉廊脞录》。

2．吴庆坻（1848—1924）：字子修，又字敬疆，号补松老人。浙江杭州人。光绪十二年进士，选翰林院庶吉士，授编修。历任四川学政，湖南提学使，政务处总办，资政院硕学通儒议员。善诗文，工书法。曾参与《杭州府志》《浙江通志》的纂修。著有《补松庐文录》《补松庐诗录》《蕉廊脞录》《益州书画录续编》等。

重刊孝经注释后序[1]

清 · 彭其仁[2]

《诗》曰："哀哀父母，生我劬劳。欲报之德，昊天罔极。"又曰："明发不寐，有怀二人。"诚哉！孝为百行之原，固尽人所当讲求，亦尽人所当同勉者也。

仁幼年失怙，中年失恃，每念亲恩未报，诵《蓼莪》而滋痛，感风木以生悲。回首生平，悔恨莫及。偶读《文昌帝君孝经》，反复玩味，其"教孝"六章大旨实与孔圣《孝经》十八章相发明，语语恳挚，字字确当。而篇中注释，复能指点亲切，使人易于领会，不特上智见之足以启发其至性，即下愚闻之亦可触动其天良。洵度世之金针，非寻常所能及。因急付之梨枣，阅月余告成。特以心有余而力不足，先刷印数百余卷，分送敬信同人，冀其扩充善量。

窃愿读是经者，仰体帝君之训言触目警心，及时尽孝。须知爱日之光阴有限，终天之抱憾无穷，与其椎牛祭墓，何如鸡豚逮存！用力用劳，各尽得亲顺亲之道；一动一静，常念养我教我之勤。体亲心则委曲求合，知亲年则喜惧交增。苟大本之克全，庶所生之无忝。即或椿萱早背，子欲养而亲已亡，但能广积阴功，时行方便，资父母之冥福，是即所父母之深恩。所望博施君子、乐善仁人，或独力重刊，或集资印送，以期远近流传。或规劝戚友，或训示生徒，以期顽蒙感化。果其力为遵循，互相勉励，将人人同敦贤孝，家家共乐和亲，雍雍熙熙，自有俗易风移之象。况由此孝念推之，则凡持身行已，处世待人，首善既备，众善自无所不备。行见太和翔洽于寰宇，真诚上格于苍穹，雨顺风调，休祥立召，年丰人寿，劫运潜消矣！岂非名教纲常之大幸也哉！

孝经存解

清赵长庚撰。赵长庚：生卒年不详，安徽天长人。所著《孝经读本》《孝

1．本文录自清彭其仁《滇文丛录》卷四十。

2．彭其仁：生卒年不详，约生活于清咸丰、同治时期。

经存解》《孝经存解阐要》《孝经存解析疑》《读孝经刊误问答》各一卷，合编成册，收入《四库未收书辑刊》。

孝经存解序[1]

清 · 赵长庚

《孝经》之书，言圣人之行，以为法于天下万世者也。有圣人之德，则有圣人之道；有圣人之道，则有圣人之行。行也者，兼德与道而言者也。盖人之生于父母与生于天地，其分虽殊，而理则一，故人之行莫大于孝。独以智愚异禀、贤否异质，是以分多不尽无以会通乎一理之源，而惟圣人为能尽之。故其德至，其道要，以之顺天下，则民用和睦、上下无怨也。

唐虞以上圣人之行，盖不可得而悉考矣。粤惟唐虞二帝，实皆以圣人之德，开万世之道统。其为行也，自九族亲睦以至于黎民于变，自一门允若以至于四方来格，其所以顺天下而致民于和睦无怨者，固已昭昭史册。而后之圣贤仰维其德而综论其道，则不过曰“孝”而已矣！是则，孝德岂不至而孝道岂不要哉！

自时厥后，三王迭兴，其德虽有“性之”“反之”之不同，而皆为圣人之德，其德之至则同也。其所遭之遇与其所以得天下之道，虽有揖让、征诛之不同，而皆为圣人之道，其道之要则同也。故其顺天下而民用和睦，上下无怨也，亦皆亲亲仁民、贵贵尊贤，驯至一道同风，兵刑不试，铄然与唐虞比隆，而教泽之遗且延及乎数十百年而未有艾焉。盖其开创之初，若夏先王之干蛊，商先王之祗肃，周先王之止孝、达孝，既皆克尽乎孝行之大以为天下先。其守成之君，若夏之帝启、帝少康，商之三宗，周之成康，又皆能监成宪而守大训，以觐扬先烈。故其时自侯、甸、男、卫，公、卿、大夫以下暨乎庠序之士、闾巷之民，莫不薰蒸孝治，晓然于至德要道之归，无非己性分所固有，职分所当为，而各俯焉以尽其力。此三代盛王，其孝行之全，规操之有本，而推之无外，诚万世之所当法守者也。及周之衰，贤圣之君不作，孝治之本不修，三纲以沦，九法以斁，乱臣贼子遂接踵于当世。虽有五霸继起，翊而扶之，然

1．本文录自清赵长庚《孝经存解》，见《四库未收书辑刊 · 经部》第2辑第12册。

挟其诈力，假乎仁义，不能深探其本以大变其俗，卒不免为三王之罪人，乃至其益衰。而杨、墨之徒为我兼爱之学，无父无君之教，又浸浸乘间抵隙，簧鼓其间，而大乱由兹起矣！

我夫子以大圣之德，生当其时，顾不得位以行其道，于是作《春秋》以诛乱贼，黜诈力以明王道。既又以及门之士惟曾子最为笃于孝，乃与之详论孝之大指，曾子因而述之以为此经。盖此经者与《春秋》义相表里，其在于上，则二帝三王之行所本之以治天下者也；其在于下，则吾夫子之行所本之以教万世者也。先儒传夫子之言，有曰“吾志在《春秋》，行在《孝经》”，不其然欤！不其然欤！曾子既述此经，乃又述夫子之言《大学》，而与其门人讲而传之。盖《大学》之书与此经亦相表里，必明乎《大学》之义，而后此经之所谓“至德要道”者，乃有以真知实践而辟夫入德之门；必明乎此经之义，而后《大学》之所谓“明德新民”者，乃有以探本穷源而握夫求道之要。是则曾子所以传圣人之道，而有功于后学者。其统宗端在此两书，而不容缺一者也。自此而又再传其门人，复成《论语》。至于子思作《中庸》，孟子著七篇，圣人之道益以大明。然无非以推明此两书之精蕴，而为六籍之总会而已。

遭秦煨烬，经籍几熄。及汉之兴，《孝经》先出，群经亦次弟网罗，简编略备。顾汉以来，儒者多牿于训诂辞章之习，又抱残守缺，分门别户，不合不公，类不足以发明圣道，而老佛之徒遂复得假其无父无君之教，以窃夫道德心性之似而大乱其真。盖《大学》之教不明，则《孝经》之书虽历代皆知尊崇，而知有未至、意有未诚，亦无怪其德囿于偏，道流于杂，而无以顺天下，致民于和睦无怨如三代之隆矣！洎于有宋，周、程、张子四先生出，实始发挥圣道之精蕴，以各著于篇。迄于朱子，因集其成，既精注《大学》《论语》《孟子》《中庸》，尊为四书，以垂百世不刊之典矣。其于《孝经》一书，亦为之订其异同，正其章次，而又表章其格言，辨析其疑义，以一扫汉魏以来诸儒相沿之讹误，而待后之学者。其所以羽翼圣经以维持世教者，用意诚可谓深哉！顾其为书，犹非已成之书；即其为说，亦尚多未定之说。故自朱子以来，儒者于此经每难言焉。

庚之浅陋，奚足与此。第念自束发受书之日以迄于今，岁月几何，倏逾三纪，叹老大之无成，而又深惧夫一得之愚遂终即湮没，而不获与世之君子共商正而卒其业也。爰不自揣度，因朱子《刊误》之书更加厘订，录成《孝经读本》，而谨就所知著为《存解》一篇，以附其后。既又为阐要析疑，及读朱子

《刊误》《问答》三篇，并以附焉，亦犹是存解之意也夫。所谓《存解》者，存之以备一解，非敢自谓得解也。然初学之士，诚能即是解以求经，则亦庶乎其不远焉尔。此又区区之愚，所以存是解之意也夫。

光绪十年岁在甲申九月朔日壬寅，天长后学赵长庚谨序。

孝经存解引[1]

清 · 赵长庚

善事父母为孝。经，常也。盖孝本天地之经，而民是则之者，乃天下古今不易之常理也。然其德至，其道要，惟圣人为能全体之，亦惟圣人为能发明之，故曾子备述夫子论孝之言，特题其书曰《孝经》，所以明其所言，实尽乎天下古今不易之常理也。后儒于凡圣人之书，统尊曰“经”，义即仿于此云。

读孝经刊误问答

清赵长庚撰。

读孝经刊误问答序[2]

清 · 赵长庚

或曰：《孝经刊误》一书作于朱子，是必非苟然矣！今吾子读之而设为问答之辞，乃若有所取舍于其间，敢问其说如何也？

曰：非敢取舍《刊误》之说也，正所以因其说以益求经文之所安，而庶几

1．本文录自清赵长庚《孝经存解》。

2．本文录自清赵长庚《读孝经刊误问答》，见《四库未收书辑刊 · 经部》第2辑第12册《孝经存解》。

乎有以终其说之绪焉耳！盖尝论之朱子《孝经刊误》一书，所谓已启其扃未终其绪者也，观于其所自跋与其为书则可见矣。其自跋也谓："旧见衡山胡侍郎《论语说》，疑《孝经》引《诗》非经本文，甚骇其异，及徐察之而信，且觉可疑之端不止于此，因致书沙随程可久以质之。程答以'顷见玉山汪端明亦谓此书多出后人傅会，爰叹前辈读书精审，其论固已及此'。又窃自幸有所因述，而得免于凿空妄言之罪。"此《刊误》之作之所由来也。其为书也，章次文字，一遵古文之旧，大书于前，而以已说分系各条之后。其欲刊正之章次，则止云"某至某"当为经一章，"某至某"当为传之若干章，未尝移动正文也。其欲刊削之文字，则止云"某与某若干字当删去"，"某至某若干字当删去"，"某某字当依今文作某"，未尝窜逸正文也。其所致疑之文意，亦止云"某某章之失如此""某某段之失如彼"，据已所见而言，略无回护。而于正文，固皆自若也。由是观之，虽其指瑕索瘢不遗余力，而其谨严迟重乃复如此；虽其用心极期于羽翼圣经维持世教，而特犹非已成之书已定之说，自谓不可一毫更易者也。岂若《大学》之书，正其章句，补其阙略，确然自信以成一家之学，而接先圣之传也哉！其为此者，盖读书会疑，乃能深穷理奥。士有终身占毕自托尊经，卒无所发明，其于朱子贤不肖何如也？惟是朱子之于此书，虽已启其扃而未终其绪，后人之读之者，正宜益加研索，以求至是之归。乃自朱子以来，儒者或轻相诋毁，束其书而不观；或过于尊信，守其说而不变。其贤者，则意存谦让，谓当姑缺其所疑；其妄者，乃更用其私意删节增改，以曲就其一偏之说。而《孝经》遂益无完书，而不可读是矣。是则此经之不幸，抑亦学者之不幸也！庚之不敏，忆自蚤岁即受今文句读于先君，子嗣益考求注疏及古今诸儒之说。因得《刊误》之书，伏而读之，仰见其据理谭经，不拾牙慧，用意甚深。顾其中亦似觉有指驳过当，反求之经文而未安者，窃思因其绪而终之。而自顾学识浅陋，病未能也。洎乎参考既久，玩索浸深，乃若粗有所得，用敢吐弃。诸家因经立义，其于《刊误》之说尤必精研熟审，不敢苟异，亦不敢苟同，而总期于不悖孔、曾传授之指，与夫朱子翼经维世之苦心。既为定著《存解》一篇，以授家塾童蒙之士。而复以其间，取《刊误》之书与学者共读，因辨论其异同得失之大方，以与海内同志之士共商正焉。是则愚之为此，正以求终《刊误》未终之绪，而犹惧其或不得当者也。倘大雅君子能惠然匡其不逮，俾不至取罪先贤而贻误后学，愚者方重有望焉矣！若云取舍《刊误》之说，则予小子其敢乎哉！告语既毕，爰悉次其辞，即以为之序，而弁其端云。

光绪甲申十月既望，天长后学赵长庚谨序。

三字孝经

撰者不详，清代光绪间重刻。

三字孝经序[1]

清 · 廉泉景额[2]

夫三字孝经，予于乙丑科会试得之于京师，其书辞简意深，理明事详，始言子生三年，教养成人之道；中言天子以下，各尽人子之谊，终言古昔圣贤，孝思不匮之诚。合而观之，洵为蒙稚为仁之本，入德之门也。窃思予自甲子科幸领乡荐，十有五年，进京会试者三；旗学与管学，课读者四，终年奔驰，日无暇晷。且予年近五旬，无片善有补于世，念及此，诚有愧所生矣。日前偶检丛帙，将是书取而读之，按字逐句，详加翻译，其中恐未能协，乃就诸同学锡助之伊逊斋二公，勉成一书。于是授诸梓，以供小子诵习。虽所翻不无贻笑高明，然于蒙稚之学，庶几有小补云尔。

光绪戊寅仲吕月之吉，廉泉景额序。

孝经郑注疏

清皮锡瑞撰。《清史稿 · 艺文志》载："《孝经郑注疏》二卷，皮锡瑞撰。"皮锡瑞（1850—1908）：字鹿门，一字麓云，湖南善化（今长沙）人。

1．本文录自《三字孝经》，中央民族大学图书馆藏满汉文对照《三字孝经》，光绪四年景额刻本。
2．廉泉景额：生平不详，满族，举人。

因景仰西汉经学家伏生，署所居名为“师伏堂”，学者称“师伏先生”。幼承家学，光绪九年中举后三次会试皆落第，遂绝意科举，潜心讲学著书。曾主讲湖南桂阳龙潭书院、江西南昌经训书院。因支持维新运动，戊戌变法失败后，被革举人，交地方官管束，于是闭门著述。皮锡瑞博贯群经，创通大义，今文经学，造旨尤深。著有《经学通论》《经学历史》《今文尚书考证》《圣证论补评》《孝经郑注疏》等。

孝经郑注疏序[1]

清 · 皮锡瑞

学者莫不宗孔子之经，主郑君之注。而孔子所作之《孝经》，疑非孔子之旧；郑君所著之《孝经注》，疑非郑君之书。甚非宗圣经、主郑学之意也。

古人著书必引经以证义，引礼以证经，以见其言信而有征。孔子作《孝经》，多引《诗》《书》，此非独《孝经》一书有然，《大学》《中庸》《坊记》《表记》《缁衣》，莫不如是。郑君深于礼学，注《易》笺《诗》，必引礼为证。其注《孝经》，亦援古礼，此皆则古称先、实事求是之义。自唐以来，不明此义。明皇作注，于郑注征引典礼者，概置不取，未免买椟还珠之失，而开空言说经之弊。宋以来尤不明此义，朱子定本，于经文征引《诗》《书》者，辄删去之。圣经且加刊削，奚有于郑注？今经学昌明，圣经莫敢议矣，而郑注犹有疑之者。锡瑞案：郑君先治今文，后治古文。《大唐新语》《太平御览》引郑君《孝经序》云：“避难于南城山严铁桥，以为避党锢之难。”是郑君注《孝经》最早。其解社稷、明堂、大典礼，皆引《孝经纬》《援神契》《钩命决》文。郑所据《孝经》本今文，其注一用今文家说。后注《礼》笺《诗》，参用古文。陆彦渊、陆元朗、孔冲远，不考今古文异同，遂疑乖违，非郑所著。刘子元妄列十二证，请行伪孔废郑。小司马昌言排击，得以不废。而自明皇注出，郑注遂散佚不完。近儒臧拜经、陈仲鱼始裒辑之，严铁桥四录堂本最为完善。锡瑞从叶焕彬吏部假得手抄四录堂本，博考群籍，信其确是郑君之注，乃竭愚钝，据以作疏。

1．本文录自清皮锡瑞撰《孝经郑注疏》，《四部备要》本。

《孝经》文本明显，邢疏依经演说已得大旨，兹惟于郑注引典礼者为之疏通证明，于诸家驳难郑义者，为之解释疑滞，冀以扶高密一家之学，而于班孟坚列《孝经》于小学之旨，亦无懵焉。辑本既据铁桥，故案语不尽加别白。焕彬引陈本《书钞》、武后《臣轨》，匡严氏所不逮，兹并著之，不敢掠美。更采汉以前征引《孝经》者附列于后，以证《孝经》非汉儒伪作，窃取丁俭卿《孝经征文》之意云。

光绪二十一年岁在乙未仲夏月，善化皮锡瑞自序于江西经训书院。

孝经古微

清叶绳翥撰。叶绳翥：生卒年不详，约生活于同治、光绪时期。字敬伯，湖北罗田人。著有《孝经孝翔学》《孝经古微》等。

孝经古微题词[1]

清 · 叶绳翥

"尧舜之道，孝弟而已矣"，此孟子私淑语也。孔子祖述尧舜，行在《孝经》，曾子传之，乃惟曰"忠恕"，何邪？"忠恕"，即《孝经》大义；行在《孝经》，即行此忠行此恕也。曾子通《孝经》，故特明"忠恕"。孟子恐人不知"忠恕"源于孝，故复言孝弟。孝弟是独善事，属之尧舜；忠恕是兼善事，属之孔子，此其道一贯甚明，总汇六艺其来古矣！自更秦火，文残义阙且二千年，无有知"慎终"及"一贯"数言，为《孝经》卒章脱在《论语》者。绳翥不敏，窃尝禀庭训读《春秋》，辄先从事于斯，见有义微，则就本经为发其覆；文微，则掇它经为补其亡。分三篇案之，无一行非"忠恕"焉。试胪新说，陈于前，益信吾圣言如照妖镜也。敝帚自享，命之《古微》，授诸弟共研究焉。若以质诸天演学界，而欲与之争，则吾岂敢。

1．本文录自清叶绳翥撰《孝经古微》，见《四库未收书辑刊 · 经部》第2辑第12册。

光绪戊申三月，叶绳翥谨题。

百孝图说

清张之洞等编，陈凤屏刊刻。张之洞（1837—1909）：字孝达，号香涛、香岩，又号壹公，清代直隶南皮（今河北南皮）人，清末洋务派代表。清同治三年以一甲第三名成进士，与曾国藩、李鸿章、左宗棠并称为“晚清四大名臣”。仕至军机大学士加太子太保衔，卒谥“文襄”。

百孝图说序[1]

清 · 李时品[2]

中国教化，不出于三，儒道佛而已。三教之发源，皆孝德所自始；三教之归极，皆孝德所演成，是孝德又足以统乎三教。

昔孔子删述六经毕，作《孝经》意会之，曰：“孝者，天之经，地之义，民之行也。”人之行莫大于孝，是孝诚彻始彻终之要道，冠百行而莫之先，继百行而莫之后。小大并包，运无不在者，故自谨身节用，扬名显亲，得万国之欢心以事其先王，乃至人人能子，天下自平，此儒者之于孝也。

道之根要在元始，祖先躬取，生身受气之初，陶铸于阴阳之表，迥脱乎五行之中，使三宝归原，神虚道合。父母、祖先本一之聊贯，悉得超升，此道者之孝也。

佛号大法、王法，不外平等差别，圆孝子之事亲也。不敢与亲起美恶心、贤恶心，乃至一切分别之心。只有此为我亲之心，是为平等法门。事亲必先于众人、厚于众人、究竟于众人，是为差别法门。虽与亲不敢起分别之心，而必喻亲于道，虽事亲至爱至敬，而终愿推及于众生，是为圆融法门。是以发菩提

1．此文采自民国时陈凤屏重刻的张之洞等编的《百孝图说》，文中“丁丑”应指1937年。

2．李时品（1884—1961）：四川成都人，清末秀才，后就读于四川绅班法政学堂，民国时曾任四川高等审判厅推事、私立法政学校校长等职。建国后在四川文史馆任职。

心者，必观众生曾为父母，而终未来际，作大饶益，拔济有情者，由是知六道异生为父母，此佛者之于孝也。

儒者之孝在于诚乎身，道者之孝福及其亲，佛者之孝恒顺众生，一贯之道也。陈君凤屏行孝道，更本先正黄子小坪所著《百孝图说诗传》，增广详明而刊行之，品亦于校勘之末稿成，述鄙意于此，其详悉如本文。欲知《百孝图诗传》与此异同，可观原著。不复赘。

岁丁丑春正月元旦，蜀南西昌李时品敬序。

孝经集注述疏

清简朝亮撰。简朝亮（1852—1933）：字季纪，号竹居。广东顺德人，人称简岸先生，清末著名学者。与康有为同受业于名儒朱九江门下，被时人誉为“朱门两高徒”。简朝亮屡应乡试不中，遂绝意科举，一生以传经授徒为己任，以道德、学问赢得社会广泛敬重。康有为也称赞他：“今岭南大儒，一人而已！”1933年病逝于广州。著有《尚书集注述疏》《论语集注补正述疏》《孝经集注述疏》《礼记子思子言郑注补正》《读书堂集》等。

孝经集注述疏序[1]

清 · 简朝亮

《孝经》者，导善而救乱之书也。《经》曰：“先王有至德要道，以顺天下。”盖天下原自顺者，此以顺之，导善也。故《经》曰：“天地之性，人为贵”，性善也。天下或不顺者，亦以此顺之而顺，救乱也。故《经》曰：“事亲者，居上不骄，为下不乱，在丑不争。”夫必其不骄，斯居上不召乱以亡也；必其不乱，斯为下不犯乱以刑也；必其不争，斯在丑众不近乱以兵也。孝子之事亲若斯也，故《经》曰：“五刑之属三千，而罪莫大于不孝。要君者无上，非圣人者无

1．本文录自清简朝亮撰《孝经集注述疏》，见《四库未收书辑刊 · 经部》第6辑第3册。

法，非孝者无亲。此大乱之道也。”此三者皆自不孝而来，不孝则无可移之忠，由无亲而无上，于是乎敢要君；不孝则不道先王之法言而无法，于是乎敢非圣人；不孝则不爱其亲而无亲，于是乎敢非孝。惟《经》则教以孝，而大乱消焉。《孝经》家旧说，其得者文明在天地间也，其失者有六，今宜辨之矣。

《经》曰：“身体发肤，受之父母，不敢毁伤，孝之始也。立身行道，扬名于后世，以显父母，孝之终也。”其总结之文遂曰：“故自天子至于庶人，孝无终始，而患不及者，未之有也。”其所谓“无”，如《论语》“无小大之无”，谓“无论”也。其孝无论为终为始，不患其力不及焉，孝由天性故也。其不曰“始终”而曰“终始”者，明乎成“终”以成“始”也。惟终而“立身行道”，则始而“身不毁伤”，乃有成也。庶人者，《国语》所谓“四民”也，《管子》所谓“士、农、工、商”也。四民之士，未仕而终身为庶人，若颜子是也。而《经》又曰：“夫孝始于事亲，中于事君，终于立身”，此其在庶人。则既仕也，其在天子，则舜、禹、汤、武也。而旧说释“孝无终始”者多异，其承“中于事君”之终始而言，则未仕若颜子者，何以该乎，其失一也。

《礼·祭义》云“虞夏殷周，天下之盛王也”，《孝经》称“先王”者，溯古之以孝治天下者而称焉，虞之帝舜，亦先王也，犹《礼运》称“上古为昔者先王也”。而旧说未会通之，稽古者惑矣，其失二也。

《经》曰：“生事爱敬，死事哀戚，生民之本尽矣！”生民者，生人也，统贵贱尊卑而言。自天言之，皆生民也。《诗》言后稷者曰“厥初生民”，固以生民歌配天之后稷也。而旧说不及于斯，遂有疑《丧亲章》不言天子之事，其失三也。

《经》曰：“生则亲安之，祭则鬼享之。”故虽天子者必有尊也，言有父也，必有先也，言有兄也。而旧说言天子者惟以亲没言之，惟以诸父诸兄言之，奚不思舜为天子而生事瞽叟欤！奚不思汉高帝有父太公、有兄郃阳侯仲欤！其失四也。

孔门之学，德行与文学兼称。《孝经》之行，其德行也；《孝经》之文，其文学也。故经有互文，有变文，有省文，有分应之文，有回顾之文，有主孝而递推之文，有重教而独承之文，有言政而微及之文。读者习之，则近文章如礼儒行也。而旧说察其文者希，甚且疑其误。又或句下为注焉，连者断之，无以见一章中之善属文者，其失五也。

伪《古文孝经》云：“闺门之内，具礼矣乎。严父严兄，妻子臣妾，犹百姓徒役也。”此伪者之淆礼制也。《大戴礼·本命篇》云“女日及乎闺门之内”，此《礼·内则》所谓“女子居内”也。其所谓“男子居外”者，岂不在闺门之外邪？今伪者淆之矣！而旧说或从伪《古文》本而不察也，其失六也。

朝亮幼读《孝经》，长而闻九江朱先生讲学以孝为先，则于此经不敢荒矣！时而教授，每开说此经，遂有答诸学子问而辨旧说者，或口答之，或笔答之，群皆志之，编为《孝经答问》一卷，举大略云尔。丁巳岁季冬，《论语述草》既毕，乃思《孝经》为诸经之导也，当有集而述之。由是考于古义，酌于今时，多彻宵起草，越岁季秋，草有《孝经集注述疏》一卷，因附《答问》于后。昔陆氏著《释文》，诸经皆摘字为音，惟《孝经》以童蒙始学摘全句，盖欲其易知也。今之所草，其亦将备始学者欤！自念童时，家君以《孝经》命之读，布席于地执书策而坐，在膝下读焉，今无几何，身处六十有八，虽目光尚如童时，而亲亡矣！书策徒存，安得如膝下读《孝经》时也。

顺德简朝亮序。

孝经正解

清徐见行撰。徐见行：生平不详，直隶通州人。

孝经正解序[1]

徐世昌[2]

孝者，庸行也，而百行本之，故世之盛也，必以教孝为宗。唐高宗论《孝经》谓：“德教加于百姓、刑于四海，是知孝道之所以为大也。”近代取士，虽不及，而颁行黉校诏令炳然。窃谓衰俗相承，彝伦沦斁，甚至悍然为非孝之说。诚取专经，著之教科，易俗移风或有赖焉。顾其书言简旨深，不适于初学。比读通州吾宗见行先生所著《正解》，节其繁赜，宣其宏奥，所以贶后生

1．本文录自《青鹤》第三卷第11期《文荟》。

2．徐世昌（1855—1939）：字卜五，号菊人、弢斋。光绪十二年进士。清帝逊位后，于1918年被安福国会选为中华民国大总统。借助僚友门客编撰书籍《清儒学案》《颜李遗书》《弢斋述学》《大清畿辅先哲传》《退耕堂政书》《古文典范》《明清八家文钞》等20余种。

者至切。是书，传其为救时之针石、翼教之准绳矣！

夫观人者必于本原，未有薄于其亲而能厚于众者，故《孝经》主博爱，必先以事亲；立教者必有纲维，未有不行于家而能型于国者，故《孝经》之教民，必先以孝悌。先生之于《孝经》，盖身体而力行之，观《州志 · 孝友传》可证。原椠久湮，其子孙远绍旁搜，终得行世。天其将昌明是书，为薄俗揭其矩焉！先生裔孙泳绯属序，不敢以荒落辞，为识数语归之。

癸酉嘉平水竹村人世昌谨撰。

孝经通论

邬庆时撰。邬庆时（1882—1968）：字伯健，号楷才、鼎楼、东斋，广东番禺人。学识渊博，治史一丝不苟，曾修县志近十部，有《方志序例》行世，是近代方志大家。其他著述有《半帆楼诗稿》《鼎楼诗草》《番禺隐语解》《东斋杂志》《孝经通论》《经学导言》等。

孝经通论自序[1]

邬庆时

民国十八年秋，予自九峰归，大病几殆。既瘳，而足不良于行者月余，枯坐无聊，因以读书遣其岁月。偶读《孝经集传》，窃叹我中国自孔子提倡孝治之后，爱敬之义，深入人心，渐成国俗。虽几经干戈扰攘，政治变迁，而社会之安宁，二千年来，赖以安堵如故。迨大义日晦，举国若狂，家庭之间，遂从此多事矣！然人穷则返本，乱极必思治。他时乱之既平，世之稍定，欲求久安长治，势必有事于正人心、息邪说、距诐行、放淫辞，而孝治将复为救时之良药。且孝于父则同姓亲，孝于母则异姓亲。推类尽义，则所谓天下一家、中国

1．本文录自邬庆时撰《孝经通论》，见王云五主编《国学小丛书 · 孝经通论》，上海商务印书馆1937年版。

一人之理，即由此立。是孝治者所以结据乱世之终，亦所以开太平世之始。即主张法治之国，将来亦必有改用孝治之一日。然则《孝经》一书，今虽无人过问，而有待于研究者固甚亟也，因发箧取古今来《孝经》家言而读之。步履稍健，复至市内各图书馆，读所未见。仍有未尽，更承南京国学图书馆慨予抄寄，浏览既竟，颇有所得。摘其大要，厘为十篇，颜曰《孝经通论》，聊以备将来读《孝经》者之参考。稿既脱，并记其缘起如此。

时民国十九年九月也，番禺邬庆时识于广州市文德西路半帆楼。

孝经通考

民国蔡汝堃撰。蔡汝堃：生平不详。

孝经通考序[1]

张西堂[2]

《孝经》一书，《吕览·察微》已见引征其文。汉代传授，又实广于五经，然以其书作于孔、曾，在《史》《汉》既已异说，两宋诸儒研寻文义，更以为杂出后人附会。迄于近今，犹无定论，此当详考者一也。《孝经》有今古文，其真赝与是非及传授之先后，清儒甚鲜论及，《孔传》晚出，始作俑于王肃，虽属定谳；《郑注孝经》是否出于康成，犹为疑案，此当详考者二也。《孝经》传授，在昔虽广，然多兼治，甚少专门。历代著述之存逸，说义、疏注之良楛，降及近今，实非总计，此详考者三也。

1．本文录自蔡汝堃撰《孝经通考》，见王云五主编《国学小丛书·孝经通考》，上海商务印书馆1937年版。

2．张西堂(1901—1960)：本名张正，字西堂，祖籍湖北汉川，生于湖北武昌。早年考入北京清华学堂，因病辍学。1919年复考入山西大学国文科。在校时即开始学术研究，主攻朴学。曾在孔教大学、中国大学、国立北平女子师范学院、国立武汉大学等多所大学任教。一生治学严谨，著作甚丰。有《王船山学谱》《荀子真伪考》《公孙龙子研究》《周秦诸子论丛》《孙卿子考证》《汉晋传经表》等20多部。

当谓《孝经》成书，杂出后人附会，朱晦庵、姚首源所论，实多未融。《谏诤章》：争臣七人、五人、三人，虽似出自《荀子 · 子道》，尤似袭之《韩传外传》。《子道》作四人、三人、二人，《外传》作七人、五人、三人，《孝经》与《外传》人数尤相近。《孝经》成书于何时，此可疑者也。《孝经郑注》皮锡瑞《疏》，据王肃难郑已称引《郑注》，断其出自康成。然《郑注》与五经不同，陆澄诸儒亲见其书，既已献疑，而据刘肃《大唐新语》引郑《自序》云："念昔先人，余暇述夫子之志。"康成先人多属微贱，所谓"念昔先人"云者，实无所指。则是否出于康成，亦未可遽定也。

比年以来，在平任教，师大同学蔡君汝堃耽研经籍，颇留意于《孝经》一书，课余撰为《孝经通考》，其持论甚新颖而平允。谓《孝经》始作，在《吕览》以前，汉儒复杂取传记以成书。既不以为成于先秦，无以释朱晦庵、姚首源之所疑；亦不以《吕览》所引为注文，而强谓秦以前无《孝经》一书；如时论所云者。于《郑注》之真伪，亦不遽为断案；于历代《孝经》述造，则考之甚详且明。近似杀青届迩，属余为弁一言。颇感近来承学之士，识见寡浅，习气惰慢，如蔡君之勤于钻研，固不多觏。而依经立说者，其取材富而折衷，当如蔡君之于是书者，亦属鲜见，不觉如闻足音跫然而喜也。是为序。

二十五年十一月十七日张西堂撰。

孝经通考自序

蔡汝堃

《孝经》一书，文义糅驳。自来治此学者，率多曲解，鲜怀疑难。至宋朱熹始疑非圣人之言，于是或扬或抑，大有不同；惜仍多揣臆之辞，迄无详确之论。是以本书之作，重在辨真伪、定纯疵，冀历来《孝经》之各问题，于此稍有解纷，非敢故抑前贤，聊以自抒所获。力虽不逮，志诚在斯，尚望海内君子，不吝赐教是幸。

本书蒙张西堂先生校阅并赐序，黎锦熙先生校阅，钱玄同先生题字。谨此志谢！

民国二十五年十一月十八日自序。

附录

附录一　日本传本孝经序跋

重刻古文孝经序[1]

〔日〕太宰纯

先王之道莫大于孝，仲尼之教莫先于孝。自六经而下，无非孔氏遗书，其有出《孝经》之右者乎？何以言之？天下无有无父母之人故也。

《孝经》有二本：其一，河间王所得十八章者，谓之今文；其一，鲁共王壤孔壁所得竹牒科斗文二十二章者，孔安国所为作传，谓之古文。安国曰："今文十八章，文字多误。"又曰："河间王所上虽多误，然以先出之故，诸国往往有之。汉先帝发诏称其辞者，皆言'传曰'，其实今文《孝经》也。"由是观之，今文《孝经》之行也已久矣。古文者，虽安国为之训传，盖当时未之行也。迨乎汉季，马季长拟作《忠经》十八章，仿今文《孝经》也。郑康成注《孝经》，亦其今文者也。自是厥后，今文《孝经》之行弥盛，而古文亦与之俱行。至唐明皇亲注《孝经》，虽兼取孔、郑二家之说，然其经则用今文，取其阙《闺门章》也。于是，古文《孝经》遂废不行。至宋，邢昺依明皇《御注》作《正义》，然后《孝经》唯《御注》本行于世，郑注遂亡。古文《孝经》亦亡其传文，而仅存其经文。宋人尊信《孝经》者，莫若司马温公，然特得古文本经而读之耳，不睹孔传也。自二程至朱熹氏，皆疑《孝经》以为后人所拟作。朱子又妄改易本经篇章，著为经一章，传十四章，且删去其本文二百余字。孔子曰"信而好古"，若朱子者，可谓拂矣。自是以来，学朱氏者，举不信《孝经》，塾师不以为教，至令童子辈目弗见《孝经》。悲夫！先王之道，莫大于孝；仲尼之教，莫先于孝。夫子不曰乎："吾志在《春秋》，行在《孝经》。"是以后世人主，不读书则已，苟读书者，必自《孝经》始，况下焉者乎？今朱氏之徒，不读《孝经》而学心法，其不为浮屠之归者几希？

夫古书之亡于中夏而存于我日本者颇多，宋欧阳子尝作诗，称"逸书百篇

1．此序收入《四库全书》，题为《古文孝经孔氏传原序》。

今尚存”。昔僧奝然适宋，献郑注《孝经》一本于太宗，司马君实等得之大喜云。今去其世七百有余年，古书之散逸者亦不少，而孔传古文《孝经》全然尚存于我日本，岂不异哉？予尝试检其书，古人所引孔安国《孝经传》者，及明皇《御注》之文，邢昺以为依孔《传》者毕有，特有一二字不同耳，得非传写之互讹乎？先儒多疑孔《传》，以为后人伪造者，予独以为非。经曰：“身体发肤，受之父母，弗敢毁伤，孝之始也。”诸家解皆以为孝子不得以凡人事及过失毁伤其身体，《孔传》乃以为刑伤。盖三代之刑，有劓、刖及宫，非伤身乎？刵，非伤体乎？髡，非伤发乎？墨，非伤肤乎？以此观之，孔《传》尤有所当也。王仲任亦尝诵是经文，而曰：“孝者怕入刑辟，刻划身体，毁伤发肤，少德泊行不戒慎之所致也。”合而观之，可以见古训焉。如从诸家说，则忠臣赴君难者不避水火兵刃，节妇有断发截鼻者，彼皆为不孝矣。是说不通也。余故曰：“孔《传》者，安国所作，无疑也。”或曰：“《尚书》之文，奇古难读，安国传之其言甚简；《孝经》之文平易，安国传之乃不厌繁文，何也？”曰：“传《尚书》者，为学士大夫也，故不尽其说，使读者思而得之；传《孝经》者，为凡人也，故丁宁其言，以告谕之，此其所以不同也。”

呜乎！夫孝者，百行之本，万善之先。自天子至庶人，所不可以一日废也。夫孝不可以一日废，则《孝经》亦不可以一日废也。夫自朱氏之学行而《孝经》久废于世，纯常慨焉。幸孔壁古文《孝经》并与安国之《传》存于我日本者，宁不知珍而宝之哉？惟是经国人相传之久，不知历几人书写，是以文字讹谬，鱼鲁不辨。纯既以数本校雠，且旁及他书所引，若释氏所称述苟有足征者，莫不参考。十更裘葛，乃成定本。其经文与宋人所谓古文者，亦不全同，今不敢从彼改此，盖相承之异，未必宋本之是而我本之非也。《传》中间有不成语，虽疑其有误，然诸本皆同，无所取正，故姑传疑以俟君子。今文唐陆元朗尝音之，古文则否。今因依陆氏《音》例，并音经、传，庶乎令读者不误其音矣。书成而欲刻之家塾，则浅田思孝出其橐装以助费，遂趣命工从事。予未能为吾家孝子，且为孔氏忠臣云尔。

日本享保十六年辛亥十一月壬午，太宰纯谨序。

题古文孝经孔传后[1]

〔日〕林衡

《古文孝经孔传》坊刻数本，余所见古写本四、五种，唯弘安二年书本为最古，而又多与坊本异。经文往往杂异体字，如“上”作“丄”、“下”作“丅”、“始”作“乱”、“终”作“㬵”之类，盖所谓隶古文者已。足利学藏《孔传尚书》，多用异字，而其体亦与此同，乃知此本之传于我，盖在唐开元改定之前也。往者山井鼎等撰《七经孟子考文》，独收《尚书》异字而不及《孝经》，或未之见耳。余故取书本数种，参互校订，定为此本。至孔序则刊本皆载之，而书本多不载，今亦从之。孔传之出于伪托，先儒既已论之，虽然旧籍之留遗于今日者无几，即其出于伪托，要亦千年外物，宁可使之终归沦废乎！

己未仲春初七日，天瀑识。

古文孝经孔传参疏序[2]

〔日〕葛山寿

先儒以《疏》显者，梁有皇侃，唐有孔颖达，宋有邢昺，皆以经术宗于一时。其为诂也，详悉不遗，委曲有据，诸名家之说，亦得以稽于今。然其说经，一注家之由，唯恐其违。夫先王之文，亡于秦火；孔门之学，裂于战国。汉虽开献书之路，壁藏之余、伏老之传，既非孔氏佥也。而汉儒不能疑疑阙阙，穿凿傅会，如涂涂附，疏家随护其短，迁就为解，亦何无识！

安国之于《孝经》，取辞于经传，合离成文，视之诸注，犹为近古。先师讲业之余，标其所原，属山祐夫辑之。书未脱稿，溘焉易箦，今兹校雠成，以

1．本文录自清鲍廷博《知不足斋丛书》。日本人林衡（号天瀑山人）辑有《佚存丛书》，收录中土久佚古籍十七种一百十一卷，阮元选其中七种刻入《宛委别藏》，其他数种由鲍廷博刻入《知不足斋丛书》。

2．本文录自《古文孝经参疏》，日本宽政元年（1789）己酉刻本。此书封页题为“兼山先生著古文孝经参疏，宽政元年己酉新刻，东都嵩山房梓”。宽政是日本江户时代的光格天皇年号，书中封底记“天明八年戊申初秋，书肆嵩山房，江都小木新兵卫行”，“天明”是光格天皇年号，天明八年即1788年。

附梓人。夫先师之于经义，出乎其类，拔乎其萃，将以有大成。天不假之年，命哉！此篇虽胥余，相征以古言，读者为准则，推而及诸经，则于先王之道，庶乎其不差矣！

宽政元年己酉秋九月，葛山寿谨撰。

孝经参疏跋[1]

〔日〕荻原万世

古之教人也有数，其始就业，朝读夕诵，唯是之务。及离经辨志，和易优柔，使之思求，启其愤，发其悱，以竭其才，故子弟之学，不劳而成。及世降，偷薄移风，速成为习。师阿时好，注解笺疏，欲随目了然，便辞巧说，米盐烦碎。幼而习焉，白首犹纷如。是以末世穷年，不能原先王本经义。虽时势使然，抑亦谁之过？《参疏》之于传，不必曲说，初学之徒，讽诵以贯之，思索以通之，左取右取，必逢其原。

己酉秋九月，上毛荻原万世谨题。

刻孝经郑注序[2]

〔日〕藤益根

孝者，百行之本，五教之宗。故自天子至于庶人，未有不由斯道而成其德者也，是圣人所以述作而垂训后代，俨然著明矣！逮于天平宝字，敕令天下，家藏一本，精勤讲习，经所谓“明王之以孝理天下也”。逮于天长十年，皇太子始读《孝经》。从是厥后，东宫若幼主，始读书必用《孝经》，择博士，置侍读。毕则设宴赐酒，博士献题作序，御制亲写天札，词臣献诗，名曰“竟

1．本文录自《古文孝经参疏》，日本宽政元年（1789）己酉刻本。

2．本文录自《孝经郑注》，日本宽政三年藤益根刻本。文中的“天平宝字”其时间为日本奈良时代孝谦女天皇和淳仁天皇年号，“天平宝字元年”即唐肃宗至德二年（757），日本颁布《养老律令》。文中的“天长十年皇太子始读《孝经》”，其年代为日本平安时代的淳和天皇时期（823—833年在位）。文中的“应永”，是日本室町时代后小松天皇和称光天皇年号（1394—1428）。

宴”。严行其仪，礼也。台记玉海，若东《鉴》等，载读《孝经》。当时缙绅亡论，戎马之徒，尚不废《孝经》，可以知也。逮于应永年中，宋儒之书，传入于我，国郡稍习其书，以废《孝经》。特缙绅之家，奉其故事而已，于是《孝经》不行天下，盖四百年。可谓圣人之教，有所不行矣。可叹之甚哉！

夫经文秦煨之后，出河间颜芝，刘向参校古文，定此十八章。而孔安国传于古文，郑康成注于今文。两家之注，并行于世，学令：立置两家。逮于贞观二年，革。置唐玄宗注，称曰《御注孝经》。制曰："安国之本，梁乱而亡。今之所传，出自刘炫。辞义纷荟，诵习犹艰。康成之注，比其注书，义理专非。又稽之《郑志》，不注《孝经》。故玄宗广酌儒流，深回睿思，为之训注，以阐微言。自今以后，宜立学官，以充试业。"据之，则孔郑之废，始于贞观。然安国之传行于世，康成之注废于时。今所传《群书治要》，载存十七章，遂刻于家塾，以示同好，是于经文，不失其真也。庶几遂行天下，家贮一本，人知孝悌，以助教化，犹如宁乐时也。惟愚不肖，在于草莽，妄执涓埃而已。

宽政三年辛亥冬至，尾张藤益根撰。

郑注孝经序[1]

〔日〕冈田挺之

《孝经》有古文有今文，孔安国为古文作传，而郑康成注今文。《孔传》世多有刻本，《郑注》则否。南齐时，国学置郑玄《孝经》，陆澄乃与王俭书，论之曰："世有一《孝经》题为《郑玄注》，观其用辞，不与注书相类。案玄自序所注众书，亦无《孝经》。"俭答曰："《郑注》虚实，前代不嫌，意谓可安，仍旧立置。据之，则郑注之行，其来尚矣。是本与陆德明《经典释文》吻合无差，其为郑注审矣！"

顷者，读《知不足斋丛书》所载《古文孝经》鲍、卢诸家序跋，乃知唯得《孔传》，未得《郑注》。瀛海之西，其佚已久。呜呼！书之灾厄，不独水火斬秘之甚，其极有至澌灭者，岂不悲乎！

1．本文录自日本冈田挺之补辑《孝经郑注》，见《丛书集成初编》732册《孝经义疏补及其他二种·孝经郑注》，篇题下有"日本国原文"五字。

今刻是本，予之志在传诸瀛海之西，与天下之人共之。家置数通，人挟一本，读之诵之，则圣人之道，由是而弘，悠久无穷。海舶之载而西者，保其无恙，冀赖神明护持之力。鲍、卢诸家得是本，再附剞劂，则流传遍于寰宇。当我世见其收在丛书中，所翘跂以俟之也。

右今文《孝经郑注》一卷，《群书治要》所载也。其经文不全者，据注疏本补之，以便读者。

（宽政）癸丑之秋，尾张冈田挺之识。

覆卷子本唐开元御注孝经跋[1]

〔日〕源弘贤

右逍遥院内府（实隆公）真迹《开元御注孝经》一卷。往岁获诸牛迁门外书肆，今兹摸刻以传世，跋曰：

原本后小松帝御用者，夫《孝经》用玄宗注，始自贞观，以距于今，凡九百有余年矣！弘贤尝疑谓："古书之存于我邦者居多，而特不见玄宗注《孝经》古抄本。"近偶得而读之，其成在开元十年，而后《石台》之经奏于天宝之初，其间相距廿余岁。试取《石台》之本校雠之，《正义》谓旧注者咸合，而《石台》之改窜昭然明矣！注疏《序》"天宝二年注成，颁行天下"者，盖似不知有旧注也。而此卷关疏为恨，虽然今之《正义》多存，元疏之旧何以知之？《正义序》曰："剪截元疏"，若《感应章》"长幼顺，故上下治"，下疏与注不合，及见此本，乃知字句用元疏，而不改化也。

吁嗟！微此卷，则何据明之乎？可谓奇矣！元氏《序》往佚于彼，今存于此，亦复奇矣！其可不刻而传哉！

宽政十二年五月九日，源弘贤识。

1．本文录自清黎庶昌辑《古逸丛书》卷五，光绪十年遵义黎氏刊本。是书系黎庶昌于清末在日本东京使署时刻印。文中"后小松"，指日本室町时代的后小松天皇（1393—1404在位）；"宽政十二年"即公元1800年。黎庶昌（1837—1896）：字莼斋，自署黔男子，贵州遵义人。晚清著名的外交家和散文家。清文宗咸丰十一年因贵州战乱，贵州停乡试，黎庶昌北上赴顺天府参加乡试。清穆宗同治元年，慈禧太后下诏求言时，上《万言书》，被征以知县补用，入曾国藩幕，与张裕钊、吴汝纶、薛福成并称"曾门四弟子"，并在重庆创办川东洋务学堂。清德宗光绪二年出使欧洲，历任驻英吉利、德意志、法兰西、西班牙使馆参赞。光绪七年派任驻日本国大臣。

古文孝经私记序[1]

〔日〕山本信有

西汉以来，《孝经》《尚书》有古文、今文，师资传授，各立门户，相轧争二千余年，于今犹尚不已。《尚书》“《大禹谟》《仲虺之诰》”等二十余篇，古文有焉，今文亡焉，故今文家谓之为伪。果伪，则古文妄作。奉之者亦不得辞其罪矣！古文家守之为真。定真，则今文者流，侮诬圣言之罪，亦甚大矣！推之到其极，则道之存亡亦系焉！学者固不可不审辨也。若《孝经》，不必然。其古文、今文，章数各别，文字互异，然无妨大义焉！要之，一根两杪，谓分割今文成古文，并同古文作今文，亦可也。其尤异者，不过《闺门》一章有亡耳！然有之、亡之，非若《尚书》二十余篇，真伪关系于学问之大本也。况有长孙氏今文本，有此章乎！由是，则今文家亦非绝无此章也。然则两可调停，似得良筹，余不为之。殊取今文者，无它，奉贞观天子诏也。

吾门朝川善庵，童丱入吾奚疑塾，天资敏齐，学问精勤。自初开讲，肆业大行，门人日进，识亦益高。于《孝经》殊有所见，而左袒于古文。著《定本》一卷，《考异》三卷，《证注》二卷，《私记》二卷，精穷破厘毛。彼邦先儒，皆所未考及者也。门人皆欲劝上梓，善庵不可。余闻之，谓：“夫千古不磨灭者，在识与学与梓行。门人信善庵学之饱与识之高，欲使其不可磨灭者，必不磨灭也。余以一日之长，当代善庵而许可之。”于是乎，门人皆说甚矣！

欲先刻《私记》，盖其名以“私”者，虽取古文，寓非背余而独驰，故不敢公布之意焉。善庵，儒行以厚德自居焉，是其素志也。然是可以公之，因趣门人等，遂定公其《私记》之计云。

文化六年己巳冬十月，北山老人山本信有撰。

1．本文录自日本朝川鼎五鼎氏著《古文孝经私记》，日本文化八年刻本。卷一题写“江户朝川鼎五鼎氏著，门人南部泉泽充、远江大田惠仝、江户今井观校”；书末题为“文化八年辛未冬十二月发允”。

附录二

正史中关于《孝经》及其注、疏、解、说、论的记录

骆明/整理

一、《汉书·艺文志》中有关《孝经》的记录

《孝经古孔氏》一篇（二十二章。师古曰："刘向云：古文字也。《庶人章》分为二也，《曾子敢问章》为三，又多一章，凡二十二章。"）；《孝经》一篇（十八章。长孙氏、江氏、后氏、翼氏四家）；《孙氏说》二篇；《江氏说》一篇；《翼氏说》一篇；《后氏说》一篇；《杂传》四篇；《安昌侯说》一篇；《五经杂议》十八篇(石渠论)；《尔雅》三卷二十篇(张晏曰："尔，近也。雅，正也。")；《小尔雅》一篇；《古今字》一卷；《弟子职》一篇(应劭曰："管仲所作，在《管子》书。")；《说》三篇。

凡《孝经》十一家，五十九篇。

《孝经》者，孔子为曾子陈孝道也。夫孝，天之经，地之义，民之行也。举大者言，故曰《孝经》。汉兴，长孙氏、博士江翁、少府后仓、谏大夫翼奉、安昌侯张禹传之，各自名家。经文皆同，唯孔氏壁中古文为异。"父母生之，续莫大焉"，"故亲生之膝下"，诸家说不安处，古文字读皆异。(臣瓒曰："《孝经》云'续莫大焉'，而诸家之说各不安处之也。"师古曰："桓谭《新论》云《古孝经》千八百七十二字，今异者四百余字。")

二、《隋书·经籍志》中有关《孝经》及其注疏的记录

1. 《隋书 · 志二十七 · 经籍一》

《古文孝经》一卷（孔安国传。梁末亡逸，今疑非古本）；《孝经》一卷，郑氏注（梁有马融、郑众注《孝经》二卷，亡）；《孝经》一卷，王肃解（梁有魏散骑常侍苏林，吏部尚书何晏，光禄大夫刘邵、孙氏等注《孝经》各一卷，亡）；《孝经解赞》一卷（韦昭解）；《孝经默注》一卷（徐整注）；《集解孝经》一卷（谢万集）；《集议孝经》一卷（晋中书郎荀勖撰，亡）；《集议孝经》一卷，晋东阳太守袁敬仲集（梁有《孝经皇义》一卷，宋均撰。又有晋给事中杨泓，处士虞槃佐、孙氏，东阳太守殷仲文，晋陵太守殷叔道，丹阳尹车胤，孔光各注《孝经》一卷。荀勖注《孝经》二卷。宋何承天、费沈，齐光禄大夫王玄载，国子博士明僧绍，梁五经博士严植之，尚书功论郎曹思文，羽林监江系之，江逊等注《孝经》各一卷。释慧始注《孝经》一卷。陶弘景《集注孝经》一卷。诸葛循《孝经序》一卷。亡）；《孝经》一卷（释慧琳注。梁有晋穆帝时《晋孝经》一卷，武帝时《送总明馆孝经讲》《议》各一卷，宋大明中《东宫讲》，齐永明三年《东宫讲》，齐永明中《诸王讲》及贺玚讲、议《孝经义疏》各一卷，齐临沂令李玉之为始兴王讲《孝经义疏》二卷，亡）；《孝经义疏》十八卷（梁武帝撰。梁有皇太子讲《孝经义》三卷，天监八年皇太子讲《孝经义》一卷，梁简文《孝经义疏》五卷，萧子显《孝经义疏》一卷，亡）；《孝经敬爱义》一卷（梁吏部尚书萧子显撰）；《孝经私记》四卷（无名先生撰）；《孝经义》一卷；《孝经义疏》一卷（赵景韶撰）；《孝经义疏》三卷（皇侃撰）；《孝经私记》二卷（周弘正撰）；《千文孝经述义》五卷（刘炫撰）；《孝经讲疏》六卷（徐孝克撰）；《孝经义》一卷（梁扬州文学从事太史叔明撰。梁有《孝经玄》《孝经图》各一卷，《孝经孔子图》二卷，亡）；《国语孝经》一卷。

右十八部，合六十三卷（通计亡书，合五十九部，一百一十四卷）。

夫孝者，天之经，地之义，人之行。自天子达于庶人，虽尊卑有差，及乎行孝，其义一也。先王因之以治国家，化天下，故能不严而顺，不肃而成。斯实生灵之至德，王者之要道。孔子既叙六经，题目不同，指意差别，恐斯道离散，故作《孝经》，以总会之，明其枝流虽分，本萌于孝者也。遭秦焚书，为河间人颜芝所藏。汉初，芝子贞出之，凡十八章，而长孙氏、博士江翁、少府

后苍、谏议大夫翼奉、安昌侯张禹，皆名其学。又有《古文孝经》，与《古文尚书》同出，而长孙有《闺门》一章，其余经文，大较相似，篇简缺解，又有衍出三章，并前合为二十二章，孔安国为之传。至刘向典校经籍，以颜本比古文，除其繁惑，以十八章为定。郑众、马融，并为之注。又有郑氏注，相传或云郑玄，其立义与玄所注余书不同，故疑之。梁代，安国及郑氏二家，并立国学，而安国之本，亡于梁乱。陈及周、齐，唯传郑氏。至隋，秘书监王劭于京师访得《孔传》，送至河间刘炫。炫因序其得丧，述其议疏，讲于人间，渐闻朝廷，后遂著令，与郑氏并立。儒者喧喧，皆云炫自作之，非孔旧本，而秘府又先无其书。又云魏氏迁洛，未达华语，孝文帝命侯伏侯可悉陵，以夷言译《孝经》之旨，教于国人，谓之《国语孝经》。令取以附此篇之末。

……

《孝经勾命决》六卷（宋均注）；《孝经援神契》七卷（宋均注）；《孝经内事》一卷（梁有《孝经杂纬》十卷，宋均注；《孝经元命包》一卷，《孝经古秘援神》二卷，《孝经古秘图》一卷，《孝经左右握》二卷，《孝经左右契图》一卷，《孝经雌雄图》三卷，《孝经异本雌雄图》二卷，《孝经分野图》一卷，《孝经内事图》二卷，《孝经内事星宿讲堂七十二弟子图》一卷，又《口授图》一卷；又《论语谶》八卷，宋均注，《孔老谶》十二卷，《老子河路谶》一卷，《尹公谶》四卷，《刘向谶》一卷，《杂老书》二十九卷，《尧戎舜、禹》一卷，《孔子王明镜》一卷，《郭文金雄记》一卷，《王子年歌》一卷，《嵩高道士歌》一卷。亡）。

2．《隋书·志二十八·经籍二》

《孝子传赞》三卷（王昭之撰）；《孝子传》十五卷（晋辅国将军萧广济撰）；《孝子传》十卷（宋员外郎郑缉之撰）；《孝子传》八卷（师觉授撰）；《孝子传》二十卷（宋躬撰）；《孝子传略》二卷；《孝德传》三十卷（梁元帝撰）；《孝友传》八卷。

3．《隋书·志二十九·经籍三》

《孝经内记》二卷；《孝经元辰决》九卷；《孝经元辰》二卷；《孝经元辰》四卷（梁有《五行元辰厄会》十三卷，《孝经元辰会》九卷，《孝经元辰决》一卷，亡）。

三、《旧唐书·经籍志》《新唐书·艺文志》中有关《孝经》及其注疏的记录

1.《旧唐书·志二十六·经籍上》

《古文孝经》一卷（孔子说，曾参受，孔安国传）；《孝经》一卷（王肃注）；又一卷（郑玄注）；《古文孝经》一卷（刘邵注）；《孝经》一卷（韦昭注）；《孝经》一卷（孙熙注）；又一卷（苏林注）；《孝经默注》二卷（徐整注）；又一卷（谢万注）；又一卷（虞槃佐注）；又一卷（孔光注）；又一卷（殷仲文注）；又一卷（殷叔道注）；又一卷（魏克己注）；又一卷（玄宗注）；《讲孝经义》四卷（车胤等注）；《讲孝经集解》一卷（荀勖撰）；《孝经义疏》三卷（皇侃撰）；《大明中皇太子讲孝经义疏》一卷（何约之执经）；《孝经疏》十八卷（梁武帝撰）；《孝经发题》四卷（太史叔明撰）；《孝经述义》五卷（刘炫撰）；《孝经疏》五卷（贾公彦撰）；《越王孝经新义》十卷（任希古撰）；《孝经应瑞图》一卷；《演孝经》十二卷（张士儒撰）；《孝经疏》三卷（元行冲撰）。

《孝经》二十七家。

《孝子传》十五卷（萧广济撰）；又八卷（师觉授撰）；《孝子传》十五卷（王韶之撰）；《孝子传》十卷（宗躬撰）；《杂孝子传》二卷；《孝子传》一卷（虞槃佐撰）；又三卷（徐广撰）《孝子传赞》十卷（郑缉之撰）；《孝德传》三十卷（梁元帝撰）；《孝友传》八卷（梁元帝撰）；《忠孝图传赞》二十卷（李袭誉撰）；《孝子传》一卷。

2.《旧唐书·经籍志二十七·经籍下》

《酒孝经》一卷（刘炫定撰）；《临戎孝经》二卷（员半千撰）；《孝经元辰》二卷。

3.《新唐书·志四十七·艺文一》

《古文孝经》孔安国《传》一卷；刘邵《注》一卷；《孝经》王肃《注》一卷；郑玄《注》一卷；韦昭《注》一卷；孙熙《注》一卷；苏林《注》一卷；谢万《注》一卷；虞槃佐《注》一卷；孔光《注》一卷；殷仲文《注》一卷；殷叔道《注》一卷；徐整《默注》二卷；车胤《讲孝经义》四卷；荀勖

《讲孝经集解》一卷；皇侃《义疏》三卷；何约之《大明中皇太子讲义疏》一卷；梁武帝《疏》十八卷；太史叔明《发题》四卷；刘炫《述义》五卷；张士儒《演孝经》十二卷；《应瑞图》一卷；贾公彦《孝经疏》五卷；魏克己注《孝经》一卷；任希古《越王孝经新义》十卷；《今上孝经制旨》一卷（玄宗）；元行冲《御注孝经疏》二卷；尹知章注《孝经》一卷；孔颖达《孝经义疏》（卷亡）；王元感注《孝经》一卷；李嗣真《孝经指要》一卷；平贞慎《孝经议》（卷亡）；徐浩《广孝经》十卷（浩称四明山人，乾元二年上，授校书郎）。

右《孝经》二十七家，三十六部，八十二卷（失姓名一家。尹知章以下不著录六家，一十三卷）。

4．《新唐书 · 志四十八 · 艺文二》

萧广济《孝子传》十五卷；师觉授《孝子传》八卷；王韶之《孝子传》十五卷；又《赞》三卷；宗躬《孝子传》二十卷；又《止足传》十卷；虞槃佐《孝子传》一卷；又《高士传》二卷；徐广《孝子传》三卷；梁武帝《孝子传》三十卷；《杂孝子传》二卷；郑缉之《孝子传赞》十卷；申秀《孝友传》八卷；梁元帝《孝德传》三十卷；李袭誉《忠孝图传赞》二十卷；郎余令《孝子后传》二十卷；赵琉《孝行志》二十卷；武后《列女传》一百卷；又《孝女传》二十卷。

5．《新唐书 · 志四十八 · 艺文二》

刘炫《酒孝经》一卷；郭良辅《武孝经》一卷；《孝经内记星图》一卷；员半千《临戎孝经》二卷；《孝经元辰》二卷。

四、《宋史·艺文志》中有关《孝经》及其注疏的记录

1．《宋史 · 志一百五十五 · 艺文一》

《古文孝经》一卷（凡二十二章）；郑氏注《孝经》一卷；唐明皇注《孝经》一卷；元行冲《孝经疏》三卷；苏彬《孝经疏》一卷；邢昺《孝经正义》三卷；司马光《古文孝经指解》一卷，又《古文孝经指解》一卷；赵克孝《孝

经传》一卷；任奉古《孝经讲疏》一卷；张元老《讲义》一卷；范祖禹《古文孝经说》一卷；吕惠卿《孝经传》一卷；吉观国《孝经新义》一部（卷亡）；家滋《解义》二卷；王文献《详解》一卷；林椿龄《全解》一卷；沈处厚《解》一卷；赵湘《孝经义》一卷；张师尹《通义》三卷；张九成《解》四卷；朱熹《刊误》一卷；黄榦《本旨》一卷；项安世《孝经说》一卷；冯椅《古孝经辑注》一卷；《古文孝经解》一卷；袁甫《孝经说》三卷；王行《孝经同异》三卷。

右《孝经》类二十六部，三十五卷（袁甫《孝经说》以下不著录二部，六卷）。

……

张九成《中康》《大学》《孝经说》各一卷；刘元刚《三经演义》一十一卷（《孝经》《论》《孟》）……句中正《雍熙广韵》一百卷，《序例》一卷，又《三体孝经》一卷；杨南仲《石经》七十五卷，又《三体孝经》一卷。

2．《宋史·志一百五十八·艺文四》

贾元道《大农孝经》一卷。

3．《宋史·志一百五十九·艺文五》

郭良辅《武孝经》一卷；《女孝经》一卷（侯莫陈邈妻郑氏撰）；皇甫松《酒孝经》一卷……《佛孝经》一卷（旧题名鹗，不知姓）……綦师系《元道孝经》一卷……《正顺孝经》一卷……《孝经雌雄图》四卷。

4．《宋史·志一百六十·艺文六》

李远《武孝经》一卷……俞观能《孝经类鉴》七卷。

五、《明史·艺文志》中有关《孝经》及其注疏的记录

宋濂《孝经新说》一卷；孙蕡《孝经集善》一卷；孙吾与《孝经注解》一卷；方孝孺《孝经诫俗》一卷；晏璧《孝经刊误》一卷；曹端《孝经述解》一卷；刘实《孝经集解》一卷；薛瑄《定次孝经今古文》一卷；杨守陈《孝经私钞》八卷；余本《孝经集注》三卷；王守仁《孝经大义》一卷；陈深《孝经解

诂》一卷；归有光《孝经叙录》一卷；李材《孝经疏义》一卷；杨起元《孝经外传》一卷，《孝经引证》二卷；虞淳熙《孝经迩言》九卷，《孝经集灵》一卷；胡时化《注解孝经》一卷；吴㧑谦《重定孝经列传》七卷；朱鸿《孝经质疑》一卷、《集解》一卷；王元祚《孝经汇注》三卷；陈仁锡《孝经小学详解》八卷；黄道周《孝经集传》二卷；何楷《孝经集传》二卷；张有誉《孝经衍义》六卷；江旭奇《孝经疏义》一卷；瞿罕《孝经贯注》二十卷、《孝经存余》三卷、《孝经考异》一卷、《孝经对问》三卷；吕维祺《孝经本义》二卷、《孝经大全》二十八卷、《或问》三卷。

右《孝经》类，三十五部，一百二十八卷。

六、《清史稿·艺文志》中有关《孝经》及其注疏的记录

《孝经》类：

《孝经注》一卷，顺治十三年御撰；《孝经集注》一卷，雍正五年敕撰；《钦定翻译孝经》一卷，雍正五年敕撰；《孝经全注》一卷，李光地撰；《孝经问》一卷，毛奇龄撰；《孝经类解》十八卷，吴之录撰；《孝经正文》一卷、《内传》一卷、《外传》一卷，李之素撰；《孝经集注》二卷，陆遇霖撰；《孝经详说》二卷，冉觐祖撰；《孝经注》三卷，朱轼撰；《孝经三本管窥》三卷，吴隆元撰；《孝经章句》一卷、《或问》一卷，汪绂撰；《孝经章句》一卷，任启运撰；《孝经通义》一卷，华玉淳撰；《孝经约义》一卷，汪师韩撰；《孝经外传》一卷、《孝经中文》一卷，周春撰；《孝经音义考证》一卷，卢文弨撰；《孝经通释》十卷，曹庭栋撰；《孝经郑注补证》一卷，洪颐煊撰；《孝经义疏补》九卷，阮福撰；《孝经述注》一卷、《孝经征文》一卷，丁晏撰；《孝经曾子大孝》一卷，邵懿辰撰；《孝经指解补正》一卷、《辨异》一卷，伊乐尧撰；《孝经今古文传注辑论》一卷，吴大廷撰；《孝经十八章辑传》一卷，汪宗沂撰；《孝经郑注疏》二卷，皮锡瑞撰。

明项霦《孝经述注》一卷，乾隆三十八年，王际华等奉敕辑。

周魏文侯《孝经传》一卷，汉后苍《孝经说》一卷，汉张禹《孝经安昌侯说》一卷，汉长孙氏《孝经说》一卷，魏王肃《孝经解》一卷，吴韦昭《孝经解赞》一卷，晋殷仲文《孝经注》一卷，晋谢万《集解孝经》一卷，齐永明诸王《孝

经讲义》一卷，齐刘桓《孝经说》一卷，梁武帝《孝经义疏》一卷，梁严植之《孝经注》一卷，梁皇侃《孝经义疏》一卷，隋刘炫《古文孝经述义》一卷，隋魏真己《孝经训注》一卷，唐元行冲《御注孝经疏》一卷。以上均马国翰辑。

汉郑玄《孝经注》一卷。袁钧辑。

附录三

《补后汉书艺文志·孝经类》中有关《孝经》的记录

清 · 顾櫰三[1]

郑众《孝经注》（《七录》一卷）

卫宏《古文孝经》一卷

《说文》叙《古文孝经》给事郎卫宏所校。

何休《孝经训注》

马融《孝经注》（《七录》一卷）

黄震曰："《孝经》郑康成诸儒主'今文'，孔安国、马融主'古文'。《经典序》录'古文'出孔氏壁中，别有'闺门'一章"。自余分析，十八章总为二十二章，孔安国作《传》，刘向校书定为十八章，后汉马融亦作《古文孝经传》，而世不传。

许慎《古文孝经》一卷

慎字叔重，汝南召陵人，官至太尉、南阁祭酒。召陵公乘许冲上父慎《说文》曰："《古文孝经》者，孝昭时鲁国三老所献，建武时议郎卫宏所校，皆口传，官无其说。臣父学孔氏《古文》，撰具一篇并上。"

高诱《孝经解》

郑玄《孝经注》（《唐志》一卷）

自序：《孝经》者，三才之经纬，五行之纲纪。孝为百行之首，经者至易之称。仆避兵于城南之山，栖迟岩石之下。念昔先人，余暇述夫子之志，而注《孝经》焉。

1．顾櫰三：字秋碧，清代江苏江宁人。少时孤贫，读书刻苦。成年后以才思敏捷著称，名满大江南北。有《补后汉书艺文志》三十一卷、《补五代史艺文志》一卷（已佚）及《然松阁赋抄诗抄》等。

《后汉书·郑玄》：汉末遭黄巾之难，客于徐州。今《孝经序》郑氏所作，南城山西上可二里，所有石室焉，同回五丈，俗云“康成注《孝经》处”。

《唐会要》：开元七年三月一日敕《孝经》《尚书》。有《古文》本，孔、郑注，旨趣颇多舛驳，令诸儒质定。六日诏曰：“《孝经》者，德教所先，顷来独宗郑氏，孔氏遗旨，今则无闻。其令儒官详定所长，令明经者习读。”

四月七日左庶子刘知几议曰：谨按今俗所传《孝经》，题曰“郑注”，爰在近古，皆云“郑注”即康成，而魏晋之朝，无有此说。晋穆武帝十一年及孝武帝太元元年，再聚群臣，其论经义，有荀茂祖者，撰集《孝经诸说》，始以郑氏为宗。自齐梁以来，多有异论，陆澄以为非玄所注，请不藏于秘省，王俭不依其请，遂得见传于时。魏齐则立于学官，著在律令。盖由肤俗无识，故致斯讹舛。然则《孝经》非玄所注，其验十有二条。案郑君自序云：“遭党锢，事起逃难，党锢事解，注《古文尚书》《毛诗》《论语》，为袁谭所逼，来至元城，乃注《周易》。”都无注《孝经》之文。其验一也。郑君卒后，其弟子追论师所著述及应对时人，谓之《郑志》，其言郑所注者，惟有《毛诗》《三礼》《尚书》《周易》，都不言郑注《孝经》，其验二也。又《郑志》目录，记郑之所注《五经》之外，有《中候》《书传》《七政论》《乾象历》《六艺论》《毛诗谱》《答临硕》《难周礼》《驳许慎异义》《发墨守》《箴膏肓》《起废疾》及《答甄子然书》，寸纸片言莫不悉载，若有《孝经》之注，无容匿而不言，其验三也。郑之弟子，分授门徒，各述师言，更相问答，编录其语，谓之《郑记》，唯载《诗》《书》《礼》《易》《论语》，其言不及《孝经》，其验四也。赵商作“郑先生碑文”，具称诸所注笺驳论，亦不言注《孝经》。晋《中经簿》《周易》《尚书》《尚书中候》《尚书大传》《毛诗》《周礼》《仪礼》《礼记》《论语》凡九书，皆云郑氏注名玄，至于《孝经》，则称《郑氏解》，无“名玄”二字，其验五也。《春秋纬·演孔图》云：“康成注《礼》《诗》《易》《尚书》《论语》，其《春秋》《孝经》，则有评论。”宋均于《诗谱序》云“我先师北海郑司农”，则均是玄之传业子弟也，师所著述，无容不知，而云《春秋》《孝经》唯有评论，非玄之所著，于此特明。其验六也。又宋均《孝经注》，引郑《六艺论》，叙《孝经》云“玄又为之注”，司农论如是，而均无闻焉，有义无辞，令予昏惑，举郑之语，而云无闻，其验七也。宋均《春秋纬》《孝经略说》非注之谓，所言玄又为之注者，泛辞耳，非事实。其序《春秋》亦云“玄又为之注也”。宁可复责以实注《春秋》乎，其验八也。后汉史书存于代者，有谢承、薛莹、司马彪、袁山松等，其为郑玄传者，载其所注，皆无《孝经》，其验九也。王肃《孝经传》首有司马宣王之奏，云奉诏令诸儒注述《孝经》，以肃说为长，若先有郑注，亦应言及，而都不言郑，其验十也。王肃著书，发扬郑短，凡有小失，皆在圣证。若《孝经》此注亦出郑氏，被肃攻击，最应繁多，而肃无言，其验十一也。魏晋朝贤论时事，诸注无不撮引，未有一言引《孝经》之注，其验十二也。凡此证验，易为讨覆，而代之学者，不觉其非，乘彼谬说，竞相推举。诸解不立学宫，此注独行于代，观夫言语鄙陋，义理乖疏，固不可示彼后来，传诸不朽。至《古文孝经》孔传本出孔氏壁中，语其详正，无俟旁推商榷，而旷代亡逸不复流行。至隋开皇十四年，秘书学士王孝逸于京市陈人处买得一本，送与著作郎王劭，劭以示河间刘炫，仍令校定，而更此书无兼本，难可依凭。炫辄以所见，率意刊改，因著《古文孝经稽疑》一篇，炫以为此书经文尽正、传义甚美，而历代未尝置于学官，良可惜也。然则孔郑二家，云泥致隔。今纶音发问，校其短长，愚谓行孔废郑于义为允。

国子祭酒司马贞议曰：《今文孝经》是汉河间王所得颜芝本，至刘向以此本参校古文，省除繁惑，定为此一十八章。其注相承云是郑玄所著，而《郑志》及目录等不载，故往贤共疑焉，唯荀昶、范煜以为郑注，故昶集解《孝经》，具载此注，而其序云，以郑为主，是先达博选，以此注为优。且其注纵非郑氏所作，而义旨敷畅，将为得所。其数处小有未稳，实亦未离经传。其古文二十二章，元出孔壁，先是安国作传，缘遭巫蛊。代未之行，荀昶集注之时，尚有《孔传》，中朝遂亡其本，近儒欲崇古学，伪作此传，假称孔氏，辄穿凿改更，又伪作“闺门”一章，刘炫诡随，妄称其善。且“闺门”之义，近俗之语，非宣尼之正说。案其文云，闺门之内，具礼矣乎，严亲、严兄、妻子、臣妾，繇百姓徒役也，是比妻子于徒役，文句凡鄙，不合经典。又分庶人章，从故自天子以下，别为一章，仍加“子曰”二字，然故者连上之辞，既为章首，不合言故是。故古文既亡，后人妄开此等数章，以应二十二章之数，非但经文不真，抑且传习浅伪，至注用天之时，因地之利。其略曰：脱衣就功，暴其肌体，朝暮从事，露发涂足，少而习之，其心安焉。此语虽傍出诸子，而引之为注。何言之鄙俚乎！与郑氏所云，分别五土视其高下，高田宜黍稷，下田宜稻麦，优劣悬殊，曾何等级！今议者欲取近儒诡说，残经缺传，而废郑注，理实未可，望请准式《孝经郑注》与孔传依旧并行。

五月五日诏："郑仍旧行，用孔注传习者稀，亦存继绝之典，颇加奖饰。"

陆德明曰："《郑注》相承，以为郑玄。案《郑志》及《中经簿》无，惟中朝穆帝习讲《孝经》，以郑玄为主，检《孝经注》与康成注《五经》不同，未详是非。"

刘肃曰："《梁》载言十道，《志》解南城山，引《后汉书》云：'郑玄遭黄巾之乱，客于徐州，今者有《孝经序》相承，云郑氏所作，盖康成允孙所为也。'陆德明亦曰：'郑注《孝经》与注《五经》体不同，则刘子玄所证信有征矣！'"

《崇文总目》："先儒多疑其书，惟晋孙昶《集解》以此注为优，请与《孔注》并行，诏可，令太学所立。陆德明《释文》与此相应，五代兵乱，兴中原久佚其书。咸平中日本僧以此书来献，议藏秘府。"（按：《五代史》新罗国进《别序孝经》，未知是郑注与否。周显德中，日本僧奝然又尝进《孝经雄图》《孝经雌图》，乃《孝经纬》。开元古经多引其书，非郑注《孝经》也。）

《书录解》题：世传秦火之后，河南人颜芝得《孝经》藏之以献河间王，今十八章是也，相承云，康成作注而《郑志》目录不载，故先儒并疑之。《古文》有孔安国《传》不行于世，刘炫伪作《稽疑》一篇，序所谓"刘炫明安国之本，陆澄讥康成之注"者也。及唐开元中诏议孔、郑二家，刘知几以为宜行孔废郑，诸儒非之，卒行郑学。案三朝《志》，五代以来孔郑注皆亡，周显德中新罗献《别序孝经》，即《郑注》者。而《崇文总目》以为咸平中日本僧奝然所献，未详孰是。世少有其本，乾道中熊克子复、袁枢机仲得之刻于京口学宫，而《孔传》不可得见矣！

王应麟曰："郑氏相承，言康成作《郑志》，目录不载，通儒皆验其非。开元中孝明纂《诸说》自注以夺二家，然尚不知郑氏之为小同。"（案：以《孝经》为小同注，亦后儒拟度之辞。小同所著有《郑志》十二卷，与玄弟子同撰集，又有《礼记》四卷，不言注《孝经》。据华歆表曰："玄嫡孙小同年逾三十，少有令名，学综六经，后为司马昭所鸩而死，距黄巾之乱相去甚远，不得云遭黄巾之乱避难徐州注《孝经》也。"）

序：《孝经》有古文、有今文，孔安国为古文作传，而郑康成注今文。孔注世多有刻本，郑注则否。南齐时国学置郑玄《孝经》，陆澄乃与王俭书论之曰："世有一《孝经》题为郑玄注，观其用辞不与注书相类。"案：玄自序所注众书亦无《孝经》。俭答曰："郑注虚实前代不嫌，意谓可安。"仍旧立学，据此则郑注之行，其来尚矣！是本与陆德明《经典释文》吻合无差，其为郑注审矣！顷者读《知不足斋丛书》，鲍卢诸家序跋乃知，惟得《孔传》未得《郑注》。瀛海之西其帙已久。呜呼！书之灾厄不独水、火，靳秘之甚其极有至沈灭者，岂不悲乎！今刻是本，予之志在传诸瀛海之西与天下之人共之，家置一通、人挟一本，读之、诵之则圣人之道由是而宏、悠久无穷，海舶之载而西者，保其无恙，冀赖神明护持之力。鲍卢诸家得是本再付剞劂，流传遍于寰海，当我世见，其收入丛书中所翘跂以俟之也。癸丑之秋日本国尾张冈田挺之序。

《重刊孝经郑注序》：往岁平湖贾舶自日本国购得《孝经郑注》，归时寓居杭州成万松者，馆客有携经相示者，前有冈田挺之序，后再称宽政六年寅正月梓。其题名云“新川先生校验”，序末小印“知新川”，即挺之之字。宽政六年岁在癸丑，以甲子计之实，皇朝乾隆五十八年也。予向见日本亨保十六年太宰纯《重刻古文孝经》云：“宋欧阳子尝作诗云：‘逸书百篇今尚存’。昔僧奝然适宋，献郑注《孝经》一本于太宗。今去其世七百有余年，古书之散逸者亦不少，而孔传古文《孝经》全然尚存。”又亨保十五年所刊山井鼎《七经孟子考》《文孝经》，但载《孔传》，并不言《郑注》之有无此本，与《经典释文》《孝经正义》所述《郑注》大半相合。初疑彼国稍知经学者抄撮而成，继细读之如《孝治章》以昔训古，见《公羊传》疏“聘问天子无恙”诸语，见《太平御鉴》。《圣治章》“上帝者，天之别名也”，见《南齐书·礼志》，暨《困学纪闻》，俱《释文》《正义》之所未引，而此本秩然俱载不谋而合，断非作伪者所能出也。惟挺之序谓与《释文》吻合，则不尽然。即以首章而言，“仲尼居”《释文》述郑作“□□讲堂也”；“曾子侍”注“卑者在尊者之侧曰侍”，此类甚多，率今本所无，其与陆氏所见本不同，明矣！案郑注《孝经》不见于《郑志》目录及赵商碑铭，故魏晋诸儒论议纷起，唐人至设十验以疑之。然宋均《孝经纬》注引郑《六艺论》序《孝经》云“玄又为之注”。

《大唐新语》引郑《孝经》序云：“仆避乱徐州南城山，栖迟岩石之下，念昔先人，余暇述夫子之志而注《孝经》。”又均《春秋纬》注云“为《春秋》《孝经》略说”，皆当日作注之证。唐儒驳之者曰“所言为之注者泛辞，非实事”。其序《春秋》亦云“玄又为之注，宁可复责以实注《春秋》”。予谓郑注《春秋》未成遇服虔尽以所注与之。《世说新语》实载其事，而云郑作《春秋注》，非也。《郑志》书多为后人□杂，隋唐所行非原本，所记庸有脱漏。赵商撰郑碑铭，其载诸所注笺亦不言注《孝经》者，犹《后汉书》本传叙，所注《周易》《尚书》《毛诗》《仪礼》《礼记》《论语》《孝经》诸书。而“史承节碑”乃多《周官》，而无《论语》俱载，笔者偶然之失岂得据墓碑、史传并谓郑无《周官》《论语》注乎？

《唐会要》载：开元七年刘子元等议欲行孔废郑。博士司马贞以为其注纵非郑玄，而义旨敷畅，将为得，请所请准令式，《郑注》与《孔传》并行，诏从贞议。盖前此学者笃信是书，非出北海，同声附合，即有为之剖辨者，亦多执首鼠之说，不复深究是否，荀勖《中经簿》，但题《郑氏解》，不云名玄，于《毛诗》《三礼》直称郑玄注，而于《孝经》标“郑氏”二字，注云“相承”，解为“郑玄”，则亦疑而未决之辞。此本“挺之跋”称《郑注孝经》一卷《群书治要》所载，考《群书治要》凡五十卷，唐魏郑撰其书，久佚，仅见日本天明七年刻本，前列表文亦有“冈田挺之”题衔，则此书即其校勘《治要》时所录而单行者，《治要》采集经子，各注不著撰人名氏，而今本竟称“郑注”，亦或彼国相承云尔！而挺之始据《释文》定之，故太宰纯、山井鼎诸人俱未言及耳！郑注各经，自汉至唐，多立学官，惟《孝经》显晦不一，故唐初传写率多舛错。《释文》摘注为音，每注云自某本，今无目明所见之异，则其时已无足本，可知《治要》所载恐亦有删削，而陆本云无者今本无之，亦有陆以为无而今仍存者。知别一古本流传外国者如此。其经文与注疏本异者数处，如《广要道》“敬一人则千万人悦”则作，而《谏诤章》“虽无道不失天下”，失天下多“其”字，并同《石台孝经》《开成石经》，并足定为宋以前古本也。《日本传》载：“奝然于雍熙六年浮海而至，献郑注《孝经》。”据陈振孙《书录》解题云：“乾道中，熊克子复、袁枢机仲尝得之刻于京口学宫。”是南宋犹有板本。自是以后著录家无道及者，盖当时汉学已废不讲，虽得《郑注》而不加宝贵，寻复散失。乾道距今又七百年，距雍熙又八百六十年，而是书复出于右文。稽古之世，治经者得知孔、郑之异同，阐注疏之精蕴，身体力行于以仰副。

圣天子孝治天下，之至意不可非，谓厚幸也，钦惟我朝统一区夏，重熙累洽、文教覃敷、溢于薄海，虽至重译，绝岛皆知尊圣学而穷经义，如皇侃《论语义疏》唐宋以后久无传本，而《七经孟子考》文具云披国尚有其书。迨乾隆中四库馆开诏求天下遗书，而《论语义疏》与《孝经孔传》同时得自日本。数千百年来沈沦秘籍，一旦发其光于鲸波鲛室之中，藉海舶以光秘阁，夫孰非神物呵护，有灵俾之应运而兴者乎！然披国好古之士于汉唐经解知所服膺，不惜校录而考订之，若太宰纯、山井鼎、冈田挺之者，其亦足嘉尚也已。

是书原刻□纸印本，其制与中华校版不异，余曾印抄一册，置于箧中，友人见之传录者颇众，因授剞劂用公同好，并记所见于简端以俟博雅君子。至原刻经注字句之下，多有点乙，译其意义，殆为便于童诵而设，无裨经学今亦仿而摹之，使存其书焉。嘉庆七年岁星在壬戌月躔鹑首之次，嘉定钱侗书于青浦舟次。

附：王朗《孝经传》

见萧常《续后汉书·朗传》

王肃《孝经注》（隋志一卷）

苏林《孝经注》

林字孝友，陈留人，魏散骑常侍，凡诸书疑滞，林皆解释之甚，有祇要。

何晏《孝经注》

刘劭《孝经注》

邵字孔才，广平人，魏光禄勋。

徐整《孝经注》（整爵里见《诗谱》注）

韦昭《孝经解赞》（隋志一卷）

谢万《孝经注》（吴人，非晋谢万也）

严畯《孝经传》一卷

畯字曼才，彭城人，少笃学，好《诗》《书》《三礼》，又好《说文》，仕吴官至尚书。著《孝经传》《潮水论》。

右《孝经类》。

附录四

《补后汉书艺文志·孝经类》中有关《孝经》的记录

清 · 姚振宗[1]

郑众《孝经注》一卷（众始末见《易》类）

《释文 · 叙录》：“孔安国、郑众并注《孝经》。”《隋书 · 经籍志》：“梁有郑众注《孝经》一卷，亡。”

许慎《孝经孔氏古文说》一篇

《范书 · 儒林传》：“慎字叔重，汝南召陵人也，性淳笃，少博学经籍。马融常推敬之，为郡功曹，举孝廉，再迁除洨长。卒于家。”（张怀瓘书继曰“安帝末年卒”。）

安帝建光元年九月，召陵万岁里公乘许冲上《说文解字》书曰：“臣父慎幼学《孝经孔氏古文说》。《古文孝经》者，孝昭帝时鲁国三老所献，建武时给事中议郎卫宏所校，皆口传，官无其说，谨其一篇并上。”

严可均《全后汉文编》曰：“许慎有《孝经古文说》一卷。”

金坛段玉裁《说文 · 序》曰：“许受古学于贾侍中，他经古学皆得诸侍中，《孝经》学独得诸卫宏。”（按：《段氏注》又云：“许学其说于宏，冲传其说于父，乃撰而上之，以此书为许冲撰，不详所据。”）

马融《古文孝经》一卷（融始末见《易》类）

《释文 · 叙录》曰：“后汉马融亦作《古文孝经传》，而世不传。”又

1．姚振宗(1842—1906)：字海槎、金生，清末浙江会稽人，出身于书香世家。清文宗咸丰十一年为避太平军先后侍父于泰州、兴化、扬州等地。清穆宗同治六年其父姚仰云于扬州建造狮石山房，收藏大量古籍，分甲乙等部藏书于室，令姚振宗以四部分类，以厘订书目，开始目录学研究。著有《汉书艺文志拾补》六卷、《汉书艺文志条理》八卷、《后汉艺文志》四卷、《三国艺文志》四卷、《隋书经籍志考证》五十二卷、《七略别录佚文》一卷、《七略佚文》一卷及《湖北艺文志》十四卷等。

曰，“马融、郑众并注《孝经》。《隋书·经籍志》梁有马融、郑众注《孝经》二卷，亡。”

黄震《日抄》曰：“《孝经》郑康成诸儒主今文，孔安国、马融主古文。”

何休《孝经注》（休始末见《春秋》类）

《范书·儒林传》：“又注训《孝经》。”

《公羊·昭十五年》疏云：“何氏解《孝经》与郑偁同，与康成异。”

郑玄《孝经注》一卷（玄始末见《易》类）

《范书》本传：“凡玄所注《周易》《尚书》《毛诗》《仪礼》《礼记》《论语》《孝经》。”章怀太子注云：“按《谢承书》载：‘玄所注与此略同，不言注《孝经》，唯此书独有也。’”

《释文·叙录》曰：“马融、郑众、郑玄并注《孝经》，又世所行《郑注》相承，以为郑玄。按《郑志》及《中经簿》无，唯中朝穆帝《集讲孝经》云以郑玄为主，检《孝经注》与康成注五经不同，未详是非。”又曰，“江左中兴，《孝经》《论语》共立郑氏博士一人。”

《隋书·经籍志》：“《孝经》一卷，郑氏注。”又曰，“郑氏注相传，或云郑玄其立义与玄所注余书不同，故疑之。”

唐日本国人见在书目：《孝经》一卷郑玄注。《唐·经籍志》：“《孝经》一卷，郑玄注。”《唐·艺文志》：“《孝经》，郑玄注一卷。”《宋志》：“郑氏注《孝经》一卷。”

《经义考》曰：“《太平御鉴》引《后汉书》云：‘郑玄汉末遭黄巾之难客于徐州，今《孝经序》郑氏所作，南城山西上可二里所有石室焉，周回五丈，俗云是康成注《孝经》处。按《范史》无其文，则未知为袁山松、华峤之书抑薛莹之与欤！’”

严可均《全后汉文编》曰：“《孝经注》或言郑小同作，今据《唐会要·七十七》引郑玄《六艺论·叙孝经》云：‘玄又为之注明，非小同作也。’”

《侯》志曰：“《宋书·陆澄传》《释文·叙录》《王制疏》《唐会要》《困学纪闻》诸书多疑郑注，然刘知几十二验中据《郑志》诸书，皆不言注《孝经》，则《范史》本传亦不言其注《周官》。唐史承节撰碑亦不言其注《论语》。秉笔偶疏未为典要，此数事不足疑也。”又按，“王肃好发扬郑短，而无言攻击《孝经注》，然《郊特性》疏引王肃难郑《孝经注》‘社后土’之文，是肃未尝无言此一事，亦不足疑也。至谓与郑他经注不类，今不尽可考。然康成笺《诗》不同注《礼》，《郑志》诸说每异群经，博雅通儒固宜有是，亦无可疑也。”又曰：“此书近有日本国辑本，又有臧镛堂、陈鳣、洪熙瑄三家辑本，最可据。”（又有王氏《汉魏遗书抄》辑本一卷）

按：《郊特性》《正义·引》王肃难郑《孝经注》“后稷土也”云云，则康成氏《孝经》王肃犹见之，远在晋穆帝《集讲》之前，不得以《中经簿》不载，《郑志》不言，遂谓郑不注《孝经》。又《范书》于诸家最后纲罗众说，补缺拾遗，其言郑所注有《孝经》，必确有见地，非苟焉而已焉，故今直归之康成氏也。

高诱《孝经解》（诱始末见《礼》类）

诱注《吕氏春秋·自序》云：“作淮南《孝经解》毕讫。”

刘熙《孝经注》（熙始末见《礼》类）

《释文·叙录》曰：“刘邵注《孝经》，一云刘熙。”

按唐玄宗《御注孝经·引》：“刘邵，则邵有《孝经注》审矣！刘熙书不可考，见姑过而存之。”

右《孝经》类，凡七家七部。

附录五

《补三国志艺文志·孝经类》中有关《孝经》的记录

清 · 姚振宗

宋均《孝经皇义》一卷

《隋书 · 经籍志》："梁有《孝经皇义》一卷，宋均撰。"又《谶纬篇》曰："宋均，魏博士。"

《唐会要》："开元七年左庶子刘知几议曰：'宋均于《诗纬序》云：我先师北海郑司农。'则是均是玄之传业弟子也。"

《册府元龟 · 学校部 · 注释第一》："宋均撰《孝经皇义》一卷，后为河内太守。"（按：后汉显宗时，南阳宋均为河内太守。《范书》有传，非此宋均，《册府》误也。又南阳宋均之"宋"实"宗"字之误。）

按：此《孝经皇义》旧在《孝经纬》中。《经义考》亦互见于此纬类。

郑偁《孝经注》

《魏志 · 文纪》："当延康元年五月，封王子叡为武德侯。"《魏略》曰："'以侍中郑偁为武德侯傅。'令曰：'笃学大儒，勉以经学辅，宜旦夕入侍，曜明其志。'"（武德侯即明帝也。）

《公羊 · 昭十五年》注引："《孝经》资于事父以事君而敬同。"徐彦《疏》云："何氏之意，以资为取言事父之道以事君，所以得然者，而敬同故也。"以此言之则何氏解《孝经》与郑偁同，与康成异也。

仪征阮元《校勘记》："丁杰云：'《孝经郑注》据此处疏文，非康成亦非小同，当是郑偁、孙志祖云。'"徐彦《疏》云："与郑偁同，与康成异，则偁与康成为二家，明矣！"（按：郑偁，魏初为侍中武德侯傅，仅见《魏略》所云。又《续汉 · 舆服志》注有"侍中郑偁答魏武帝问金辂"一事，其注《孝经》亦惟徐氏《公羊疏》一言为据，别无他证。）

苏林《孝经注》一卷

《魏志 · 刘邵传》注、《魏略 · 儒宗传》曰："林字孝友，陈留人，博学多通。建安中为五官将文学（《文帝纪》："建安十六年为五官中郎将副丞相，二十二年立为魏太子。"），黄初中为博士给事中。文帝作《典论》所称苏林者是也。以考归第，国家每年遣人就问之，数加赐遗，年八十余卒。"

《魏志 · 高唐隆传》："景初中，帝以苏林、秦静等并老，恐无能传业者。诏：'科郎吏高才解经义者三十人，从光禄勋隆、散骑常侍林、博士静，分受四经三礼，主者具为设课试之法。'数年隆等卒，学者遂废。"

颜师古《汉书 · 叙例》曰："苏林字孝友，一云彦友，陈留外黄人。魏给事中领秘书监散骑常侍永安卫尉太中大夫，黄初中迁博士，封安成亭侯。"

《释文 · 叙录》："苏林，魏散骑常侍，注《孝经》。"《隋书 · 经籍志》："梁有魏散骑常侍苏林注《孝经》一卷，亡。"《唐 · 经籍志》："《孝经》一卷，苏林注。"《艺文志》："《孝经》，苏林注，一卷。"

刘邵《孝经注》一卷

《释文 · 叙录》："刘邵字孔才，广平人，魏光禄勋，注《孝经》。一云刘熙。"《隋书 · 经籍志》："梁有光禄大夫刘邵注《孝经》一卷，亡。"《唐 · 经籍志》："《古文孝经》一卷，刘邵注。"《艺文志》："《古文孝经》，刘邵注，一卷。"（按：邵注《古文孝经》，惟两唐志别出之。）

《册府元龟 · 学校部 · 注释门》："刘邵为光禄大夫，注《孝经》二卷。"

卫觊《孝经固》

《魏志》本传："卫觊，河东安邑人也。少夙成，以才学称。太祖辟为司空掾属，除茂陵令、尚书郎、治书侍御史。魏国既建拜侍中，文帝即王位为尚书，文帝即王位，徙为尚书。顷之，还汉朝为侍郎，劝赞禅代，文帝践阼，复为尚书，封阳吉亭侯。明帝即位，进封阌乡侯，三百户。谥曰敬侯。"

《古文苑 · 闻人牟准敬侯碑》阴文曰："敬侯所著述、注解、故训及文笔等甚多，皆已失坠所注，有《孝经固》。"宋章樵注曰："汉儒注释诗书有，故此释《孝经》之名，恐字误。"

何晏《孝经注》一卷（晏始末见《易》类）

《释文 · 叙录》："何晏，字平叔，南阳人。魏吏部尚书驸马都尉关内侯，注《孝经》。"《隋书 · 经籍志》："梁有魏吏部尚书何晏，注《孝经》一卷，亡。"

王肃《孝经解》一卷（肃始末见《易》类）

《唐会要》："开元七年左庶子刘知几议曰：'王肃《孝经传》首有司马宣王之奏，云奉诏令诸儒注述《孝经》，以肃说为长。'"

《释文·叙录》："孔安国、马融、郑玄、王肃并注《孝经》。"《隋书·经籍志》："《孝经》一卷，王肃解。"《唐·经籍志》："《孝经》一卷，王肃注。"《艺文志》："《孝经》，王肃注一卷。"

马国翰《辑本·序》曰："王肃注《孝经》一卷，今佚。从《注疏》《释文》《史记集解》《通鉴注》辑录二十二节。子雍好攻郑氏学，此解不见有驳难之处，盖唐明皇作注时悉汰去之。"

虞翻《孝经注》（始末见《易》类）

唐元宗《御注孝经·序》曰："韦昭、王肃，先儒之领袖；虞翻、刘邵，抑又次焉。"《经义考》："王应麟曰：'唐元宗《孝经》序六家异同，今考《经典·序录》有孔、郑、刘、韦五家，而无虞翻注，《唐志》皆不载。'"（按《困学纪闻》无末句，盖朱氏足之也。全氏笺文云："刘谓刘炫，非是。"）

严畯《孝经传》

《吴志》："畯，字曼才，彭城人也。少耽学，善《诗》《书》《三礼》，又好《说文》。避乱江东，与诸葛瑾、步骘齐名友善。张昭进之于孙权，权以为骑都尉、从事中郎。权为吴王，及称尊号，畯尝为卫尉。使至蜀，蜀相诸葛亮深善之。后为尚书卒。畯著《孝经传》传于世。"《吴书》曰："畯，卒时年七十八。"

《佚志》曰："张昭传云：权尝问卫尉严畯：'宁念小时所谙书不？'畯因诵《孝经·仲尼居》。"则畯所习者今文也。又据邢疏，则三国时王肃、苏林、何晏、刘邵、韦昭、徐整诸家所注亦皆今文也。

韦昭《孝经解赞》一卷（昭始末见《诗》类）

《释文·序录》："韦昭字弘嗣，吴郡人。吴侍中领左国史高陵侯，为晋讳改为曜。注《孝经》。"《隋书·经籍志》："《孝经解赞》一卷，韦昭解。"《唐·经籍志》："《孝经》一卷，韦昭注。"《艺文志》："《孝经》，韦昭注一卷。"

马国翰《辑本·序》曰："韦氏《解赞》，隋唐《志》著录，今佚，从注疏所引得十节。又《仪礼经传通解》引一节，《正义》脱文也，并据辑录其说。'衣美不安''食旨不甘'训义切实与郑康成笺诗相似。至'郊祀后稷以配天’全用郑义。然则书名《解赞》或赞郑解也欤！”

徐整《孝经默注》一卷（整始末见《诗》类）

《释文·叙录》：“王肃、苏林、何晏、刘邵、韦昭、徐整并注《孝经》。”《隋书·经籍志》：“《孝经默注》一卷，徐整注。”《唐·经籍志》：“《孝经默注》二卷，徐整注。”《艺文志》：“徐整，《默注》二卷。”

孙熙《孝经注》一卷

《释文·叙录》：“孙氏不详何人，注《孝经》。”《隋书·经籍志》：“梁有孙氏注《孝经》一卷，亡。”《唐·经籍志》：“《孝经一卷》，孙熙注。”《艺文志》：“《孝经》，孙熙注一卷。”

《经义考》曰：“按《七录》有孙氏注《孝经》一卷。《释文·叙录》云：不详何人，当即熙也。”

《侯志》：“孙氏朝代不可考。《隋志》列于苏林、何晏、刘邵之后；《唐志》列于韦昭之后，苏林之前，则当为三国时人。按：《吴志》孙坚季弟静，静子瑜‘好乐坟典，虽在戎旅，诵声不绝’。瑜子熙，史但言列位，不著其何官，拟即此孙熙。吴之宗室，大帝从子也，然亦无确证，不能定。”

右《孝经》类，凡十三家十三部（《侯志》有郑小同一家，然考《困学纪闻》以郑氏《注》为小同者，亦非确证，今既录郑玄、郑偁二家，不当瑞出小同，故不录）。

附录六

《十三经西学通义·孝经论》[1]

清 · 李元音[2]

日本维新之初，学校修身一门有主宗孔教者，有主宗佛教者，有主宗耶教者，议论纷纷莫衷一是。自明治皇以教孝宣示“人人尊王”为主，籍解争执，于是道德标准乃定。夫日本固事事效法欧美者也，而于学校修身一门则取法孔子，而以教忠教孝为主，然则今日中国学校之宗旨岂能外忠孝二字哉？

忠孝之旨散见于群经者不一而定，而《孝经》实为教孝之专书，然忠孝非有二事，《孝经》为教孝之书即教忠之书也。学校修身科不可不研究而身体力行之者耳！今之主张新学者动议中国专制不如西国立宪，其君民同受治于法律之下也，岂知中国虽专制而有不专制之道乎！非立宪而有立宪之意乎！即以《孝经》言之，自天子、诸侯、卿、大夫、士、庶人，皆以孝为本，其曰：“自天子至于庶人，孝无终始，而患不及者，未之有也。”故明谓君民同受治于孝耳！孔子“志在《春秋》，行在《孝经》”，《孝经》与《春秋》相表里，而《春秋》为千古至精至严之法律，然则谓中国君民同受治于孝，即同受治于法律也可。

或曰：“西人于血统之连续，法律上即予以一定之效力，谓之亲族权，是西国家人父子间以法律为重，与中国以恩爱为重者不同。”而吾谓：“二者缺一不可，有法律而恩爱益明。”《孝经注疏》曰：“孔子修《春秋》以正君臣父子之法，又虑虽知其法未知其行，遂说《孝经》十八章，以明君臣父子之行，所寄知其法者修其行，知其行者谨其法，故《孝经纬》曰：‘孔子云欲观我褒贬诸侯之志在《春秋》，人伦之行在《孝经》。’知《孝经》虽居六籍之

1．本文录自《四库未收书辑刊·经部》第4辑第10册《十三经西学通义》，原本为影印清光绪刻本。

2．李元音，生卒年不详，约生活于清末同治至宣统间，平江人，曾担任同治衔委办丰津川盐分局补用知县，其他不详。

外，乃与《春秋》为表里矣！”据《春秋》与《孝经》为表之说，则知古者家人父子之间皆有法律也。孟德斯鸠言法律于一国亦然，于一身亦然，言国言身则家庭在其间矣！

世人竞说西人父子异居、父子同罪、免丧、废祀，为无父子之伦，而岂知不尽然哉！日本石川利之博采各国之嘉言、善行著《万国龟鉴》一书，其目录以严父、慈母、孝子列首，于孝子一门言中国之事。见于经者于引虞、舜、周文王、武王事之外，则引《孝经》“身体发肤受之父母，不致损伤”云云；又引诸侯卿大夫、天子士庶各章；又引孝子之事亲居则至其敝云云。言外国之事于罗马则举散丢不及马里亚，于希腊则举索克拉的，于鲁斯亚则举巴练及女人加斡旋邻，于英吉利则举托马斯摩尔、及劳尔德亚利斯金、及润孙、及维尔启、及穷斯礼、及女人马加列罗巴与摩亚利斯，于佛兰西则举拿破仑三世及女人伊利撒别，于日尔曼则举孙弗理儿，于米利坚则举克李尔之女。凡诸人尽孝于父母之事，或致其诚，或将以和顺、或号泣以感亲之心，或委曲以全亲之名，或仓皇以救亲之急，此孝行纯全以视中国古人岂有异乎！彼妄人动援外国之秕政敝俗，欲吾中国弃其学而学之，其意欲中国不至废礼仪无人伦不止，岂知人性者皆善，伦常之理，中外不甚相异也。

《万国龟鉴》言希腊索克的曰：“夫人则皆其父母之遗体也，故一言一行，一动一静，尽行正道而不敢辱其身者为孝子。”案索克君言“人皆父母之遗体”与《孝经》所言“身体发肤受之父母，不敢损伤”其义略同。索克君言“一言一行，一动一静，尽行正道而不敢辱其身者”，为《孝经》所谓“非法不言，非道不行。口无择言，身无择行，言满天下。无口过，行满天下，无怨恶，三者备矣，然后能守其宗庙”其义略同。夫希腊为欧洲文教之祖国，不独格致、政治、法律诸事多由希腊输入，即嘉言懿行亦多本之希腊，然则西人之孝行的自来矣！谁谓其无父子之伦哉！

《孝经》言孝莫大于“严父”，又曰：“亲生之膝下，以养父母日严。圣人因严以教敬。”该为子者当严敬其父，而为父者当严教其子，“严”字本兼二义也。日本石川利之之著《万国龟鉴》一书以严父为第一门，于西国之事历引托马斯摩尔、及劳尔德巴礼、及斯格的、及勃古斯敦诸人教诫其子之语，可见西国人之卓然能自成者，多由其父教之严也。

《孝经》言“父母生之，续莫大焉”，唐元宗注“父母生子，传体相续”，案此即西人言种族学之义也。西国公理家考物种、人种递嬗递进之理谓："有官之物一体之中，有其死者，有其不死者，如一草木根芒、支干、果实、花叶其死者也，□母而附于其子，绵绵延延相续不继，是曰传种。"惟人亦然，无曰"相续不继，岂非续莫大焉之谓乎！"盖中国古时本重胎教，又重术生之学，此人种所由强盛，自后世废而不讲，此人种由衰弱耳！今者欲强人种，则胎教及卫生之学不可不研究也。

天下事有义务而后有权利，欲得其权利必先尽其义务，君父虽尊，然君之于臣、父之于子，亦有各尽之义务。《孝经》言："天子有争臣七人，虽无道，不失其天下；诸侯有争臣五人，虽无道，不失其国；大夫有争臣三人，虽无道，不失其家……父有争子，则身不陷于不义。故当不义，则子不可以不争于父，臣不可以不争于君。"据《经》义是圣人并不曲恕其君、其父也。后世以君以父为帝天，臣子不得而拟议，以臣以子为奴隶，君父肆其陵辱，岂《经》义哉！

摩西十戒其五曰"敬尔父母"，彼教原书，并有详细条例。如云："打父母者杀，骂父母者杀，奸后母者为辱父，奸母之姊妹者为辱母，奸姊妹者为辱父母，奸父之姊妹为辱父，皆杀之。"愚案《孝经》言"五刑之属三千，罪莫大于不孝"，西人知此义。若夫海滨洋界公然创废纲常伦纪之说者，其意欲以诬西人者而祸中国，岂知西人无此政，亦无此教乎，徒以悖乱而自外于人类而已。

祭祀者孝之终也。《孝经》于"卿大夫"章言"守其宗庙"，于"士"章言"守其祭祀"，于"孝治章"言"生则亲安之，祭则鬼享之"，于"圣治"章言"周公郊祀后稷以配天，宗祀文王于明堂以配上帝"，于"孝行"章言"祭则致其严"，于"感应"章言"宗庙致敬不忘亲也"，于"丧亲"章言"为之宗庙以鬼享之，春秋以时思之，是祭祀者，人子于父母之终所有事也"。彼西人虽不能以此礼绳之，然于父母之终亦有祭祀也。《万国龟鉴》言英人润孙虽逢大困难而贫苦日近，而孝尽其母抚慰具至，母殁，后者著书以鬻之，得其金以弃其祭祀，据此是西人于父母殁之后有祭祀也。或谓西人惟祀天主、耶稣，虽以父母之亲殁则已焉，无所谓身后之祭祀，此其妄言耳！不可以诬西人。

或谓："西教于人伦之道不免缺憾，而教士劝人以相爱为宗，《孝经》所谓'不爱其亲而爱他人者谓之悖德'，西人岂能免此讥乎？"余曰："不然。西教于人伦之道虽不若中国之完全，然究非薄待其亲也，即如教士亦喜言孝友，盖游历中国日久，沾濡中国之政教为不少耳！"因此益叹古先圣以治天下，其教化所被由古及今，不第中国人被之，即遐绝域之人亦隐隐受其范围，此圣教之所以大也。

《东塾读书记》言："《孝经》大义在天子、诸侯、卿、大夫、士皆保其天下国家，其祖宗基绪不绝，其子孙爵禄不替。庶人谨身节用为下不乱，如此则天下世世太平安乐。"又谓"其友桂星垣与论此"云。《论语》言"孝弟则不犯上作乱"，即《孝经》所谓"至德要道以顺天下"，据此知欲保天下国家，总不离乎道德，而出之以顺也。今世界上以保守为主义，莫如英吉利，而其所以保守者，即在上下一心，事事有纪律、有秩序，不肯为无谋之躁妄动，岂似我中国人之往往倡为保国、保种、保教之说，而不免暴动之举、悖逆之迹乎！诚能远师《孝经》"至德要道"之训，近效英国纪律秩序之方以保守国家，斯为善矣！

近日贵州朱学使请定全国学生为国家学派，折言："每见有斤斤自守之士，其于家庭亦无违悖，一至东洋游学数年，遂习为放言高论，于其父兄妻子若泛泛，相值与前日循循弟子之职判若两人，风潮所趋当之者靡。因引《孝经》'资于事父以事君'之文，谓子弟必有父兄，孝悌可以实验。由此一理推之，则事君必忠、事上必顺，近世家庭教育此多有欠缺，对于社会以上即不能尽其义务，此伦理之学所当申明者。"案朱君此言，可为近日游学生及学校诸生之当头棒喝也。盖自欧化主义中于人心，鲜有留心于伦理之学者。夫君父一也，家国一也，世未有薄于父母、薄于家庭而能厚于君国者耳！然则伦理之学有亏，纵多侈谈新学，果何用乎！

附录七

《孝经》注疏序表引跋题录

骆明/整理

<table>
<tr><th>朝代</th><th>姓名</th><th>序跋出处</th><th>篇名</th><th>字数</th></tr>
<tr><td rowspan="4">汉</td><td>孔安国</td><td>古文孝经</td><td>序</td><td>1212</td></tr>
<tr><td>班　固</td><td>汉书·艺文志</td><td>孝经类小序</td><td>130</td></tr>
<tr><td rowspan="2">郑　玄</td><td>敦煌遗书 · 孝经</td><td>序</td><td>389</td></tr>
<tr><td>孝经郑注</td><td>序</td><td>68</td></tr>
<tr><td>东晋</td><td>司马睿</td><td>孝经传</td><td>序</td><td>52</td></tr>
<tr><td>南朝 · 梁</td><td>萧　绎</td><td>金缕子</td><td>著书篇 · 孝德传</td><td>60</td></tr>
<tr><td>隋</td><td>刘　炫</td><td>孝经述议</td><td>序</td><td>2066</td></tr>
<tr><td rowspan="15">唐</td><td rowspan="2">陆德明</td><td rowspan="2">经典释文 · 序录</td><td>孝经</td><td>68</td></tr>
<tr><td>孝经注解传述</td><td>264</td></tr>
<tr><td>魏　徵</td><td>隋书·经籍志</td><td>孝经类小序</td><td>502</td></tr>
<tr><td rowspan="2">褚遂良</td><td rowspan="2">孝经图</td><td>孝经图后跋（明 · 孙承泽）</td><td>229</td></tr>
<tr><td>孝经图后跋（明 · 孙承泽）</td><td>164</td></tr>
<tr><td>司马贞</td><td>全唐文</td><td>孝经老子注易传议</td><td>572</td></tr>
<tr><td>李隆基</td><td>孝经注</td><td>序</td><td>546</td></tr>
<tr><td>元行冲</td><td>御注孝经</td><td>序</td><td>1015</td></tr>
<tr><td>李齐古</td><td>全唐文</td><td>进御注孝经表</td><td>409</td></tr>
<tr><td>韦　陟</td><td>书御注孝经</td><td>御注孝经跋（明·王世贞）</td><td>100</td></tr>
<tr><td>傅　注</td><td>孝经注疏</td><td>序</td><td>534</td></tr>
<tr><td rowspan="3">郑　氏</td><td>全唐文</td><td>进女孝经表</td><td>347</td></tr>
<tr><td rowspan="2">女孝经</td><td>进女孝经表（明 · 佚名）</td><td>919</td></tr>
<tr><td>书女孝经后（明 · 佚名）</td><td>987</td></tr>
<tr><td rowspan="9">宋</td><td>邢　昺</td><td>孝经正义</td><td>序一</td><td>127</td></tr>
<tr><td rowspan="3">司马光</td><td rowspan="3">传家集</td><td>进古文孝经指解表</td><td>516</td></tr>
<tr><td>进孝经指解劄子</td><td>353</td></tr>
<tr><td>古文孝经指解序</td><td>864</td></tr>
<tr><td rowspan="3">范祖禹</td><td rowspan="3">孝经指解</td><td>古文孝经说序</td><td>150</td></tr>
<tr><td>进古文孝经劄子</td><td>278</td></tr>
<tr><td>古文孝经说（明 · 杨士奇）</td><td>56</td></tr>
<tr><td>文彦博</td><td>文潞公文集</td><td>进尚书孝经解</td><td>374</td></tr>
<tr><td>朱长文</td><td>墨池编</td><td>宋句中正三字孝经序</td><td>895</td></tr>
</table>

（续表）

朝代	姓名	序跋出处	篇名	字数
宋	释契嵩	孝论	孝论叙	324
	李公麟	孝经图	自述	74
		孝经图	跋（宋·范冲）	351
	李师德	石刻孝经	序	566
	慕容彦逢	摛文堂集	迩英阁无逸孝经图后序	835
	赵　构	御书真草孝经	题识	158
			跋宋高宗御书孝经赐秦桧墨刻（明·郑真）	126
		宋高宗书、马和之绘图孝经	跋一（宋·宋逢丑）	95
			跋二（宋·滕天骥）	115
			跋三（宋·金应桂）	125
			跋四（元·崔晋）	109
			跋五（元·赵孟頫）	270
	唐仲友	孝经解	自序	273
	朱　熹	孝经刊误	跋尾	201
			跋记	193
			编正孝经刊误后序（陆秀夫）	213
			孝经刊误书后（清·姚鼐）	918
	项安世	项氏家说·孝经说	引	211
	楼　钥	攻媿集	古文孝经指解详说序	1020
	陈　造	江湖长翁集	跋蔡武伯家藏尹和靖所书孝经	147
	曹彦约	昌谷集	跋高金紫所书孝经	61
	陈　宓	复斋先生龙图陈公文集	孝经本旨序	898
	真德秀	西山文集	郑居士手写古文孝经跋	227
			杨慈湖手书孔壁孝经跋	172
	龚　栗	孝经集义	序（真德秀，一说刘爚）	514
	魏了翁	鹤山集	题史绳祖孝经	152
	徐元杰	梅野集	跋高特进手书孝经	92
	黄　震	黄氏日抄	刘养晦孝经解序	386
	袁　甫	孝经说	后序（元·戴表元）	421
	何梦桂	潜斋集	题线县尹孝经古画图	204
金	王若虚	滹南遗老集	跋王进之墨本孝经	188

（续表）

朝代	姓名	序跋出处	篇名	字数
元	董　鼎	孝经大义	序（元 · 熊和）	1109
			引（元 · 董鼎）	158
	董　鼎	孝经大义	跋（明 · 徐贯）	257
			跋孝经大义（元 · 董真卿）	333
			孝经序（明 · 徐伯龄）	1268
	王　恽	秋涧集	题李龙眠画班昭女孝经图后	223
	吴　宽	家藏集	跋李龙眠女孝经图	229
	张伯淳	养蒙文集	题孝经首章图	146
	吴　澄	吴文正集	孝经叙录	1018
		孝经章句	后序（元 · 张恒）	684
			吴文正公考订孝经（明·杨士奇）	62
			孝经吴文正公校定（明·杨士奇）	72
	程文海	雪楼集·玉堂类稿	孝经直解序	418
		孝经经传直解	孝经经传直解（明·杨士奇）	119
	陈　栎	定宇集	程松谷孝经衍义跋	796
	赵孟頫	手书孝经	序	120
	陆文圭	墙东类稿	古今文孝经集注序	636
	贯云石	新刊全相成斋孝经直解	序	346
	王　沂	伊滨集	孝经直解序	438
	沈易之	孝经旁训	序（明 · 陈继儒）	569
	危　素	说学斋稿	孝经□序	403
	钓沧子	孝经管见	自序	746
			后序	459
			题识（明 · 朱鸿）	221
	王　祎	王忠文集	孝经集说序	1185
			跋古文孝经	90
明	宋　濂	文宪集	孝经集善序	639
			跋新刻孝经集注后	322
	项　霦	孝经述注	序（明 · 黄昭）	762
			引（项霦）	114
			跋（项霦）	109
	曹　端	孝经述解	自序	127
			孝经述解序（明 · 沈佳）	61
	李东阳	怀麓堂集	女孝经图跋	402
	周　木	考订古今孝经节文	序（明 · 朱鸿）	95

（续表）

朝代	姓名	序跋出处	篇名	字数
明	潘　府	孝经正误	序（明 · 朱鸿）	94
	文徵明	甫田集	李龙眠孝经相	293
	黄　骥	孝节录	孝节录序（明 · 盛端明）	691
	张邦奇	纡玉楼集	明岷王刻孝经序	257
	胡　松	明文海	刻孝经序	957
	归有光	震川集	孝经叙录	781
	邓以诰	刻孝经全书	序	582
	蔡汝楠	说经劄记	说孝经记	229
	余时英	孝经集义	自序	760
			后序(明 · 赵镗)	800
	罗汝芳	孝经宗旨	跋（明 · 杨起元）	395
	焦　竑	澹圆集	国子监奉旨刊十三经注疏先进孝经跋语	525
	陶望龄	歇安集	国子监奉旨刊十三经注疏先进孝经跋	472
	郭子章	孝经二家章句	郭子章序	611
	葛　昕	集玉山房稿	刻孝经引	194
			刻孝经跋	259
	姚舜牧	孝经疑问	序	518
			引	357
	陈继儒	白石樵真稿	孝经序	375
	沈　淮	孝经会通	自序	504
			后序（明 · 陈师）	908
	孙　本	孝经解意	孝经解意后语（明 · 朱鸿）	634
	李　材	孝经疏义	序（明 · 张维枢）	218
	邓敬斋	古文孝经	序（明 · 王佐）	580
	杨起元	孝经引证	序	1155
			孝经序（明 · 邹元标）	896
			刻孝经跋（明 · 施达）	509
	董其昌	手书孝经	孝经后识（明 · 邹元标）	244
	江元祚	孝经大全	跋（明 · 葛寅亮）	628
	胡时化	孝经注解	孝经注解题识	337
			孝经注解跋（清 · 陈宏谟）	308
	李　檠	孝经别传	孝经叙录	1008
			孝经别传题识（明 · 朱鸿）	75

（续表）

朝代	姓名	序跋出处	篇名	字数
明	朱　鸿	孝经总类	重刻孝经序（明 · 张瀚）	444
			孝经序(明 · 陶承学)	416
			孝经序（明 · 温纯）	417
			孝经序（明 · 吴自新）	534
			孝经序（明 · 苏濬）	517
			《孝经》广序（明 · 袁福徵）	673
			《孝经》总序（明 · 沈淮）	750
			刻《石台孝经》跋（明 · 金钟）	505
			孝经跋（明 · 郭子章）	262
			重刻朱文公定本古文孝经原本	386
			孝经后序（明 · 虞淳熙）	788
		古文孝经羽翼	古文羽翼孝经姓氏	265
			古文羽翼孝经姓氏跋（明 · 虞淳熙）	214
		家塾孝经	刻《孝经》序（明 · 陈善）	509
			《家塾孝经》序（明 · 褚相）	622
			重刻《孝经》序（明 · 赵应元）	610
			《家塾孝经》题辞（明 · 朱鸿）	647
			《家塾孝经》题跋（明 · 朱鸿）	112
			家塾孝经后序（明 · 钱正志）	474
		古文孝经直解	古文孝经直解序（明 · 沈淮）	672
			孝经今文古文解引	109
			后语	499
			纂辑孝经记	299
			刻《孝经》跋（明 · 郭孝）	431
		今文孝经直解	跋	82
		经书孝语	叙（明 · 沈诏）	460
			题经书孝语后	487
		曾子孝实	曾子孝实序（明 · 沈淮）	499
			曾子孝实叙	308
	蔡毅中	古文孝经注	进古文孝经注表	818

（续表）

朝代	姓名	序跋出处	篇名	字数
明	邹元标	愿学集	书刻汪子手持孝经赞	210
	虞淳熙	孝经迩言	孝经迩言跋（明 · 朱鸿）	339
	闵洪学		刻孝经跋	551
	陈于廷		刻孝经跋	871
	吕维祺	孝经本义	孝经本义自序	1244
			孝经本义引	223
			孝经本义题识	400
		孝经大全	序（清 · 王昊）	1156
			序（清 · 计东）	626
			自序	1356
			刻孝经大全后跋（清 · 吕兆琳）	643
		孝经或问	引言	511
	陈仁锡	无梦园遗集	孝经翼叙	554
	郑二阳	郑中丞公益楼集	孝经忠经合刻引	227
	黄道周	孝经集传 崇祯十八年八月刻本	原序	371
			题识（明末清初 · 林有柏）	205
			题识（明末清初 · 陈有度）	138
			题识（明末清初 · 陈允元）	180
			题识（明末清初 · 朱桓）	203
		孝经集传钞	孝经集传钞序（清 · 沈大成）	876
			孝经集传序（清 · 魏源）	721
		孝经赞义	赞识	134
		黄石斋先生文集	书孝经别本后	323
			书孝经颂后	128
			书圣世颁孝经颂后	215
		黄忠端公书古文孝经	黄忠端公书古文孝经后	307
		延春阁藏黄道周手书孝经	孝经题识	232
			孝经跋（清 · 周易）	136
		白云库下手书小楷孝经	孝经跋	777
			孝经跋（清 · 顾莼）	211
			孝经跋（清 · 罗嘉杰）	288
	洪　思	孝经洪图	洪尊光易洪图孝经洪图序（明 · 黄道周）	356

（续表）

朝代	姓名	序跋出处	篇名	字数
明	江旭奇	孝经考异	孝经考异进表	428
	蔡景默	孝经衍义	自序	254
	方以智	浮山文集前编·稽古堂集	血书孝经题辞	397
清	顾炎武	金石文字记·唐石台孝经	跋	500
	魏裔介	兼济堂文集	孝经集注序	759
			孝经注义自序	485
	爱新觉罗·福临	御制孝经注	序	972
			世祖章皇帝御注孝经跋（清高宗）	426
	王永命	有怀堂笔	孝经注训序	351
	毛奇龄	西河集	孝经广训序	683
	汤　斌	汤子遗书	孝经易知序	868
	汪　琬	尧峰文钞	孝经易知跋	533
	陆陇其	孝经要解	跋	162
	史尊朱	孝经刊误浅解	自序	923
			序（清·贾声槐）	451
	爱新觉罗·玄烨	圣祖仁皇帝御制文集	御制《孝经衍义序》	803
		御定孝经衍义	衍经之序（清·韩菼）	529
	张永铨	闲存堂文集	孝史序	908
	应　是	读孝经	叙（清·陈象枢）	672
			读孝经编次附记（佚名）	870
	陈廷敬	孝经天子五章衍义	孝经天子五章衍义序（清·韩菼）	1176
	张玉书	张文贞集	张秋绍孝经小学口义序	677
	吴之騄	孝经类解	孝经解序	1043
	冉觐祖	孝经详说	序（清·胡世藻）	425
			孝经详说自序	992
			孝经详说题识	337
	赵起蛟	孝经集解	序（清·谢于道）	530
			序（清·沈佳）	771
			序（清·章抚功）	746
			引（清·赵起蛟）	456
			后跋（佚名）	613
	李光地	榕村集	孝经解	382

（续表）

朝代	姓名	序跋出处	篇名	字数
清	姜兆锡	孝经本义	孝经本义序	808
			孝经本义引	150
	李之素	孝经内外传	序（清 · 邹士璁）	945
	李之素	孝经内外传	序（清 · 王思训）	633
			序（清 · 冯咏）	758
			序（清 · 俞鸿图）	632
			序（清 · 吴雯炯）	491
			序（清 · 王御政）	430
			自序	1215
			跋（清 · 李焕）	324
	朱　轼	孝经注	序（清 · 梁份）	811
			自序	298
			题辞（清 · 殷元福）	1716
	胡　煦	葆璞堂文集	孝经疑问序	495
	徐昂发	畏垒山人文稿	刻三种孝经总序	655
	倪　蜕	蜕翁文集	李孝廉二十四孝图诗序	607
	方　苞	方望溪先生全集	文昌孝经序	370
	张大受	匠门老屋集	孝经纂注序	407
	汪由敦	松泉集 · 文集	自跋效苏体书孝经	301
			自跋楷书孝经	113
			跋手书孝经	125
			跋手书小楷孝经	157
			跋手临唐贤草体孝经	140
			自跋石刻孝经	287
	汪　绂	双池文集	孝经章句序	1338
	李凤彩 周福山	孔子文昌孝经合刻	孔子文昌孝经合刻序	760
			续刻关圣帝君觉世真经序	897
			孝弟忠信引证题识	578
	爱新觉罗 · 胤禛	御纂孝经集注	御纂孝经集注序	328
	任启运	孝经章句	序	634
	张　叙	孝经精义	孝经精义序（清 · 宋恺亭）	640
			孝经精义自序	591
			孝经精义引	512
		孝经后录	孝经后录引	117

（续表）

朝代	姓名	序跋出处	篇名	字数
清	王子长	孝经刊误注	序（清 · 刘应麟）	461
	曹庭栋	孝经通释	例说（自序）	1265
	汪师韩	孝经约义	孝经约义序	551
			自序	332
	爱新觉罗 · 弘历	钦定八旗通志	清汉文孝经序	331
	卢文弨	抱经堂文集	石台孝经跋	311
	纪　昀	四库总目提要	孝经类小序	314
	鲍廷博	知不足斋丛书 一集 · 古文孝经	新刻石文孝经序（清 · 卢文弨）	1099
			新雕古文孝经序（清 · 吴骞）	1243
			古文孝经序（清 · 郑辰）	951
			古文孝经跋	830
		知不足斋丛书 二十一集 · 日本传孝经郑注	跋（清 · 鲍廷博）	331
	周　春	中文孝经	自序	157
			中文孝经序（清 · 齐召南）	669
	周广业	蓬庐文抄	重刻文昌孝经序	236
	爱新觉罗 · 永瑆	诒晋斋集	唐补右军孝经跋	408
	陈　鳣	孝经郑注	集孝经郑注序	567
			跋（清 · 蒋光煦）	443
		经籍跋文	宋本孝经注跋	673
	王德瑛	文昌孝经注	文昌孝经序（佚名）	309
			文昌孝经叙	253
	杨凤苞	秋至集	书黄石斋夫人蔡氏玉卿孝经墨迹卷子后	563
	张　鉴	冬青馆甲集	跋黄忠烈公妻蔡夫人书孝经后	216
	周寅亮	孝经集注	孝经集注自序	677
	严可均	孝经郑注	孝经郑注叙	1487
			孝经郑注后叙	2161
	阮　元	研经室集	十三经注疏校勘记序	284
			石刻孝经论语记	877
	洪颐煊	孝经郑注补证	孝经郑注补证引	152
	臧镛堂	孝经郑氏解辑本	孝经郑氏解辑本题辞（清 · 阮元）	183

（续表）

朝代	姓名	序跋出处	篇名	字数
清	王朝璩	十三经拾遗 · 孝经遗章	序	67
	孙念劬	孝经汇纂	序	592
			引	151
	刘　沅	孝经直解	序	574
			引	394
	贺长龄 傅寿彤	孝经述 孝经附辨	序（清 · 胡廷桢）	592
			叙（清 · 傅寿彤）	261
			重刻孝经辑注序（清 · 翁同书）	600
			重刻孝经辑注序（清 · 尹良琨）	486
			重刻孝经辑注序（清 · 傅寿彤）	451
			原叙（清 · 贺长龄）	721
	丁　晏	孝经征文	自序	665
			孝经征文序（清 · 盛大士）	743
		孝经述注	叙	397
			跋（清 · 陶镶）	224
	马国翰	孝经传	题记	399
		孝经后氏说	题记	208
		孝经安昌侯说	题记	256
		孝经长孙氏说	题记	166
		孝经王氏解	题记	209
		孝经解赞	题记	196
		孝经殷氏注	题记	254
		孝经集解	题记	206
		齐永明诸王孝经讲义	题记	263
		孝经刘氏说	题记	167
		孝经义疏	题记	217
		孝经严氏注	题记	220
		孝经皇氏义疏	题记	108
		古文孝经述义	题记	565
		御注经疏	题记	338
		孝经训注	题记	408

（续表）

朝代	姓名	序跋出处	篇名	字数
清	桂文灿	孝经集证	孝经集证识（清末民初王欣夫）	161
	阮　福	孝经义疏补	孝经义疏补序	526
	吴敏树	柈湖文集	孝经章句序	759
	陈　澧	孝经纪事	引	131
	方宗诚	孝经章义	柏堂遗书	1150
	沈秉成	佚存丛书（日本人林衡辑，沈秉成校定）	重刊古文孝经说（近代尤炳奎）	700
	佚　名	南宋闽刊十行孝经	跋	382
	孙葆田	校经室文集	孝经章句跋	818
	孙葆诚	孝经郑注附音	序（清 · 孙葆田）	1270
	吴庆坻	蕉廊脞录	黄道周夫妇所书孝经卷册	477
	彭其仁	滇文丛录	重刊孝经注释后序	604
	赵长庚	孝经存解	孝经存解序	1809
			孝经存解引	133
		读孝经刊误问答	读孝经刊误问答序	1157
	景　额	三字孝经	序	268
	皮锡瑞	孝经郑注疏	自序	799
	叶绳翥	孝经古微	题词	338
	张之洞等	百孝图说	百孝图说序（李时品）	561
民国	简朝亮	孝经集注述疏	序	1568
	徐世昌		孝经正解序	362
	邬庆时	孝经通论	自序	451
	蔡汝堃	孝经通考	孝经通考序（张西堂）	765
			自序	192
日本	太宰纯	重刻古文孝经	序	1588
	林　衡	古文孝经孔传	题古文孝经孔传后	281
	山中佑之	宽政本古文孝经参疏	序（日本 · 葛山寿）	319
			跋（日本 · 萩原万世）	195
		宽政本郑注孝经	刻《郑注孝经序》（日本·藤益根）	599
		郑注孝经	序（日本 · 冈田挺之）	442
		覆卷子本唐开元御注孝经	覆卷子本唐开元御注孝经（日本·源弘贤）	368
	朝川鼎 五鼎	文化版 朝川鼎《古文孝经私记》	古文孝经私记序（日本 · 山本信有）	624

共收录：汉代4篇；晋代1篇；南北朝萧梁1篇；隋代1篇；唐代14篇；宋代39篇；金代1篇；元代26篇；明代107篇；清代142篇；民国5篇；日本8篇。共计序跋题识引记349篇。

后记

四年前，我在北京人民大会堂领到“全国孝亲敬老楷模提名奖”后，全国老龄办的同志说，这些年来我在几次国际会议上宣传中华孝道，出过几本孝文化的书，是国内唯一因研究“孝文化”得奖的人。其实早在2006年下半年，我和次子骆明及学生周海生、王淑臣就开始了从古籍资料中收集有关孝道资料的工作。在中华优秀传统文化重新得到人们重视的今天，尤其是“国学热”的出现，更坚定了我们继续从古籍中广泛收集孝文化的信心。七年来，我们从古代经、史、子、集等著作及丛书中收录了近千万字的资料，本着“去粗存精”的精神，精选了其中近一百五十万字的资料，并分作孝经序跋、历代诏令律例、孝论、孝行，及养老、家训、童蒙、学规中的孝亲敬老资料等几个部分进行了编排。

在几年收集资料的工作中，我们发现有关孝道的内容相当丰富。例如历代有关《孝经》注、疏、序、跋的目录，人们可在“二十五史”中的《艺文志》（《经籍志》）、清代朱彝尊的《经义考》及一些古籍书目中看到，所收录的序、跋大多有十几篇，多者不过几十篇。但我们经过爬梳史料，在历代经籍中却找到了较多有关《孝经》序跋的文章，共搜集到349篇。本想以附录的形式附于书后，因其内容丰富，信息量大，文献价值厚重，只好单独成册。近年来，我们父子、师生及朋友发过一些有关孝道的文章，也单列一册。

为使此书方便更多的人阅读，各册所选的古文献资料均予以今译及对作者、书目进行了简介。因为这一项目工程较大，故吸收了曲阜师范大学历史文化学院、孔子研究所的一些青年学者及博士生参加，大家群策群力，共同完成了这项有意义的工作。

此书编选的目的是在国内外学习中华传统文化的同时，配合各地倡孝、学孝、行孝活动的开展。工作中承蒙中国孔子文化传播促进会李成俊常务副会长指导，光明日报出版社慧眼决定出版，曲阜师范大学历史文化学院、孔子研究所给予了文献方面的支持，全国敬老爱老助老主题教育活动组委会主任、中国老龄事业发展基金会理事长李宝库指导并撰写“总序”，北京智慧中国科技控股有限公司、北京智慧城市科技发展有限公司对前期工作给予了支持，在此一并致谢。

骆承烈

2013年5月